前　言

2018 年，一位電腦專業的朋友自學機器學習內容，期間遇到諸多困難，尤其是關於機率與統計學方面的內容，這一現象讓我開始關注統計學與機器學習這兩個領域。李航老師的《理論到實作都一清二楚 - 機器學習運作架構原理深究》可以說是一本與統計學接軌最多的書籍，也讓我萌生了與大家分享統計學與機器學習的想法。雖然機器學習的發展有其獨特的發展歷程，但是很多模型和演算法的理論基礎仍然來自於統計學。因此，我們需要從統計學的角度來理解機器學習模型的本質。

在朋友們的鼓勵下，我決定以《理論到實作都一清二楚 - 機器學習運作架構原理深究》為藍本，製作知識型影片。入駐 B 站 (編按：中國大陸的視訊網站 bilibili) 後，從最初寥寥的幾十名粉絲，到幾百名粉絲，再到現在的將近三萬名粉絲。這些人中有一部分是學生，如剛畢業的高中生、大學生、碩士生和博士生；還有一部分是從業者，如大專院校教師、企業或公司的在職人員。大家志同道合、匯聚於此。與各位的互動交流讓我加深了理解，開闊了視野，拓寬了想法。真誠地感謝各位朋友們長期以來的支援！是你們的支援讓我有勇氣繼續錄製影片並貫徹始終。

自古以來，學者們便一直在探尋萬物本源，尋找真理。如今，人工智慧已經成為科技領域的一大熱點，機器學習更是其中最為核心的研究方向之一。在機器學習領域，很多人關注演算法的實現和結果，卻忽略了演算法背後的理論基礎。而在這一領域，機率和統計學是不可或缺的。希望本書的出版為展示機器學習背後的統計學原理提供綿薄之力。

為滿足不同年齡和不同專業讀者的需求，我們為大家貼心地準備了主體書與小冊子。主體書以機器學習模型為主，每一章都清晰透徹地解析了模型原理，書中的每一頁都設計了留白，方便讀者批註；小冊子用於查閱碎片化的基礎知識，便於讀者隨時複習需要的數學概念。書中不僅有機器學習的理論知識，還有故事

和案例，希望各位讀者在閱讀本書的過程中能夠感受到機器學習中統計思維的魅力，獲得科學思維方法的啟發並具有獨立的創新思辨能力。

最後，我要感謝清華大學出版社的楊迪娜編輯，是她讓我有了寫書的想法，將我累積多年的機器學習中的統計思維知識分享給讀者，更感謝她為本書成立、編校與出版所付出的辛勤勞動，同時感謝清華大學出版社對本書的支援。感謝所有嗶哩嗶哩、公眾號和知乎上的粉絲對我的關注、留言、提問與批評。感謝來自天津大學的馬曉慧幫助整理影片講義。感謝家人帶給我的靈感、快樂與溫暖。

限於本人水準，書中的缺點和不足之處在所難免，熱忱歡迎各位讀者批評指正。

董 平

符號說明

$\mathcal{X}$	輸入空間（大寫草寫字母）
X	輸入變數（大寫斜體字母）
$\boldsymbol{x}$	實例向量（小寫黑斜體字母）
$\boldsymbol{X}$	設計矩陣（大寫黑斜體字母）
$\mathcal{Y}$	輸出空間（大寫草寫字母）
Y	輸出變數（大寫斜體字母）
y	標注資訊（標量，小寫斜體字母）
$\boldsymbol{y}$	輸出向量（小寫黑斜體字母）
ϵ	雜訊變數（斜體希臘字母）
$\boldsymbol{\epsilon}$	雜訊向量（黑斜體希臘字母）
$\mathcal{H}$	假設空間（大寫草寫字母）
$\mathbb{R}$	實數域（大寫空心體字母）
$\mathbb{R}^{n \times p}$	$n \times p$ 維歐式空間
Θ	參數空間
T	訓練集或決策樹（根據上下文含義確定）
T'	測試集或決策樹（根據上下文含義確定）
$\boldsymbol{A}^{\mathrm{T}}$	矩陣 A 的轉置
$\boldsymbol{A}^{-1}$	矩陣 A 的逆
$\|\cdot\|_p$	L_p 範數
$\arg\min\limits_{x \in \mathbb{D}} Q(x)$	在集合 $\mathbb{D}$ 中使 $Q(x)$ 達到最小的 x
$\arg\max\limits_{x \in \mathbb{D}} Q(x)$	在集合 $\mathbb{D}$ 中使 $Q(x)$ 達到最大的 x
$\sup$	上確界
$\inf$	下確界
$\#A$ 或 $|A|$	集合 A 中元素的個數
$[x]$	不大於 x 的最大整數

目 錄

▶ **緒 論**

0.1　本書講什麼，初衷是什麼 0-1

0.2　貫穿本書的兩大思維模式 0-4

　　0.2.1　提問的思維方式 0-4

　　0.2.2　發散的思維方式 0-5

0.3　這本書決定它還想要這樣 0-6

　　0.3.1　第一性原理 0-6

　　0.3.2　奧卡姆剃刀原理 0-8

0.4　如何使用本書 0-10

▶ **第 1 章　步入監督學習之旅**

1.1　機器學習從資料開始 1-1

1.2　監督學習是什麼 1-5

　　1.2.1　基本術語 1-7

　　1.2.2　學習過程如同一場科學推理 1-9

1.3　如何評價模型的好壞 1-14

　　1.3.1　評價模型的量化指標 1-14

　　1.3.2　擬合能力 1-18

　　1.3.3　泛化能力 1-18

1.4　損失最小化思想 1-20

1.5　怎樣理解模型的性能：方差 - 偏差折中思想 1-22

1.6　如何選擇最佳模型 1-23

　　1.6.1　正規化：對模型複雜程度加以懲罰 1-24

　　1.6.2　交叉驗證：樣本的多次重複利用 1-26

1.7　本章小結 1-27

1.8　習題 1-28

▶ 第 2 章 線性迴歸模型

2.1 探尋線性迴歸模型 2-1

    2.1.1 諾貝爾獎中的線性迴歸模型 2-1

    2.1.2 迴歸模型的誕生 2-2

    2.1.3 線性迴歸模型結構 2-7

2.2 最小平方法 2-9

    2.2.1 迴歸模型用哪種損失：平方損失 2-10

    2.2.2 如何估計模型參數：最小平方法 2-11

2.3 線性迴歸模型的預測 2-15

    2.3.1 一元線性迴歸模型的預測 2-15

    2.3.2 多元線性迴歸模型的預測 2-21

2.4 擴充部分：嶺迴歸與套索迴歸 2-23

    2.4.1 嶺迴歸 2-23

    2.4.2 套索迴歸 2-24

2.5 案例分析——共享單車資料集 2-28

2.6 本章小結 2-30

2.7 習題 2-33

▶ 第 3 章 K 近鄰模型

3.1 鄰友思想 3-1

3.2 K 近鄰演算法 3-2

    3.2.1 聚合思想 3-3

    3.2.2 K 近鄰模型的具體演算法 3-4

    3.2.3 K 近鄰演算法的三要素 3-6

    3.2.4 K 近鄰演算法的視覺化 3-11

3.3 最近鄰分類器的誤差率 3-12

3.4 k 維樹 3-16

    3.4.1 k 維樹的建構 3-16

    3.4.2 k 維樹的搜索 3-20

3.5 擴充部分：距離度量學習的 K 近鄰分類器 3-24

3.6　案例分析──鳶尾花資料集..3-27

3.7　本章小結..3-32

3.8　習題..3-32

▶ 第 4 章　貝氏推斷

4.1　貝氏思想.. 4-1

　　4.1.1　什麼是機率.. 4-3

　　4.1.2　從機率到條件機率.. 4-10

　　4.1.3　貝氏定理.. 4-12

4.2　貝氏分類器..4-18

　　4.2.1　貝氏分類..4-18

　　4.2.2　單純貝氏分類..4-19

4.3　如何訓練貝氏分類器..4-26

　　4.3.1　極大似然估計：機率最大化思想..4-27

　　4.3.2　貝氏估計：貝氏思想..4-37

4.4　常用的單純貝氏分類器..4-41

　　4.4.1　離散屬性變數下的單純貝氏分類器..4-42

　　4.4.2　連續特徵變數下的單純貝氏分類器..4-43

4.5　擴充部分..4-44

　　4.5.1　半單純貝氏..4-44

　　4.5.2　貝氏網路..4-48

4.6　案例分析──蘑菇資料集..4-51

4.7　本章小結..4-53

4.8　習題..4-54

4.9　閱讀時間：貝氏思想的起源..4-54

▶ 第 5 章　邏輯迴歸模型

5.1　一切始於邏輯函式.. 5-1

　　5.1.1　邏輯函式.. 5-1

　　5.1.2　邏輯斯諦分佈.. 5-4

5.1.3　邏輯迴歸 5-5

5.2　邏輯迴歸模型的學習 5-8

5.2.1　加權最小平方法 5-8

5.2.2　極大似然法 5-12

5.3　邏輯迴歸模型的學習演算法 5-14

5.3.1　梯度下降法 5-15

5.3.2　牛頓法 5-18

5.4　擴充部分 5-20

5.4.1　擴充 1：多分類邏輯迴歸模型 5-20

5.4.2　擴充 2：非線性邏輯迴歸模型 5-23

5.5　案例分析──離職資料集 5-24

5.6　本章小結 5-26

5.7　習題 5-27

5.8　閱讀時間：牛頓法是牛頓提出的嗎 5-27

▶ 第 6 章　最大熵模型

6.1　問世間熵為何物 6-1

6.1.1　熱力學熵 6-1

6.2　最大熵思想 6-6

6.2.1　離散隨機變數的分佈 6-6

6.2.2　連續隨機變數的分佈 6-11

6.3　最大熵模型的學習問題 6-14

6.3.1　最大熵模型的定義 6-14

6.3.2　最大熵模型的原始問題與對偶問題 6-19

6.3.3　最大熵模型的學習 6-22

6.4　模型學習的最最佳化演算法 6-28

6.4.1　最速梯度下降法 6-33

6.4.2　擬牛頓法：DFP 演算法和 BFGS 演算法 6-34

6.4.3　改進的迭代尺度法 6-37

6.5　案例分析——湯圓小例子 6-42

6.6　本章小結 6-44

6.7　習題 6-45

6.8　閱讀時間：奇妙的對數 6-46

▶ 第 7 章　決策樹模型

7.1　決策樹中蘊含的基本思想 7-1

　　7.1.1　什麼是決策樹 7-1

　　7.1.2　決策樹的基本思想 7-6

7.2　決策樹的特徵選擇 7-7

　　7.2.1　錯分類誤差 7-7

　　7.2.2　基於熵的資訊增益和資訊增益比 7-8

　　7.2.3　基尼不純度 7-12

　　7.2.4　比較錯分類誤差、資訊熵和基尼不純度 7-14

7.3　決策樹的生成演算法 7-15

　　7.3.1　ID3 演算法 7-15

　　7.3.2　C4.5 演算法 7-19

　　7.3.3　CART 演算法 7-20

7.4　決策樹的剪枝過程 7-27

　　7.4.1　預剪枝 7-28

　　7.4.2　後剪枝 7-31

7.5　擴充部分：隨機森林 7-41

7.6　案例分析——帕爾默企鵝資料集 7-43

7.7　本章小結 7-45

7.8　習題 7-47

7.9　閱讀時間：經濟學中的基尼指數 7-48

▶ 第 8 章　感知機模型

8.1　感知機制——從邏輯迴歸到感知機 8-1

8.2　感知機的學習 8-3

8.3 感知機的最佳化演算法 8-6

    8.3.1 原始形式演算法 8-6

    8.3.2 對偶形式演算法 8-12

8.4 案例分析──鳶尾花資料集 8-15

8.5 本章小結 8-16

8.6 習題 8-17

▶ 第 9 章　支援向量機

9.1 從感知機到支援向量機 9-1

9.2 線性可分支援向量機 9-5

    9.2.1 線性可分支援向量機與最大間隔演算法 9-5

    9.2.2 對偶問題與硬間隔演算法 9-13

9.3 線性支援向量機 9-19

    9.3.1 線性支援向量機的學習問題 9-20

    9.3.2 對偶問題與軟間隔演算法 9-22

    9.3.3 線性支援向量機之合頁損失 9-26

9.4 非線性支援向量機 9-28

    9.4.1 核心變換的根本──核心函式 9-29

    9.4.2 非線性可分支援向量機 9-44

    9.4.3 非線性支援向量機 9-45

9.5 SMO 最佳化方法 9-47

    9.5.1 「失敗的」座標下降法 9-47

    9.5.2 「成功的」SMO 演算法 9-48

9.6 案例分析──電離層資料集 9-58

9.7 本章小結 9-59

9.8 習題 9-60

▶ 第 10 章　EM 演算法

10.1 極大似然法與 EM 演算法 10-1

10.1.1　具有缺失資料的豆花小例子 10-1

10.1.2　具有隱變數的硬幣盲盒例子 10-6

10.2　EM 演算法的迭代過程 10-11

10.2.1　EM 演算法中的兩部曲 10-11

10.2.2　EM 演算法的合理性 10-15

10.3　EM 演算法的應用 10-20

10.3.1　高斯混合模型 10-20

10.3.2　隱馬可夫模型 10-25

10.4　本章小結 10-35

10.5　習題 10-36

▶ 第 11 章　提 升 方 法

11.1　提升方法（Boosting）是一種整合學習方法.................................11-1

11.1.1　什麼是整合學習 11-1

11.1.2　強可學習與弱可學習 11-4

11.2　起步於 AdaBoost 演算法 11-6

11.2.1　兩大核心：前向迴歸和可加模型 11-6

11.2.2　AdaBoost 的前向分步演算法 11-8

11.2.3　AdaBoost 分類演算法 11-10

11.2.4　AdaBoost 分類演算法的訓練誤差 11-21

11.3　提升樹和 GBDT 演算法 11-28

11.3.1　迴歸提升樹 11-28

11.3.2　GDBT 演算法 11-32

11.4　擴充部分：XGBoost 演算法 11-35

11.5　案例分析——波士頓房價資料集 11-38

11.6　本章小結 11-39

11.7　習題 11-40

▶ 參 考 文 獻

參 考 文 獻 11-41

附錄：小冊子

▶ 第 1 章　微積分小工具

1.1　凸函式與凹函式 A-1

1.2　幾個重要的不等式 A-2

    1.2.1　基本不等式 $a^2 + b^2 \geqslant 2ab$ A-2

    1.2.2　對數不等式 $x - 1 \geqslant \log(x)$ A-2

    1.2.3　Jensen 不等式 A-3

1.3　常見的求導公式與求導法則 A-4

    1.3.1　基本初等函式的導數公式 A-4

    1.3.2　導數的四則運算 A-4

    1.3.3　複合函式的求導──連鎖律 A-4

1.4　泰勒公式 A-5

1.5　費馬原理 A-6

▶ 第 2 章　線性代數小工具

2.1　幾類特殊的矩陣 B-1

2.2　矩陣的基本運算 B-2

2.3　二次型的矩陣表示 B-4

    2.3.1　二次型 B-5

    2.3.2　正定和負定矩陣 B-5

▶ 第 3 章　機率統計小工具

3.1　隨機變數 C-1

3.2　機率分佈 C-1

3.3　數學期望和方差 C-3

3.4　常用的幾種分佈 C-5

    3.4.1　常用的離散分佈 C-5

    3.4.2　常用的連續分佈 C-8

3.4.3　常用的三大抽樣分佈...C-10

3.5　小技巧——從二項分佈到正態分佈的連續修正......................................C-12

▶ 第 4 章　最佳化小工具

4.1　梯度下降法..D-1

4.2　牛頓法 D-6

4.3　擬牛頓法...D-14

4.4　座標下降法...D-21

4.5　拉格朗日對偶思想...D-23

4.5.1　拉格朗日乘子法...D-23

4.5.2　原始問題...D-26

4.5.3　對偶問題...D-27

4.5.4　原始問題和對偶問題的關係 D-28

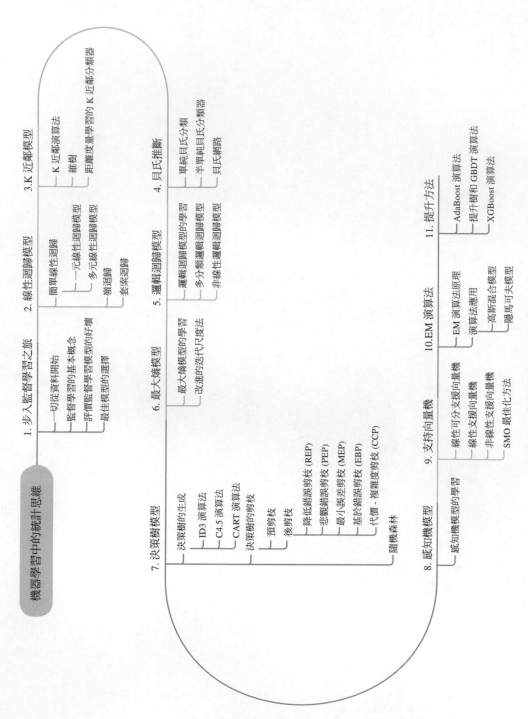

機器學習中的統計思維（全書）導圖

機器學習中的統計思維

1. 步入監督學習之旅
- 一切從資料開始
- 監督學習的基本概念
- 評價監督學習模型的好壞
- 最佳模型的選擇

2. 線性迴歸模型
- 簡單線性迴歸
  - 一元線性迴歸模型
  - 多元線性迴歸模型
- 嶺迴歸
- 套索迴歸

3. K 近鄰模型
- K 近鄰演算法
- 維樹
- 距離度量學習的 K 近鄰分類器

4. 貝氏推斷
- 單純貝氏分類
- 半單純貝氏分類器
- 貝氏網路

5. 邏輯迴歸模型
- 邏輯迴歸模型的學習
- 多分類邏輯迴歸模型
- 非線性邏輯迴歸模型

6. 最大熵模型
- 最大熵模型的學習
- 改進的迭代尺度法

7. 決策樹模型
- 決策樹的生成
  - ID3 演算法
  - C4.5 演算法
  - CART 演算法
- 決策樹的剪枝
  - 預剪枝
  - 後剪枝
    - 降低錯誤剪枝 (REP)
    - 悲觀錯誤剪枝 (PEP)
    - 最小誤差剪枝 (MEP)
    - 基於錯誤剪枝 (EBP)
    - 代價 - 複雜度剪枝 (CCP)
- 隨機森林

8. 感知機模型
- 感知機模型的學習

9. 支持向量機
- 線性可分支援向量機
- 線性支援向量機
- 非線性支援向量機
- SMO 最佳化方法

10. EM 演算法
- EM 演算法原理
- 演算法應用
  - 高斯混合模型
  - 隱馬可夫模型

11. 提升方法
- AdaBoost 演算法
- 提升樹和 GBDT 演算法
- XGBoost 演算法

緒 論

我不能創造的東西，我就沒有理解。

——理察·費曼

寫書的整個過程，猶如用原石打磨一顆寶石，一遍又一遍，才能使其散發光彩。本書中的每個模型、每個資料集都不是冷冰冰的公式和數字，它們都是有生命的。

0.1 本書講什麼，初衷是什麼

這是一本介紹機器學習的書。那麼，機器學習是什麼？我們先來看一下機器學習一詞是怎麼產生的。1952 年，亞瑟·薩繆爾（Arthur Samuel）研製出一個西洋跳棋的程式，如同人類閱讀棋譜提高棋藝，這個程式也可以透過對大量棋局的分析提高棋藝水準，辨識當前棋局的好壞，並很快贏了發明者本人。1956 年，薩繆爾在人工智慧誕生的特茅斯會議上提出了「機器學習」一詞，該詞指的就是類似於這種跳棋程式的研究。如今，機器學習已成為一門學科。

關於機器學習的概念，維基百科是這麼說的。

機器學習有下面幾種定義：

- 機器學習是一門人工智慧的科學，該領域的主要研究物件是人工智慧，特別是如何在經驗學習中改善具體演算法的性能。
- 機器學習是對能透過經驗自動改進的電腦演算法的研究。
- 機器學習是用資料或以往的經驗，以此最佳化電腦程式的性能標準。

很深奧，不明覺厲，但看完仍然不知道機器學習是什麼。是人工智慧的分支？研究物件到底是人工智慧，還是演算法？感覺都不是。李航老師在《理論到實作都一清二楚 - 機器學習運作架構原理深究》中舉出一個更明確的定義：統計學習（Statistical Learning）是關於電腦基於資料建構機率統計模型並運用模型對資料進行預測與分析的一門學科。統計學習也稱為統計機器學習（Statistical Machine Learning）。

這是一門以資料為驅動，以統計模型為中心，結合多領域的知識，透過電腦及網路實現的學科。通俗來講，機器學習就是來創造各種各樣的機器的，當然，此機器非彼機器。機器學習中的機器通常指的是資料機器，其功能就是把想探究的資料吞進去，把想得到的結果吐出來，借助電腦實現。人們平常所說的機器是一種通俗意義上的機器——只是為了實現某些特殊功能而創造出來的東西，或許是可以吃的食物，或許是用來穿的衣服，或許是可以摸得到的硬體，或許是由一串串程式組成的軟體。但是，這不妨礙我們透過常說的機器來理解機器學習中資料機器的含義。

舉個最簡單的例子，以實現目的為導向，可以量身訂製各種機器，比如優酪乳機吞進去牛奶，吐出來優酪乳；果汁機吞進去水果，吐出來果汁；麵包機吞進去麵粉、酵母、水，吐出來麵包。因此，在製造機器之前，最先明確的，就是投進輸入管的是什麼，希望從輸出管產出的是什麼，如圖 0.1 所示。小明[i]就仿照著製造了幾個小機器。第一個小機器很無聊，是小明的初次嘗試。這個小機器吞進去的是一個數字，吐出來的還是相同的數字。小明覺得可以嘗試更複雜一點的，比如製造一台名為正弦的機器，顧名思義，就是吞進去一個數字，吐出來的是原來數字的正弦值。後來，小明的經驗越來越豐富，開始嘗試分類機器，將家中不同餅乾所含的單位含脂量輸進去，分為低脂餅乾、普通餅乾和高脂餅乾。這樣一來，小明就根據分類結果，平時吃普通餅乾，減肥的時候就吃低脂餅乾，心情不好的時候就吃味道好的高脂餅乾。我們發現，小明製造機器時，最關鍵的就是明確希望透過輸入的資料，得到一個什麼樣的結果。

---

i　　本書中的虛擬人物。他將貫穿全書地陪伴大家的學習。

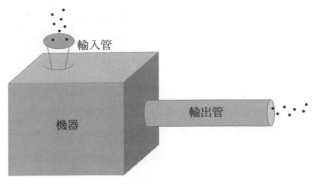

▲ 圖 0.1 資料機器

　　本書討論的是資料機器，因此需要深入了解多種類型態資料機器的工作原理，而工作原理的根基就是統計思維。畢達哥拉斯說「萬物皆數」，而當前就是一個瞬息萬變的數字化時代。伽利略說「數學就是上帝用來書寫這個世界的語言」。的確，越來越多的人發出感慨——「科學的盡頭是數學」。數學的世界是獨特而奇妙的，稱其為天書也不為過。幸運的是，我們還能擁有食盡人間煙火的統計學。不得不驚歎，從數學延伸而出的統計學因為多了不確定性的雜訊，成為了解釋這個真實世界的語言。人們已經意識到統計學在人工智慧中的作用。希望讀者透過閱讀本書，可以理解機器學習設計中最核心的統計學思維，應時代之需求，以不變應萬變。

> **荀子·儒效**
>
> 　與時遷徙，與世偃仰，千舉萬變，其道一也。

　　關於寫作風格，雖然技術類別圖書要求具有嚴謹性，但嚴謹並不表示刻板，我希望各位讀者可以在生動有趣的故事中有所收穫——不僅是知識。相傳，一日張良浪跡到下邳，遇到一位老人。這位老人故意將鞋子拋到橋下，張良為他撿鞋子並幫他穿上。老人感慨「孺子可教矣」，遂將一卷書傳與張良，並囑託「讀此書則為王者師矣」。據說這本書就是漢代黃石公所寫的《素書》，書中 1360 字，字字珠璣，句句箴言，啟發世人以智慧。然而，當世閱此書者數人，成王師者僅張良一人而已。可謂，千萬個讀者心中有千萬個哈姆雷特，不同人即使讀同一本書，感悟也差別很大。本書萬不及《素書》，但望予讀者以啟發，或嚴謹的數學

推導，或有趣的背景故事，或創造模型的心路歷程，或 Python 案例的實踐，有所得則足矣。

0.2 貫穿本書的兩大思維模式

很多人都知道，幼兒的學習速度較之成人更快。之所以如此，是因為幼兒眼中的世界更純淨，一切都是未知的，他們在摸索著前進，並且不怕出錯。這其中就關係到幼兒常用的兩大思維方式，十分值得學習者參考。

0.2.1 提問的思維方式

幼兒認知世界的方式就是不停地問為什麼。當幼兒產生了意識，不免對未知的世界感到好奇，在探索的時候，幼兒就會提出疑問，如圖 0.2 所示。但是在傳統教育方式下，我們最熟悉的學習方式就是填鴨式——教科書裡怎麼寫的我們就怎麼記，老師怎麼教的我們就怎麼學，卻忘記了人之初最本能的這種提問精神。有的人可能是因為沒有問題，有的人可能是沒有提問的勇氣，但是要知道，科學正是在提問與質疑中發展起來的。

▲圖 0.2 幼兒的「十萬個為什麼」

- 為什麼鳥兒可以飛？於是有了飛機！

- 為什麼魚兒可以在水裡遊？於是有了潛艇！

- 為什麼蝙蝠可以在夜晚飛行？於是有了雷達！

因此，在學習的過程中，我們同樣可以質疑「這個模型是怎麼想出來的？」「書裡寫的公式就是對的嗎？」「為什麼會有這個公式？」「換個其他的公式或模型可不可以？」等等。不怕傻問題，就怕沒問題。提出問題、研究問題、解決問題才是學習的最大動力。

0.2.2　發散的思維方式

幼兒的大腦從一片空白到充滿各種知識的過程是漫長的，詞彙量逐漸增多，邏輯思維逐步形成。以語言學習為例，假如現在幼兒已掌握了少量有限個詞語。那麼，當幼兒獲知一個新的詞語時，他就會在腦中快速搜索類似的，可能是相似含義的，可能是相似發音的，也可能是相似具象的，等等，如圖 0.3 所示。這就是發散思維的體現。也就是說，大腦在思考問題時呈現的一種多維發散狀態的思維模式，跳出了原本空間的限制，從而開展立體式的思考活動。不同於幼兒，成人可能因為大腦中詞彙過多，或許只能聯想到包含相同字元的詞語，這就很容易造

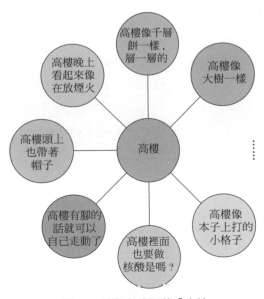

▲ 圖 0.3　幼兒角度下的「高樓」

成思維的局限性，不利於創新。

0.3 這本書決定它還想要這樣

建模的藝術就是去除實在中與問題無關的部分，建模者和使用者都面臨一定的風險。建模者有可能會遺漏至關重要的因素；使用者則有可能無視模型只是概略性的，意在解釋某種可能性，卻太過生硬地理解和使用實驗或計算的具體結果樣本。

——菲力浦・安德森（Phillip Anderson），1977 年諾貝爾物理學獎得主

在日常生活中，人們有很多模糊的概念或想法，而科學家的本事就在於可以將其抽象為公式、方法或模型。沒有哪一種模型是完全正確的或完全錯誤的，這取決於模型使用的場景。固化的模型是不可取的，根據目的需求自行訂製模型才是上策。所以，我希望讀者在閱讀本書之後，可以參悟兩大基本原理：第一性原理和奧卡姆剃刀原理。

0.3.1 第一性原理

雖說第一性原理既是一個哲學名詞，也是一個物理概念，但是讓這一詞語進入大眾的視野，要歸功於伊隆・馬斯克（Elon Musk）。馬斯克也被稱為現實生活中的鋼鐵人，他不僅創立了全球通用的線上支付——PayPal，推出新能源汽車——特斯拉，還追逐著探索火星的夢想——SpaceX。在 2022 年 2 月 10 日凌晨，馬斯克還當選為美國工程院院士。據馬斯克推測，這可能是因為他在火箭的可重複利用和新能源系統設計製造等方面實現了突破，而幫助馬斯克實現這一突破的恰好就是第一性原理。

> **埃隆・馬斯克**
>
> 請不要隨波逐流，你可能聽說過一個物理詞語——第一性原理。這個原理遠勝於類推思維，我們需要自己去挖掘事物的本質，就如同煮一鍋清水，直到把水燒幹，才能看到裡面到底有什麼。以此作為基礎，就可以延伸出更多的東西。

　　第一性原理，是一個物理學中的名詞。為什麼它敢稱第一？因為這來自於牛頓提出的第一推動力。牛頓第一定律講的是：物質在不受到外力的作用下，它會保持靜止或勻速直線運動。於是，就出現了這樣一個問題：宇宙之初，萬物都是靜止的，後來怎麼運動起來了？因為當時還無法做出科學解釋，於是牛頓推脫到上帝身上，他表示這是由於上帝推了一把，所以有了整個宇宙。也就是說，牛頓將這些說不清道明的原因，歸結為第一推動力，而在這些第一推動力之前，冥冥之中還有個最本質的原理支撐，也就是宇宙的第一性原理。

　　在物理學中，第一性原理指在某一特定原理下，根據邏輯和數學公式可以推理出整個物理系統。也就是說，我們可以透過這個原理追溯到它最本質的原理，然後推理出整個物理系統的運作方式。近幾年掀起一股學習量子科技的熱潮。量子力學就被稱作第一性原理計算。因為它從根本上計算出了分子的結構和物質的性質。也就是說，它從根本上解鎖了宇宙中物質的本質，然後從這裡出發去解釋某些現象並且推動科技的發展。

　　早在 2300 多年前，亞里斯多德（Aristotle，西元前 384—前 322）就提出第一性原理這個詞語，如圖 0.4 所示。

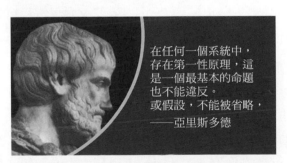

在任何一個系統中，存在第一性原理，這是一個最基本的命題或假設，不能被省略，也不能違反。

——亞里斯多德

▲ 圖 0.4　亞里斯多德在哲學中提出的第一性原理

　　人類總是在追尋真理，探尋生命的起源，追溯宇宙的誕生。當人們竭盡所能地將知識剖析到最小單位的時候，表示即將獲得第一性原理。《道德經》中，老子也有一個宇宙觀，他認為「不可名狀之道」就是生成萬物的第一性原理，「道」與「生成」是宇宙的必備要素。這些都與哲學思維暗暗相合，在哲學中，有一個最底層、最根基的演算法公式，如圖 0.5 所示。

▲圖 0.5 哲學思維的根基演算法

　　假如，我們已經將問題拆分到拆無可拆，接著就可以利用第一性原理重建，透過演繹法思考如何解決問題。從哲學到物理學，又從物理學到哲學，兩者的交融，發展出第一性原理，不只浮於表面，而是深入內裡。任何事物的存在，任何現象的發生，都不是無緣無故的，那麼背後是否存在某一個本質原理呢？這驅使著我們探尋 「Why」的真相。我們的學習也不應只停滯於方法模型的表面，而是要探索模型的本質，從本質出發，所得到的就不只是這某一特定的方法或模型，而是可以延伸出一系列可能已有的或尚未提出的方法或模型。

0.3.2　奧卡姆剃刀原理

- 西元前 500 多年，老子說：「大道至簡」。
- 西元前 300 多年，亞里斯多德說：「自然界選擇最短的路徑」。
- 17 世紀，牛頓說：「如果某一原因既真實又足以解釋自然事物的特性，則我們不應當接受比這更多的原因」。
- 20 世紀初，愛因斯坦說：「任何事情都應該越簡單越好」。

　　在人類歷史中，總是會有人提出至簡原理。可是，仍然有很多人前赴後繼地追求複雜的解釋，顯得自己非常有學問的樣子。14 世紀的英國就是這個樣子，一大批學者整日無休止地爭論「共相」與「本質」之類的問題。奧卡姆的一位哲學家威廉（William）就著書立說，在《箴言書注》中表示：如無必要，勿增實體。後人稱之為奧卡姆剃刀原理，即極簡原則。這一原則主張選擇與經驗觀察一致的最簡單的假設。

> Occam's Razor（拉丁原文）：
>
> Numquam ponenda est pluralitas sine necessitate.（避重趨輕）
>
> Pluralitas non est ponenda sine necessitate.（避繁逐簡）
>
> Frustra fit per plura quod potest fieri per pauciora.（以簡禦繁）
>
> Entia non sunt multiplicanda praeter necessitatem.（避虛就實）

舉個例子，曾有一家跨國公司生產香皂，但是在交貨時遇到了一個難題——生產出的成品有很多是空盒。為此，公司特意聘請了一名專業工程師，成立科學研究小組。小組中的科學研究人員採用機械、X 射線和自動化等技術，耗資數十萬元，終於研發出 X 射線監視器。該裝置能夠檢測每個成品是否為空盒。巧合的是，有一家小工廠也遇到了同樣的問題。不過，這家小工廠只是在生產線旁邊放置了一個馬力十足的風扇就搞定了。因為空的香皂盒很容易被強風吹跑。如果僅是為了簡單有效地解決問題，遵循奧卡姆剃刀原理，我們完全可以採用小工廠的方案檢測空的香皂盒，沒必要如同跨國公司那樣搞研發。

其實，當我們學習了很多知識之後經常會陷入這樣的誤區，不由自主地用自己所認為的科學去解釋或解決問題，還沾沾自喜。假如在一個夜晚我們看到地面上有個地方很亮，或許就會想這是月光照到小坑中光滑的水面上，反射出來的光線進入眼睛，就會感覺那個地方很亮。但是，如果你把同樣的問題問一個無知的孩童，他（她）可能就會簡單地告訴你「因為地面上有水啊」。安徒生童話裡有一則故事是「國王的新衣」，正是因為小孩沒有成人那麼多彎彎繞繞的想法，才能一語道破「他什麼也沒穿啊！」

在機器學習中，我們也是以某一目標為導向前進的。直白地說，我們都希望乾淨俐實作達成目標，能簡則簡，不要被繁多的影響因素所迷惑。因此，如何在掌握了許多模型方法之後，仍然可以本著奧卡姆剃刀原理，在實際應用的時候選出最佳的模型是非常重要的。直覺固然可以，但是機器的直覺是模式化的。因此，如何讓奧卡姆剃刀原理以機器程式的形式嵌入其中，並且進行模型選擇，就是需要我們思考的問題了。

0.4　如何使用本書

我想發表的是什麼？倫納德・薩維奇（L.J.Savage, 1962 年）用這個問題表達了他的困惑。無論他選擇討論什麼主題，也無論他選擇哪種寫作風格，他都肯定會被批評沒有選擇另一種。就這一點來說他並不孤獨。我們只能祈求讀者對我們的個人差異能多一點容忍。

——傑恩斯（E.T. Jaynes，《機率論沉思錄》）

這是我的第一本書，但不是最後一本書。寫作讓我打開了一個新的領域，使得我將所有的創作想法毫無保留地對讀者開放。每當想到有人願意打開書頁認真閱讀本書時，我都心甚喜之，願讀者可以與我產生共鳴。

本書重點介紹機器學習中監督學習所涉及的方法與模型，分為主體書與一本小冊子。主體書將從根本思想出發，以與讀者共同探索的形式呈現，配合演算法、例題和 Python 程式多方位理解模型的組成原理；小冊子重點介紹輔助模型所需的數位概念與方法。我將在主體書中的必要位置標注相應知識內容在小冊子中的頁碼，以便於讀者查閱。若讀者有著紮實的數學和統計學基礎，小冊子可略去不讀。另外，儘管我已盡力保證本書中符號的一致性，但由於書中數學符號繁多，仍有可能出現超載情形，因此，每個符號的含義請以各章節中的具體解釋為準。因模型之間存在連結，為讓讀者對每個模型方法的理解更加深刻，建議讀者先略過公式通讀本書，細讀時再推導公式。

主體書一共包含 11 章，書中所介紹的 K 近鄰演算法、單純貝氏演算法、C4.5 演算法、CART 演算法、支援向量機演算法、EM 演算法、AdaBoost 演算法入選至「資料探勘十大演算法」。監督學習演算法導圖以下頁所示。本著求知的精神，本書中每章都將圍繞著一系列的問號展開。另外，每章都將舉出思維導圖，以方便讀者學習及複習使用。

第 1 章 監督學習演算法導圖

步入監督學習之旅

機器學習從資料開始
- 資料是什麼：凡是可以用數的形式記錄下來的資料皆為資料
- 資料的擷取
  - 直接來源
    - 一手資料：透過調查或實驗蒐取的原始資料
  - 間接來源
    - 二手資料：網路上的公開資料、圖書和期刊提供的文獻資料、公司發佈的定期延保資料等
- 資料的清洗
  - 遺漏值處理
    - 異常值檢測和過濾、去除雜訊點、移除重複資料、選擇重要數等
- 資料的視覺化展示
  - 表示模型結構：散點圖、線圖、圓形圖、圓錐樹、樹狀地圖等
  - 其他：社群網站圖、文字詞雲、動態圖等

監督學習是什麼
- 監督學習的概念：監督學習從標注資料中學習預測模型的機器學習問題、學習輸入輸出之間的對應關係，預測給定的輸入產生相應的輸出
- 監督學習的基本術語：輸入空間與輸出空間、假設空間、參數空間、訓練資料集、測試資料集
- 學習過程如同一場科學推理
  - 訓練階段：選出最佳模型
  - 測試階段：平衡訓練誤差與模型複雜度
  - 預測階段：預測新實例的標籤

幾個概念
- 損失函式：計算一個樣本的損失
- 期望損失：計算整體的平均損失
- 經驗風險：計算樣本的平均損失

如何評價模型的好壞
- 評價模型的量化指標
  - 迴歸問題中常見的損失函式
    - 絕對損失函式
    - 平方損失函式
  - 分類問題中常見的損失函式
    - 0-1 損失函式
    - 指數損失函式
    - 合頁損失函式
  - 其他：感知機損失、似然損失等
- 擬合能力：模型對已知資料的預測能力　與擬合能力量有關的誤差：擬合誤差、訓練誤差
- 泛化能力：模型對未知資料的預測能力　與泛化能力量有關的誤差：泛化誤差、測試誤差

損失最小化思想
- 結構風險函式
  - 經驗風險
  - 模型複雜度
  - 懲罰參數：用以平衡經驗風險與模型複雜度之間的關係
- 正規化方法：透過最小化結構風險函式選擇模型

怎樣理解模型的性能
- 方法：偏差 - 偏差折中思想

如何選擇最佳模型
- 正規化方法：對模型複雜度進行懲罰
  - AIC 準則、BIC 準則與之思想相通
- 交叉驗證：樣本的多次重複利用
  - 簡單交叉驗證
  - S 折交叉驗證
  - 留一交叉驗證

第 1 章
步入監督學習之旅

如果將機器學習之旅比作烹飪美食的過程，需要根據食用者的偏好，挑選並準備食材，清洗乾淨後，根據選單烹製，最後裝盤食用，如圖 1.1 所示。

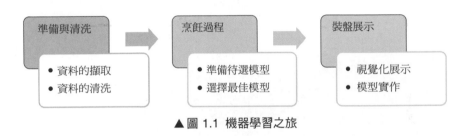

▲ 圖 1.1 機器學習之旅

舉個例子，有一年元旦，小明和朋友們被滯留在外地無法回家，大家商量著大顯身手一番，共同做一桌大餐歡度新年。因為小明喜歡小排，大家選購食材時就增加了小排。回到住處，朋友們一起擇菜、清洗食材，對應於機器學習之旅就是資料獲取與清洗過程。然後，大家根據各自的偏好，以及食材情況，找出來許多食譜。比如，小明偏好酸甜口味的小排，就找出糖醋小排的食譜，然後烹飪。對應於機器學習之旅，就是準備待選模型並選擇最佳模型的過程。一個個機器學習的模型就如同一份份食譜，每個系列的模型就如同各大菜系。最後，朋友們裝盤展示並且共享美食。對應於機器學習之旅，就是視覺化展示以及實作的過程。

1.1　機器學習從資料開始

在機器學習中，食材就是資料。我們先來了解一下什麼是資料。先看一個鼎鼎有名的金字塔——DIKUW 資料金字塔（圖 1.2）。這是從資料到智慧的過程，每個字母代表一個單字。

D（Data，資料）：指基礎資料，或說原始資料（Original Data）。

I（Information，資訊）：指資訊整理，經過簡易處理讀取表層內容。

K（Knowledge，知識）：指知識歸納，根據習慣思維歸納總結模型。

U（Understand，理解）：指理解分析，理解並分析模型或模式內涵。

W（Wisdom，智慧）：指智慧決策，利用演繹性思維進行決策。

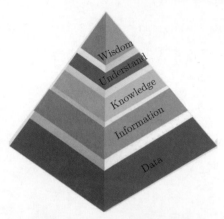

▲ 圖 1.2 DIKUW 資料金字塔

　　詩對世界就像一個人的自語，可能是無韻無律的，但必須來自心底。這座資料金字塔來自英國詩人湯瑪斯·艾略特（Thomas Eliot）於 1934 年所寫的名為《岩石》（*The Rock*）的劇本中的部分——DIKW（資料、資訊、知識、智慧）金字塔。但學者們為了適用性，舉出了 DIKUW，即在 DIKW 中增加了 U（理解）。

The Rock

Where is the life we have lost in living?

Where is the wisdom we have lost in knowledge?

Where is the knowledge we have lost in information?

　　從資料到智慧的過程，自古就有。古有神話傳說——神農嘗百草。神農透過對藥草的逐一觀察和品嘗收集大量資料，獲取藥草資訊，然後歸納總結出不同的藥草類別，進而舉出不同藥草的藥性，並演繹出藥物的調配之理用於疾病的醫治，由此神農登上金字塔之頂，成為藥王神。

耳聽不一定為真，眼見不一定為實。許多時候，我們雖然看到的不是直接的數，但它可以用數的形式儲存，如一段音樂、一支舞蹈、一幅畫作、一篇文章等。音樂中有旋律，高低急緩，聲波可以用函式的形式表達，這樣就可以用數位的形式記錄下來。舞蹈中包含節奏、步伐、跳躍等，透過位置的變換也可以將其記錄，轉為數字。畫作中的畫筆、色彩、明暗，可以透過把圖片柵格化後，以每個小格子在圖片中的位置和色彩深淺度表示，同樣能夠用數位的形式儲存。至於文章中的文字，既然我們可以在電腦中輸入，自然可以用二進位的數字表示。於是我們發現，但凡可以用數的形式記錄下來的，都可以稱為資料，這也驗證了畢達哥拉斯所說的「萬物皆數」。當今這個時代的資料，大多指的是儲存在電子裝置中的記錄。每個時代有每個時代的特徵，關鍵在於怎麼把握。

要注意的是，在建構資料機器之始，首先要明確需求，就像各位朋友為了準備元旦大餐，根據各自的需求選購食材似的。但實際上很多人會忽視這一點，拿到資料就直接建構模型，目的都不明確。舉個例子，小明讀了一本機器學習的書之後十分自信，就想小試牛刀。碰巧，小明有個親戚在開淘寶店，小明主動提出幫他分析客戶消費資料。分析後，親戚看到小明給他看的酷炫的視覺化結果，稱讚小明真厲害。然而，在小明分析之前，親戚每月的收入是 1 萬元，在小明分析之後，親戚每月的收入還是那些。於是，親戚暗自覺得小明的分析「華而不實」。如果在小明分析之後，親戚每月的收入顯著提高，比如直接加倍了，那才能表現出小明分析資料的價值。因為親戚的目的不是看結果有多漂亮，而是實實在在地提高收入。所以，確定資料建模的目的十分重要。

確定目的後，就可以進入食材的準備與清洗階段。從資料初始來源看，資料獲取一般分為直接來源和間接來源。

直接來源就是根據目標確定變數然後爬取資料，如透過資料資源豐富的電子商務、短影片、直播等獲取資料；也有透過調查或實驗獲取資料的，如企業或科學研究工作者為實現某一目的而透過一系列調查或實驗得到資料；等等。但採用直接來源的方式獲取資料不易，如注重隱私的醫療行業的資料獲取。這時候只能透過間接來源的方式分析問題，如整理資料的分析，就是根據目的分析不同研究者對同一問題的研究結果資料。

間接來源，通常是原始資料已經存在，使用者需要根據目的對原資料重新加工整理，使之成為可以使用的資料。當前網路上的公開資料、圖書期刊提供的文獻資料、公司發佈的定期研報資料等，都屬於間接來來源資料。通俗來講，間接資料就是二手資料，這些資料的擷取比較容易，成本低，而且用途很廣泛；除了用於分析將要研究的問題，還能提供研究問題的背景，幫助使用者定義問題並尋找研究想法。本書中所涉及的資料集，比如共享單車資料集、鳶尾花資料集、鐵達尼號資料集、企鵝資料集等，都是已公開的二手資料，僅供讀者練習模型所用，讀者可以輕鬆獲取到。需要注意的是，二手資料有很大的局限性，使用者需要保持謹慎態度。因為二手資料不一定符合使用者研究的目的，可能問題相關性不夠，口徑可能不同，資料也可能不準確，還有可能有失時效性等。

擷取到資料之後，就是資料清洗步驟。如果是間接來來源資料，如一些公開資料集或比賽提供的資料集，通常要做的只是資料篩選，因為這些資料大多已經被處理過。如果是直接來來源資料，比如工廠感測器直接擷取到的資料，醫生對病人的檢測資料等，都需要使用者花費大量時間對資料進行清洗。有時，資料清洗過程將佔據整個研究過程 70% 以上的時間。資料清洗的手段包括處理遺漏值、檢測和過濾異常值，去除雜訊點，移除重復資料、選擇重要變數等。

在烹飪階段，我們將根據資料特點準備待選模型並選擇最佳模型。本書之後的章節將詳細介紹監督學習這一大菜系中的各種選單模型。為方便大家開發新食譜，將介紹模型的整合結構，並舉出多個模型聯合的範例。

最後的裝盤展示階段，包括模型結果的視覺化展示和模型實作。視覺化階段可以展示模型效果，並對結果做出解釋，供決策者作參考。圖表展示，包括散點圖、長條圖、線圖、圓形圖、柱狀圖、箱線圖、雷達圖等常用的統計圖形，還有表示模型層次結構的樹狀、圓錐樹、樹狀地圖等，以及社群網站、文字詞雲等。模型實作則是將模型部署到生產環境中，從而產生實用價值的過程。

本節主要介紹機器學習之旅的整個過程，之後的小節詳細介紹監督學習的全過程。後續章節除了提供各大模型食譜，還貼心地準備了實例，以方便讀者練手。

1.2 監督學習是什麼

在機器學習中，通常可根據是否包含資料標注資訊而被分為監督學習和無監督學習，有時也會包括半監督學習、主動學習和強化學習。監督（Supervise）一詞表示為保證任務符合規定而採取的監管行為。在英國大學中，「supervisor」指的就是「導師」的含義。因此，當資料樣本不僅有著屬性特徵變數，還有著相應的類別或數值標籤時，就表明透過學習過程，這些屬性特徵變數預測出的標注資訊是受真實觀測到的標注資訊監管的，這就是將其稱之為監督學習的原因。

定義 1.1（監督學習） 監督學習（Supervised Learning）是指從標注資料中學習預測模型的機器學習問題，學習輸入輸出之間的對應關係，預測給定的輸入產生相應的輸出。

機器學習的目的，就是希望製作一台資料機器，從輸入管投入原材料，從輸出管產出想要的結果。對於監督學習而言，產出的結果逃不出輸出空間。也就是說，輸出空間是所有可能輸出結果的集合。根據輸出空間的不同，還可以將監督學習分為迴歸（Regression）問題和分類（Classification）問題，如果輸出空間是由連續數值組成的，一般為迴歸問題，如果輸出空間是由離散數值組成的，一般為分類問題。無論是迴歸問題還是分類問題，都是經典統計學研究的物件，所以說，監督學習的本質是學習從輸入到輸出的映射的統計規律。監督學習的資料機器示意圖見圖 1.3。

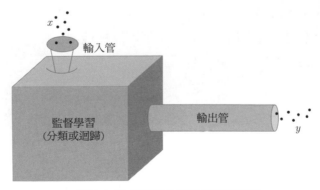

▲ 圖 1.3 監督學習的資料機器示意圖

舉個例子，小明喜歡玩積木，現在有若干塊三角形碎片積木。小明將這些積木按照位置座標置放，以顏色作為標注資訊，分為黃色、藍色、紅色三類，繪製在圖 1.4 中。這是一張來自彩色世界的圖片，根據顏色標注就能輕鬆地將其分離。小明又做了些工作，應用監督學習中的線性判別方法在圖 1.4 中標出兩條黑色決策直線，這樣三個類別的區域就確定下來了。

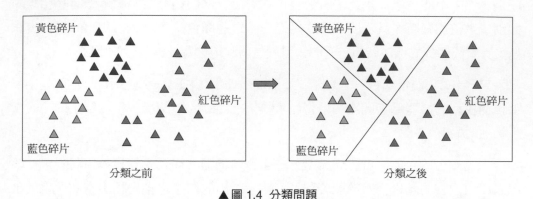

▲ 圖 1.4 分類問題

與監督學習相對的，則是不存在標注資訊的學習過程，也就是無監督學習。無監督學習希望透過演算法得到隱含在內部結構中的資訊，輸出結果更具有多樣性。比如，小明還有一組碎片積木，形狀、大小及個數完全相同，不過這些積木沒有上色。換言之，這些積木都沒有顏色類別的標注資訊，每塊積木只有對應的位置座標資訊，如圖 1.5 所示。小明發現，這就如同回到了 20 世紀 50 年代，只能看到黑白電視的樣子。這次，小明用無監督學習中的聚類方法，根據每塊積木的位置，將這些積木劃分為多個簇。結果出現了多種情況，比如分為 2 個簇，也有分為 3 個簇、4 個簇的時候，甚至更多個簇。

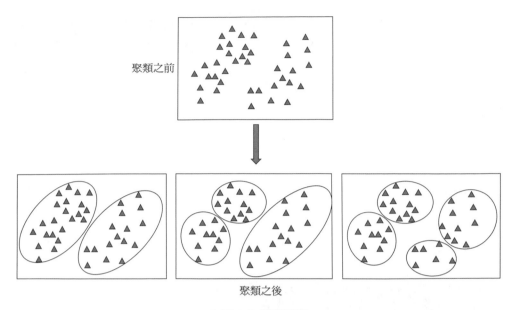

聚類之前

聚類之後

▲ 圖 1.5 聚類問題

1.2.1 基本術語

雖然本書以探索精神為主,但是書中不乏一些公式。為便於學習,需要約定一些術語。

在機器學習中,輸入的所有可能設定值的集合稱為**輸入空間**(Input Space),記為 $\mathcal{X}$。輸入變數記為 $\boldsymbol{X} = (X_1, X_2, \cdots, X_p)^{\mathrm{T}}$,表示輸入變數包含 p 維屬性,因此輸入空間也被稱為屬性空間。輸入變數的具體設定值稱為實例,通常為向量,記為 $\boldsymbol{x} = (x_1, x_2, \cdots, x_p)^{\mathrm{T}}$。輸出的所有可能設定值的集合稱為**輸出空間**(Output Space),記為 $\mathcal{Y}$。輸出變數記為 Y,輸出變數的具體設定值稱為標注資訊或標籤,本書中涉及的實例標籤為標量,記為 y。在統計書籍中,輸入變數 X 還有個更經典的稱呼,叫引數或解釋變數,輸出變數 Y 還被稱為因變數或回應變數。

資料機器中從輸入到輸出的潛在規律是未知的,需要學習得到。為透過學習逼近資料中存在的潛在規律,首先假設由所有這些潛在規律組成的集合,這一集合稱為**假設空間**(Hypothesis Space),記作 $\mathcal{F}$,這表示確定了計畫學習的所有候選模型。特別地,如果候選模型是由參數決定的,則稱參數所有可能設定值的結

合為**參數空間**（Parameter Space），記作 Θ。之後，將希望學習的目標模型記作 $f \in \mathcal{F}$，進行學習。學習過程分為訓練和測試兩個階段。

訓練過程中使用的資料稱為**訓練資料**（Training Data）。由訓練資料組成的集合稱為訓練資料集（簡稱訓練集），通常表示為

$$T = \{(\boldsymbol{x}_1, y_1), (\boldsymbol{x}_2, y_2), \cdots, (\boldsymbol{x}_N, y_N)\}$$

式中，$(\boldsymbol{x}_i, y_i)$ 表示訓練集中的第 i 個樣本，$i = 1, 2, \cdots, N$，N 表示訓練資料集的樣本容量。在監督學習中，訓練集中的每個樣本（Sample），都是以輸入 - 輸出對出現的。每個樣本實例

$$\boldsymbol{x}_i = (x_{i1}, x_{i2}, \cdots, x_{ij})^{\mathrm{T}}$$

式中，x_{ij} 表示第 i 個樣本中的實例在第 j 個屬性上的設定值。

完成訓練之後，將獲得一台資料機器，機器的執行機制就是透過訓練所得的模型。訓練出的模型只是在訓練集上表現優異的種子選手。也就是說，這一模型只是能夠極佳地擬合已知的資料。在正式投入使用之前，要試運行一下，看看這個機器是否可以極佳地適用於一些新實例，為此我們會準備**測試資料**（Test Data）。由測試資料組成的集合稱為測試資料集（簡稱測試集），記作

$$T' = \{(\boldsymbol{x}_{1'}, y_{1'}), (\boldsymbol{x}_{2'}, y_{2'}), \cdots, (\boldsymbol{x}_{N'}, y_{N'})\}$$

式中，$(\boldsymbol{x}_{i'}, y_{i'})$ 表示測試集中的第 i' 個樣本，$i' = 1', 2', \cdots, N'$，N' 表示測試集的樣本容量。透過測試集，可以檢測模型適用於未知的新實例的能力。測試時，將測試集中的實例輸入訓練集訓練而出的模型中，將根據模型預測的標注 $f(\boldsymbol{x}_{i'})$ 與真實標注 $y_{i'}$ 進行比較。對於那些未曾發生的事，人類所做的預測無從分辨真假。所以用以測試的這組資料仍然是既有輸入又有輸出。根據試運行結果，我們會對之前訓練出的模型做一些微調，從而平衡對已知資料的擬合能力和對未知資料的泛化能力。關於擬合能力和泛化能力，1.3 節將舉出詳細講解。

一切準備就緒之後，就可以將資料機器投入使用了，也就是預測過程。每給定一個實例，就可以預測出一個結果。監督學習的全過程如圖 1.6 所示。

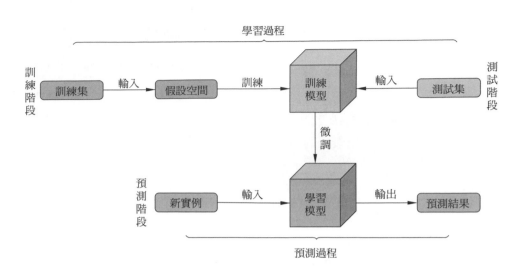

學習過程

▲ 圖 1.6 監督學習全過程

1.2.2 學習過程如同一場科學推理

在科學推理中，有兩大邏輯思維，一個是歸納法，一個是演繹法。在科學理論的發展中多採用歸納法，即根據大量的已知資訊，概括總結出一般性的科學原理。在刑偵推理中多採用演繹法，即以一定的客觀規律為依據，透過事物的已知資訊，推理得到事物的未知部分。本書在介紹學習過程時，所用的就是歸納法，這是一個在觀察和總結中認識世界的過程，透過觀察大量的樣本，歸納總結出一個合適的模型；在介紹預測過程時，所用的則是演繹法，即根據已知資訊建構的模型做出決策，從而預測未知樣本的結果。這裡的未知樣本指的是只有屬性沒有標注的樣本，即待預測實例。

先從一個多項式擬合的例子出發，說明監督學習過程三部曲：訓練階段、測試階段和預測階段。

例 1.1 假設已知真實函式 $y = \sin(2\pi x)$，因現實中誤差的影響，需要在函式中增加雜訊項 $\varepsilon \sim N(0, 0.2)$，即 ε 來自於平均值為 0，方差為 0.2 的正態分佈。樣本根據 $y_i = \sin(2\pi x_i) + \varepsilon_i\ (i = 1, 2, \cdots, N)$ 生成，x_i 為區間 [0, 1] 上等距離分佈的點。訓練集記作

$$T = \{(x_1, y_1), (x_2, y_2), \cdots, (x_{10}, y_{10})\}$$

樣本容量 $N = 10$。假設透過蒙地卡羅模擬生成的訓練集為

$$T = \{(0.00, 0.13), (0.11, 0.52), (0.22, 1.29), (0.33, 1.08), (0.44, 0.42), (0.56, -0.49),$$
$$(0.67, -1.01), (0.78, -0.75), (0.89, -0.39), (1, -0.13)\}$$

圖 1.7 中，曲線是真實函式的曲線，點是訓練集中的樣本。請透過 M 次多項式對訓練集進行擬合，選出最佳的 M 次多項式，並對新的實例 $x = 0.5$ 進行預測。

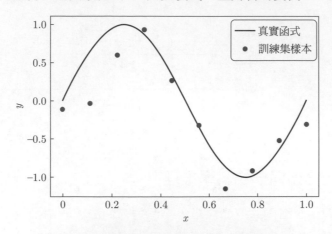

▲ 圖 1.7　例 1.1 中的真實函式與訓練集樣本

假設給定的資料是由式 (1.1) 的 M 次多項式生成的：

$$f_M(x, \boldsymbol{\beta}) = \beta_0 + \beta_1 x + \beta_2 x^2 + \cdots + \beta_M x^M = \sum_{m=0}^{M} \beta_m x^m \tag{1.1}$$

式中，M 代表多項式函式 $f_M(x, \boldsymbol{\beta})$ 中的最高次冪；x 是輸入實例，在式 (1.1) 中為標量；$\boldsymbol{\beta} = (\beta_0, \beta_1, \cdots, \beta_M)^{\mathrm{T}}$ 是參數向量，參數空間的維數為 $M + 1$。

1. 訓練階段：如何選出最佳模型

訓練過程，就是根據訓練集從假設空間中選出最佳模型，這裡檢測的是對已知資料的擬合能力。現在以觀察值或實驗值（訓練集中的標籤）與預測值（透過模型預測的標籤）之間的差異作為損失，量化擬合能力。

考慮 $M = 0, 1, 2, \cdots, 9$ 共十種情況，透過經典的迴歸估計方法——最小平方法估計參數，擬合曲線如圖 1.8 所示。最小平方法的具體原理參見第 2 章。

當 $M = 0$ 時，多項式退化為一個常數函式，擬合的曲線就是平行於 x 軸的一條直線，這時候它與真實曲線之間的差異是非常大的；當 $M = 1$ 時，多項式為一次函式，擬合曲線是一條直線，相較於 $M = 0$ 時，稍微接近於真實曲線；$M = 2$ 時，對應的是一條二次曲線，更加接近於真實曲線；$M = 3$ 時，擬合得到一條三次曲線，和真實的曲線非常接近；同理，$M = 4, M = 5, \cdots, M = 9$ 時，統統可以得到擬合曲線。觀察發現，$M = 9$ 時，擬合曲線恰好穿過所有樣本。這是必然的，因為 $M = 9$ 時參數向量包含 10 個元素，而訓練集中的樣本也有 10 個，相當於求解了一個十元一次方程組。如果從是否完美地穿過所有樣本來看，那麼最佳模型應該就是 $M = 9$ 時的擬合曲線。

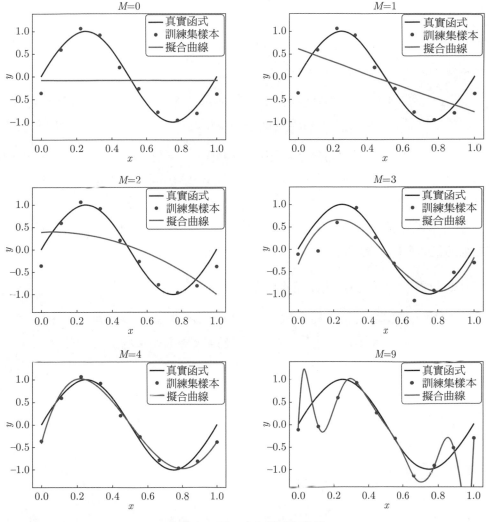

▲ 圖 1.8 例 1.1 中的擬合曲線

以上相當於透過肉眼觀察評估模型的性能，比較樣本標注與預測之間的差異。如果定量分析，則需要定義損失函式 $L(y, f_M(x, \boldsymbol{\beta}))$。在迴歸問題中，常用的損失是平方損失，

$$L(y, f_M(x, \boldsymbol{\beta})) = (y - f_M(x, \boldsymbol{\beta}))^2$$

每個樣本的損失記為 $L(y_i, f_M(x_i, \boldsymbol{\beta}))$，訓練集上的平均損失稱為**訓練誤差**。對於迴歸問題而言，則是均方誤差的經驗結果，

$$R_{\mathrm{emp}}(\boldsymbol{\beta}) = \sum_{i=1}^{N} \left(\sum_{m=0}^{M} \beta_m x_i^m - y_i \right)^2$$

訓練誤差最小為 0，發生在 $M = 9$ 時。可以認為，從訓練過程而言，最佳模型為 9 次多項式。

但是，從圖 1.8 中也發現，與真實曲線最接近的擬合曲線當屬 $M = 3$ 或 $M = 4$ 時。難道上面透過最小化訓練誤差選擇最佳模型的策略是錯誤的？錯誤出在何處？

這是因為上面的訓練過分地依賴於訓練集，只希望盡可能地擬合訓練集中的樣本，卻忽略訓練集外的。如果參數過多，甚至超出訓練集中樣本的個數，模型結構將十分複雜，雖然對已知資料有一個很好的預測效果，但對未知資料預測效果很差，這就是**過擬合現象**。如同習武之人，經過一番訓練之後，可以輕鬆應對已知來臨的攻擊，但是應對突如其來的襲擊可能就會驚慌失措。

2. 測試階段：如何平衡訓練誤差與模型複雜度

如何解決過擬合呢？一種嘗試就是類似於機器的試運行階段，現在準備一組測試集。類似於訓練誤差，定義測試誤差為測試集上的平均損失，檢測的是對未知資料的預測能力。仍然採用例 1.1 中的真實函式，隨機生成一組樣本容量 $N' = 10$ 的測試集，分別計算之前訓練出來的不同 M 情況下模型的測試誤差，結果如圖 1.9 所示。

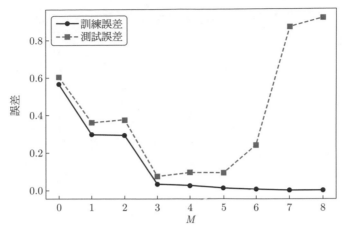

▲ 圖 1.9 訓練誤差與測試誤差

　　圖 1.9 中，藍色折線代表訓練誤差，度量模型對已知資料的預測能力；橙色虛線代表測試誤差，度量模型對於未知資料的預測能力。如果以參數向量中元素的個數反映模型的複雜度，M 越大表示模型越複雜。當 $M = 0$ 時，訓練誤差和測試誤差都比較大。隨著模型複雜度的增加，訓練誤差和測試誤差明顯減小。直到 $M = 3$ 時，測試誤差達到最小，此時訓練誤差也到達一個較小的值。接著，隨著 M 的增大，訓練誤差繼續減小，但是測試誤差卻會增大。這說明，在 $M > 3$ 時，模型將對於已知資料預測能力越來越好，但是對於未知資料的預測能力會越來越差。我們希望在測試誤差和訓練誤差中找到一個平衡點，也就是 $M = 3$ 時。這說明，透過微調階段，選出來的最佳模型是三次多項式。

　　整個學習過程十分符合奧卡姆剃刀原理，希望模型既能極佳地解釋已知資料，而且結構又十分簡單。

3. 預測階段：如何預測新實例的標籤

　　透過訓練和測試階段，已經完成了模型的選擇，確定了三次多項式。根據訓練集估計所得模型如式 (1.2) 所示，

$$f^*(x) = 17.31x - 25.19x + 7.66x + 0.21 \tag{1.2}$$

式中，f^* 表示估計的最終模型函式，估計所得參數 $\hat{\beta} = (17.31, -25.19, 7.66, 0.21)^{\mathrm{T}}$。

預測階段，就是將新實例 $x = 0.5$ 代入式 (1.2) 即可，$f_3^*(0.5) = -0.0987$，見圖 1.10 中橙色曲線上的綠色點。

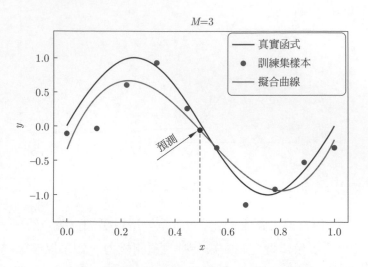

圖 1.10　根據三次多項式對實例 $x = 0.5$ 的預測

1.3　如何評價模型的好壞

透過 1.2 節的介紹，已初步熟悉了監督學習過程中的三部曲。學習過程分為訓練階段和測試階段，一般採用訓練集和測試集完成這個過程。訓練集通常只是樣本空間的小型採樣，而訓練不僅希望學習模型適應這些已知標籤的資料，還希望可以適用於未在訓練集中出現的樣本。因此，亟需評價模型好壞的指標，如果以損失來量化比較，損失越小越好，如例 1.1 中所用的平方損失。

1.3.1　評價模型的量化指標

在監督學習中，主要分為分類問題和迴歸問題。假如現在從假設空間 $\mathcal{F}$ 中選取模型 f 作為目標，實例 $\boldsymbol{x}$ 的標籤為 y，透過模型 f 得到的預測結果為 $f(\boldsymbol{x})$。損失函式就是比較輸入變數設定值為 $\boldsymbol{x}$ 時，$f(\boldsymbol{x})$ 與真實標注 y 之間的差異。記損失函式為 $L(y, f(\boldsymbol{x}))$。以下介紹不同問題中常見的損失函式。

1. 迴歸問題中常見的損失函式

(1) 絕對損失函式（Absolute Loss Function）

$$L(y, f(\boldsymbol{x})) = |y - f(\boldsymbol{x})|$$

(2) 平方損失函式（Quadratic Loss Function）

$$L(y, f(\boldsymbol{x})) = (y - f(\boldsymbol{x}))^2$$

在線性迴歸模型中，最小平方參數估計就是基於平方損失實現的。在套索迴歸中，為實現變數選擇，採用絕對損失函式作為正規項。具體內容詳見第 2 章。

2. 分類問題中常見的損失函式

(1) 0-1 損失函式（0-1 Loss Function）

$$L(y, f(\boldsymbol{x})) = \begin{cases} 1, & y \neq f(\boldsymbol{x}) \\ 0, & y = f(\boldsymbol{x}) \end{cases}$$

0-1 損失函式常用於最近鄰分類 [i]、單純貝氏分類 [ii]。

(2) 指數損失函式（Exponential Loss Function）

$$L(y, f(\boldsymbol{x})) = \exp(-yf(\boldsymbol{x}))$$

指數損失函式常用於自我調整提升（Adaptive Boosting，AdaBoost）提升方法 [iii]。

(3) 合頁損失函式（Hinge Loss Function）

$$L(y, f(\boldsymbol{x})) = [1 - y(\boldsymbol{w} \cdot \boldsymbol{x} + b)]_+$$

$$= \begin{cases} 1 - y(\boldsymbol{w} \cdot \boldsymbol{x} + b) & y(\boldsymbol{w} \cdot \boldsymbol{x} + b) \leqslant 1 \\ 0 & y(\boldsymbol{w} \cdot \boldsymbol{x} + b) > 1 \end{cases}$$

---

i　詳細內容見本書第 3 章。

ii　詳細內容見本書第 4 章。

iii　詳細內容見本書第 11 章。

式中，$f(\boldsymbol{x}) = \text{sign}(\boldsymbol{w} \cdot \boldsymbol{x} + b)$，$\boldsymbol{w}$ 表示分離超平面的權重向量，b 表示分離超平面的偏置項。合頁損失函式常用於支援向量機 [iv]。

除以上幾種損失函式外，還有為感知機模型特別訂製的感知機損失、由似然函式變化而得的似然損失等。可見，損失函式是以目的為導向，根據模型特點舉出的。

對模型而言，一個樣本點預測的好壞可以透過損失函式計算。一個或幾個樣本的損失，只是一個小局部的損失情況，如果想知道模型在全域上的損失，度量模型在資料整體（即包含所研究的全部個體的集合，是一個統計學中的基本概念）的損失，則可以從整體上的平均損失來看。因為樣本不同設定值下的機率可能不同，那麼不同樣本所帶來的損失也可能不一樣，風險函式就相當於樣本空間中所有樣本設定值所帶來的加權平均損失。在監督學習中，每個樣本都具有輸入和輸出，記輸入變數 $\boldsymbol{X}$ 和輸出變數 $\boldsymbol{Y}$ 組成的所有可能設定值的集合為樣本空間 $\mathcal{X} \times \mathcal{Y}$，記輸入變數和輸出變數在樣本空間上的聯合分佈為 $P(\boldsymbol{X}, Y)$。損失函式的期望稱作風險損失（Risk Loss）或期望損失（Expected Loss）。關於期望的含義在小冊子中舉出解釋。

$$R_{\exp}(f) = E[L(Y, f(\boldsymbol{X}))] \tag{1.3}$$

$$= \begin{cases} \displaystyle\int_{(\boldsymbol{x},y)\in\mathcal{X}\times\mathcal{Y}} L(y, f(\boldsymbol{x}))P(\boldsymbol{x},y)\mathrm{d}\boldsymbol{x}\mathrm{d}y, & P(\boldsymbol{X}, Y) \text{ 是連續分佈} \\ \displaystyle\sum_{(\boldsymbol{x},y)\in\mathcal{X}\times\mathcal{Y}} L(y, f(\boldsymbol{x}))P(\boldsymbol{x},y), & P(\boldsymbol{X}, Y) \text{ 是連續分佈} \end{cases}$$

表示理論上模型 f 在樣本空間上的平均損失，或說是整體的平均損失。一般以 $\boldsymbol{X}$ 為條件，對 $\boldsymbol{Y}$ 預測，所以式 (1.3) 可以寫成

$$R_{\exp}(f) = E_{\boldsymbol{X}} E_{Y|\boldsymbol{X}}[L(Y, f(\boldsymbol{X}))|\boldsymbol{X}]$$

此時，透過逐點最小化 $R_{e\mathcal{x}_{\mathrm{p}}}(f)$ 即可得到學習模型 f^*，

$$f^* = \arg\min_{f} E_{Y|\boldsymbol{X}}[L(Y, f(\boldsymbol{X}))|\boldsymbol{X} = \boldsymbol{x}]$$

---

iv　詳細內容見本書第 9 章。

另外，如果目標是選擇中位數損失最小的模型，可以將期望損失改為中位數損失（Median Loss），即

$$R_{\mathrm{med}}(f) = \mathrm{Med}[L(Y, f(\boldsymbol{X}))]$$

其中，Med 表示中位數函式。與期望相比，中位數不受異常值的影響，更加穩健（Robust）。但是在數學計算的便捷性上，中位數不如期望，致使其發展受阻。即使如此，在電腦技術的輔助下，相信在不久的將來這些難關都將被攻克。

但是，用以計算期望損失的機率分佈很難獲悉，這是因為人們不知道上帝創造這個世界到底用的是什麼模型，從人類角度來看，可以借助統計思想：根據樣本推斷整體。如果已知的樣本集為

$$T = \{(\boldsymbol{x}_1, y_1), (\boldsymbol{x}_2, y_2), \cdots, (\boldsymbol{x}_N, y_N)\}$$

則模型 f 在已知資料集上的平均損失稱為經驗風險（Empirical Risk）或經驗損失（Empirical Loss），記作 Remp(f)，

$$R_{\mathrm{emp}}(f) = \frac{1}{N} \sum_{i=1}^{N} L(y_i, f(\boldsymbol{x}_i))$$

可以說，期望損失就相當於一個整體平均損失的理論值，經驗風險就是樣本平均損失，作為期望損失的經驗值而出現的。

損失函式、期望損失和經驗風險都是一般性的概念，並不是對應於某一特定模型的，因此可以用以制定學習方法的策略，進而在學習系統中訓練模型和測試模型，其具體區別如圖 1.11 所示。

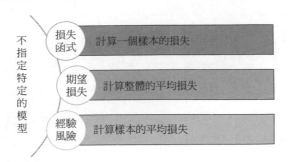

▲圖 1.11 損失函式、期望損失、經驗風險之間的區別

下面分別從擬合能力和泛化能力來解釋例 1.1 中提到的訓練誤差、測試誤差

等，這些都是對應於訓練出來的某一特定模型而言的。

1.3.2 擬合能力

擬合能力（Fitting Ability），指的是以訓練出來的某模型對已知資料的預測能力。可以用擬合誤差來度量，即已知資料的平均損失。如果擁有整體資料，根據整體或許就能揭曉上帝創造世界的秘密了。這時候建構模型，自然是擬合得越接近越好，越接近就越靠近真相。用以度量接近程度的，理論上用的是期望損失，實際操作則用的是經驗風險。可以將經驗風險理解為透過訓練集中的樣本對期望損失的估計。假設已經學習到的模型記為 $\hat{f}$，稱 $\hat{f}$ 對所有已知資料的平均損失為擬合誤差（Fitting Error），是度量擬合能力的理論值；稱 $\hat{f}$ 在訓練集上的平均損失為訓練誤差（Training Error）。假如給定訓練集 $T = \{(\boldsymbol{x}_1, y_1), (\boldsymbol{x}_2, y_2), \cdots, (\boldsymbol{x}_N, y_N)\}$，訓練誤差表示為

$$R_{\text{train}}(\hat{f}) = \frac{1}{N} \sum_{i=1}^{N} L(y_i, \hat{f}(\boldsymbol{x}_i))$$

作為度量擬合能力的經驗值。

經驗風險越小越好。如果整體是已知的，也就無所謂過擬合了，因為不存在未知資料——已經知道所有的設定值。但是，這畢竟是一種極端情況，如果獲取到整體，也沒有必要學習模型用以預測。因此，可以得到的一般是樣本。假如此時將訓練集作為已知資料看待，平均損失的經驗值就是訓練誤差。

1.3.3 泛化能力

泛化（Generalization）一詞來自於心理學，單從字面來理解就是普適能力。如果情況類似，人類在當前學習下就會參考過去學習的概念（Concept），可以視為根據過去經驗與新經驗之間的相似性連結適應世界。舉個例子，小明第一次吃阿根廷大紅蝦，結果出現渾身發癢、呼吸不暢的情況，這讓小明強烈地感到身體不適。於是，小明認為自己對海鮮過敏。從而學習到一個概念「對海鮮過敏」。儘管這個概念在某些情況下是正確的，但並不完全正確。假如小明只對蝦類過敏，對魚類不過敏，而學習到的概念使得他即使在美食街聞到了香噴噴的烤魚味兒，

也不敢進去。那麼，他過去學習到的概念就使他在生活中錯過了所有的海鮮美食。

在機器學習中，可以稱這些概念為模型。同理，**泛化能力**（Generalization Ability），指的是透過某一學習方法訓練所得模型，對未知資料的預測能力。假如訓練所得模型記為 $\hat{f}$，$\hat{f}$ 的泛化能力評價的就是 $\hat{f}$ 在整個樣本空間上的性能。模型 $\hat{f}$ 在所有未知資料上的平均損失稱為 $\hat{f}$ 的泛化誤差（Generalization Error）。如果以測試集作為未知資料，則 $\hat{f}$ 在測試集上的平均損失稱為測試誤差（Testing Error）。假如測試集為 $T' = \{(\boldsymbol{x}_{1'}, y_{1'}), (\boldsymbol{x}_{2'}, y_{2'}), \cdots, (\boldsymbol{x}_{N'}, y_{N'})\}$，則測試誤差表示為

$$R_{\text{test}}(\hat{f}) = \frac{1}{N} \sum_{i=1'}^{N'} L(y_i, \hat{f}(\boldsymbol{x}_i))$$

作為度量泛化誤差的經驗值。

假如現在整體資料都是未知資料，那麼對於整個樣本空間計算的平均損失，就是泛化誤差。這反映模型對整體資料的廣泛適應能力，往往模型越簡單越容易適應全部資料，這時候也無所謂欠擬合問題了，因為不存在已知資料。俗話說的以不變應萬變就是這個道理。

從極端情況回到實際中，一般把收集到的樣本分一部分出來作為測試集，將其視作未知資料，計算平均損失，得到測試誤差。一般來說由於測試資料集包含的樣本有限，僅透過測試資料集去評價泛化能力並不可靠，此時需要從理論出發，對模型的泛化能力進行評價。

如果透過訓練得到兩個模型，兩個模型對已知資料的預測能力相近，該如何選擇模型呢？透過泛化誤差比較兩者的泛化能力。哪一個模型的泛化誤差小，哪一個模型的泛化能力就更強，也就是對未知資料的預測能力更強。這類似於統計學中的參數估計，當兩個估計值都是無偏估計時，傾向於選擇方差更小的那個。

泛化誤差上界對應的是泛化誤差的機率上界。在理論上比較兩種學習方法所得模型的優劣時，可透過比較兩者的泛化誤差上界進行。泛化誤差上界具有以下兩個特點。

- **樣本容量的函式**：隨著訓練集樣本容量的增大，泛化誤差上界趨於 0。因為此時相當於用整體訓練模型，所得模型自然適用於整個整體。

- **假設空間容量的函式**：假設空間容量越大，待選模型越複雜，模型就越難訓練，泛化誤差上界就越大。這可以透過平均值 - 方差這種思想來理解。待選模型越複雜，模型方差越大，訓練所得模型的普適性越差，泛化誤差越大。

評價訓練所得模型的擬合能力與泛化能力中所涉及的概念比較如圖 1.12 所示。

▲ 圖 1.12 擬合能力與泛化能力相關概念之間的比較

需要注意的是，擬合能力和泛化能力不能分開來看，因為模型既需要對已知資料有一個好的擬合效果，也需要具有對未知資料有較強的適應能力，兩者都很重要，需要找到一個平衡點。

1.4 損失最小化思想

既然模型好壞可以用損失大小來比較，人們就希望損失越小越好，這就是損失最小化的思想。無論是日常生活還是政府決策，都少不了這種思想的輔助。舉個例子，小明有一大樂趣就是買鞋子。在一次大促銷活動中，小明看到商場的促銷活動，忍不住湊單買了 3 雙鞋子，消費了 1000 元。可是，這 3 雙鞋子中只有一雙是最舒適合腳的，於是另外兩雙鞋子穿都沒穿就被塞進櫃子中。又有一次，小明的一雙慢跑鞋開裂了，就近來到一家鞋店，店中的鞋子都不便宜，小明千挑萬選，挑中一雙 1000 元的。小明對這雙鞋子十分鍾愛，使用率很高。如果從損失來看，第一種情形，雖然鞋子單價便宜，但是整體使用率低，可以認為未穿的兩雙鞋子的消費金額就是損失，而第二種情形，雖然鞋子單價貴一些，但使用率高，

可以認為損失很小。按照損失最小化思想來看，當然應該選第二種。

在機器學習中，到底應該最小化什麼損失呢？模型是根據訓練集訓練出來的，希望模型具有良好的擬合能力。同時，模型歸根結底是要拿來用的，要對未來決策有幫助才行，因此也希望模型具有良好的泛化能力。如何才可以兩全其美，讓模型既具有良好的擬合能力又具有良好的泛化能力呢？如果以訓練誤差度量擬合能力，以測試誤差度量泛化能力，那麼可以定義最小化的目標函式為總損失，

$$R_{\text{tot}}(f) = \frac{1}{N}\sum_{i=1}^{N} L(y_i, f(\boldsymbol{x}_i)) + \lambda\frac{1}{N'}\sum_{i=1'}^{N'} L(y_i, f(\boldsymbol{x}_i)) \tag{1.4}$$

式中，第一項是訓練誤差；第二項是測試誤差；λ 稱為調整參數（Tuning Parameter）或懲罰參數（Penalty Parameter），用以平衡訓練誤差和測試誤差之間的關係，λ 越大，表示越重視測試誤差，一般 λ= 1，例如在做交叉驗證時。

我們希望學習到的模型對應的損失越小越好，因此可基於最小化損失思想選擇模型

$$\hat{f} = \arg\min_{f\in\mathcal{F}} \left(\frac{1}{N}\sum_{i=1}^{N} L(y_i, f(\boldsymbol{x}_i)) + \lambda\frac{1}{N'}\sum_{i=1'}^{N'} L(y_i, f(\boldsymbol{x}_i)) \right)$$

除了總損失，還可以用結構風險平衡擬合能力和泛化能力。模型 f 的結構風險函式（Structural Risk Function）定義為

$$R_{\text{str}} = \frac{1}{N}\sum_{i=1}^{N} L(y_i, f(\boldsymbol{x}_i)) + \lambda J(f) \tag{1.5}$$

式中，第一項是經驗風險；J(f) 表示模型結構的複雜度，用以度量模型對未知資料的泛化能力，也稱為正規化項；類似於式 (1.4)，懲罰參數 λ 用以平衡經驗風險與模型複雜度之間的關係。我們希望學習到的模型結構風險越小越好，因此可基於損失最小化思想選擇模型

$$\hat{f} = \arg\min_{f\in\mathcal{F}} \left(\frac{1}{N}\sum_{i=1}^{N} L(y_i, f(\boldsymbol{x}_i)) + \lambda J(f) \right)$$

這稱為正規化方法。

1.5 怎樣理解模型的性能：方差 - 偏差折中思想

為什麼要評價一個模型的性能？如果模型太簡單，可能對待預測的資料不造成任何作用，但是如果模型太複雜，又可能帶來過擬合現象。到底該如何理解呢？這裡可以借助於方差 - 偏差折中（Variance-Bias Tradeoff）思想。

在解釋這個折中思想之前，首先定義幾個符號。假如對上帝而言，創世時所用的模型假如記作 $y = f(x)$，比如例 1.1 中的正弦函式 $y = \sin x$；而對真實的世界而言，存在著不完美帶來的不確定性，這是由雜訊項 ϵ 帶來的，所以現實模型可以記為 $y = f(x) + \epsilon$，這裡可對應於例 1.1 中的 $y = \sin(2\pi x) + \epsilon$。一般而言，我們認為這些雜訊從平均意義上來說是 0，即假設 ϵ 的平均值為零，記為 $E(\epsilon) = 0$，方差為 $\mathrm{Var}(\epsilon) = \sigma_\epsilon^2$。對於試圖探索世界真相的人類而言，所接觸到的自然是具有不確定性的模型，為了找到最接近於真實模型的那個，人類做了一系列的嘗試，獲得了一類待選模型 $\{g_1, g_2, \cdots\}$，比如例 1.1 中的一系列多項式 f_M。將這些待選模型看作一個隨機變數 g，因為已經觀察到現實模型所得資料，所以可以透過 g 與現實模型中的 y 之間的差距度量 g 的性能，即模型 g 的均方誤差

$$
\begin{aligned}
\mathrm{MSE} &= E\left[g(x) - y\right]^2 \\
&= E\left\{g(x) - E[g(x)] + E[g(x)] - f(x) + f(x) - y\right\}^2 \\
&= E\left\{g(x) - E[g(x)]\right\}^2 + E\left\{E[g(x)] - f(x)\right\}^2 + E\left\{f(x) - y\right\}^2 \\
&= E\left\{g(x) - E[g(x)]\right\}^2 + \left\{f(x) - E[g(x)]\right\}^2 + E\left\{f(x) - y\right\}^2 \\
&= \mathrm{Var} + \mathrm{Bias}^2 + \sigma_\epsilon^2
\end{aligned}
\tag{1.6}
$$

式中，第一項 $\mathrm{Var} = E\left\{g(x) - E[g(x)]\right\}^2$ 為方差項，表示用來近似真實模型的待選模型之間的方差，這往往是由抽樣所帶來的，也就是不同的訓練集（樣本容量相同的訓練集）會導致學習模型性能的變化，刻畫資料擾動帶來的干擾；第二項 $\mathrm{Bias}^2 = \left\{f(x) - E[g(x)]\right\}^2$ 為偏差項的平方，即真實平均值與估計值的期望之間的平方差，這主要是由對模型的不同選擇所帶來的，刻畫某類模型本身的擬合能力；第三項 $\sigma_\epsilon^2 = E\left\{f(x) - y\right\}^2$ 為不可約誤差，這是由現實世界的隨機性所帶來的，超出人力所控的範圍，如同地下室在漏水，雖然它能夠被容忍，卻一直存在。

如果用打靶遊戲來說明模型的方差與偏差情況（見圖 1.13），紅心就相當於真實模型，彈孔離紅心越遠，就代表偏差（Bias）越大，反之越小；彈孔越分散，就代表方差（Var）越大，越集中則方差越小。一般而言，偏差與方差總是存在著衝突。如圖 1.13 中左上角低偏差 - 低方差的理想情況是很難實現的。一般來說隨著模型複雜度的增加，方差項趨向於增加，而偏差項趨於減小；反之，當模型複雜度降低時，出現相反的情形。要實現低方差和低偏差，操作起來非常困難。然而，困獸猶鬥，何況我們呢？所以，不妨採取儒家的中庸思想，只要將方差與偏差控制在一個較小可接受的範圍內即可。

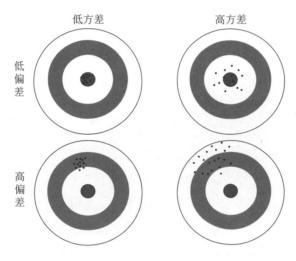

圖 1.13　打靶遊戲中的偏差與方差

1.6　如何選擇最佳模型

模型選擇就是基於奧卡姆剃刀原理實現的，希望得到一個可以在整個樣本空間上執行效果都很好，模型結構又不複雜的模型。在之前的學習過程中，我們分為訓練與測試兩個階段，透過這兩個階段就可以選出最佳模型。比如小明正在玩一個電子遊戲，若要實現升級，需要透過完成每一級的任務達成目的。幸運的是，小明觸發了某一特殊任務，完成之後連升了多級。在機器學習中也有類似於觸發任務的方法，比如正規化、交叉驗證就是模型選擇的兩種常用方法。這些方法將訓練與測試兩個階段合二為一，一旦完成就能得到學習模型。本節將詳細介紹正

規化與交叉驗證的思想。

1.6.1 正規化：對模型複雜程度加以懲罰

對模型進行評估時，主要是從模型對已知資料和未知資料的預測能力來評價，所以選擇模型時要平衡兩者。當訓練誤差低、測試誤差高時，就暗示著模型只能精準應對已知資料，缺乏對未知資料足夠準確的判斷能力，這就是過擬合（Overfitting）現象。與之相對的就是欠擬合（Underfitting）現象，無論測試誤差是高是低，訓練誤差總是很高的，暗示著學到的模型甚至都無法極佳地應對已知資料。追溯到模型結構上，過擬合往往由於模型結構太過複雜而導致，欠擬合則是由於模型結構太簡單。

舉個例子，暑假，小明到美食街遊玩，麻辣小龍蝦那誘人的香味兒喲，直往小明鼻子裡鑽。為了說服自己可以吃小龍蝦，他甚至已經默默將學到的概念「對海鮮過敏」替換為「僅對阿根廷大紅蝦過敏」了。但糟糕的是，小明在大快朵頤之後，再次過敏。也就是說，如果小明將阿根廷大紅蝦本身的特性當作他所有過敏源的特性，只是避開阿根廷大紅蝦，之後很大可能會再次出現難受的過敏反應，這就是「過擬合」。篬街的經歷讓小明心有餘悸，再也不敢嘗試海鮮美食。之後的某天，小明廢寢忘食地讀書，甚至忘記了晚飯。等意識到的時候，才覺得飢腸轆轆。好心的室友分享給小明半個披薩。小明一陣狼吞虎嚥，吃完都不曉得什麼味道。事後問室友，室友隨口告訴他是鮪魚披薩。不過這次小明並沒有過敏。也就是說，鮪魚不具有過敏原的特性，因此「對海鮮過敏」的概念是「欠擬合」的。可見，當概念太具有針對性時，往往就是過擬合的；當概念是泛泛之談時，會帶來欠擬合。

為了平衡模型對已知資料和未知資料的預測能力，我們在經驗風險的基礎上對模型的複雜度施加懲罰，稱度量模型複雜度的項為正規項（Regularizer），記作 $J(f)$。對於參數模型而言，模型參數越多，模型越複雜，$J(f)$ 越大。對於非參數模型而言，模型結構越複雜，$J(f)$ 越大。經驗風險與正規化項一起組成結構風險函式，

$$R_{\mathrm{str}}(f) = \frac{1}{N} \sum_{i=1}^{N} L(y_i, f(\boldsymbol{x}_i)) + \lambda J(f)$$

透過結構風險最小化策略選擇模型，就是正規化方法，

$$\hat{f} = \arg\min_{f \in \mathcal{F}} \left(\frac{1}{N} \sum_{i=1}^{N} L(y_i, f(\boldsymbol{x}_i)) + \lambda J(f) \right)$$

通常 $\lambda \geqslant 0$，λ 越大，在模型選擇時越重視泛化能力，選出來的最佳模型中包含的參數越少；與之相對地，λ 越小，越重視擬合能力，選出來的最佳模型可能會出現過擬合。這是因為，如果 λ 很大，$J(f)$ 的微小變化都能引發結構風險的很大的變化，那麼，透過正規化就會壓縮模型複雜度，則會避免過擬合的現象出現。但是，如果 λ 非常小，$J(f)$ 的巨大變化才能引發結構風險的很小的變化，此時透過正規化就無法降低模型複雜度了。因此，調整參數 λ 的每個設定值都對應一個不同的模型。為了學習到最佳模型，λ 的選擇是個關鍵。

正規化項有很多種形式。例如在迴歸問題中，待學習的模型結構為

$$f(\boldsymbol{X}, \boldsymbol{\beta}) = \beta_0 + \beta_1 X_1 + \beta_2 X_2 + \cdots + \beta_p X_p$$

式中，$\beta = (\beta_0, \beta_1, \cdots, \beta_p)^{\mathrm{T}}$。

在套索迴歸中，為選擇稀疏模型，正規化項採用參數的絕對值和，即

$$J(f) = \|\boldsymbol{\beta}\|_1 = |\beta_0| + |\beta_1| + \cdots + |\beta_p|$$

式中，$|\beta_i|$ 表示參數 β_i 的絕對值。$\|\boldsymbol{\beta}\|_1$ 表示參數向量 $\boldsymbol{\beta}$ 的 L_1 範數。

在嶺迴歸中，正規化項採用參數的平方和，即

$$J(f) = \|\boldsymbol{\beta}\|_2^2 = \beta_0^2 + \beta_1^2 + \cdots + \beta_p^2$$

式中，$\|\boldsymbol{\beta}\|_2$ 表示參數向量 $\boldsymbol{\beta}$ 的 L_2 範數。

在分類問題中，例如決策樹模型中，正規化項採用樹的葉子節點個數，

$$J(f) = \mathrm{card}(T)$$

式中，T 表示決策樹；$\mathrm{card}(T)$ 表示樹 T 的葉子節點個數。

除此，如果考慮由似然函式引申而得的似然損失，也可以透過正規化思想來理解 AIC 準則和 BIC 準則。

如果記參數向量為 θ，參數個數為 p，似然函式為 $L(\theta)$，對數似然損失為 $-\ln L(\theta)$，則 AIC 準則可以寫作

$$\text{AIC} = -2\ln L(\theta) + 2p = 2(-\ln L(\theta) + p)$$

在 AIC 準則中以參數的個數度量模型的複雜度 $J(f) = p$，並且取調整因數 $\lambda = 1$。

BIC 準則可以寫作

$$\text{BIC} = -2\ln L(\theta) + p\ln(N) = 2(-\ln L(\theta) + \frac{1}{2}p\ln(N))$$

式中，N 表示訓練集中的樣本個數。除了參數個數，模型複雜度中還包括訓練集樣本容量，定義為 $J(f) = p\ln(N)$，在這樣在維度大且訓練量相對較少的情況下，就可以在一定程度上避免維度災難（Curse of Dimensionality）現象。

1.6.2 交叉驗證：樣本的多次重複利用

當獲取到足夠多的樣本時，可以慢悠悠地一步一步完成學習過程，每個樣本只用一次，不是出現在訓練集，就是出現在測試集。但是，現實情況中，樣本資料通常是不充足的。本著樣本資源不要浪費的原則，可以採用交叉驗證（Cross Validation）的方法。交叉驗證的基本思想就是，重複使用資料，以解決資料不足這種問題。這裡我們介紹 3 種交叉驗證法：簡單交叉驗證、S 折交叉驗證和留一交叉驗證。

1. 簡單交叉驗證

簡單交叉驗證（Simple Cross Validation）是將資料集隨機地分為兩部分：一部分作為訓練集；另一部分作為測試集。舉個例子，假如將樣本的 70% 作為訓練集，30% 作為測試集，示意圖見 1.14。那麼，在不同的假設情況下，可以透過訓練集訓練不同的模型，將訓練得到的不同模型放到測試集上計算測試誤差，測試誤差最小的模型則是最佳模型。

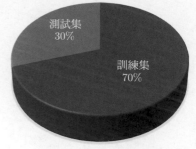

▲ 圖 1.14 簡單交叉驗證

2. S 折交叉驗證

S 折交叉驗證（S-fold Cross Valida- tion），隨機將資料分為 S 個互不相交、大小相同的子集。每次以其中 S − 1 個子集作為訓練集，剩餘的子集作為測試集。下面透過一個例子來說明。假如 S = 10，可以將資料集均勻地分為 T_1, T_2, · · ·, T_{10} 共 10 個子集。可以將其中 9 個子集的並集作為訓練集，剩餘的那個子集作為測試集。舉例來說，將 T_1, T_2, · · ·, T_9 的並集作為訓練集，用於訓練模型，所得模型記做 $\hat{f}_1$。透過類似的方法，還可以得到模型 $\hat{f}_2, \hat{f}_3, \cdots, \hat{f}_{10}$。分別在每個模型相應的測試集中計算測試誤差，並進行比較，測試誤差最小的模型，就是最佳模型 f^*。圖 1.15 為 10 折交叉驗證示意圖。

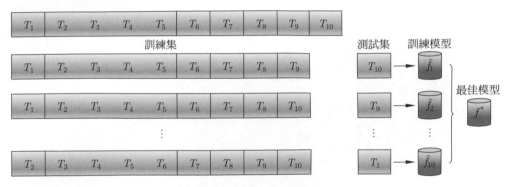

▲ 圖 1.15 10 折交叉驗證示意圖

3. 留一交叉驗證

留一交叉驗證（Leave One Out Cross Validation，LOOCV），可以認為是 S 折交叉驗證的特殊情況，即 S = N 的情況，這裡的 N 指的是資料集的樣本容量。留一交叉驗證，也就是每次用 N − 1 個樣本訓練模型，剩餘的那個樣本測試模型。這是在資料非常缺乏的情況下才使用的方法。

1.7 本章小結

1. 廣義的資料指用數位的形式記錄下來的資料。當今時代，資料大多指儲存在電子裝置中的記錄。

2. 在機器學習中，可根據是否包含資料標籤而被分為監督學習和無監督學習，有時也會包括半監督學習、主動學習和強化學習。

3. 監督學習是指從標注資料中學習預測模型的機器學習問題，學習輸入輸出之間的對應關係，預測給定的輸入產生相應的輸出。監督學習過程包含三部曲：訓練階段、測試階段和預測階段。訓練階段和測試階段組成學習過程，兩個階段有時可以合二為一。

4. 在監督學習中透過平均損失量化評價學習模型的好壞，度量模型對新鮮樣本的適應能力。根據模型結構的不同，可以選擇相應的損失函式，比較學習模型的擬合能力和預測能力。

5. 模型選擇基於奧卡姆剃刀原理實現，常用的方法有正規化與交叉驗證。

1.8　習題

1.1　請列舉常用的監督學習模型和無監督學習模型。

1.2　給定訓練集

$$T = \{(0.00, -0.25), (0.11, 0.14), (0.22, -0.66), (0.33, 0.08), (0.44, 1.41), (0.56, -1.12),$$
$$(0.67, -1.05), (0.78, 0.70), (0.89, -0.18), (1, -0.59)\}$$

以平方損失作為損失函式，多項式模型的階數作為模型複雜度，透過正規化方法學習最佳的多項式模型，並應用學習到的最佳多項式模型預測實例 $x = 0.5$。

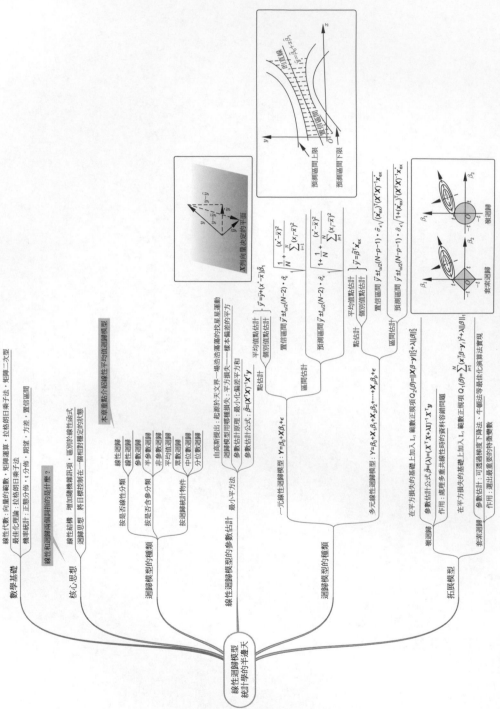

第 2 章　線性迴歸模型思維導圖

第 2 章
線性迴歸模型

如果大自然的運作遵循線性系統，我們對世界就會很容易理解，但也會變得很無趣。

——丘成桐《大宇之形》

在迴歸模型中，最主流的是平均值迴歸。自 19 世紀以來，由於統計學家費雪的大力推廣，平均值迴歸已成為主導經濟學、醫學研究和絕大多數工程學的模型。現如今，迴歸模型已被機器學習、人工智慧等領域納入學習模型中。如果根據因變數與引數之間是否存在線性關係，迴歸模型可以分為線性迴歸模型和非線性迴歸模型；如果根據因變數所包含的特徵變數個數，可以分為一元迴歸模型和多元迴歸模型；根據迴歸模型是否具有參數結構，又可以分為參數迴歸模型、非參數迴歸模型和半參迴歸模型。說起來，迴歸模型可是一個佔了統計學或機器學習半邊天的模型，真是聊個一年半載都聊不完的話題。本章主要介紹具有線性迴歸模型、最小平方法、線性迴歸模型的預測，最後擴充至嶺（Ridge）迴歸和套索（LASSO）迴歸。

2.1 探尋線性迴歸模型

線性迴歸模型的核心思想在於線性結構與迴歸思想，這類線性迴歸的概念不只可以單獨建模應用，而且還經常巢狀結構在其他機器學習模型中，例如 K 近鄰、支援向量機、神經網路等。

2.1.1 諾貝爾獎中的線性迴歸模型

作為科學界的最高獎項，歷屆的諾貝爾經濟學獎都備受矚目。先讓我們聚焦到 1990 年，威廉·夏普（William F. Sharpe）因提出資本資產定價模型（Capital Asset Pricing Model，CAPM）而榮獲諾貝爾經濟學獎。這個模型的真容為

$$E(r_i) = r_{\mathrm{f}} + \beta_{im}[E(r_{\mathrm{m}}) - r_{\mathrm{f}}]$$

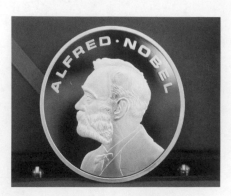

▲ 圖 2.1 諾貝爾獎

式中，r_i 指第 i 個資產的收益率；r_{f} 指無風險利率（Risk-free Interest Rate）；r_{m} 指市場收益率（Market Return）；β_{im} 指第 i 個資產和市場收益率之間的關係係數。如果無風險利率 r_{f} 已知，這其實就是 $E(r_i)$ 關於 $E(r_{\mathrm{m}})$ 的線性函式。

再來到 2013 年的頒獎現場，尤金・法瑪（Eugene F.Fama）因提出 Fama-French 三因數模型（Fama-French Three Factor Model）而獲諾貝爾經濟學獎，模型結構為

$$E(r_i) = r_{\mathrm{f}} + \beta_{im}[E(r_{\mathrm{m}}) - r_{\mathrm{f}}] + s_i\mathrm{SMB} + h_i\mathrm{HML}$$

式中，SMB 指市值因數；s_i 指第 i 個資產和市值因數之間的係數；HML 指帳面市值比因數；h_i 指第 i 個資產和帳面市值比因數之間的係數。同樣地，如果無風險利率 r_{f} 已知，這個模型就是 $E(r_i)$ 關於 $E(r_{\mathrm{m}})$、SMB 和 HML 的線性函式。

仔細觀察，無論是 CAPM，還是 Fama-French 三因數模型，都具有線性結構，而且模型等式左邊的期望代表它們是平均值迴歸模型。簡簡單單的兩個式子，卻帶給了提出者經濟學的最高獎項——諾貝爾經濟學獎。那麼，線性迴歸模型的真諦到底是什麼？這避不開統計學中迴歸模型的誕生。

2.1.2 迴歸模型的誕生

我不相信任何缺乏「真實測量和三分律」的事情。

——查理斯・達爾文

19 世紀出現一位推動生物學發展的偉大科學家——查理斯·達爾文（Charles Darwin）。他在觀察大量的動植物和地質結構之後，出版了《物種起源》一書，並提出生物進化論學說。達爾文是一位堅信真實測量和三分律的科學家。

的確，在我們生存的世界上，真實測量就是分析問題的原材料。那麼，三分律是什麼呢？這是古希臘數學家歐幾里德在《幾何原本》中提到的，假如 $a/b = c/d$，那麼 a、b、c、d 中的任意 3 個都足以決定第 4 個。但是，一旦遇到環境變動和測量雜訊時，三分律就會舉出錯誤答案。

舉個例子，小明在望不到邊際的高原上。突然，看到前方一株株如哨兵般的樹木，原來那就是白楊樹！小明想起來曾經學過的一篇課文。

矛盾的《白楊禮讚》：

　　白楊樹實在不是平凡的，我讚美白楊樹！

　　這是雖在北方的風雪的壓迫下卻保持著倔強挺立的一種樹！

　　哪怕只有碗來粗細罷，它卻努力向上發展，高到丈許，二丈，

　　參天聳立，不折不撓，對抗著西北風。

到旅館已是傍晚時分，小明出門溜達，打白楊樹邊走過，高挺的樹幹拉出一條長長的影子。作為一名理科生的小明，很好奇白楊樹的高度，該怎麼辦？

他想到一個好主意，跑到旅館借了一把卷尺，來到一棵白楊樹下。他就做了這樣的嘗試：標記白楊樹的位置 P，以及白楊樹影子頂點的位置 Q，然後在白楊樹的影子裡找一個位置 P_1 站直，使得他自己頭頂的影子恰好落在 Q 點，最後測量 P 與 Q 的距離 s 和 P_1 與 Q 的距離 s_1，如圖 2.2 所示。然後，小明利用自己的身高 $h1$ 得到

$$\tan \alpha = \frac{h_1}{s_1} = \frac{h}{s}$$

利用三分律可以計算出

$$h = \frac{h_1}{s_1} s$$

這時候,與小明同行的夥伴也想湊個熱鬧,他的身高是 h_2,站在 P_2 處時,頭頂的影子恰好落在 Q 點,測量 P_2 與 Q 的距離 s_2,也能得到白楊樹的高度

$$h = \frac{h_2}{s_2}s$$

不過,令人感到糟糕的是,計算出來的兩個高度竟然不相等,於是小明拉來一個過路人測量,發現又出現第三個結果。

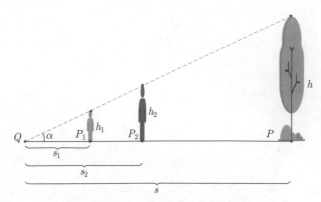

▲ 圖 2.2　白楊樹高度的計算測量

很容易想到,導致這一現象的原因可能是真實測量所帶來的誤差。這時小明想起來一個常用的統計量——平均數。小明猜測「用平均數可以避免誤差」。於是,小明做了更多的測量,擷取到 20 個人的身高並計算平均數 m_h,還計算出這 20 個人影長的平均數 m_s,得到

$$h^{(1)} = \frac{m_h}{m_s}s^{(1)}$$

式中,m 表示平均數,h 表示身高,s 表示距離。

這裡的 $s^{(1)}$ 就是小明第一天測量出的白楊樹的影長,$h^{(1)}$ 是第一天估計出的白楊樹的高度。接著,小明回到旅店放心地睡了一覺。第二天外出觀光回來,又是傍晚。

他看到那些白楊樹,忍不住想驗證前一天的結果。於是,小明來到同一棵白楊樹下進行測量。可沒想到,採用平均數的方法,第二天估計出的高度 $h^{(2)}$ 竟然與第一天不同,小明覺得崩潰極了,難道就得不到一個準確的值了嗎?

平時，小明用來緩解焦慮的最好辦法就是讀書。晚上，小明開始閱讀《統計學的七支柱》。原來當年英國著名科學家法蘭西斯・高爾頓，就是達爾文的表弟，也遇到了類似的問題。不同的是，高爾頓用來做實驗的是考古學家發現的人類遺骸，以大腿骨的長度來推算身高。高爾頓發現，他表哥信奉的三分律，在這裡完全不適用，於是對此做了更多的研究。在此，簡單介紹高爾頓的研究歷程。

廣為人知的是高爾頓研究的關於父母與子女身高的研究，這項研究極大地推動了人類遺傳學和統計學的發展。高爾頓收集了 928 位成年子女的身高以及相應的 205 組父母。為考慮父母雙方對子女身高的影響，高爾頓對資料做了前置處理，以父親身高與 1.08 倍母親身高的平均值作為「中親」（Mid-parent）身高，子女中男性身高不做處理，女性的身高都乘以 1.08，然後將「中親」身高分為 10 組，統計每組中子女身高的情況，如圖 2.3 所示。

"中親"的身高 /inch	成年子女的身高 /inch														總個數		中位數
	Below	62·2	63·2	64·2	65·2	66·2	67·2	68·2	69·2	70·2	71·2	72·2	73·2	Above	成年子女	"中親"	
Above ..	..	..	..	..	..	..	..	..	..	..	1	3	..	..	4	5	..
72·5	..	..	..	..	..	..	..	1	2	1	2	7	2	4	19	6	72·2
71·5	..	..	..	..	1	3	4	3	5	10	4	9	2	2	43	11	69·9
70·5	1	..	1	..	1	1	3	12	18	14	7	4	3	3	68	22	69·5
69·5	..	..	1	16	4	17	27	20	33	25	20	11	4	5	183	41	68·9
68·5	1	..	7	11	16	25	31	34	48	21	18	4	3	..	219	49	68·2
67·5	..	3	5	14	15	36	38	28	38	19	11	4	..	..	211	33	67·6
66·5	..	3	3	5	2	17	17	14	13	4	..	..	..	..	78	20	67·2
65·5	1	..	9	5	7	11	11	7	7	5	2	1	..	..	66	12	66·7
64·5	1	1	4	4	1	5	5	..	2	..	..	..	..	..	23	5	65·8
Below ..	1	..	2	4	1	2	2	1	1	..	..	..	..	..	14	1	..
總個數	5	7	32	59	48	117	138	120	167	99	64	41	17	14	928	205	..
中位數 ..	..	66·3	67·8	67·9	67·7	67·9	68·3	68·5	69·0	69·0	70·0	..	..	..	..	..	..

▲ 圖 2.3 高爾頓分組統計的家庭身高資料

類似於計算白楊樹高度時採用的平均數，高爾頓為了消除每組誤差的影響，取每組子女身高的中位數，如圖 2.3 中最右一列的顯示。利用前九組資料的最左一列的「中親」身高和最右一列的子女身高繪製散點圖，如圖 2.4 所示。

可見，子女與中親身高近似線性關係，即父母身高較高的，子女的身高就相對高一些；父母的身高較矮的，子女的身高也會相對矮一些。另外，高爾頓透過

計算得到，子女的身高約為中親身高的 2/3，他專門為這 9 組資料繪製線圖，即圖 2.5。

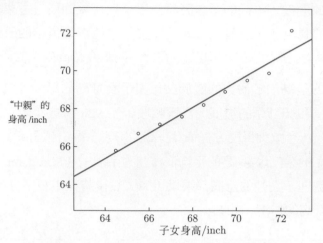

▲圖 2.4 「中親」身高與子女身高的散點圖

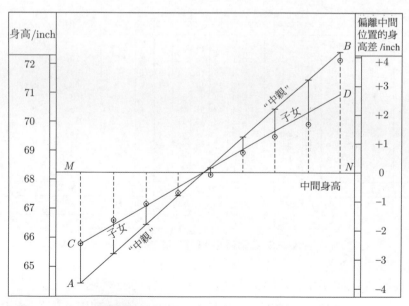

▲圖 2.5 「中親」身高與子女身高的線圖

高爾頓注意到，子女身高（線 *CD*）比「中親」身高（線 *AB*）更接近於平庸的中間身高（線 *MN*）。也就是說，並不是高個子的父母生育的子女會更高，矮

個子的父母生育的子女會更矮。如果這樣，那麼人類的身高就會分化出高矮兩個極端了。一般的情況是，人類的身高基本維持穩定，並且存在更多的只有普通身高但可以生育出超常身高子女的父母。後來，高爾頓又陸續用蘋果、豌豆等做類似的實驗，都出現類似於身高的現象，他稱這種現象為「迴歸」現象。

從迴歸現象來看，大自然中仿佛存在一隻無形的手，將人類的身高控制在一個相對穩定的狀態，以防止出現兩極分化的情況。日常生活中類似的場景比比皆是。舉例來說，連續多日豔陽高照，那麼接下來可能就會迎來一場大雨；再舉例來說，倘若一個人不小心劃破了手指，自身就會做出凝血反應，止住血液的流失，慢慢修復，直到傷口恢復正常。但是，即使迴歸也存在一定的限度，如果超出承受範圍，就很難回到本源。

舉例來說，全球變暖造成的冰川融化、珠峰長草等異常現象。如同受重傷的病人，如果失血過多，身體將無法自我修復完好，只能借助外力——輸血。同樣的道理，當超出一定的範圍，大自然也很難自我修復，回到本源，畢竟修復大自然的外力很難找到。

2.1.3 線性迴歸模型結構

如果用一個模型來描述高爾頓所研究的父母與子女的身高關係，可以得到最簡單的線性迴歸模型——一元線性迴歸

$$Y = \beta_0 + X\beta_1 + \epsilon$$

式中，X 就是「中親」身高，稱為引數（或解釋變數）；Y 為子女身高，稱為因變數（或回應變數）；ϵ 為雜訊項；β_1 為迴歸係數；β_0 為截距項。

之所以迴歸模型在線性函式的基礎上增加了一個雜訊項，就是因為測量或觀測帶來的誤差。換言之，高爾頓透過研究發現，子女身高不只是受父母身高的影響，還有其他因素，如環境等，這導致了親代與子代之間出現不完美相關的結果，即所有的觀測結果不完全在同一條直線上，如圖 2.4 所示。

若引數是 p 維的，則可以推廣至多元線性迴歸模型

$$Y = \beta_0 + X_1\beta_1 + X_2\beta_2 + \cdots + X_p\beta_p + \epsilon \tag{2.1}$$

式中，$X_1, X_2, \cdots, X_p$ 為 p 維引數；Y 為因變數；ϵ 為雜訊變數；$\beta_1, \beta_2, \cdots, \beta_p$ 為迴歸係數；β_0 為截距項。

假設誤差項 ϵ 的期望 $E(\epsilon) = 0$，模型可以表示為期望迴歸方程式的形式：

$$E(Y) = \beta_0 + X_1\beta_1 + X_2\beta_2 + \cdots + X_p\beta_p \tag{2.2}$$

這就是本章之初介紹的 CAPM 和 Fama-French 三因數模型所具有的模型結構。這裡的期望形式被稱為迴歸方程式，是統計學研究中常用的一種表達方式，因為在進行建模的時候大多用期望來解釋模型，就如同在生活中大家最常用的是平均值一樣。如果考慮不同分位數水平下的情況，方程式左邊就可以改寫為分位數，建構的就是分位數迴歸模型了。如果遇到如圖 2.6 所示的這種像蘑菇雲似的資料集，可以嘗試用分位數線性迴歸模型建模。

▲ 圖 2.6 分位數線性迴歸模型的資料範例

這裡提到分位數線性迴歸模型，只是為了給大家提供一種想法，表明資料特點不同，研究的問題不同，那麼建模的目的就不同，需要使用的模型也不同。本章的重點仍然是期望線性迴歸模型。

與許多複雜非線性模型相比，線性模型的結構最簡單，而且容易理解。因為在線性模型中，當引數發生變化時，因變數的變化永遠接近於比例變化，而不可能造成出乎意料的巨變。非線性模型則不然，它的模型結構並不確定，天生難以預測，即使引數只發生了微小改變，也有可能造成結果的極大差異，就如同混沌理論中的蝴蝶效應：某個地方一隻蝴蝶拍打翅膀所產生的氣流，甚至有可能造成地球上另一個地方的龍捲風。

　　儘管線性模型有各種優勢，並且具有較強的可解釋性。但是，由迴歸引發的一系列錯誤判斷卻屢見不鮮。比如，起源於遺傳學的線性迴歸模型，在遺傳學研究中的應用十分廣泛。在孟德爾隨機化研究中，常採用線性迴歸模型研究遺傳變異位點與其暴露變數或結局變數之間的關係。實際上，暴露不是一個單一的實體，它包含了具有不同因果效應的多種成分，遺傳變異位點與其暴露變數或結局變數之間很可能存在非線性關係。如果此時仍採用線性迴歸模型，將不符合模型的線性假設，會導致錯誤判斷。

　　再舉例來說，1933 年美國西北大學的經濟學家賀拉斯 · 賽奎斯特（Horace Secrist）在其著作《平庸商業中的偉大勝利》中提到這樣一個案例，如果根據 1920 年的資料在按照利潤率從高到低排序的百貨公司排行榜中，選出排名的前 25% 來，那麼這些公司的業績會在 1930 年的時候趨於平庸。他表明，可以根據這類逐漸趨於平庸的結論做出商業決策。可實際上，賀拉斯並未察覺到，如果根據 1930 年的資料選擇排名前 25% 的百貨公司，這些公司的業績在 1920—1930 期間會逐漸地遠離平庸。如果仍然根據他堅信的平庸法則做商業決策，可能會導致大量的虧損。

　　因為許多複雜的商業現象不只是與單一的，或某些特定的許多因素有關係，還會有很多人們已知卻尚未納入模型中或根本未察覺到的因素。一般來說，如果建構迴歸模型，人們預設將這些因素都歸入到雜訊項裡，如果誤差項不符合統計模型的假設，以此所做的判斷將出錯。

　　所以說，應用線性迴歸模型時，一定要注意期望的模型結構是否符合實際情況，因變數和引數之間是否存在線性關係，雜訊項是否符合模型假設。

2.2　最小平方法

　　18 世紀末，歐洲的天文學界掀起一股觀測熱潮，大批歐洲天文學家與天文愛好者架起望遠鏡尋找小行星。1801 年 1 月 1 日，義大利天文學家朱塞佩 · 皮亞齊（Giuseppe Piazzi）發現了「穀神星」，並進行了 41 天追蹤觀測，直到這顆小行星消失在太陽耀眼的光芒中。這個發現震動了整個科學界，並且給天文學界留了一個難題：如何根據少量的觀測結果預測小行星的位置？

因為觀測結果太少，許多天文學家難以做出預測，導致喋喋不休的爭論。1801 年 10 月，高斯在一份雜誌上偶然看到這篇報導，對其產生興趣。僅用了幾個星期的計算，高斯就預測出穀神星的運動軌道。果然，1801 年底，穀神星出現在高斯預測的位置，這使得初涉天文學界的高斯一舉成名。高斯甚至表明，如果用他的方法，「只要有 3 次觀測資料，就可以計算出小行星的運動軌道」。這裡用來預測軌道的方法就是最小平方法，是高斯 17 歲時發現的。但出於科學的嚴謹性，高斯直到 1809 年才在他的著作《天體運動論》中正式提出，並提供了完整的理論系統。有學者甚至稱之為 19 世紀統計學的「中心主題」，可見其對統計學發展的影響。下面介紹這一重要的參數估計方法——最小平方法（Least Squares Method）。

2.2.1 迴歸模型用哪種損失：平方損失

假設訓練集為 $T = \{(\boldsymbol{x}_1, y_1), (\boldsymbol{x}_2, y_2), \cdots, (\boldsymbol{x}_N, y_N)\}$，$\boldsymbol{x}_i = (x_{i1}, x_{i2}, \cdots, x_{ip})^{\mathrm{T}} \in \mathbb{R}^p$，$y_i \in \mathbb{R}$，$i = 1, 2, \cdots, N$。模型函式為 $f(\boldsymbol{x})$，則實例點 $\boldsymbol{x}_i$ 據模型函式所得預測值 $f(\boldsymbol{x}_i)$ 與真實值 y_i 之間的平方差稱為**平方損失**，

$$L(y_i, f(\boldsymbol{x}_i)) = (y_i - f(\boldsymbol{x}_i))^2$$

模型 $f(\boldsymbol{x})$ 關於整個訓練資料集的平方損失和稱為**偏差平方和**，

$$Q(f) = \sum_{i=1}^{N} (y_i - f(\boldsymbol{x}_i))^2 \tag{2.3}$$

以二元線性迴歸模型為例

$$Y = \beta_0 + X_1 \beta_1 + X_2 \beta_2 + \epsilon$$

訓練集為 $T = \{(\boldsymbol{x}_1, y_1), (\boldsymbol{x}_2, y_2), \cdots, (\boldsymbol{x}_N, y_N)\}$，$\boldsymbol{x}_i = (x_{i1}, x_{i2})^{\mathrm{T}} \in \mathbb{R}^2$，$y_i \in \mathbb{R}$，$i = 1, 2, \cdots, N$。每個樣本的偏差 $y_i - f(\boldsymbol{x}_i)$ 如圖 2.7 所示。

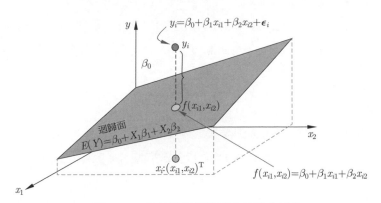

▲圖 2.7 二元線性迴歸模型中的樣本偏差

之所以在迴歸模型中採用平方損失，是因為如果直接以預測值與真實值之間的偏差 $y_i - f(\boldsymbol{x}_i)$ 度量損失，這個損失可能出現正值或負值，所有實例點的損失和 $\sum_{i=1}^{N}(y_i - f(\boldsymbol{x}_i))$ 會出現正負抵消的現象，使得所得總損失接近於 0，但實際上仍然存在很大的風險，無法對總損失進行一個合理的度量；如果採用絕對損失 $|y_i - f(\boldsymbol{x}_i)|$ 來度量，因絕對值函式具有不可微的特性，會導致複雜的計算；因此可以考慮 $y_i - f(\boldsymbol{x}_i)$ 的偶數次冪，最小的偶數次方是平方，平方函式既可以度量損失和，又具有良好的數學性質，根據本書提倡的奧卡姆剃刀原理，無須採用更高的偶數次冪。除此，平方差也是一種常用的距離定義，表示相對的偏移程度。

2.2.2 如何估計模型參數：最小平方法

對於迴歸模型而言，以平方項作為損失函式是最佳選擇。在線性迴歸模型中，透過最小化偏差平方和求得模型參數的方法稱作最小平方法。

若給定訓練資料集，

$$T = \{(\boldsymbol{x}_1, y_1), (\boldsymbol{x}_2, y_2), \cdots, (\boldsymbol{x}_N, y_N)\}$$

式中，$\boldsymbol{x}_i = (x_{i1}, x_{i2}, \cdots, x_{ip})^{\mathrm{T}}$。多元線性迴歸模型的樣本形式為

$$y_i = \beta_0 + x_{i1}\beta_1 + x_{i2}\beta_2 + \cdots + x_{ip}\beta_p + \epsilon_i, \quad i = 1, 2, \cdots, N \tag{2.4}$$

式中，雜訊項 ϵ_i 滿足 Gauss-Markov 假設：零平均值（$E(\epsilon_i)=0$）、等方差（$\mathrm{Var}(\epsilon_i)=\sigma_\epsilon^2$）、不相關（$\mathrm{Cov}(\epsilon_i,\epsilon_j)=0,\ \ i\neq j$）。可以採用矩陣的形式表示模型 (2.4)，

$$y = X\beta + \epsilon \tag{2.5}$$

式中，X 為 $N\times(p+1)$ 維的承載訓練集實例資訊的設計矩陣；y 為 $N\times 1$ 維的承載訓練集標籤的觀測向量；β 為 $(p+1)$ 維的參數向量；ϵ 為隨機雜訊向量。

$$y = \begin{pmatrix} y_1 \\ y_2 \\ \vdots \\ y_N \end{pmatrix},\ \ X = \begin{pmatrix} 1 & x_{11} & x_{12} & \cdots & x_{1p} \\ 1 & x_{21} & x_{22} & \cdots & x_{2p} \\ \vdots & \vdots & \vdots & \ddots & \vdots \\ 1 & x_{N1} & x_{N2} & \cdots & x_{Np} \end{pmatrix},\ \ \beta = \begin{pmatrix} \beta_0 \\ \beta_1 \\ \vdots \\ \beta_p \end{pmatrix},\ \ \epsilon = \begin{pmatrix} \epsilon_1 \\ \epsilon_2 \\ \vdots \\ \epsilon_N \end{pmatrix}$$

在線性迴歸模型中，式 (2.5) 中的偏差平方和為

$$Q(\beta) = \|y - X\beta\|_2^2 \tag{2.6}$$

式中，$\|\cdot\|_2$ 表示 L_2 範數。

若要獲得未知參數 β 的估計，需要使偏差平方和達到最小，

$$\hat{\beta} = \arg\min_{\beta} \|y - X\beta\|_2^2$$

這就是最小平方法的原理。

最小平方法也可以從最小化經驗風險的角度來理解，

$$\hat{\beta} = \arg\min_{\beta} \frac{1}{N}\sum_{i=1}^{N}(y_i - \beta^{\mathrm{T}}x_i)^2$$
$$= \arg\min_{\beta} \frac{1}{N}\|y - X\beta\|_2^2$$

經驗風險與偏差平方和的差異在於，經驗風險是偏差平方和的平均值。不過，最小化經驗風險和最小化偏差平方和所得參數估計值完全相同。這是因為在訓練模型時，無論是計算經驗風險還是偏差平方和，用的都是同一個訓練集。對這組樣本而言，$1/N$ 始終為常數，是否增加在目標函式並不影響估計結果。本著簡潔表

達的原則，人們仍習慣於使用最小偏差平方和來估計參數。

接下來，借助費馬原理ⁱ 推導最小平方估計值的解析運算式。

將式 (2.6) 中的 $Q(\boldsymbol{\beta})$ 展開，

$$Q(\boldsymbol{\beta}) = \boldsymbol{y}^{\mathrm{T}}\boldsymbol{y} - 2\boldsymbol{y}^{\mathrm{T}}\boldsymbol{X}\boldsymbol{\beta} + \boldsymbol{\beta}^{\mathrm{T}}\boldsymbol{X}^{\mathrm{T}}\boldsymbol{X}\boldsymbol{\beta} \tag{2.7}$$

根據費馬原理，可以對參數求偏導，令其為零：

$$\frac{\partial Q(\boldsymbol{\beta})}{\partial \boldsymbol{\beta}} = -2\boldsymbol{X}^{\mathrm{T}}\boldsymbol{y} + 2\boldsymbol{X}^{\mathrm{T}}\boldsymbol{X}\boldsymbol{\beta} = 0$$

得到方程式

$$\boldsymbol{X}^{\mathrm{T}}\boldsymbol{X}\boldsymbol{\beta} = \boldsymbol{X}^{\mathrm{T}}\boldsymbol{y} \tag{2.8}$$

式 (2.8) 被稱為正規方程式。

當 $\boldsymbol{X}^{\mathrm{T}}\boldsymbol{X}$ 可逆時，方程式有唯一解，此時

$$\widehat{\boldsymbol{\beta}} = (\boldsymbol{X}^{\mathrm{T}}\boldsymbol{X})^{-1}\boldsymbol{X}^{\mathrm{T}}\boldsymbol{y} \tag{2.9}$$

$\boldsymbol{y}$ 的估計值為

$$\widehat{\boldsymbol{y}} = \boldsymbol{X}(\boldsymbol{X}^{\mathrm{T}}\boldsymbol{X})^{-1}\boldsymbol{X}^{\mathrm{T}}\boldsymbol{y}$$

為更加直觀地理解最小平方法，以二維平面為例說明，如圖 2.8 所示。

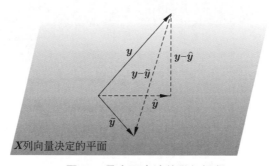

▲圖 2.8 最小平方法的幾何解釋

---

i　詳情參見小冊子 1.5 節。

圖 2.8 中，平面由 X 所包含的兩個列向量決定，y 位於二維平面之外。在這個平面的所有點中，若想獲得最小的歐氏距離，只有 y 在平面上的正交投影 $\hat{y}$。從幾何意義上，y 與平面上任何其他的點 $\tilde{y}$ 的歐式距離都大於 y 與 $\hat{y}$ 的歐氏距離，這可以根據畢氏定理說明。因 $y - \hat{y}$ 與平面垂直，所以它肯定垂直於平面上的 $\hat{y} - \tilde{y}$。於是

$$\|y - \tilde{y}\|^2 = \|y - \hat{y} + \hat{y} - \tilde{y}\|^2$$
$$= \|y - \hat{y}\|^2 + \|\hat{y} - \tilde{y}\|^2$$
$$\geqslant \|y - \hat{y}\|^2$$

這說明，對 y 正交投影對應的參數與透過最小平方法估計的參數是同一個。

例 2.1 對於一元線性迴歸模型

$$Y = \beta_0 + X\beta_1 + \epsilon$$

式中，X 為引數；Y 為因變數；β_0 和 β_1 為模型參數；ϵ 為雜訊項。已知訓練集 $T = \{(x_1, y_1), (x_2, y_2), \cdots, (x_N, y_N)\}$，請透過最小平方法估計模型參數。

解 目標函式偏差平方和為

$$Q(\beta_0, \beta_1) = \sum_{i=1}^{N}(y_i - \beta_0 - x_i\beta_1)^2$$

透過最小平方法估計參數

$$\arg\min_{\beta_0, \beta_1} \sum_{i=1}^{N}(y_i - \beta_0 - x_i\beta_1)^2$$

應用費馬原理，對目標函式求偏導，令其導函式為 0，

$$\begin{cases} \dfrac{\partial Q}{\partial \beta_0} = -2\sum_{i=1}^{N}(y_i - \beta_0 - x_i\beta_1) = 0 \\ \dfrac{\partial Q}{\partial \beta_1} = -2\sum_{i=1}^{N}x_i(y_i - \beta_0 - x_i\beta_1) = 0 \end{cases}$$

將解方程組的結果記為 $\hat{\beta}_0$ 和 $\hat{\beta}_1$，即為估計所得參數：

$$
\begin{cases}
\hat{\beta}_1 = \dfrac{N\sum\limits_{i=1}^{N} x_i y_i - \sum\limits_{i=1}^{N} x_i \sum\limits_{i=1}^{N} y_i}{N\sum\limits_{i=1}^{N}(x_i - \overline{x})^2} \\[2em]
\hat{\beta}_0 = \overline{y} - \hat{\beta}_1 \overline{x}
\end{cases}
$$

式中，$\overline{x} = \sum\limits_{i=1}^{N} x_i / N$，$\overline{y} = \sum\limits_{i=1}^{N} y_i / N$。

2.3 線性迴歸模型的預測

完成學習過程之後，就是預測階段。一般而言，科學的認知就是從簡單到複雜的探索。預測也就是一種估計，包括點估計和區間估計。

舉個例子，炎熱的夏天吃個西瓜最爽口，這不小明就在手機 App 上點了一個麒麟西瓜。不一會兒，外賣小哥就把西瓜送來了。抱著西瓜，小明笑開了花，可是怎麼覺得分量有點不對呢？於是小明就用電子秤稱了一下，本來點了個 5 公斤的大西瓜，結果稱出來是 4.8 公斤。小明抓起電話就投訴過去，客服人員很耐心，對小明解釋說，除了商品名稱上標了重量「麒麟西瓜 1 個 5 公斤」，商品詳情中還說明了「每個西瓜重 4.5 ～ 5.5 斤，所以 4.8 公斤完全符合商品說明。這裡的「5 公斤」就相當於店家對西瓜舉出的點估計，「4.5 ～ 5.5 公斤」就相當於店家對西瓜舉出的區間估計。如果小明買西瓜的時候仔細點，就不會陷入這種尷尬境地了。

本小節將先介紹簡單一元線性迴歸的點預測和區間預測，然後引出多元線性迴歸的預測。

2.3.1 一元線性迴歸模型的預測

一元線性迴歸模型為

$$Y = \beta_0 + X\beta_1 + \epsilon$$

若訓練集為 $T = \{(x_1, y_1), (x_2, y_2), \cdots, (x_N, y_N)\}$，可表示為樣本迴歸形式

$$y_i = \beta_0 + \beta_1 x_i + \epsilon_i$$

接下來要介紹的就是預測的點估計和區間估計。如果拍一下腦袋，直接一想「點估計應該很簡單，將實例直接代入訓練所得模型中計算一個數值不就可以了？」其實不然，由於含義不同，這裡的點估計分為兩種：平均值點估計和個別值點估計。相應的區間估計就包括置信區間和預測區間。若要進行區間估計，少不了涉及機率分佈。因此，在預測時，雜訊項 ϵ 除滿足 Gauss-Markov 假設之外，還被假設服從正態分佈。

假如 ϵ 是一個服從 $N(0, \sigma_\epsilon^2)$ 的隨機變數，則

$$y_i \sim N(\beta_0 + \beta_1 x_i, \sigma_\epsilon^2)$$

這說明，每給定一個 $X = x_i$，y_i 都服從期望為 $\beta_0 + \beta_1 x_i$、方差為 σ_ϵ^2 的正態分佈，如圖 2.9 所示。也就是說，輸出變數在每一個實例點處分佈的形狀相同，但是中心點不同。在區間預測時就用到了這裡的分佈。

在例 2.1 中，已經計算出一元線性迴歸模型的參數估計值 $\hat{\beta}_1$ 和 $\hat{\beta}_0$。

$$\hat{\beta}_1 = \frac{\sum\limits_{i=1}^{N}(x_i - \overline{x})(y_i - \overline{y})}{\sum\limits_{i=1}^{N}(x_i - \overline{x})^2}$$

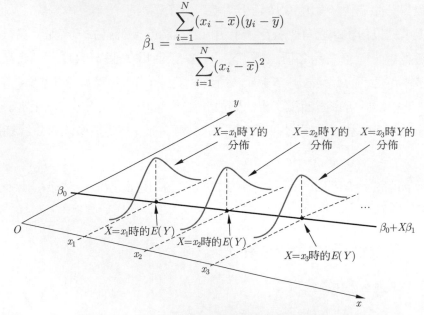

▲ 圖 2.9 一元線性迴歸中不同實例點處輸出變數的分佈

根據雜訊項的常態性假設和正態分佈的性質「常態隨機變數的線性函式仍然服從正態分佈」，易得，$\hat{\beta}_1$ 的分佈為

$$\hat{\beta}_1 \sim N\left(\beta_1, \frac{\sigma_\epsilon^2}{\displaystyle\sum_{i=1}^{n}(x_i - \overline{x})^2}\right)$$

無論是模型的檢驗，還是迴歸預測，一般只關注於引數前的模型參數，不需要 $\hat{\beta}_0$ 的分佈，所以這裡並未列出。

接下來，將分別介紹兩種點估計以及相應的區間估計。只要兩種點估計理解了，置信區間和預測區間不費吹灰之力就能搞懂。

1. 平均值點估計和置信區間

從期望方程式出發，

$$E(Y) = \beta_0 + X\beta_1$$

對於某個特定的 $X = x^*$，輸出標籤 y^* 的期望為

$$E(y^*) = \beta_0 + x^*\beta_1$$

將估計所得參數代入，可以得到 $E(y^*)$ 的估計值

$$\hat{y}^* = \hat{\beta}_0 + x^*\hat{\beta}_1 \tag{2.10}$$

其中，$E(y^*)$ 表示 $X = x^*$ 對應的輸出變數的期望，即 y^* 分佈的中心點的估計值，這就是**平均值點估計**。但是，若要度量這個預測結果的可信程度，僅一個點的估計是不行的，還是得需要區間估計。

置信區間就是從平均值點估計出發的區間估計。要做區間估計，首先得找到 $\hat{y}^*$ 的抽樣分佈。為方便計算，先把 $\hat{y}^*$ 分解為兩個不相關的隨機變數。

$$\hat{y}^* = \overline{y} + (x^* - \overline{x})\hat{\beta}_1 \tag{2.11}$$

由式 (2.11) 可以看出，平均值估計 $\hat{y}^*$ 的分佈是透過 $\overline{y}$ 和 $\hat{\beta}_1$ 的分佈來決定的。

為什麼不考慮 $\overline{x}$ 分佈呢？這是因為在替定迴歸模型的時候，通常假設輸入變數 X 是非隨機的，因此 $\overline{x}$ 不是一個隨機變數，又何談分佈。

當雜訊項服從 $N(0, \sigma_\epsilon^2)$ 分佈時，

$$y_i \sim N(\beta_0 + \beta_1 x_i, \sigma_\epsilon^2)$$

可以得到

$$\overline{y} \sim N(\beta_0 + \beta_1\overline{x}, \frac{\sigma_\epsilon^2}{N})$$

可見，$\overline{y}$ 和 $\hat{\beta}_1$ 的分佈都為正態分佈，兩個正態分佈變數線性組合之後所得的 $\hat{y}^*$ 也應該服從正態分佈。正態分佈由期望和方差決定，因此接下來只要求出 $\hat{y}^*$ 的期望和方差即可。

$\hat{y}^*$ 的期望為

$$
\begin{aligned}
E(\hat{y}^*) &= E(\overline{y}) + E[(x^* - \overline{x})\hat{\beta}_1] \\
&= \beta_0 + \overline{x} + (x^* - \overline{x})\beta_1 \\
&= \beta_0 + x^*\beta_1
\end{aligned}
$$

$\hat{y}^*$ 的方差為

$$
\begin{aligned}
\mathrm{Var}(\hat{y}^*) &= \mathrm{Var}(\overline{y}) + \mathrm{Var}[\hat{\beta}_1(x^* - \overline{x})] \\
&= \mathrm{Var}(\overline{y}) + (x^* - \overline{x})^2\mathrm{Var}(\hat{\beta}_1) \\
&= \left\{ \frac{1}{N} + \frac{(x^* - \overline{x})^2}{\displaystyle\sum_{i=1}^{N}(x_i - \overline{x})^2} \right\} \sigma_\epsilon^2
\end{aligned}
$$

由此可知，$\hat{y}^*$ 的分佈為

$$N \left(\beta_0 + x^* \beta_1, \left\{ \frac{1}{N} + \frac{(x^* - \overline{x})^2}{\displaystyle\sum_{i=1}^{N} (x_i - \overline{x})^2} \right\} \sigma_\epsilon^2 \right)$$

一般情況下，雜訊項無法觀測，只能透過殘差估計 σ_ϵ^2 的值，

$$\hat{\sigma}_\epsilon^2 = \frac{\displaystyle\sum_{i=1}^{N} (y_i - \hat{y}_i)^2}{N - 2}$$

式中，$\hat{y}_i$ 是實例 x_i 的迴歸擬合值 $\hat{y}_i = \hat{\beta}_0 + x_i \hat{\beta}_1$。因此

$$\frac{(N - 2)\hat{\sigma}_\epsilon^2}{\sigma_\epsilon^2} \sim \mathcal{X}^2(N - 2)$$

式中，$\mathcal{X}^2(\nu)$ 表示自由度為 ν 的卡方分佈[ii]。從而

$$\frac{\hat{y}^* - (\beta_0 + \beta_1 x^*)}{\hat{\sigma}_\epsilon \sqrt{\dfrac{1}{N} + \dfrac{(x^* - \overline{x})^2}{\displaystyle\sum_{i=1}^{N} (x_i - \overline{x})^2}}} \sim t(N - 2)$$

式中，$t(\nu)$ 表示自由度為 ν 的 t 分佈[iii]。給定 $1 - \alpha$ 的置信水準，$E(y^*)$ 的區間估計就是

$$\hat{y}^* \pm t_{\alpha/2}(N - 2) \cdot \hat{\sigma}_\epsilon \sqrt{\frac{1}{N} + \frac{(x^* - \overline{x})^2}{\displaystyle\sum_{i=1}^{N} (x_i - \overline{x})^2}}$$

這就是給定 $X = x^*$ 的情況下，$E(y^*)$ 在 $1 - \alpha$ 置信水準下的**置信區間**。

---

ii 詳情參見小冊子 3.4.3 節。
iii 詳情參見小冊子 3.4.3 節。

2. 個別值點估計和預測區間

從樣本迴歸模型出發，

$$y_i = \beta_0 + \beta_1 x_i + \epsilon_i$$

對於特定的實例 x^*，根據估計所得的參數，可以計算個別值的點估計，

$$\hat{y}^* = \hat{\beta}_0 + x^* \hat{\beta}_1 + \epsilon^* \tag{2.12}$$

其中，$\hat{y}^*$ 表示**個別值的點估計值**。因為 y^* 包含一個隨機雜訊項，所以 $\hat{y}^*$ 實際上應該是包含雜訊項的估計值 ϵ^*。只是，在計算 $\hat{y}^*$ 時，預設取平均值 $\epsilon^* = 0$。

對比式 (2.10) 和式 (2.12)，可以發現，式 (2.12) 等號右邊多了一個雜訊項，而這個雜訊項是一個隨機變數。也就是說，因為看問題的角度不同，一個是從平均值角度，一個是從個別值角度，所以兩個公式左邊的 $\hat{y}^*$ 含義不同，對應的分佈也不同。

下面從個別值估計的角度，計算 $\hat{y}^*$ 的期望和方差。

$\hat{y}^*$ 的期望為

$$
\begin{aligned}
E(\hat{y}^*) &= E(\overline{y}) + E[(x^* - \overline{x})\hat{\beta}_1] + E(\epsilon^*) \\
&= \beta_0 + \overline{x} + (x^* - \overline{x})\beta_1 + 0 \\
&= \beta_0 + x^* \beta_1
\end{aligned}
$$

$\hat{y}^*$ 的方差為

$$
\begin{aligned}
\mathrm{Var}(\hat{y}^*) &= \mathrm{Var}(\overline{y}) + \mathrm{Var}[\hat{\beta}_1(x^* - \overline{x})] + \mathrm{Var}(\epsilon^*) \\
&= \mathrm{Var}(\overline{y}) + (x^* - \overline{x})^2 \mathrm{Var}(\hat{\beta}_1) + \sigma_\epsilon^2 \\
&= \left\{ 1 + \frac{1}{N} + \frac{(x^* - \overline{x})^2}{\displaystyle\sum_{i=1}^{N}(x_i - \overline{x})^2} \right\} \sigma_\epsilon^2
\end{aligned}
$$

當用估計值 $\hat{\sigma}_\epsilon^2$ 替代 σ_ϵ^2 時，

$$\frac{\hat{y}^* - (\beta_0 + \beta_1 x^*)}{\hat{\sigma}_\epsilon \sqrt{1 + \frac{1}{N} + \frac{(x^* - \overline{x})^2}{\displaystyle\sum_{i=1}^{N}(x_i - \overline{x})^2}}} \sim t(N-2)$$

給定 $1-\alpha$ 的置信水準，y^* 的區間估計就是

$$\hat{y}^* \pm t_{\alpha/2}(N-2) \cdot \hat{\sigma}_\epsilon \sqrt{1 + \frac{1}{N} + \frac{(x^* - \overline{x})^2}{\displaystyle\sum_{i=1}^{N}(x_i - \overline{x})^2}}$$

這就是給定 $X = x^*$ 的情況下，個別值 y^* 在 $1-\alpha$ 置信水準下的**預測區間**。

　　總的來說，在做預測的時候，如果是從平均意義的角度出發，平均值只和參數有關，所以平均值的區間估計是置信區間；如果是從個別樣本角度出發，個別值除了與參數有關，還和雜訊項有關，所以個別值的區間估計是預測區間。預測區間比置信區間寬一些，如圖 2.10 所示。圖中陰影部分為置信區間，上下邊界中的區域為預測區間。

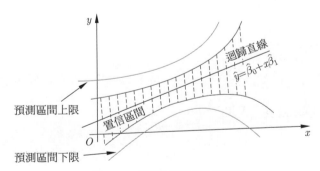

▲ 圖 2.10 預測區間與置信區間

2.3.2 多元線性迴歸模型的預測

　　多元線性迴歸模型為

$$Y - \beta_0 + X_1\beta_1 + X_2\beta_2 + \cdots + X_p\beta_p + \epsilon \tag{2.13}$$

若訓練集為 $T = \{(\boldsymbol{x}_1, y_1), (\boldsymbol{x}_2, y_2), \cdots, (\boldsymbol{x}_N, y_N)\}$，$\boldsymbol{x}_i = (x_{i1}, x_{i2}, \cdots, x_{ip})^{\mathrm{T}}$，可表示為樣本迴歸形式

$$y_i = \beta_0 + x_{i1}\beta_1 + x_{i2}\beta_2 + \cdots + x_{ip}\beta_p + \epsilon_i, \quad i = 1, 2, \cdots, N$$

假如 ϵ 是一個服從 $N(0, \sigma_\epsilon^2)$ 的隨機變數，則

$$y_i \sim N(\beta_0 + x_{i1}\beta_1 + x_{i2}\beta_2 + \cdots + x_{ip}\beta_p, \sigma_\epsilon^2)$$

給定 $\boldsymbol{x}^* = (x_{*1}, x_{*2}, \cdots, x_{*p})^{\mathrm{T}}$，擴充之後的 $\boldsymbol{x}^*$ 記作 $\boldsymbol{x}_{\mathrm{ex}}^* = (1, x_{*1}, x_{*2}, \cdots, x_{*p})^{\mathrm{T}}$。
假如迴歸參數的最小平方估計為 $\widehat{\boldsymbol{\beta}}$，則平均值與個別值的估計值具有相同的運算式

$$\hat{y}^* = \widehat{\boldsymbol{\beta}}^{\mathrm{T}} \boldsymbol{x}_{\mathrm{ex}}^*$$

與一元線性迴歸的預測類似，區間預測也包括置信區間和預測區間。

從平均值角度求解置信區間：

$$\frac{\hat{y}^* - E(y^*)}{\hat{\sigma}_\epsilon \sqrt{(\boldsymbol{x}_{\mathrm{ex}}^*)^{\mathrm{T}} (\boldsymbol{X}^{\mathrm{T}} \boldsymbol{X})^{-1} \boldsymbol{x}_{\mathrm{ex}}^*}} \sim t(N - p - 1)$$

給定 $1 - \alpha$ 的置信水準，$E(y^*)$ 的區間估計就是

$$\hat{y}^* \pm t_{\alpha/2}(N - p - 1) \cdot \hat{\sigma}_\epsilon \sqrt{(\boldsymbol{x}_{\mathrm{ex}}^*)^{\mathrm{T}} (\boldsymbol{X}^{\mathrm{T}} \boldsymbol{X})^{-1} \boldsymbol{x}_{\mathrm{ex}}^*}$$

這就是給定 $\boldsymbol{X} = \boldsymbol{x}^*$ 的情況下，$E(y^*)$ 在 $1 - \alpha$ 置信水準下的**置信區間**。

從個別值角度求解預測區間：

$$\frac{\hat{y}^* - y^*}{\hat{\sigma}_\epsilon \sqrt{1 + (\boldsymbol{x}_{\mathrm{ex}}^*)^{\mathrm{T}} (\boldsymbol{X}^{\mathrm{T}} \boldsymbol{X})^{-1} \boldsymbol{x}_{\mathrm{ex}}^*}} \sim t(N - p - 1)$$

給定 $1 - \alpha$ 的置信水準，$E(y^*)$ 的區間估計就是

$$\hat{y}^* \pm t_{\alpha/2}(N - p - 1) \cdot \hat{\sigma}_\epsilon \sqrt{1 + (\boldsymbol{x}_{\mathrm{ex}}^*)^{\mathrm{T}} (\boldsymbol{X}^{\mathrm{T}} \boldsymbol{X})^{-1} \boldsymbol{x}_{\mathrm{ex}}^*}$$

這就是給定實例 $\boldsymbol{x}^*$ 的情況下，y^* 在 $1 - \alpha$ 置信水準下的**預測區間**。

類似於一元線性迴歸模型的預測，多元線性迴歸模型的預測區間也比置信區間寬一些。

2.4 擴充部分：嶺迴歸與套索迴歸

最小平方方法的計算過程清晰明瞭，可以輕鬆得到線性迴歸模型的解析解，但是其也有一定的局限性——即使引數與因變數符合模型的線性假設，可是當引數之間存在近似線性關係，或引數維度 p 遠遠大於樣本數 N 時，就會導致最小平方估計中的 $X^{\mathrm{T}}X$ 不可逆，無法求解。此時需要新的估計方法，其中最有影響且得到廣泛應用的就是嶺估計，也稱為嶺迴歸方法。隨之，為應對高維資料中的維數災難問題，需要選出線性迴歸模型中的重要特徵，套索迴歸應運而生。

2.4.1 嶺迴歸

在無法直接求得 $X^{\mathrm{T}}X$ 的反矩陣時，最簡單的想法就是採用廣義反矩陣。

1962 年，美國德拉瓦大學的統計學家亞瑟・霍爾（Auther E. Hoerl）提出嶺迴歸（Ridge Regression）方法。

從廣義逆出發，若 $|X^{\mathrm{T}}X| \approx 0$ 或 $|X^{\mathrm{T}}X| = 0$，可以考慮在矩陣的基礎上增加一個常數矩陣，改變其不可逆性（或奇異性）。於是迴歸參數向量 β 的估計值就變為

$$\widehat{\beta}(\lambda) = (X^{\mathrm{T}}X + \lambda I)^{-1} X^{\mathrm{T}} y \tag{2.14}$$

其中，I 是 $(p+1) \times (p+1)$ 階單位陣；λ 是調整參數。不同的 λ 值對應不同的估計結果，因此 $\widehat{\beta}(\lambda)$ 表示一個估計類。特別地，當 $\lambda = 0$ 時，$\widehat{\beta}(0) = (X^{\mathrm{T}}X)^{-1} X^{\mathrm{T}} y$ 表示最小平方估計。不過，一般情況下，當提到嶺迴歸時，不包括最小平方估計。接下來，將以第 1 章介紹的正規化思想來理解嶺迴歸。

在迴歸問題中，一般採用平方損失作為損失函式，因為線性迴歸模型由參數向量 β 決定，記此時的結構風險函式為 $L(\beta)$。當正規化項是參數向量的 L_2 範數時，相應的結構風險函式為

$$L(\beta) = \frac{1}{N} \sum_{i=1}^{N} (x_i^{\mathrm{T}} \beta - y_i)^2 + \lambda \|\beta\|_2^2 \tag{2.15}$$

式中，$\|\boldsymbol{\beta}\|_2 = \sqrt{\beta_0^2 + \beta_1^2 + \cdots + \beta_p^2}$。

當樣本數 N 固定時，最小化式 (2.15) 就等值於最小化

$$Q_2(\boldsymbol{\beta}) = \sum_{}^{N} (\boldsymbol{x}_i^{\mathrm{T}} \boldsymbol{\beta} - y_i)^2 + N\lambda \|\boldsymbol{\beta}\|_2^2 \tag{2.16}$$

為簡單起見，下文記式 (2.16) 中的懲罰參數 $N\lambda$ 為 λ，以矩陣的形式表達得到

$$Q_2(\boldsymbol{\beta}) = \|\boldsymbol{X}\boldsymbol{\beta} - \boldsymbol{y}\|_2^2 + \lambda \|\boldsymbol{\beta}\|_2^2 \tag{2.17}$$

根據費馬原理，可以對 $Q_2(\boldsymbol{\beta})$ 中的參數 $(\boldsymbol{\beta})$ 求偏導，令其為零，

$$\frac{\partial Q_2(\boldsymbol{\beta})}{\partial \boldsymbol{\beta}} = -2\boldsymbol{X}^{\mathrm{T}}\boldsymbol{y} + 2\boldsymbol{X}^{\mathrm{T}}\boldsymbol{X}\boldsymbol{\beta} + 2\lambda \boldsymbol{\beta} = 0$$

求得極小值解

$$\widehat{\boldsymbol{\beta}}(\lambda) = (\boldsymbol{X}^{\mathrm{T}}\boldsymbol{X} + \lambda \boldsymbol{I})^{-1}\boldsymbol{X}^{\mathrm{T}}\boldsymbol{y}$$

與式 (2.14) 中的結果相同。

由於 L_2 範數中平方的形式具有優良的數學性質，可以得到迴歸參數的解析解。但是嶺迴歸中結構風險函式的正規項是 L_2 範數，使得嶺迴歸無法將不重要的特徵變數的係數壓縮為零，雖然從一定程度上可避免過擬合，但無法造成特徵篩選的作用。

2.4.2 套索迴歸

高維資料，一般指變數的維度 p 遠大於樣本數 N 的資料。在高維情況下，正規方程式 (2.8) 中的參數有無窮多個解，這時候就造成維數災難（Dimensional Curse）。為此，有必要選擇出最重要的特徵變數。

我們認為，在迴歸模型中，迴歸係數 $\beta_1 = 0$ 時對應的特徵變數 X_1 於模型無益。雖然絕對值函式是不光滑的，很難直接得到解析解，但是隨著電腦技術的發展，使得數值解很容易獲得。1996 年，統計學四大頂級期刊之一的英國《皇家統計學會期刊》（*Journal of the Royal Statistical Society*）刊登了美國統計學家 Robert

Tibshirani 提出的套索（Least Absolute Shrinkage and Selection Operator，LASSO）迴歸。

當正規化項是參數向量的 L_1 範數時，相應的結構風險函式為

$$L_{\mathrm{f}}(\boldsymbol{\beta}) = \frac{1}{N} \sum_{i=1}^{N} (f(\boldsymbol{x}_i; \boldsymbol{\beta}) - y_i)^2 + \lambda \|\boldsymbol{\beta}\|_1 \tag{2.18}$$

式中，$\|\boldsymbol{\beta}\|_1 = |\beta_0| + |\beta_1| + \cdots + |\beta_p|$。採用 L_1 範數可以將不重要的特徵變數的迴歸係數壓縮為零，保留迴歸係數顯著不為零的那些特徵，以實現特徵篩選的目的。

同理，當樣本數 N 固定時，最小化式 (2.18) 就等值於最小化

$$Q_1(\boldsymbol{\beta}) = \sum_{i=1}^{N} (\boldsymbol{x}_i^{\mathrm{T}} \boldsymbol{\beta} - y_i)^2 + \lambda \|\boldsymbol{\beta}\|_1 \tag{2.19}$$

式 (2.19) 可以矩陣的形式重寫為

$$Q_1(\boldsymbol{\beta}) = \|\boldsymbol{X}\boldsymbol{\beta} - \boldsymbol{y}\|_2^2 + \lambda \|\boldsymbol{\beta}\|_1 \tag{2.20}$$

為求得 $Q_1(\boldsymbol{\beta})$ 的極小值點，可透過梯度下降法、牛頓法等最佳化演算法實現。

與嶺迴歸不同，套索迴歸的解通常是稀疏的，即大部分迴歸係數的估計值為零。為更加直觀地理解，下面將透過一個 $p = 2$ 例子來比較不同範數的正規化項對線性迴歸有何影響。不失一般性，考慮資料中心化之後的無截距項線性迴歸模型

$$\boldsymbol{y} = \boldsymbol{X}\boldsymbol{\beta} + \boldsymbol{\epsilon}$$

式中，

$$\boldsymbol{y} = \begin{pmatrix} y_1 \\ y_2 \\ \vdots \\ y_N \end{pmatrix}, \quad \boldsymbol{X} = \begin{pmatrix} x_{11} & x_{12} \\ x_{21} & x_{22} \\ \vdots & \vdots \\ x_{N1} & x_{N2} \end{pmatrix}, \quad \boldsymbol{\beta} = \begin{pmatrix} \beta_1 \\ \beta_2 \end{pmatrix}, \quad \boldsymbol{\epsilon} = \begin{pmatrix} \epsilon_1 \\ \epsilon_2 \\ \vdots \\ \epsilon_N \end{pmatrix}$$

以條件最佳化問題的形式表示之前的最小化結構風險問題。

套索迴歸：

$$\begin{cases} \arg\min\limits_{\boldsymbol{\beta}} \|\boldsymbol{X}\boldsymbol{\beta} - \boldsymbol{y}\|_2^2 \\ \text{s.t.} \ |\beta_1| + |\beta_2| \leqslant t \end{cases}$$

嶺迴歸：

$$\begin{cases} \arg\min\limits_{\boldsymbol{\beta}} \|\boldsymbol{X}\boldsymbol{\beta} - \boldsymbol{y}\|_2^2 \\ \text{s.t.} \ \beta_1^2 + \beta_2^2 \leqslant t \end{cases}$$

可見，結構風險函式中的 λ 與條件最佳化問題中的 t 是成反比的。λ 越大，t 越小，$\boldsymbol{\beta}$ 收縮得越厲害 (Shrunk to Zero)；λ 越小，t 越大，$\boldsymbol{\beta}$ 收縮得越輕微。

假設存在參數 β_1 和 β_2 的最小平方估計 $\hat{\beta}_1$ 和 $\hat{\beta}_2$，可以記 $\hat{\boldsymbol{\beta}} = (\hat{\beta}_1, \hat{\beta}_2)^{\mathrm{T}}$。$\hat{\boldsymbol{\beta}}$ 是透過最小化訓練誤差得到的，為提高模型的泛化能力，分別採用 L_1 和 L_2 正規化項對這個估計值進行修正。

最小化的目標函式重寫為

$$\|\boldsymbol{X}\boldsymbol{\beta} - \boldsymbol{y}\|_2^2 = (\boldsymbol{\beta} - \hat{\boldsymbol{\beta}})^{\mathrm{T}} \boldsymbol{X}^{\mathrm{T}} \boldsymbol{X} (\boldsymbol{\beta} - \hat{\boldsymbol{\beta}})$$

這顯然是一個二次型，根據橢圓的知識可知 $(\boldsymbol{\beta} - \hat{\boldsymbol{\beta}})^{\mathrm{T}} \boldsymbol{X}^{\mathrm{T}} \boldsymbol{X} (\boldsymbol{\beta} - \hat{\boldsymbol{\beta}}) = d^2$ 表示以 β_1 和 β_2 組成的二維座標系中的橢圓。$(\hat{\beta}_1, \hat{\beta}_2)$ 是橢圓的中心點，橢圓形狀和方向由 $\boldsymbol{X}^{\mathrm{T}}\boldsymbol{X}$ 決定。由於訓練集已確定，橢圓的長短軸方向和比例也是確定的，如圖 2.11 所示。

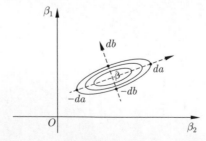

▲ 圖 2.11 d 取不同值時對應的一系列橢圓

假設矩陣 $X^{\mathrm{T}}X$ 分解之後的形式為

$$X^{\mathrm{T}}X = QDQ^{\mathrm{T}}$$

式中，矩陣 Q 是由 $X^{\mathrm{T}}X$ 的特徵向量組成的正交矩陣，矩陣 D 是 $X^{\mathrm{T}}X$ 的特徵根矩陣，特徵根按照從小到大排列，$\lambda_1 < \lambda_2$，

$$D = \begin{pmatrix} \lambda_1 & 0 \\ 0 & \lambda_2 \end{pmatrix}$$

記 $a = \sqrt{1/\lambda_1}, \quad b = \sqrt{1/\lambda_2}$，那麼橢圓長短軸的長度分別為 $2da$ 和 $2db$，方向由矩陣 Q 決定。

在要解決的條件最佳化問題中，我們希望找到滿足約束條件並且使 d 小的橢圓。對於某個固定的 t，約束條件的邊界如圖 2.12 中的紅線所示，黃色區域即滿足約束條件的參數點。求解最佳化問題，就是找到與約束條件邊界相交的最小橢圓。

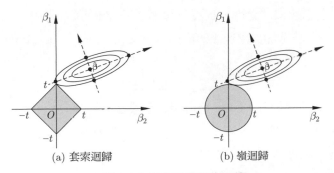

(a) 套索迴歸　　　(b) 嶺迴歸

▲圖 2.12　套索迴歸與嶺迴歸

從圖 2.12 中可以看出，套索迴歸採用 L_1 範數作為正規項，約束條件為一個菱形，可以得到與座標軸相交的最佳解，即可以將參數壓縮為零，造成特徵篩選的作用。嶺迴歸採用 L_2 範數作為正規項，可以得到與座標軸相近的最佳解，即可以將參數壓縮地接近於零，但是由於約束條件的圖形為一個圓，所以參數無法直接等於零，只能避免過擬合。

2.5 案例分析──共享單車資料集

　　共享單車已成為很常見的公共交通工具。不過，共享單車的概念卻由來已久，誕生於鬱金香王國──荷蘭，但是被稱作公共自行車。1965 年，荷蘭的阿姆斯特丹市政府提出「白色計畫」，在市區各處散放「小白車」，希望可以幫助市民綠色出行。可惜，這一公共自行車系統採用完全免費且無人監管的狀態，無法解決自行車偷盜損毀問題，沒幾天就被骨感的現實打敗了，不幸夭折。之後，公共自行車再次出現就是 30 年後的丹麥。到 20 世紀 90 年代末，電腦科技的發展帶動公共自行車系統進入數字化階段。

　　曾經有一個 Web 應用（https://amunateguibike.azurewebsites.net，現在已無法打開該連結）透過擷取到的共享單車資料訓練模型，預測不同季節、時間、溫度、是否工作日等變數下的自行車租賃需求，這一應用的核心就是迴歸模型。

　　本節分析的案例是共享單車資料集，包含了華盛頓特區「首都自行車共享計畫」中自行車租賃需求的資料。該資料集曾多次被研究者選中，並且也是 Kaggle 平台中的案例。具體的資料集可在 https://archive.ics.uci.edu/ml/datasets/bike+sharing+dataset 下載。

> 波多大學 LIAAD 實驗室的 Hadi Fanaee-T 教授曾這樣介紹共享單車資料集：
>
> 　　與公共汽車或地鐵等其他交通服務不同，共享單車系統中明確記錄了使用者的騎行時長、出發和到達的位置。
>
> 　　這一功能使得共享單車系統變成了虛擬感測器網路，利用這個網路，可以感知到城市的移動性。
>
> 　　因此，城市中的大多數重要事件都可能透過這些資料來探測到。

　　此處，選擇檔案名稱為「hour.csv」的資料集。資料集中包含 17379 筆記錄，17 個變數，先透過 Python 查看資料集中前 5 行，初步了解資料集。

```
1 # 匯入相關模組
2 import pandas as pd
3
4 # 讀取共享單車集
```

```
5 bikes_hour = pd.read_csv("hour.csv")
6 # 顯示的最大列數設置為 20 列
7 pd.set_option("display.max_columns",20)
8 bikes_hour.head()
```

資料集前 5 行的具體資訊如圖 2.13 所示。

	instant	dteday	season	yr	mnth	hr	holiday	weekday	workingday	weathersit	temp	atemp	hum	windspeed	casual	registered	cnt
0	1	2011-01-01	1	0	1	0	0	6	0	1	0.24	0.2879	0.81	0.0	3	13	16
1	2	2011-01-01	1	0	1	1	0	6	0	1	0.22	0.2727	0.80	0.0	8	32	40
2	3	2011-01-01	1	0	1	2	0	6	0	1	0.22	0.2727	0.80	0.0	5	27	32
3	4	2011-01-01	1	0	1	3	0	6	0	1	0.24	0.2879	0.75	0.0	3	10	13
4	5	2011-01-01	1	0	1	4	0	6	0	1	0.24	0.2879	0.75	0.0	0	1	1

▲圖 2.13　資料集前 5 行的具體內容

作為範例，以 season、workingday、temp、hr 為引數，cnt 為因變數，變數細節描述如下：

- season：季節（1：春　2：夏　3：秋　4：冬）。
- hr：小時（0 ～ 23）。
- workingday：如果既不是週末也不是假期，則值為 1，否則為 0。
- temp：標準化溫度（攝氏度）計算公式：$(t - t_{min})/(t_{max} - t_{min})$, $t_{min} = -8$, $t_{max} = +39$（僅在小時範圍內）。
- cnt：租賃自行車總數，包括臨時使用者和註冊使用者。

所有變數都不存在遺漏值，並且已轉為數值型。接下來匯入資料集，建構四元線性迴歸模型，預測在秋季、23 時、工作日、25℃ 情況下的自行車租賃需求，並展示預測結果，如圖 2.14 所示。

```
1 # 匯入相關模組
2 import numpy as np
3 import random
4 from sklearn import linear_model
5 from sklearn.model_selection import train_test_split
6 # 設置隨機數種子
7 random.seed(2022)
8
9 # 提取引數與因變數
10 X = bikes_hour[["season","hr","workingday","temp"]]
11 y = bikes_hour[["cnt"]]
12
13 # 劃分訓練集與測試集，集合容量比例為 9:1
```

```
14 X_train, X_test, y_train, y_test = train_test_split(X, y, train_size = 0.9)
15 # 建立線性回歸模型
16 lm_model = linear_model.LinearRegression()
17 # 訓練模型
18 lm_model.fit(X_train, y_train)
19
20 # 預測秋季、23 時、工作日、25℃ 情況下的自行車租賃需求
21 x_star = pd.DataFrame([[3, 23, 1, (25 + 8) / (39 + 8)]], columns = ["season", "hr",
       "workingday", "temp"])
22 y_star_pre = lm_model.predict(x_star)
23 print("The Predictor of cnt: %.2f" % y_star_pre)
```

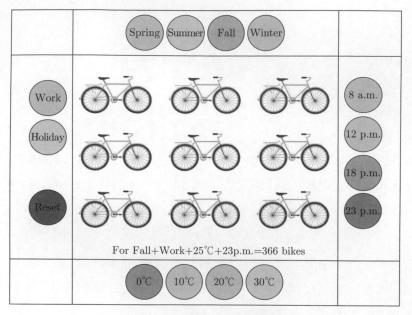

▲圖 2.14 預測自行車租賃需求

2.6 本章小結

1. 迴歸模型的分類。根據因變數與引數之間是否存在線性關係，迴歸模型可以分為線性迴歸模型和非線性迴歸模型；根據因變數所包含的特徵變數個數，迴歸模型可以分為一元迴歸模型和多元迴歸模型；根據模型是否具有參數結構，迴歸模型可以分為參數迴歸模型、非參數迴歸模型和半參數迴歸模型。

2. 線性迴歸模型。一元線性迴歸模型為

$$Y = \beta_0 + X\beta_1 + \epsilon$$

式中，X 為引數（或解釋變數）；Y 為因變數（或回應變數）；ϵ 為雜訊項；β_1 為迴歸係數；β_0 為截距項。

多元線性迴歸模型為

$$Y = \beta_0 + X_1\beta_1 + X_2\beta_2 + \cdots + X_p\beta_p + \epsilon$$

式中，$X1, X2, \cdots, X_p$ 為 p 維引數；Y 為因變數；ϵ 為雜訊項；$\beta_1, \beta_2, \cdots, \beta_p$ 為迴歸係數；β_0 為截距項。

線性迴歸模型與線性函式之間的區別在於，迴歸模型比函式多了一個雜訊項，表示現實中的不確定性。

3.　線性迴歸模型的樣本矩陣。

線性迴歸模型的樣本矩陣形式為

$$y = X\beta + \epsilon$$

式中，X 為 $N \times (p+1)$ 的設計矩陣；y 為 $N \times 1$ 的觀測向量；β 為 $(p+1)$ 維的參數向量；ϵ 為隨機雜訊向量。

對於迴歸模型而言，常以平方項作為損失函式。在線性迴歸模型中，透過最小化偏差平方和求得模型參數的方法稱作最小平方法。線性迴歸模型參數的最小平方估計為

$$\hat{\beta} = (X^\mathrm{T}X)^{-1}X^\mathrm{T}y$$

特別地，一元線性迴歸模型的最小平方估計為

$$\begin{cases} \hat{\beta}_1 = \dfrac{N\sum\limits_{i=1}^{N} x_iy_i - \sum\limits_{i=1}^{N} x_i \sum\limits_{i=1}^{N} y_i}{N\sum\limits_{i=1}^{N}(x_i - \overline{x})^2} \\ \hat{\beta}_0 = \overline{y} - \hat{\beta}_1\overline{x} \end{cases}$$

式中，$\overline{x} = \sum\limits_{i=1}^{N} x_i/N$, $\overline{y} = \sum\limits_{i=1}^{N} y_i/N$。

4. 線性迴歸模型的預測。

(1)一元線性迴歸模型。

① 點預測：

$$\hat{y}^* = \hat{\beta}_0 + x^* \hat{\beta}_1$$

②區間預測：分為置信區間和預測區間。

置信區間：

$$\hat{y}^* \pm t_{\alpha/2}(N-2) \cdot \hat{\sigma}_\epsilon \sqrt{\frac{1}{N} + \frac{(x^* - \overline{x})^2}{\sum\limits_{i=1}^{N}(x_i - \overline{x})^2}}$$

預測區間：

$$\hat{y}^* \pm t_{\alpha/2}(N-2) \cdot \hat{\sigma}_\epsilon \sqrt{1 + \frac{1}{N} + \frac{(x^* - \overline{x})^2}{\sum\limits_{i=1}^{N}(x_i - \overline{x})^2}}$$

(2)多元線性迴歸模型。

① 點預測：

$$\hat{y}^* = \widehat{\boldsymbol{\beta}}^{\mathrm{T}} \boldsymbol{x}_{\mathrm{ex}}^*$$

②區間預測：分為置信區間和預測區間。

置信區間：

$$\hat{y}^* \pm t_{\alpha/2}(N-p-1) \cdot \hat{\sigma}_\epsilon \sqrt{(\boldsymbol{x}_{\mathrm{ex}}^*)^{\mathrm{T}}(\boldsymbol{X}^{\mathrm{T}}\boldsymbol{X})^{-1}\boldsymbol{x}_{\mathrm{ex}}^*}$$

預測區間：

$$\hat{y}^* \pm t_{\alpha/2}(N-p-1) \cdot \hat{\sigma}_\epsilon \sqrt{1 + (\boldsymbol{x}_{\mathrm{ex}}^*)^{\mathrm{T}}(\boldsymbol{X}^{\mathrm{T}}\boldsymbol{X})^{-1}\boldsymbol{x}_{\mathrm{ex}}^*}$$

5. 嶺迴歸與套索迴歸的不同之處在於正規項的不同。套索迴歸採用 L_1 範數作為正規項，可以將參數壓縮為零，造成特徵篩選的作用。嶺迴歸採用 L_2 範數作為正規項，可以將參數壓縮地接近於零，但參數無法直接等於零，只能避免過擬合。

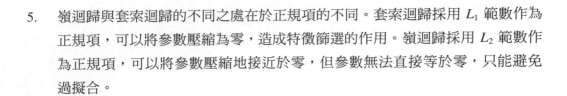

2.7　習題

2.1　當線性迴歸模型中的雜訊項服從平均值為零，方差為 σ_ϵ^2 的正態分佈時，請推導迴歸係數的極大似然估計，證明最小平方法與極大似然法的等值性。

2.2　試分析引數與因變數之間的線性關係與因果關係。

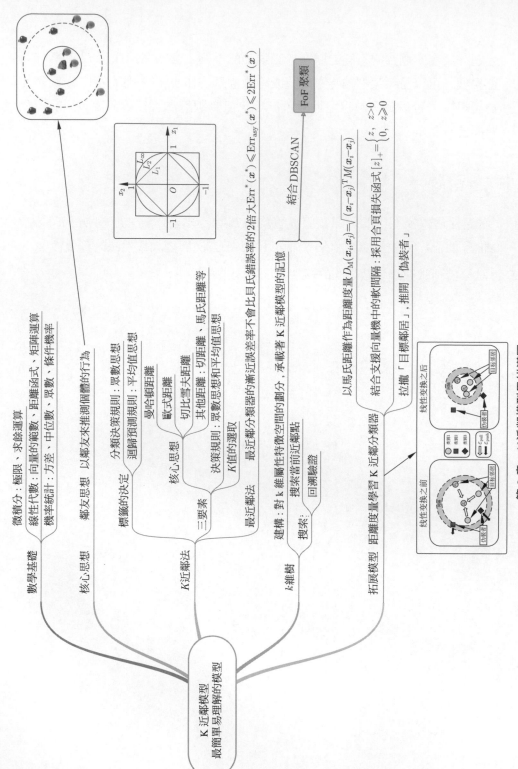

第 3 章 K 近鄰模型思維導圖

第 3 章
K 近鄰模型

鄰居是自己的鏡子。

——來自民諺

K 近鄰（K-Nearest Neighbor, K-NN）演算法是 Cover 和 Hart 在 1968 年提出的，可以說是機器學習中最容易理解的一種分類迴歸方法，甚至簡單到連一個顯性的模型結構表達都沒有，所以也被稱作懶惰學習（Lazy Learning）方法。本章主要介紹鄰友思想，K 近鄰演算法以及 k 維樹，最後擴充至基於距離度量的 K 近鄰分類器。

3.1 鄰友思想

昔孟母，擇鄰處；子不學，斷機杼。

——來自《三字經》

▲ 圖 3.1 孟母三遷

物以類聚，人以群分。孟母為讓孟軻好好學習，三遷其所，直到搬家到一個學校附近。於是孟軻勤奮讀書，才有了聖人──孟子。可見，鄰居的重要性。人們常說「想要了解一個人，就去看看他的朋友。你和什麼樣的人在一起，就會擁有什麼樣的人生。」鄰友對一個人來說影響很大，人們有時甚至透過鄰友來推測某個人的行為。

舉個例子，小明在上大學的時候暗戀著小芳，為了刷存在感，小明想製造一場偶遇，目標地點初步定在餐廳。可是大學餐廳那麼多，中午到底去哪裡吃午飯才能增加偶遇的可能性呢？幸好，小明知道小芳有幾位相交的好友，常常成群結伴。時刻關注著這群人的小明，有一天聽到小芳的幾位好友在吆喝著去第一餐廳吃麻辣香鍋，一下子找到靈感了：看來今天中午偶遇的機會很大可能就在麻辣香鍋的視窗。果不其然，小明算好時間與地點，成功「偶遇」小芳。這個例子中，小明雖然不知道小芳去哪個餐廳吃午飯，但是根據「近鄰」也就是小芳好友們的午飯選擇，就能做出推測，用的就是鄰友思想。

除日常生活，鄰友思想在機器學習中也十分常見，比如在資料清洗過程中用於補遺漏值，在非參核心密度估計方法中用核心函式量化樣本「親友」的遠近程度等。本章重點介紹的 K 近鄰法，則更加直觀地表現了鄰友思想。

3.2　K 近鄰演算法

K 近鄰，顧名思義，指的就是 K 個最近的鄰居。也就是說，如果我們對某一個新的實例感興趣，卻不知道它將輸出什麼，就可以考慮根據它最近的 K 個鄰居來判斷。正是因為 K 近鄰演算法的簡單性，使得 K 近鄰演算法缺乏顯性的模型運算式。不過，K 近鄰演算法具有記憶性（Memory-based），透過對訓練集的記憶功能，快速適應新資料，以實現分類或迴歸。對於本章要研究的 K 近鄰模型而言，模型複雜度由選取的鄰居個數 K 決定，在我們了解演算法之後會舉出詳細說明。

假如給定一個訓練集 $T = \{(\boldsymbol{x}_1, y_1), (\boldsymbol{x}_2, y_2), \cdots, (\boldsymbol{x}_N, y_N)\}$，其中 $\boldsymbol{x}_i \in \mathbb{R}^p$，$y_i \in \mathbb{R}$。當給定一個新的實例 $\boldsymbol{x}^*$ 時，可以在訓練資料集 T 中尋找與 $\boldsymbol{x}^*$ 最近的 K 個樣本點，然後根據這 K 個實例的標籤推測新實例的標籤。

3.2.1　聚合思想

　　如何根據 K 個近鄰進行推測呢？這裡用到的是統計學中的聚合思想。這一思想不僅古老而且也很激進。19 世紀的時候，這一思想被稱作「觀測的組合」。簡單來說，就是把資料集中的個體值進行統計整理，透過一個概括值（如平均值、眾數、中位數等）來反映整個資料集，希望實現管中窺豹可見一斑。之所以說它激進，是因為以一個值來代表資料集中的所有個體，會讓個體失去其個性。這種方法有利有弊，雖忽略了個體的特點，但忘卻細節與差異就可以使觀察者站在更高的角度來增強抽象認知。

博爾赫斯的《博聞強識的富內斯》

　　富內斯的徹底覺醒是他從馬背上摔下來之後開始的，

　　那是怎樣一個纖毫畢露的陌生世界啊，

　　他就能夠「記起」所有他想知道的事。

　　思維是忘卻差異，是歸納，是抽象化。

　　而富內斯的壅塞世界中僅僅充斥著觸手可及的細節。

---

1. 分類決策規則：眾數思想

　　在分類問題上，常採用**多數投票原則**對該實例分類，即在 K 個鄰居中找尋到所佔比例最大的那個類別，以這一類別作為對新實例 x^* 類別的預測。多數投票原則也被稱作「舉手表決法」。人們日常生活中所說的隨大流，少數服從多數就是這個含義。如果從統計學的角度出發，就是聚合中的眾數思想。

　　眾數，指的就是一組資料中出現次數最多的那個值。歷史長河中，人們為了攻城掠地，搶奪資源，經常出現戰爭。據修昔底德在文獻中的記載，西元前 428 年，為攻佔對方城池，攻打的一方需要建造攻城梯。因當時簡陋的建築製程所致，城牆面上的磚瓦數量清晰可見。為推算攻城梯的長度，首先就要計算對方城牆的高度。有些將領善於思考，就會派多人同時數磚瓦的層數，雖然有些人會數錯，有些數對，但是大多數人數出來的是對的。大多人數出來的這個數就是眾數，然後根據磚瓦厚度，就能推算出城牆高度，進而估計攻城梯的長度。除了戰場，經商

也是需要眾數思想來預測商情的。比如，經商之人會將交易記錄載於會計帳簿之中，若要統計當季暢銷產品，可透過眾數思想來判斷。大多數人傾向於購買的產品就是銷量最好的。

2. 迴歸預測規則：平均值思想

用在迴歸問題上，不妨取這 K 個鄰居的標籤，計算一下平均值，用以預測新實例 x^* 所對應的 y 值。這是最簡易的一種非參數迴歸方法，用局部平均值代替估計值。複雜情況中，還可以用加權平均值來預測。

相較於聚合中的眾數，平均值顯然出現的更早。平均值中蘊含著自然中原始的平等思想。古籍《書·皋陶謨》中曾記載，早在西元前 2000 多年前，大禹治水時為解決民生問題而採取這樣的措施：「暨稷播，奏庶艱食鮮食，懋遷有無化居。」句中「居」通假「均」字，表示平均之意。原始社會情況下，生產力水準低下，只有群居生活才能存活的更加長久，此時平均分配才能夠保證種群的延續，平均值思想就在這個時候誕生了。遠遠早於畢達哥拉斯學派在西元前 280 年提出的平均值。這是從自然發展規律啟發而出的古老觀念。因其與民本思想相同，故帶有一些國家政治屬性。孔子曰「丘也聞有國有家者，不患寡而患不均，不患貧而患不安。蓋均無貧，和無寡，安無傾。」說的就是這個道理。

3.2.2 K 近鄰模型的具體演算法

在 K 近鄰演算法中，無論是分類還是迴歸都離不開 K 個鄰居。下面以 K 近鄰分類器為例說明演算法流程。

例 3.1 假如蘋果和柳丁共有 12 個，每個水果都裝在紙袋中，現在透過重量和軟硬程度兩個特徵區分水果種類。目前已拆開 11 個水果，包括 6 個蘋果和 5 個柳丁。以重量為橫軸，軟硬程度為縱軸繪圖，越往上代表越重，越往右代表越軟，如圖 3.2 所示。請問：中間這個未拆開的水果是蘋果還是柳丁？

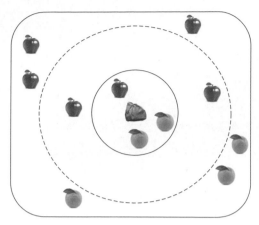

▲ 圖 3.2　蘋果還是柳丁

解　如果 $K = 3$，與紙袋最近的 3 個鄰居，為實線圓中的 2 個柳丁和 1 個蘋果，其中柳丁所佔的比例為 2/3 ，明顯大於蘋果所佔的比例 1/3。根據多數投票規則可以做出判斷：$K = 3$ 時，未拆開的水果很可能是柳丁。

如果 $K = 5$，最近的 5 個鄰居中在虛線圓中，蘋果所佔比例是 3/5，柳丁所佔比例是 2/5，也就是多數是屬於蘋果類別的。根據多數投票規則可以做出判斷：$K = 5$ 時，未拆開的水果很可能是蘋果。

我們驚訝地發現，在例 3.1 中，當 K 的設定值不同時，我們對未拆開的水果所屬的類別做出了不一樣的判斷，這說明 K 的設定值在這個分類器中造成至關重要的作用。另外，例 3.1 中鄰居的遠近是透過距離來定義的，顯然距離的定義不同，對套袋水果的類別判斷也很可能不同。最後就是關於決策規則的，剛才判斷類別時我們預設採用的是多數投票規則，即眾數思想。如果遇到具有包含順序的類別標籤，假如是調查問卷中經常遇到的「非常滿意、滿意、不滿意」這種，還可以用眾位數來推測新實例的標籤。這說明分類決策規則的變化，也會影響最終結果。

因此，怎麼計算距離，找多少個鄰居，如何透過鄰居的情況反映目標點的標籤資訊，都是非常關鍵的問題，任意一者的變化，都可能對實例 x^* 的預測發生變化。K 近鄰演算法的詳情如下所示。

1. K 近鄰分類演算法

輸入：訓練資料 $T = \{(\boldsymbol{x}_1, y_1),(\boldsymbol{x}_2, y_2), \cdots,(\boldsymbol{x}_N, y_N)\}$，其中 $\boldsymbol{x}_i \in \mathbb{R}^p$, $y_i \in \{c_1, c_2, \cdots, c_M\}^{\text{i}}$, $i = 1, 2, \cdots, N$，待分類實例 $\boldsymbol{x}^*$；

輸出：實例 $\boldsymbol{x}^*$ 的類別。

(1) 舉出距離度量的方式，計算待分類實例 $\boldsymbol{x}^*$ 與訓練集 T 中每個樣本的距離。

(2) 找出與實例 $\boldsymbol{x}^*$ 最近的 K 個樣本，將涵蓋這 K 個樣本的實例 $\boldsymbol{x}^*$ 的鄰域記作 $U_K(\boldsymbol{x}^*)$。

(3) 根據分類決策規則決定實例 $\boldsymbol{x}^*$ 所屬的類別，輸出預測類別 c^*。

2. K 近鄰回歸演算法

輸入：訓練資料 $T = \{(\boldsymbol{x}_1, y_1),(\boldsymbol{x}_2, y_2), \cdots,(\boldsymbol{x}_N, y_N)\}$，其中，$\boldsymbol{x}_i \in \mathbb{R}^p$, $y_i \in \mathbb{R}$ $i = 1, 2, \cdots, N$，待預測實例 $\boldsymbol{x}^*$；

輸出：實例 $\boldsymbol{x}^*$ 的預測標籤。

(1) 舉出距離度量的方式，計算待預測實例 $\boldsymbol{x}^*$ 與訓練集 T 中每個樣本的距離。

(2) 找出與實例 $\boldsymbol{x}^*$ 最近的 K 個樣本，將涵蓋這 K 個樣本的實例 $\boldsymbol{x}^*$ 的鄰域記作 $U_K(\boldsymbol{x}^*)$。

(3) 根據回歸預測規則決定實例 $\boldsymbol{x}^*$ 的預測值，輸出預測標籤 $\hat{y}^*$。*

3.2.3 K 近鄰演算法的三要素

雖然 K 近鄰演算法沒有顯式運算式，但是無論是例 3.1 還是演算法流程，無非強調距離度量、決策規則和 K 值的選取，這三者決定了模型結構，被稱為 K 近鄰演算法的三要素。

1. 距離度量

一般情況下，在屬性變數為連續時，常採用明可夫斯基距離。在歐氏空間，若輸入向量的設定值空間為 $\mathcal{X} \in \mathbb{R}^p$，對任意的 $\boldsymbol{x}_i, \boldsymbol{x}_j \in \mathcal{X}$, $\boldsymbol{x}_i = (x_{i1}, x_{i2}, \cdots, x_{ip})^{\mathrm{T}}$

---

i　為避免重複使用 K 近鄰中的 K，本節中特以 M 作為類別的個數。按照習慣，後續章節以 K 表示類別個數。

，$\boldsymbol{x}_j = (x_{j1}, x_{j2}, \cdots, x_{jp})^{\mathrm{T}}$ 可採用以下幾種常見的明可夫斯基距離（Minkowski Distance）。

1) 曼哈頓距離

曼哈頓距離（Manhattan Distance）定義為所有屬性下的絕對距離之和，見式 (3.1)。

$$\|\boldsymbol{x}_i - \boldsymbol{x}_j\|_1 = \sum_{l=1}^{p} |x_{il} - x_{jl}| \tag{3.1}$$

之所以用曼哈頓這個城市的名稱命名，來源於曼哈頓城市規劃的街道大多是方方正正的，如圖 3.3 所示。放大部分來看，就如同圖 3.4。如果想從 A 到達目的地 B，只能走類似於圖中這 4 種橫平垂直的路線。這是由於曼哈頓市的城鎮街道具有正南正北、正東正西方向的規則佈局，從一點到達另一點的距離需要在南北方向上行駛的距離加上在東西方向上行駛的距離，因此曼哈頓距離又稱為計程車距離。

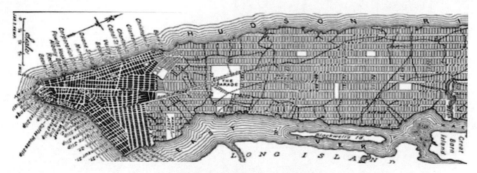

▲ 圖 3.3 曼哈頓城市規劃圖

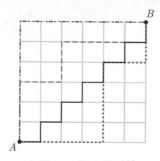

▲ 圖 3.4 曼哈頓距離

2) 歐式距離

最為大家所熟悉的是歐式距離（Euclidean Distance），定義為所有屬性下的平方距離之和的非負平方根，見式 (3.2)。

$$\|\boldsymbol{x}_i - \boldsymbol{x}_j\|_2 = \left(\sum_{l=1}^{p} |x_{il} - x_{jl}|^2 \right)^{\frac{1}{2}} \tag{3.2}$$

歐式距離的概念非常簡單，也就是日常生活中人們常用的兩點之間的直線距離，只不過此處推廣至 p 維歐式空間而已。

以二維平面為例，根據畢氏定理（或畢達哥拉斯定理），圖 3.5 中 A 點座標 $\boldsymbol{x}_A = (x_{A1}, x_{A2})^{\mathrm{T}}$，$B$ 點座標 $\boldsymbol{x}_B = (x_{B1}, x_{B2})^{\mathrm{T}}$，則 A 和 B 兩點間的距離為

$$\sqrt{(x_{A1} - x_{B1})^2 + (x_{A2} - x_{B2})^2}$$

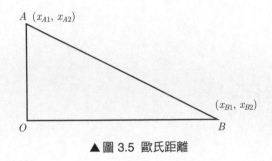

▲ 圖 3.5 歐氏距離

3) 切比雪夫距離

切比雪夫距離（Chebyshev Distance），以俄國數學家切比雪夫命名，定義為所有屬性下絕對距離的最大值，見式 (3.3)。

$$\|\boldsymbol{x}_i - \boldsymbol{x}_j\|_\infty = \max_{l \in \{1,2,\cdots,p\}} |x_{il} - x_{jl}| \tag{3.3}$$

比如，在西洋棋中，國王（King）可以直行、橫行、斜行，有效走動範圍或攻擊範圍是自身 3 × 3 範圍內去掉所在中心之後剩餘的 8 個格。國王走一步可以移動到相鄰 8 個方格中的任意一個，如圖 3.6(a) 所示；國王從 A 格子走到 B 格子最少需要 4 步完成，這個距離的計算用的就是切比雪夫距離，如圖 3.6(b) 所示。

(a) 國王的走法

(b) 國王從 A 格子走到 B 格子

▲ 圖 3.6 西洋棋中的切比雪夫距離

　　明可夫斯基距離也可以透過向量的 L_p 來理解。L_1 範數、L_2 範數和 L_∞ 範數分別對應於曼哈頓距離、歐氏距離和切比雪夫距離。假設平面座標系中，$\boldsymbol{x} = (x_1, x_2)^{\mathrm{T}}$ 到原點 O 的明可夫斯基距離為 1，圖 3.7 中菱形、圓形和正方形分別表示取 L_1 範數、L_2 範數和 L_∞ 範數時 $\boldsymbol{x}$ 所對應的運動軌跡。

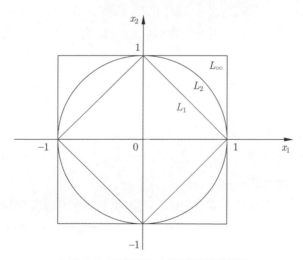

▲ 圖 3.7 三種明可夫斯基距離的比較

　　當屬性特徵為離散變數時，比如應用於文字分析或影像處理時，常採用漢明距離（Hamming Distance）。漢明距離來源於資訊理論，表示兩個等長的字串在對應位置上字元不同的情況出現的次數。例如：

- 「Hello world」和「Hello warld」之間的漢明距離為 1；

- 「0111010」和「0011110」之間的漢明距離為 2；

- 「2143896」與「2233786」之間的漢明距離是 4。

另外，有時為確保距離的旋轉不變性，還有一些特殊的距離，如切距離、馬氏距離等，這可以根據所要解決的問題來量身訂製。本章擴充部分將介紹以馬氏距離為基礎的距離度量學習 K 近鄰方法。

2. 決策規則

對於分類問題，決策規則常採用多數投票的方式，即眾數思想。由訓練集 T 中距離待分類實例 x^* 的 K 個最近的鄰居的多數類決定，如式 (3.4) 所示。

$$c^* = \arg\max_{c_m} \sum_{x_i \in U_K(x^*)} I(y_i = c_m), \quad i = 1, 2, \cdots, N; \ m = 1, 2, \cdots, M \tag{3.4}$$

式中，$I(y_i = c_m)$ 是一個示性函式，當 y_i 等於 c_m 時，函式值為 1；當 y_i 不等於 c_m 時，函式值為 0。如同化學實驗中的酸鹼指示劑一般，酚酞遇鹼變藍，遇酸無色。式 (3.4) 的目的是希望找到一個類別 c_m，使得 c_m 所對應的樣本個數在鄰域 $U_K(x^*)$ 中佔比最大。

對於迴歸問題，決策規則常採用平均法則，即平均值思想。由訓練集 T 中距離待預測實例 x^* 的 K 個最近的鄰居的算術平均值來決定，

$$\hat{y}^* = \frac{1}{K} \sum_{x_i \in U_K(x^*)} y_i, \quad i = 1, 2, \cdots, N \tag{3.5}$$

可以看出，在式 (3.5) 中，我們對待 K 個鄰居的重視程度相同，即認為 K 個鄰居具有等可能的貢獻。實際應用時，也可以根據距離待分類實例 x^* 的遠近程度進行加權投票，距離越近貢獻越大，則相應的權重越大，反之權重越小，即加權平均法則。

3. K 值的選取

很明顯，在例 3.1 中，K 值的選取極大地影響紙袋中水果種類的預測結果。我們以迴歸問題為例，解釋 K 值的選取。記模型函式為 f，訓練所得模型記為 $\hat{f}(x)$。

若 $\boldsymbol{x}^*$ 為待預測實例，$\boldsymbol{x}^*$ 的 K 個最近鄰依次為 $\boldsymbol{x}_{(1)}, \boldsymbol{x}_{(2)}, \cdots, \boldsymbol{x}_{(K)}$，若採用加權平均法則，$\boldsymbol{x}^*$ 預測標籤為

$$\hat{y}^* = \frac{1}{K} \sum_{i=1}^{K} \hat{f}(\boldsymbol{x}_{(i)}) \tag{3.6}$$

根據第 1 章中方差 - 偏差公式 (1.5)，K 近鄰模型的均方誤差就是

$$\mathrm{MSE} = \mathrm{Var}(\hat{f}(\boldsymbol{x})) + \mathrm{Bias}^2(\hat{f}(\boldsymbol{x})) + \sigma_\epsilon^2$$

$$= \frac{\sigma_\epsilon^2}{K} + E[f(\boldsymbol{x}) - \frac{1}{K} \sum_{i=1}^{K} \hat{f}(\boldsymbol{x}_{(i)})]^2 + \sigma_\epsilon^2 \tag{3.7}$$

根據式 (3.7)，如果選擇的 K 值比較小，相當於在一個比較小的鄰域裡對訓練集內的樣本進行預測，所以模型偏差較小，方差較大，但是如果新增一個超出鄰域範圍的實例時，則會導致偏差增大，這就出現只對訓練集友善，對待分類實例點不友善的情況 —— 過擬合；與之相對，K 值較大時，就會出現欠擬合現象。K 值的選取對模型的影響如表 3.1 所示。

▼ 表 3.1 K 值的選取對模型的影響

特　點	K 值較小	K 值較大
模型偏差	小	大
模型方差	大	小
對待分類實例的敏感性	強	弱
模型複雜度	複雜	簡單
模型擬合程度	過擬合	欠擬合

關於 K 值的選取可採用交叉驗證的方法，透過偏差與方差折中思想，實現 MSE 最小化。一般來說，選取的 K 值低於訓練集中樣本數的平方根 $\sqrt{N}$。

3.2.4 K 近鄰演算法的視覺化

假如 K 近鄰演算法的三要素已確定，為找到給定待預測實例 $\boldsymbol{x}^*$ 的 K 個最近的鄰居，最簡單粗暴的辦法就是計算實例 $\boldsymbol{x}^*$ 與訓練資料集 T 中所有樣本的距離，然後找到 K 個最近鄰，最後根據決策規則預測實例 $\boldsymbol{x}^*$ 的標籤。

　　但是，如果每出現一個待預測實例就將實例與所有的樣本之間的距離全部計算一遍，無疑會增加巨大的無效工作。為此，可以考慮將屬性對應的空間（即特徵空間）進行劃分，如此操作一番之後，根據任何一個待預測實例的落腳點，就可以預測其標籤。以分類問題為例，圖 3.8 展示了二維空間的劃分，若實例落入藍色區域，則被歸為藍色一類；若落入粉色區域，則被歸為粉色一類。這也是 K 近鄰演算法視覺化的一種表現形式。

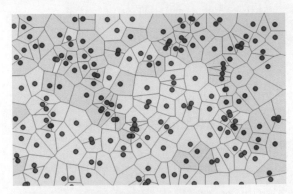

▲ 圖 3.8　二維特徵空間的劃分

3.3　最近鄰分類器的誤差率

　　當 $K = 1$ 時，K 近鄰演算法被稱為最近鄰演算法。以方差 - 偏差折中思想來理解，最近鄰模型偏差較低，方差較高。最近鄰模型的特點是方法想法十分簡單，易於實現。我們希望其誤差率也在一個較低的可控範圍中。K 近鄰演算法的提出者 Cover 和 Hart 就在《最近鄰分類器》一文中舉出了關於誤差率的重要結論：最近鄰分類器的漸近誤差率不會比貝氏錯誤率的 2 倍大。本節參考 Cover 和 Hart 的論文，計算出最近鄰分類器漸近誤差率的上下界。

　　貝氏分類器是基於貝氏公式得到的，詳細內容見第 4 章。這裡僅以貝氏分類器的誤差率作為度量最近鄰誤差率範圍的基準。

　　先看貝氏錯誤率的含義，當採用貝氏分類器時，模型函式是條件機率的形式。以條件分佈判斷待分類實例 x^* 最可能歸屬的類別，

$$c^* = \arg\max_{c_m} P(Y = c_m | X = \boldsymbol{x}^*) \tag{3.8}$$

待分類實例點 $\boldsymbol{x}^*$ 屬於類 c^* 的條件機率記為 $P(c^*|\boldsymbol{x}^*)$，則對應的貝氏錯誤率（Bayes Error）為

$$\mathrm{Err}^*(\boldsymbol{x}^*) = 1 - P(c^*|\boldsymbol{x}^*)$$

對於最近鄰分類器而言，若以機率的形式表示分類決策規則，需要引入決定分類的損失函式，常用的為 0-1 損失函式：

$$L(y, f(\boldsymbol{x})) = \begin{cases} 1, & y \neq f(\boldsymbol{x}) \\ 0, & y = f(\boldsymbol{x}) \end{cases}$$

式中，$\boldsymbol{x}$ 為輸入實例；y 為輸出標籤；f 為分類函式。若錯誤分類，則誤分類機率為

$$P(y \neq f(\boldsymbol{x})) = 1 - P(y = f(\boldsymbol{x}))$$

所以，最近鄰誤差率（1-nearest-neighbor error）

$$\mathrm{Err}(\boldsymbol{x}^*) = 1 - \frac{1}{K} \sum_{x_i \in N_K(x^*)} I(y_i = c^*)$$

根據損失最小化原則，$\boldsymbol{x}^*$ 的類別可被預測為

$$\begin{aligned}
\hat{y}^* &= \arg\min_{c_m} \mathrm{Err}(\boldsymbol{x}^*) \\
&= \arg\min_{c_m} \left\{ 1 - \frac{1}{K} \sum_{\boldsymbol{x}_i \in U_K(\boldsymbol{x}^*)} I(y_i = c_m) \right\} \\
&= \arg\max_{c_m} \left\{ \frac{1}{K} \sum_{\boldsymbol{x}_i \in U_K(\boldsymbol{x}^*)} I(y_i = c_m) \right\}
\end{aligned} \tag{3.9}$$

當 K 的設定值和距離度量方式確定時，透過式 (3.9) 所預測的類別與根據多數投票規則所預測的類別相同。

假如對於待分類實例 $\boldsymbol{x}^*$，$\boldsymbol{x}'$ 是距離最近的樣本，兩者所屬的真正類別分別記作 c 和 c'。顯然，若分類正確，則 $c=c'$，否則 $c \neq c'$。假設樣本之間相互獨立，

則誤差率

$$\text{Err}(\boldsymbol{x}^*, \boldsymbol{x}^{'}) = P(c \neq c^{'} | \boldsymbol{x}^*, \boldsymbol{x}^{'}) = \sum_{m=1}^{M} P(c = c_m, c^{'} \neq c_m | \boldsymbol{x}^*, \boldsymbol{x}^{'})$$

$$= \sum_{m=1}^{M} P(c = c_m | \boldsymbol{x}^*) P(c^{'} \neq c_m | \boldsymbol{x}^{'})$$

$$= \sum_{m=1}^{M} P(c = c_m | \boldsymbol{x}^*)(1 - P(c^{'} = c_m | \boldsymbol{x}^{'}))$$

當 $N \to \infty$ 時，最近鄰 $\boldsymbol{x}^{'}$ 落在以實例點 $\boldsymbol{x}^*$ 為中心的無限小區域內的機率趨於 1，因此可以用最近鄰的類別標籤估計實例點的類別標籤，即

$$\lim_{N \to \infty} P(c^{'} = c_m | \boldsymbol{x}^*) = P(c = c_m | \boldsymbol{x}^*)$$

於是，

$$\text{Err}(\boldsymbol{x}^*, \boldsymbol{x}^{'}) \to \sum_{m=1}^{M} P(c = c_m | \boldsymbol{x}^*) - \sum_{m=1}^{M} P^2(c = c_m | \boldsymbol{x}^*)$$

$$= 1 - \sum_{m=1}^{M} P^2(c = c_m | \boldsymbol{x}^*)$$

得到最近鄰分類器的漸近誤差率（Asymptotic Error Rate）

$$\text{Err}_{\text{asy}}(\boldsymbol{x}^*) = 1 - \sum_{m=1}^{M} P^2(c = c_m | \boldsymbol{x}^*) \tag{3.10}$$

1. 最近鄰誤差率的下界

若 c^* 為透過決策規則所得正確類別，式 (3.10) 中的第二項

$$\sum_{m=1}^{M} P^2(c = c_m | \boldsymbol{x}^*) = P^2(c = c^* | \boldsymbol{x}^*) + \sum_{c_m \neq c^*} P^2(c = c_m | \boldsymbol{x}^*) \tag{3.11}$$

根據式 (3.8) 中的最大條件機率的決策規則可知

$$P(c = c^* | \boldsymbol{x}^*) \geqslant P(c = c_m | \boldsymbol{x}^*)$$

於是

$$\sum_{m=1}^{M} P^2(c=c_m|\boldsymbol{x}^*) \leqslant P^2(c=c^*|\boldsymbol{x}^*) + \sum_{c_m \neq c^*} P(c=c^*|\boldsymbol{x}^*) \cdot P(c=c_m|\boldsymbol{x}^*)$$

$$= P(c=c^*|\boldsymbol{x}^*)\left(P(c=c^*|\boldsymbol{x}^*) + \sum_{c_m \neq c^*} P(c=c_m|\boldsymbol{x}^*)\right)$$

$$= P(c=c^*|\boldsymbol{x}^*) \tag{3.12}$$

將式 (3.12) 帶入式 (3.10) 中，得到漸近誤差率的下界，即貝氏錯誤率

$$\mathrm{Err}_{\mathrm{asy}}(\boldsymbol{x}^*) \geqslant 1 - P(c=c^*|\boldsymbol{x}^*) = \mathrm{Err}^*(\boldsymbol{x}^*)$$

2. 最近鄰誤差率的上界

因為

$$P(c=c^*|\boldsymbol{x}^*) + \sum_{c_m \neq c^*} P^2(c=c_m|\boldsymbol{x}^*) = 1$$

假如 $P(c=c^*|\boldsymbol{x}^*)$ 是一定值，在 $c_m \neq c^*$ 情況下，只有所有的

$$P(c=c_m|\boldsymbol{x}^*) = \frac{1 - P(c=c^*|\boldsymbol{x}^*)}{M-1}$$

時，式 (3.10) 取得下界

$$\sum_{m=1}^{M} P^2(c=c_m|\boldsymbol{x}^*) \geqslant P^2(c=c^*|\boldsymbol{x}^*) + \sum_{c_m \neq c^*} \left(\frac{1 - P(c=c^*|\boldsymbol{x}^*)}{M-1}\right)^2$$

$$= P^2(c=c^*|\boldsymbol{x}^*) + \frac{[1 - P(c=c^*|\boldsymbol{x}^*)]^2}{M-1}$$

$$= [1 - \mathrm{Err}^*(\boldsymbol{x}^*)]^2 + \frac{[\mathrm{Err}^*(\boldsymbol{x}^*)]^2}{M-1} \tag{3.13}$$

將式 (3.13) 帶入式 (3.10) 中，得到漸近誤差率的上界

$$\mathrm{Err}_{\mathrm{asy}}(\boldsymbol{x}^*) \leqslant 1 - [1 - \mathrm{Err}^*(\boldsymbol{x}^*)]^2 - \frac{[\mathrm{Err}^*(\boldsymbol{x}^*)]^2}{M-1}$$

$$= 2\mathrm{Err}^*(\boldsymbol{x}^*) - \frac{M}{M-1}[\mathrm{Err}^*(\boldsymbol{x}^*)]^2$$

$$\leqslant 2\mathrm{Err}^*(\boldsymbol{x}^*)$$

於是，最近鄰分類器漸近誤差率的上下界為

$$\text{Err}^*(\boldsymbol{x}^*) \leqslant \text{Err}_{\text{asy}}(\boldsymbol{x}^*) \leqslant 2\text{Err}^*(\boldsymbol{x}^*)$$

這個結果可以為模型選擇提供參考意見。對於一個給定的問題，若最近鄰分類器的誤差率為 10%，則訓練出的貝氏分類器的誤差率至少為 5%，那麼在對誤差率要求不高的實際問題中，為追求方法的簡便性，沒有必要採用複雜的貝氏分類器。

3.4　k 維樹

如果訓練集 T 中的樣本數 N 大，樣本點分佈密集，而且屬性變數的維度 p 高，則距離計算的運算量巨大，十分耗時，會給模型訓練以及預測帶來不便，為提高鄰域搜索效率，可考慮建構一個快速索引的方法，如 k 維樹（k-Dimensional Tree）。除應用在 K 近鄰分類器中，k 維樹還可應用在聚類方法中。舉例來說，在天文領域的粒子系統辨識過程中，朋友之友（Friends of Friends，FoF）聚類就是 k 維樹與 DBSCAN（Density-based Spatial Clustering of Applications with Noise）聚類的結合體。

3.4.1　k 維樹的建構

k 維樹的本質為二元樹，表示對 k 維屬性特徵空間的劃分，也可以認為承載著 K 近鄰的記憶。出於符號使用習慣，這裡仍用 p 表示屬性特徵空間的維度。訓練集的樣本數為 N，透過 k 維樹可以對訓練集中的樣本進行儲存並在讀取時提供快速檢索功能，複雜度為 $O(p \log N)$。

在建構 k 維樹時，需要不斷地用與座標軸垂直的超平面將 p 維特徵空間進行切分，組成一系列的 p 維超矩形區域。該過程只需利用屬性特徵即可，樣本點有無標籤對其無影響。之所以採用超矩形區域，從工程的角度出發，是因為存在快速有效的算法對數列進行排序，易於 k 維樹的建構；從數學的角度出發，是因為 p 維空間中的距離度量常用明可夫斯基距離，而從圖 3.6 可知，以 L_∞ 範數定義的鄰域是矩形，包含任何基於 L_p 範數定義距離的鄰域，這使得以超矩形建構的 k 維樹適用於多種距離定義下的檢索場景。

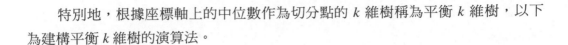

特別地，根據座標軸上的中位數作為切分點的 k 維樹稱為平衡 k 維樹，以下為建構平衡 k 維樹的演算法。

平衡 k 維樹的演算法

   輸入：資料集 $T = \{\boldsymbol{x}_1, \boldsymbol{x}_2, \cdots, \boldsymbol{x}_N\}$，其中，$\boldsymbol{x}_i = (x_{i1}, x_{i2}, \cdots, x_{ip})^{\mathrm{T}} \in \mathbb{R}^p$，$i = 1, 2, \cdots, N$；；

   輸出：平衡 k 維樹。

   (1) 開始階段：建構根節點。

   在根節點處選擇一個最優特徵進行劃分，例如可透過比較每個特徵上的方差來決定最優特徵，方差最大的特徵為要選取的坐標軸。假如根據方差選出來的是第 l_1 個特徵 x_{l_1}，計算所有實例在屬性特徵 x_{l_1} 方向上的中位數，以該中位數對應的樣本作為根節點，將超矩形區域劃分為兩個子區域。深度指所有節點的最大層次數，根節點處的深度為 0，由根節點生成的子節點的深度為 1。

   (2) 重複階段：剩餘特徵的選取與超矩形的劃分。

   繼續對深度為 j 的節點劃分，根據剩餘特徵的方差選擇 x_{l_j} 為當前最優特徵，以該節點區域中所有實例在特徵 x_{l_j} 上的中位數作為劃分點，將區域不斷劃分為兩個子區域。若所有特徵都已輪流一遍，子區域中仍存在的實例，則自動進入下一輪的屬性特徵的輪轉。

   (3) 停止階段：得到 k 維樹。

   直到子區域沒有實例時停止劃分，即得到一棵平衡 k 維樹。

除利用方差來選擇最佳特徵進行劃分外，循環劃分也十分常見，此時平衡 k 維樹中的第 (1) 步和第 (2) 步，分別用第 (1′) 步和第 (2′) 步替換。

(1′) 開始階段：建構根節點。

在根節點處任選屬性特徵，如以特徵 x_1 作為要選取的座標軸。然後計算所有實例在特徵 x_1 上的中位數，以該中位數對應的實例作為根節點，將超矩形區域劃分為兩個子區域。

(2′) 重複階段：剩餘特徵的選取與超矩形的劃分。

繼續對深度為 j 的節點進行劃分，根據求餘公式 $l_j = (i + 1) \bmod p$ 得到特徵 x_{l_j}

，以該節點區域中所有實例在特徵 x_{l_j} 上的中位數作為劃分點，將區域不斷劃分為兩個子區域。

迴圈劃分的詳情參見文獻 [27]。

例 3.2 給定訓練集 $T = \left\{(1,6)^{\mathrm{T}}, (2,7)^{\mathrm{T}}, (3,2)^{\mathrm{T}}, (4,9)^{\mathrm{T}}, (5,5)^{\mathrm{T}}, (7,8)^{\mathrm{T}}, (8,4)^{\mathrm{T}}\right\}$，如圖 3.9 所示。請建構一棵平衡 k 維樹儲存資料集 T。

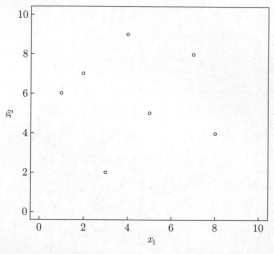

▲ 圖 3.9 例 3.2 中的資料集 T

解 訓練集 T 的兩個特徵分別記作 x_1 和 x_2，以下為 k 維樹的詳細建構步驟，切割過程如圖 3.10 所示。

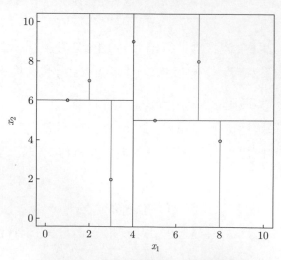

▲ 圖 3.10 例 3.2 中訓練集 T 的空間劃分

(1) 建構根節點，並進行第一次劃分。

① 屬性特徵 x_1 和 x_2 所對應的方差分別為 $\mathrm{Var}(x_1) = 6.57$ 和 $\mathrm{Var}(x_2) = 5.81$。
   $\mathrm{Var}(x_1) > \mathrm{Var}(x_2)$，選擇 x_1 作為最佳特徵。

② 取所有實例在 x_1 方向上的資料並按照從小到大排序為 1, 2, 3, 4, 5, 7, 8，中
   位數為 4，即以 $(4, 9)^T$ 為根節點，劃分整個區域。小於 $x_1 = 4$ 的為左子節
   點，大於 $x_1 = 4$ 的為右子節點。

(2) 進行第二次劃分。

① 剩餘的特徵為 x_2，對左右子節點進行劃分。

② 對第一次劃分後的左邊區域而言，將 x_2 中的資料按照從小到大排序為 2, 6,
   7，中位數為 6，劃分點座標為 $(1, 6)^T$，畫垂直於 x_2 方向的直線 $x_2 = 6$ 進
   行第二次劃分。

③ 同樣地，對第一次劃分後的右邊區域而言，將 x_2 中的資料按照從小到大
   排序為 4, 5, 8，中位數為 5，劃分點座標為 $(5, 5)^T$，畫垂直於 x_2 方向的直
   線 $x_2 = 5$ 進行第二次劃分。

(3) 進行第三次劃分。

第二次劃分後的 4 個區域各有一個實例點，需要畫一條垂直於 x_1 方向的直線
進行第三次劃分。至此，所有區域中不含實例點，劃分完畢。

(4) 繪製 k 維樹，如圖 3.11 所示。

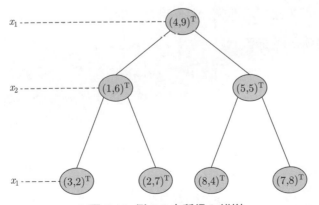

▲ 圖 3.11 例 3.2 中所得 k 維樹

3.4.2 k 維樹的搜索

本節先介紹如何利用 k 維樹實現最近鄰的快速搜索功能。k 維樹的最近鄰搜索從根節點出發，主要由兩部分組成：搜索當前最近點和回溯驗證。假如目標實例為 x，可以透過以下兩步搜索最近鄰點。

(1) 尋找當前最近點：從根節點出發，遞迴存取 k 維樹，找出包含 x^* 的葉節點，以此葉節點為「當前最近點」。

(2) 回溯驗證：以目標點和當前最近點的距離沿樹根部進行回溯和迭代，當前最近點一定存在於該節點的子節點對應的區域，檢查子節點的父節點的另一子節點對應的區域是否有更近的點。當回退到根節點時，搜索結束，最後的「當前最近點」即為 x^* 的最近鄰點。

例 3.3 請根據例 3.2 中生成的 k 維樹，以歐式距離為距離度量，分別搜索目標實例 A : $(2.5, 2.2)^T$ 和 B : $(8.5, 5.2)^T$ 的最近鄰點。

解 具體的搜索步驟如下。

(1) 搜索目標實例 A 的最近鄰點

① 尋找當前最近鄰點：從根節點出發，A 在根節點 $(4, 9)^T$ 的左子區域內，接著搜索到深度為 1 的葉子節點 $(1, 6)^T$ 所確定的下子區域內，進一步搜索到深度為 2 的葉子 $(3, 2)^T$ 的左子區域中，確定 $(3, 2)^T$ 為當前最近鄰點。

② 回溯驗證：以 A 為圓心，以與當前最近鄰點 $(3, 2)^T$ 之間的距離為半徑畫圓，若該圓形區域內沒有其他點，則表明 $(3, 2)^T$ 是 A 的最近鄰點，如圖 3.12 所示。

(2) 搜索目標實例 B 的最近鄰點

① 尋找當前最近鄰點：從根節點出發，B 在根節點 $(4, 9)^T$ 的右子區域內，接著搜索到深度為 1 的葉子節點 $(5, 5)^T$ 所確定的上子區域內，進一步搜索到深度為 2 的葉子 $(7, 8)^T$ 的右子區域中，確定 $(7, 8)^T$ 為當前最近鄰點。

② 回溯驗證：以 B 為圓心，以與當前最近鄰點 $(7, 8)^T$ 之間的距離為半徑畫圓，這個區域內有 1 個節點 $(8, 4)^T$，則 $(8, 4)^T$ 為當前最近鄰點，如圖 3.13 所示。接著，再以 B 為圓心，以與當前最近鄰點 $(8, 4)^T$ 兩點之間的距離為半徑畫圓，

此時圓裡沒有其他節點，說明可以確認 $(8, 4)^{\mathrm{T}}$ 為 B 的最近鄰點，如圖 3.14 所示。

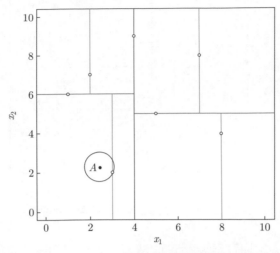

▲ 圖 3.12 搜索 A 的最近鄰點

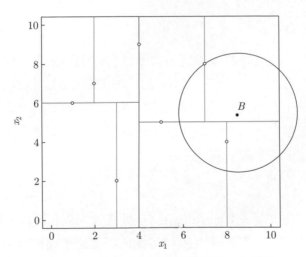

▲ 圖 3.13 搜索 B 的最近鄰點的第一次回溯

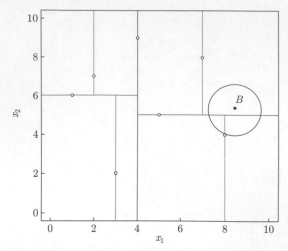

▲ 圖 3.14 搜索 B 的最近鄰點的第二次回溯

同理，可以用 k 維樹實現 K 近鄰的搜索，同樣包括尋找當前 K 近鄰和回溯驗證兩部分。假如目標實例為 x^*，可透過以下兩步搜索目標點的 K 個近鄰實例。

(1) 尋找當前 K 近鄰

從根節點出發，遞迴存取 k 維樹，找出包含 x^* 的葉節點，作為當前最近鄰實例記錄在串列中。若 $K = 1$，確定「當前 K 近鄰」個實例；若 $K > 1$，先搜索子節點的父節點的另一子節點對應的區域是否有近鄰點，若有，記錄到串列中，否則退回上一層節點繼續尋找。直到串列中滿足 K 個實例點則停止記錄，否則繼續向上搜索，確定「當前 K 近鄰」個實例。

(2) 回溯驗證

以目標點和當前 K 近鄰點的距離沿樹根部進行回溯和迭代，以目標實例 x^* 為圓心，「當前 K 近鄰」中與目標實例 x^* 最遠的距離為半徑畫圓，檢查是否存在有更近的 K 近鄰。不停地迭代搜索，直到退回根節點，搜索結束。最後的「當前 K 近鄰」即為 x^* 的 K 近鄰點。

例 3.4 請根據例 3.2 中生成的 k 維樹，以歐式距離為距離度量，搜索目標實例 $C : (6.8, 5.1)^{\mathrm{T}}$ 的 $K = 2$ 個近鄰點。

解 具體的搜索步驟如下。

(1) 尋找當前 K 近鄰

從根節點出發，C 在根節點 $(7, 8)^T$ 的左子區域內，接著搜索到深度為 1 的葉子節點 $(8, 4)^T$ 所確定的下子區域內，記錄 $(7, 8)^T$ 和 $(8, 4)^T$ 為當前 K 近鄰點。

(2) 回溯驗證

計算 C 與 $(7, 8)^T$ 和 $(8, 4)^T$ 的歐式距離，分別為 2.91 和 1.63。2.91 > 1.63，以 C 為圓心，C 與 $(7, 8)^T$ 之間的距離為半徑畫圓，這個區域內還包含 1 個父節點 $(5, 5)^T$，則更新 $(5, 5)^T$ 和 $(8, 4)^T$ 為當前 K 近鄰點，如圖 3.15 所示。

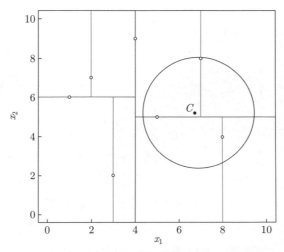

▲ 圖 3.15 搜索 C 的 K 近鄰點的第一次回溯

計算 C 與 $(5, 5)^T$ 和 $(8, 4)^T$ 的距離，分別為 1.80 和 1.63。1.80 > 1.63，以 C 為圓心，C 與 $(5, 5)^T$ 之間的距離為半徑畫圓，這個區域內沒有其他節點，說明可以確認 $(5, 5)^T$ 和 $(8, 4)^T$ 為 C 的 K 近鄰點，如圖 3.16 所示。

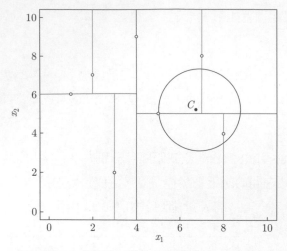

▲ 圖 3.16 搜索 C 的 K 近鄰點的第二次回溯

3.5　擴充部分：距離度量學習的 *K* 近鄰分類器

　　若不考慮每個特徵的統計特性，可將每個實例置於歐氏空間內，再根據歐式距離計算實例之間的距離。但是不同特徵單位或尺度可能不同，例如為研究正常成年人的身體機能，現統計血壓、心跳和肺活量的資料，血壓收縮壓範圍為 90 ～ 140mmHg，血壓舒張壓範圍為 60 ～ 90mmHg，心跳範圍為 60 ～ 100 次 /min，肺活量波動範圍在 2000 ～ 5000mL。很明顯，肺活量的資料比其他三個特徵的資料要高出一個數量級，如果不對資料進行歸一化處理，肺活量的貢獻會被放大。

　　現在以兩個特徵變數為例，並假定兩個變數之間相互獨立。從圖 3.17 中可以發現，x_1 方向上值的可變性顯然大於 x_2 方向上的值，如果仍然按照歐式距離計算兩點之間的距離，x_1 方向上值的絕對大小，基本決定了兩點之間距離的大小。

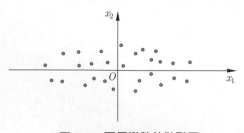

▲ 圖 3.17 兩個變數的散點圖

為將不同特徵的統計分佈規律考慮在內，合理看待每個特徵的貢獻，需要對那些可變性大的特徵賦予一個小的權重，對可變性小的特徵賦予一個大的權重，此時引入一種統計距離——馬氏距離（Mahalanobis Distance）。

定義 3.1（馬氏距離）若輸入向量的設定值空間為 $\mathcal{X} \in \mathbb{R}^p$，對任意的 $\boldsymbol{x}_i, \boldsymbol{x}_j \in \mathcal{X}$，兩點之間的馬氏距離為

$$D_{\mathrm{M}}(\boldsymbol{x}_i, \boldsymbol{x}_j) = \sqrt{(\boldsymbol{x}_i - \boldsymbol{x}_j)^{\mathrm{T}} \boldsymbol{M}(\boldsymbol{x}_i - \boldsymbol{x}_j)} \tag{3.14}$$

式中，$\boldsymbol{M}$ 為對稱正定矩陣，可透過 p 個特徵變數的協方差矩陣得到。

協方差矩陣反映 p 個特徵變數之間的線性相關性。特別地，在 p 個特徵變數之間線性無關時，$\boldsymbol{M}$ 為 p 維單位矩陣 $\boldsymbol{I}_p$，此時馬氏距離退化為歐氏距離。因為馬氏距離中的協方差矩陣需要透過訓練集學習得到，故稱以馬氏距離作為距離度量的 K 近鄰分類方法為距離度量學習 K 近鄰分類器（Distance Metric Learning K-Nearest Neighbor Classifier）。距離度量學習 K 近鄰分類器可被看作基於馬氏距離的 K 近鄰與線性支援向量機[ii] 的有機融合。

假設對稱正定矩陣 $\boldsymbol{M}$ 可分解為實值矩陣 $\boldsymbol{L}$ 的乘積：

$$\boldsymbol{M} = \boldsymbol{L}^{\mathrm{T}} \boldsymbol{L}$$

那麼，只要根據訓練資料集學習到矩陣 $\boldsymbol{L}$ 即可。以矩陣 $\boldsymbol{L}$ 重新運算式 (3.14)——馬氏距離：

$$\begin{aligned}
D_{\mathrm{M}}(\boldsymbol{x}_i, \boldsymbol{x}_j) &= \sqrt{(\boldsymbol{x}_i - \boldsymbol{x}_j)^{\mathrm{T}} \boldsymbol{L}^{\mathrm{T}} \boldsymbol{L}(\boldsymbol{x}_i - \boldsymbol{x}_j)} \\
&= \sqrt{(\boldsymbol{L}(\boldsymbol{x}_i - \boldsymbol{x}_j))^{\mathrm{T}} (\boldsymbol{L}(\boldsymbol{x}_i - \boldsymbol{x}_j))} \\
&= \|\boldsymbol{L}(\boldsymbol{x}_i - \boldsymbol{x}_j)\|_2
\end{aligned}$$

可見，馬氏距離可以視為 $\boldsymbol{x}_i$ 和 $\boldsymbol{x}_j$ 線性變換之後的歐式距離。

K 近鄰演算法不具有顯性模型結構，可透過屬性特徵空間的劃分進行視覺化顯示：對於落入區域內的實例劃分為同類，落入區域外的實例劃分為異類。假如

---

ii 線性支援向量機的詳細內容見第 9 章。

現在有異標籤的實例闖入區域中，我們希望將其驅逐出境，如同貓狗等動物透過排泄物劃地盤一般，一旦地盤被入侵，對方就會成為被攻擊物件，如圖 3.18 所示。這類進入境內的同標籤實例點被稱作「目標鄰居」（Target Neighbors），而闖入境內的異標籤實例點被稱作「偽裝者」（Impostors）。

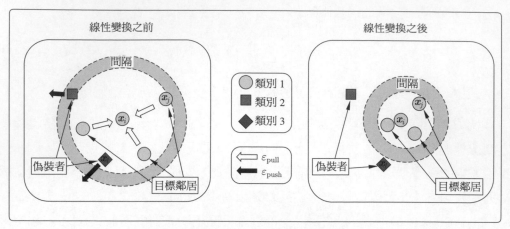

▲ 圖 3.18 對偽裝者的驅逐

下面用符號表示上述「目標鄰居」和「偽裝者」。假如訓練實例 x_i 的標籤為 y_i，以符號 $j \sim\!\!\rightarrow i$ 表示實例 x_j 是實例 x_i 的「目標鄰居」，x_j 的標籤為 y_j。注意這個關係不是對稱的，$j \sim\!\!\rightarrow i$ 不表明 $i \sim\!\!\rightarrow j$。

如果「偽裝者」的標籤 y_l 與「目標鄰居」的標籤 y_j 不同，即 $y_l \neq y_j$，並且滿足以下不等式

$$\|L(x_i - x_l)\|_2 \leqslant \|L(x_i - x_j)\|_2 + 1$$

那麼 x_l 就是「偽裝者」。

分類器的目的就是找到一個合適的邊界，並且在邊界上增加一個間隔（Margin），使得「目標鄰居」盡可能在區域內，「偽裝者」在區域外。此時定義兩種損失函式——拉拔損失（Pull Lose）函式 εpull 和推出損失（Push Lose）函式 εpush。εpull 的作用在於盡可能地拉近「目標鄰居」與訓練實例的距離：

$$\varepsilon_{\text{pull}}(L) = \sum_{j \sim\!\!\rightarrow i} \|L(x_i - x_j)\|_2$$

$\varepsilon_{\text{push}}$ 的作用在於盡可能地推開異標籤的「偽裝者」：

$$\varepsilon_{\text{push}}(\boldsymbol{L}) = \sum_i \sum_{j \sim \to i} \sum_l (1 - y_{il})\left[1 + \|\boldsymbol{L}(\boldsymbol{x}_i - \boldsymbol{x}_j)\|_2 - \|\boldsymbol{L}(\boldsymbol{x}_i - \boldsymbol{x}_l)\|_2\right]_+$$

式中，y_{il} 表示 $\boldsymbol{x}_l$ 與 $\boldsymbol{x}_i$ 標籤的異同，若標籤相同，即 $y_i = y_l$，則 $y_{il} = 1$；不然 $y_{il} = 0$。$\varepsilon_{\text{push}}$ 中採用的是合頁損失函式 [iii]，因函式形狀像一個合頁而得名，下標 + 表示取正值。

$$[z]_+ = \begin{cases} z, & z > 0 \\ 0, & z \geqslant 0 \end{cases}$$

透過對拉拔損失和推出損失的加權平均，得到總損失函式

$$\varepsilon(\boldsymbol{L}) = (1 - w)\varepsilon_{\text{pull}} + w\varepsilon_{\text{push}}(\boldsymbol{L})$$

式中，$w \in [0, 1]$ 為權重參數。一般來說權重參數可以透過交叉驗證得到。不過，總損失對權重參數的以來並不敏感，實際上 $w = 0.5$ 時，模型效果就很好。

透過損失最小化原則，可以學習出矩陣 $\boldsymbol{L}$，即透過線性變換拉攏「目標鄰居」，推開「偽裝者」。該方法顯著地提高了 K 近鄰演算法的分類精度，在人臉辨識、語音辨識、手寫字型辨識等實際應用中可以有效地移除「偽裝者」。詳情參見文獻 [55]。

3.6　案例分析──鳶尾花資料集

人們認為彩虹（Iris）女神是天后赫拉最喜歡的女神，因為她總是為赫拉帶來好消息。

——Nathalie Chahine《花言葉・橡樹篇》

鳶尾花，因花瓣形如鳶鳥的尾巴而得名，深受浪漫的法國人喜愛，成為法國國花。其花色五彩繽紛，又冠以希臘神話中彩虹女神的名字 Iris。美麗的鳶尾花備受梵谷、葛飾北齋、歌川廣重、莫內等藝術家的偏愛。圖 3.19 為梵谷的《鳶尾花》。

iii 關於合頁損失的介紹詳見第 9 章。

▲ 圖 3.19 梵谷的《鳶尾花》

　　本節分析的案例就是鳶尾花資料集，最初由 Edgar Anderson 在加拿大加斯佩半島上測量所得，著名統計學家羅納德‧愛爾默‧費雪 (Ronald Aylmer Fisher) 將其應用於 1936 年發表的論文「The use of multiple measurements in taxonomic problems」中。儘管是一份古老的資料集，但樣本是同一天的同一個時間段，使用相同的測量儀器，在相同的牧場上由同一個人測量出來的，可用性很強。具體的資料集可在 http://archive.ics.uci.edu/ml/datasets/Iris 下載。

　　鳶尾花資料集共有 150 筆樣本記錄，包含三類鳶尾花，分別是山鳶尾（Setosa）、雜色鳶尾（Versicolour）和維吉尼亞鳶尾（Virginica）。資料集中的具體變數如下：

- class：鳶尾花種類（Setosa、Versicolour、Virginica）。
- sepal_length_cm：花萼的長度，單位為公分。
- sepal_width_cm：花萼的寬度，單位為公分。
- petal_length_cm：花瓣的長度，單位為公分。
- petal_width_cm：花瓣的寬度，單位為公分。

　　4 個屬性特徵均為數值型變數，且不存在遺漏值的情況。接下來匯入鳶尾花資料集，並根據交叉驗證選擇最佳 K 值。

```
1  # 匯入相關模組
2  import numpy as np
3  import matplotlib.pyplot as plt
4  from sklearn import neighbors, datasets
5  from sklearn.datasets import load_iris
6  from sklearn.neighbors import KNeighborsClassifier
7  from sklearn.model_selection import cross_val_score
8
9  # 讀取鳶尾花資料集
10 iris = load_iris()
11 x = iris.data
12 y = iris.target
13 # 待選 K 值
14 ks = range(1, 50)
15 # 不同 K 值下的分類準確率
16 k_accuracy = []
17
18 # 透過 6 折交叉驗證，選取合適的 K 值
19 for k in ks:
20     knn_cv = KNeighborsClassifier(n_neighbors = k)
21     accuracy_cv = cross_val_score(knn_cv, x, y, cv = 6, scoring = "accuracy")
22     k_accuracy.append(accuracy_cv.mean())
23
24 # 列印最優 K 值
25 k_chosen = np.where(k_accuracy == np.max(k_accuracy))[0][0]
26 print("The chosen K is:", k_chosen)
27
28 # 繪製不同 K 值下的分類準確率
29 plt.plot(ks, k_accuracy)
30 plt.xlabel("k Value")
31 plt.ylabel("Accuracy")
32 plt.show()
```

輸出的最佳 K 值如下：

```
1 The chosen K is: 11
```

不同 K 值下分類準確率的視覺化展示如圖 3.20 所示，同樣顯示在根據交叉驗證選出的最佳 K 值為 11。

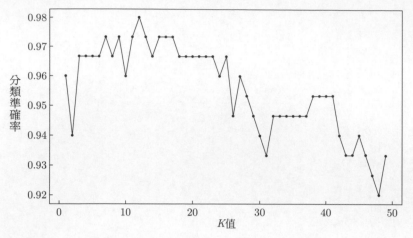

▲圖 3.20 不同 K 值下分類準確率的變化圖

取最佳 K 值訓練模型。

```
1  # 匯入 sample 函式
2  from random import sample
3  # 資料集中樣本數
4  n = int(x.shape[0])
5  # 劃分訓練集與測試集，集合容量比例為 6:4
6  n_train = int(n * 0.6)
7  index_train = sample(range(n), n_train)
8  x_train, y_train = x[index_train], y[index_train]
9  n_test = n - n_train
10 index_test = np.delete(range(n), index_train)
11 x_test, y_test = x[index_test], y[index_test]
12
13 # 根據所選 K 值訓練模型
14 knn = KNeighborsClassifier(n_neighbors = 11)
15 knn.fit(x_train, y_train)
16
17 # 對測試集預測
18 y_pred = knn.predict(x_test)
19 # 計算分類準確率
20 n_correct = np.sum(y_pred == y_test)22
21 accuracy = n_correct/n_test
22 print("The Accuracy of kNN classifier is:", accuracy)
```

輸出分類準確率如下：

```
1 The Accuracy of kNN classifier is: 0.9333333333333333
```

為便於展示視覺化分類效果，現取前兩個特徵花萼的長度和寬度訓練模型。

```
1  # 匯入相關模組
2  import numpy as np
3  import matplotlib.pyplot as plt
4  from sklearn import neighbors, datasets
5  from sklearn.datasets import load_iris
6  from sklearn.neighbors import KNeighborsClassifier
7  from sklearn.model_selection import cross_val_score
8  from matplotlib.colors import ListedColormap
9
10 # 為便於視覺化展示，只選擇花萼的長度和寬度兩個特徵
11 iris = datasets.load_iris()
12 x = iris.data[:, :2]
13 y = iris.target
14
15 # 自訂圖片顏料池
16 cmap_light = ListedColormap(["#FFAAAA", "#AAFFAA", "#AAAAFF"])
17 cmap_bold = ListedColormap(["#FF0000", "#00FF00", "#4B0082"])
18
19 # 訓練模型
20 k_chosen = 11
21 knn = neighbors.KNeighborsClassifier(n_neighbors = k_chosen)
22 knn.fit(x, y)
23
24 # 繪製網格，生成測試點
25 h = 0.02
26 x_min, x_max = x[:, 0].min() - 1, x[:, 0].max() + 1
27 y_min, y_max = x[:, 1].min() - 1, x[:, 1].max() + 1
28 xx, yy = np.meshgrid(np.arange(x_min, x_max, h), np.arange(y_min, y_max, h))
29
30 # 用訓練所得 K 近鄰分類器預測測試點
31 z = knn.predict(np.c_[xx.ravel(), yy.ravel()])
32 z = z.reshape(xx.shape)
33
34 # 繪製預測效果圖
35 plt.figure()
36 plt.pcolormesh(xx, yy, z, cmap = cmap_light)
37 plt.scatter(x[:, 0], x[:, 1], c=y, cmap = cmap_bold)
38 plt.xlim(xx.min(), xx.max())
39 plt.ylim(yy.min(), yy.max())
40 plt.title("kNN-Classifier for Iris")
41 plt.show()40
```

輸出 *K* 近鄰分類器的分類效果，如圖 3.21 所示。

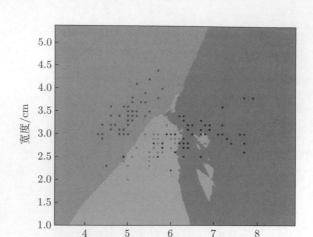

▲圖 3.21 K 近鄰分類器的分類效果

3.7 本章小結

1. K 近鄰演算法是最簡單的分類迴歸方法，待預測實例點的標籤由最近的 K 個鄰居決定。

2. K 近鄰演算法的三要素為：距離度量、K 值的選取和決策規則。

3. K 近鄰演算法的漸近誤差率不小於貝氏錯誤率，不大於 2 倍的貝氏錯誤率。

4. K 近鄰演算法的視覺化展示可透過特徵屬性空間的劃分來實現，建構快速索引的方法中最簡單的是 k 維樹。

5. 距離度量學習 K 近鄰演算法中使用的是馬氏距離，結合線性支援向量機中的軟間隔，透過合頁損失函式可以盡可能地減少「偽裝者」。

3.8 習題

3.1 給定資料集 T = $\{(1, 6)^T, (2, 7)^T, (3, 2)^T, (4, 9)^T, (5, 5)^T, (7, 8)^T, (8, 4)^T\}^T$，請根據循環劃分法建構一棵平衡 k 維樹儲存資料集 T，並搜索 D : $(2.5, 5)^T$ 的最近鄰點。

3.2 試分析 K 近鄰迴歸模型與線性迴歸模型的方差與偏差。

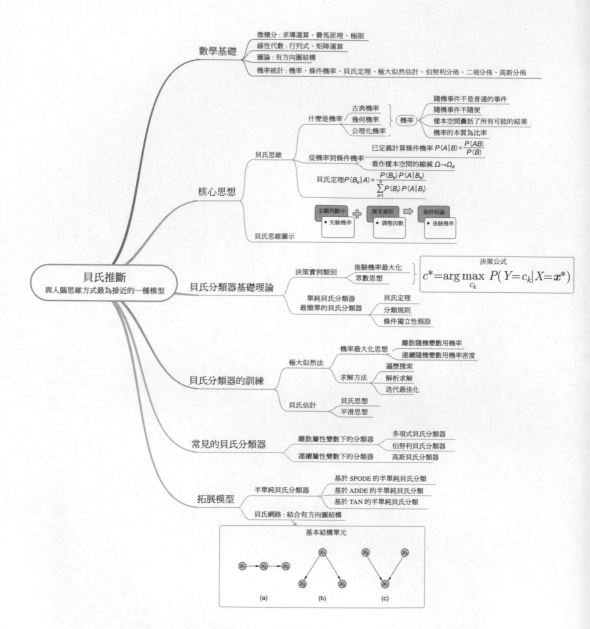

數學基礎
　　微積分：求導運算、費馬原理、極限
　　線性代數：行列式、矩陣運算
　　圖論：有向向圖結構
　　機率統計：機率、條件機率、貝氏定理、極大似然估計、伯努利分佈、二項分佈、高斯分佈

核心思想
　　貝氏思維
　　　　什麼是機率
　　　　　　古典機率
　　　　　　幾何機率
　　　　　　公理化機率
　　　　　　機率
　　　　　　　　隨機事件不是普通的事件
　　　　　　　　隨機事件不隨便
　　　　　　　　樣本空間囊括了所有可能的結果
　　　　　　　　機率的本質為比率
　　　　從機率到條件機率
　　　　　　已定義計算條件機率 $P(A|B) = \dfrac{P(AB)}{P(B)}$
　　　　　　看作樣本空間的縮減 $\Omega \rightarrow \Omega_A$
　　　　貝氏定理 $P(B_k|A) = \dfrac{P(B_k)P(A|B_k)}{\sum\limits_{i=1}^{n} P(B_i)P(A|B_i)}$
　　貝氏思維圖示

主觀判斷中
● 先驗機率
＋
樣本資訊
● 調整因數
➡
最終結論
● 後驗機率

貝氏分類器基礎理論
　　決策實例類別
　　　　後驗機率最大化
　　　　眾數思想
　　　　決策公式
　　　　$c^* = \underset{c_k}{\arg\max}\; P(Y = c_k | X = x^*)$
　　單純貝氏分類器
　　最簡單的貝氏分類器
　　　　貝氏定理
　　　　分類規則
　　　　條件獨立性假設

貝氏分類器的訓練
　　極大似然法
　　　　機率最大化思想
　　　　　　離散隨機變數用機率
　　　　　　連續隨機變數用機率密度
　　　　求解方法
　　　　　　遍歷搜索
　　　　　　解析求解
　　　　　　迭代最佳化
　　貝氏估計
　　　　貝氏思想
　　　　平滑思想

常見的貝氏分類器
　　離散屬性變數下的分類器
　　　　多項式貝氏分類器
　　　　伯努利貝氏分類器
　　連續屬性變數下的分類器
　　　　高斯貝氏分類器

拓展模型
　　半單純貝氏分類器
　　　　基於 SPODE 的半單純貝氏分類
　　　　基於 ADDE 的半單純貝氏分類
　　　　基於 TAN 的半單純貝氏分類
　　貝氏網路：結合有向圖結構

貝氏推斷
與人腦思維方式最為接近的一種模型

基本結構單元

(a)　　　　(b)　　　　(c)

第 4 章　線性迴歸模型思維導圖

第 4 章
貝氏推斷

學習是一支舞蹈，充滿了波折迴旋，但這支舞蹈不可避免會走向進步，而這裡的進步似乎就是接受貝氏方法。

——黃藜原（*Lê Nguyên Hoang*）

貝氏推斷的重點核心就是貝氏定理，而這個定理中所透露出來的貝氏思維，其實是和人腦的思維方式最為接近的一種，也是人工智慧發展起來的根基。本章著重介紹貝氏思想，單純貝氏分類器、半單純貝氏分類器，最後擴充至貝氏網。

4.1 貝氏思想

1857 年 9 月 3 日，一艘名為「中美洲號」（S.S. Central America）的輪船在巴拿馬科隆港啟航，駛往紐約市。「中美洲號」曾多次成功地完成航海任務，但是這一次的任務非比尋常，異常艱鉅。除了金錠、新鑄金幣以及生金之外，船上還載有 578 名乘客，而且大多是西部淘金客，攜帶大量的私人黃金。「中美洲號」上合計載有黃金 19 噸，可謂名副其實的黃金之船（Ship of Gold）。不幸的是，在航行近一周時，一場大風暴襲來，並迅速演變為颶風。「中美洲號」在風暴口盤旋 3 日之後，幸運地遇到「海洋」號，生死攸關之下，乘客們只能放棄黃金，獲取逃命的機會，然而生還的人員僅為整艘輪船的四分之一。425 名乘客與巨量黃金一併葬入深海海底。圖 4.1 為遭遇颶風的黃金之船——「中美洲號」。

▲圖 4.1 黃金之船——「中美洲號」

　　海底寶藏吸引了無數尋寶人，但無人知曉沉船位置。直到 20 世紀 70 年代，賴瑞・斯通（Larry Stone）利用強悍的數理統計功底開創了貝氏搜索理論。80 年代，自小就對尋寶探險感興趣的湯姆・湯姆森（Tommy Thompson）關注到「中美洲號」，立即將拉里拉入團隊，打撈這艘黃金之船的事才有契機，此時距離沉船之事已過去 130 年之久。

　　1988 年 9 月 11 日，湯姆森團隊根據貝氏定理設計的搜索機器人「雷魔」終於發現了沉船一角。至此，打撈黃金之船的大幕就此拉開。

　　長達 130 年間對沉船位置的探尋都沒什麼動靜，為何湯姆森團隊突然找到了？關鍵就在於貝氏定理。如此古老的統計學定理，卻在最先進的技術中發揮了作用，實在令人驚訝。圖 4.2 為從「中美洲號」沉船打撈的黃金。

▲圖 4.2 從「中美洲號」沉船打撈的黃金

那麼，貝氏定理到底是什麼？讓我們先從機率說起。

4.1.1 什麼是機率

生活就像一盒巧克力，你永遠不知道下一顆拿到的是什麼味道的。

——《阿甘正傳》

不過，如果懂一點統計學，就能預測出下一顆糖最有可能拿到什麼味道的。這就需要知道怎樣計算機率。

1. 古典機率

情人節到了，小明親手為女朋友做了一盒心形巧克力。盒子裡一共裝了 16 塊巧克力，其中 4 塊黑色的，4 塊白色的，4 塊棕色的，紅色和黃色的各 2 塊，如圖 4.3 所示。假如每塊巧克力的包裝紙都是相同的，小明的女朋友隨機從盒子裡取出一塊巧克力，那麼取出 1 塊黑色巧克力的可能性有多大？取出 1 塊紅色巧克力的可能性又是多大呢？

▲ 圖 4.3 一盒巧克力

根據生活經驗，可以很容易地做出判斷：巧克力的總塊數是 16，由於盒中有 4 塊黑色巧克力，隨機取出一塊黑色巧克力的可能性就是 4/16，而紅色巧克力有 2 塊，隨機取出 1 塊紅色巧克力的可能性就是 2/16。

此處的可能性指的是機率，蘊含的是法國數學家拉普拉斯（Pierre-Simon Laplace， 1749—1827）在 1812 年提出的古典機率。

定義 4.1（古典機率）待研究的隨機現象所有可能結果的集合稱為樣本空間 Ω。假如樣本空間中有 n 個基本事件，事件 A 由 m 個基本事件組成，則

$$P(A) = \frac{A \text{ 中所含的基本事件個數}}{\Omega \text{ 中總的基本事件個數}} = \frac{m}{n}$$

表示事件 A 發生的機率。

根據古典機率的定義，同樣可以計算出相應的機率。如果 A 事件記為「從盒子中取出 1 塊巧克力，顏色為黑色」，由於盒中有 4 塊黑色巧克力，所以 A 中包含的基本事件個數為 $m = 4$，總事件為「從盒子中取出 1 塊巧克力」，由於盒中總共的巧克力塊數是 16，所包含的基本事件個數為 $n = 16$。因此 $P(A) = 4/16$。同理，如果記 B 事件為「從盒子中取出 1 塊巧克力，顏色為紅色」，可得 $P(B) = 2/16$。

可以發現，古典機率只適合於古典機率模型，也就是需要滿足以下條件：

(1)在試驗中，樣本空間 Ω 中事件全部可能的結果只有有限個，假如為 n 個，記為 E_1，E_2，$\cdots$，E_n，並且這些基本事件兩兩之間互不相容；

(2)基本事件 E_1，E_2，$\cdots$，E_n 出現的機會相等。

這裡的 E_1，E_2，$\cdots$，E_n 就是由總事件拆解出來的等機率的基本事件。假如，在擲硬幣的實驗中，可能出現的結果只有正面和反面兩種，假如這枚硬幣密度均勻，那麼正反面出現的機會是均等的，於是正面朝上或反面朝上的機率都是 1/2。假如，電影《賭神》中常用的骰子，一共有 6 個面，對應的點數分別為 1, 2, $\cdots$, 6，如果是一枚質地均勻的骰子，每個點數出現的機率也是均等的，為 1/6。這種機率模型常應用在產品抽樣檢查、雙色球彩券抽獎等實際問題中。

顯然，古典機率容易理解、易於計算，但有著嚴重的弊端，如果無法拆為基本事件或基本事件出現的機會不相等，該怎麼辦？

2. 幾何機率

年假剛結束，小明就和女朋友開始約會了，地點定在了咖啡廳。因為小明時間觀念不強，所以兩人約定：「上午九點到十點在咖啡廳見面。先到者可等候另一人半小時，超過時間即可離去。」到了約會那天，小明的女朋友九點準時到達咖啡廳，但是遲遲不見小明的身影。將近十點鐘的時候，小明姍姍來遲，但女朋友已離開。且不談後來小明和女朋友的爭吵，甚至引發分手大戰。這裡只說一下他們的約定，小明的女朋友認為這個約定表明兩人有很大的可能性成功會面，再遲到簡直無法原諒，是不是這樣呢？

我們簡述一下問題：兩人相約九點到十點見面。先到者等候另一人半小時，超過時間即可離去，請問成功會面的可能性多大。

顯然，時間是無法拆分的，不能仿照古典機率的方法找到基本事件，因此嘗試畫圖表達。以 t_1 與 t_2 表示兩人到達的時刻，若要成功會面，需要滿足

$$|t_1 - t_2| \leqslant 0.5 \tag{4.1}$$

滿足不等式 (4.1) 的陰影區域如圖 4.4 所示。

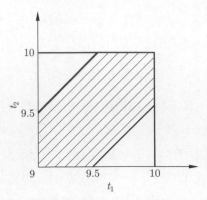

▲ 圖 4.4 滿足約定的陰影區域

在這個約定問題中，雖然感興趣的結果無法一一列舉出來，但可以發現和面積有關，假設每個點處的機率密度是相同的，透過幾何圖形的面積就能計算相遇的機率高達 0.75 的機率，卻仍然沒有成功會面，怪不得小明的女朋友這麼生氣。這裡的計算方法就表現了幾何機率的含義。

$$P = \frac{(10-9)^2 - (10-9.5)^2}{(10-9)^2} = 0.75$$

定義 4.2（幾何機率）假如樣本空間 Ω 充滿整個區域，其度量（大小、面積或體積等）大小可用 S_Ω 表示，事件 A 為樣本空間的子區域，其度量大小用 S_A 表示，則事件 A 發生的機率為

$$P(A) = \frac{S_A}{S_\Omega}$$

如圖 4.5 所示。

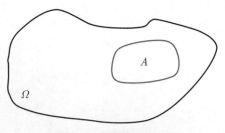

▲ 圖 4.5 幾何機率的含義

幾何機率也有一定的適用條件。

(1) 樣本空間中所有的落點位置都是等可能的，可以視為每一處都是等密度的；

(2) 幾何機率是基於幾何圖形的長度、面積、體積等算出的。

仔細看來，在古典機率中，組成事件的基本元素是基本事件，而且認為這些基本事件具有相同的機率。但是這需要可能的結果可以列出來。如果推廣到具有無限多結果而且具有某種等可能的場景，就如同一群散散落落的整數來到連續的實數世界中，離散場景下的古典機率搖身一變成為連續場景的幾何機率。但是，無論是古典機率還是幾何機率，因為對情況的未知，人們都習慣性地假設其為等可能的。至於為什麼當人類一無所知之時，常用等可能的假設，可以透過資訊理論中的熵解釋，從熵的角度發現等可能這個假設可以使我們獲得最多的資訊[i]。這種不同學科之間的互相驗證與一個經典的問題「到底是人類發明了數學還是發現了數學」有些類似。雖然光的存在久矣，但人們一直不知道光的本質是什麼，有人說光是一種波，就像聲波似的；有人說光是一種粒子，就如同淅淅瀝瀝落下的雨滴。這一爭論一直持續到微積分誕生的很多年之後。物理學家麥克斯韋用微積分改寫電磁場的實驗定律，得到優美的麥克斯韋方程式，從而發現光是一種電磁波。

3. 公理化機率

由於許多概念沒有明確，正可謂天知地知你知我知，卻誰也說不清楚，導致類似貝特朗奇論那樣的怪現象出現，嚴重限制了機率論的發展。1933 年，為使機率的含義更加明確，俄國數學家安德雷・柯爾莫哥洛夫（Andrey Kolmogorov）在《機率論基本概念》一書中提出機率的公理化定義，以數學集合論的觀點解決了機率定義的問題，現簡要敘述如下。

定義 4.3（公理化機率）設 E 是隨機試驗，相應的樣本空間為不可為空集合 Ω，Ω 的所有子集組成的集合為事件域 $\mathcal{F}$，給 $\mathcal{F}$ 中的每個元素賦予一個實數得到一個實值函數 $P(\cdot)$，如果它滿足以下三個條件：

---

i 關於熵的具體內容詳見本書第 6 章。

(1) 對一切 $A \in \mathcal{F}$，有 $P(A)$ 0；

(2) $P(\Omega) = 1$；

(3) 若 $A_i \in \mathcal{F}$，$i = 1, 2, \cdots$，並且兩兩互不相容，

$$P\left(\bigcup_{i=1}^{\infty} A_i\right) = \bigcup_{i=1}^{\infty} P(A_i)$$

則稱 P 是 $\mathcal{F}$ 上的機率。

這個定義比古典機率和幾何機率更嚴謹、準確，但因涉及許多抽象的數學名詞而令人望而卻步。為理解機率的核心，我們用通俗易懂的語言來解釋：機率就是為了定量描述隨機事件發生可能性大小的工具。

1) 隨機事件不是普通的事件

從語法角度來看，「隨機事件」這個名詞的主體是「事件」，修飾的定語是「隨機」。常說的「9•11 事件」「聖嬰現象」等歷史或自然事件不在我們要考慮的範圍內，因為這些事件指的是已經發生的事情或某種既定的現象。要明白隨機事件這個詞，關鍵在定語「隨機」上。隨機事件就是指無法預測但是可以推測發生可能性的事件，這也是數學家們爭論多年而達成的共識。往往，如果說一件事的發生是隨機的，指的就是這件事發生的結果是不能夠被預測的。

2) 隨機事件不隨便

街邊時常會出現駐唱的歌手，聽什麼歌？隨機來一首吧！夜市上賣絲巾的小攤位，要什麼顏色的？顏色太多有點眼花繚亂？沒關係，隨機拿一條吧！

這裡的隨機是隨隨便便嗎？自然不是，駐唱歌手會的歌有限，假如他只會周杰倫的歌，或更少，只會《依然范特西》專輯的曲子，那麼所有可能的結果都在這個專輯的 10 首歌曲中。顏色也是有限的，假如有一張顏色清單，清單中有「中國紅、少女粉、湖水藍、丁香紫、深海藍」5 種，那麼隨機選一種，就是從這 5 種裡面選擇。所以，隨機性指的就是事件可能出現的所有結果我們都是知道的，但是不知道下一次出現何種結果。

因此，如果問「我今天出門會發生什麼事」，這個是不是隨機的？我的回答

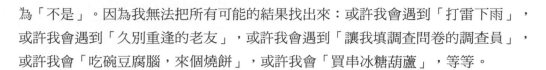

為「不是」。因為我無法把所有可能的結果找出來：或許我會遇到「打雷下雨」，或許我會遇到「久別重逢的老友」，或許我會遇到「讓我填調查問卷的調查員」，或許我會「吃碗豆腐腦，來個燒餅」，或許我會「買串冰糖葫蘆」，等等。

隨機不代表隨便，隨機事件的結果選項具有可知的特性，這是機率發揮作用的基礎。

3)　樣本空間囊括了所有可能的結果

雖然知道了什麼是隨機事件，但是如何定量描述隨機事件發生的可能性仍需解決。這種量化並不複雜，只要找到樣本空間，然後查看一下隨機事件佔樣本空間的比率即可。

這裡的樣本空間，指一件事情可能發生的所有結果組成的集合，也就是之前定義中的 Ω。例如選曲時，樣本空間就是《依然範特西》專輯曲目 { 夜的第七章，聽媽媽的話，千里之外，本草綱目，退後，紅模仿，心雨，白色風車，迷迭香，菊花台 }；挑絲巾時，樣本空間就是「顏色清單」{ 中國紅，少女粉，湖水藍，丁香紫，深海藍 }；拋硬幣時，樣本空間就是 { 正面，反面 }；擲骰子時，樣本空間就是點數 {1, 2, 3, 4, 5, 6}；小明和女朋友約會時，樣本空間就是一個正方形區域。

4) 機率的本質為比率

在集合的定義下，隨機事件是樣本空間的子集，所有這些可能的子集組成在公理化機率中提到的事件域。也就是說，隨機事件就是事件域的元素。

以選曲為例，每一首曲子都是單一的無法再分割的結果，所以是基本事件，而且如果假設每首曲子被選中的可能性相同，樣本空間包含 10 個基本事件。如果事件為 「駐唱歌手從《依然範特西》專輯中隨機選擇一首曲子，該曲子為《千里之外》或《夜的第七章》」，那麼這個事件對應的集合為 { 夜的第七章，千里之外 }，與樣本空間的比率為 2/10，這就是該隨機事件發生的機率。在小明約會的例子中，樣本空間對應的正方形區域所包含的每個點都是無法分割的，假設每個點具有相同的機率密度，正方形區域的面積為 $(10 - 9)^2$。如果事件為「小明與女朋友成功會面」，這個事件對應的集合就是陰影區域，陰影區域的面積為 $(10 - 9)^2 - (10 \quad 9.5)^?$，與樣本空間的比率就是 0.75。

可見，機率的本質為比率，而且是無量綱的，即沒有單位。現在，再理解公理化的三個條件，就非常容易：

(1)機率的值永遠為非負數。

(2)樣本空間內所有基本事件的機率之和為 1。

(3)每個隨機事件都是若干基本事件的集合，那麼這個隨機事件的機率就是這若干基本事件的機率之和。

我們發現，為計算出一個準確的機率，需要找到完整的樣本空間，但是樣本空間的完備性其實就像一個幽靈。比如，人類一直在探索生命，世界上到底有多少物種，至今未有精準答案。那麼，當在原始森林遇到一種生物，這種生物出現的機率就很難得到一個準確值。所以，從另一個角度來說，人類對世界的探索，無疑是對樣本空間的完善。

4.1.2 從機率到條件機率

在之前介紹的機率中其實都隱含了條件，比如選曲時，條件是曲目來自於周杰倫的《依然範特西》專輯；挑絲巾時，條件是顏色來自顏色清單；約會時，條件是時間在 9 點到 10 點之間，只不過這些條件不明顯而已。現在回到小明親手做的那盒巧克力中。

假如小明將巧克力分到兩個盒子裡送給女朋友，表示好事成雙，如圖 4.6 所示。A 盒中的巧克力有 3 塊黑色的，2 塊白色的，1 塊棕色和 1 塊黃色；B 盒中的巧克力有 1 塊黑色的，2 塊白色的，3 塊棕色的，1 塊黃色的和 2 塊紅色的。如果小明的女朋友從 A 盒中取出一塊巧克力，那麼這塊巧克力為黑色的機率是多少？如果來自於 B 盒，機率又是多少？

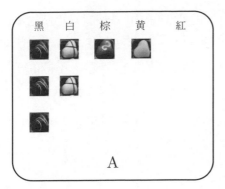 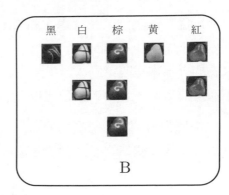

▲圖 4.6 兩盒巧克力

這根本就不是一道數學題，而是一道語文題，直接看圖 4.6 就能得到答案。第一個問題中新增條件是「巧克力來自於 A 盒」，在新的條件下，樣本空間 Ω_A = { 黑色，白色，棕色，黃色 }，由於 A 盒中一共有 7 塊巧克力，其中 3 塊為黑色，「從 A 盒取出黑色巧克力」這個基本事件的機率為

$$P(\text{黑色}|A\text{盒}) = \frac{3}{7}$$

增加新條件之後，樣本空間從 Ω 調整為 Ω_A，相當於樣本空間發生縮減。利用縮減後的樣本空間計算事件發生的機率。

同理，如果新增條件是「巧克力來自於 B 盒」，樣本空間縮減為 Ω_B = { 黑色，白色，棕色，黃色，紅色 }，由於 B 盒中一共有 9 塊巧克力，「從 B 盒取出黑色巧克力」這個基本事件的機率為

$$P(\text{黑色}|B\text{盒}) = \frac{1}{9}$$

第二個問題也解決了。

定義 4.4（條件機率）設 A 和 B 都是事件域 $\mathcal{F}$ 中的元素，在替定事件 B 已經發生的基礎上，A 發生的機率就是 B 發生的條件下 A 的條件機率 $P(A|B)$

$$P(A|B) = \frac{P(AB)}{P(B)}$$

即 A 和 B 同時發生的機率與 B 發生的機率的比值。

在條件機率中，雖然 A 和 B 都是事件域中的元素，但是 A 和 B 相當於是兩類

事件，從不同角度看待樣本空間。比如在巧克力的小例子中，一種角度是從不同的盒子來看，樣本空間可以透過 {A 盒 , B 盒} 表示；一種角度是從巧克力的顏色來看的，樣本空間可以透過 { 黑色 , 白色 , 棕色 , 紅色 , 黃色 } 表示。不同的角度下產生的事件 A 和 B 就可能出現交集，從而計算條件機率，如圖 4.7 所示。

　　按照定義，在「巧克力來自於 A 盒」的條件下，「取出一塊黑色巧克力」這一事件用條件機率的形式表達出來，

$$P(黑色|A\ 盒) = \frac{P(黑色\ 且\ A\ 盒)}{P(A\ 盒)} \tag{4.2}$$

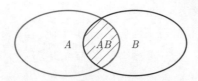

▲圖 4.7 A 事件和 B 事件同時發生的場景

　　即「巧克力是黑色的並且來自於 A 盒」的機率除以「巧克力來自於 A 盒」的機率，分別計算一下

$$P(黑色\ 且\ A\ 盒) = \frac{3}{16}, \quad P(A\ 盒) = \frac{7}{16}$$

答案同樣是 3/7。

　　條件不同，機率也會發生變化，如果把 A 盒改為 B 盒，取出黑色巧克力的機率就變為

$$P(黑色|B\ 盒) = \frac{P(黑色\ 且\ B\ 盒)}{P(B\ 盒)} = \frac{1}{9} \tag{4.3}$$

這是直接根據條件機率的定義計算的。

4.1.3 貝氏定理

　　現在情況發生了變化，不是已知盒子猜顏色機率，而是透過巧克力顏色猜盒

子。假如現在小明的女朋友取出一塊黑色巧克力，請問：這塊黑色巧克力來自於 A 盒的機率是多少？

解讀一下，剛才的條件是盒子，現在的條件是顏色。舉一反三，相信你能夠很快寫出新的條件機率公式：

$$P(A \text{ 盒}|\text{黑色}) = \frac{P(\text{黑色 且 } A \text{ 盒})}{P(\text{黑色})} \tag{4.4}$$

但要注意的是，兩次問題相比較，條件與結論互換了，條件 $P($ 黑色 $) = 4/16$。於是，

$$P(A \text{ 盒}|\text{黑色}) = \frac{\dfrac{3}{16}}{\dfrac{4}{16}} = \frac{3}{4}$$

這是在明確一共有多少塊黑色巧克力的基礎上得到的。如果不清楚，就得拆為兩個盒來看，根據式 (4.2) 和式 (4.3) 可以得到

$$P(\text{ 黑色 且 } A \text{ 盒}) = P(\text{ 黑色 } |A \text{ 盒})P(A \text{ 盒}) \tag{4.5}$$

$$P(\text{ 黑色 且 } B \text{ 盒}) = P(\text{ 黑色 } |B \text{ 盒})P(B \text{ 盒}) \tag{4.6}$$

聯合式 (4.5) 和式 (4.6)，巧克力為黑色的機率為

$$P(\text{ 黑色 }) = P(\text{ 黑色 且 } A \text{ 盒}) + P(\text{ 黑色 且 } B \text{ 盒})$$
$$= P(\text{ 黑色 } |A \text{ 盒})P(A \text{ 盒}) + P(\text{ 黑色 } |B \text{ 盒})P(B \text{ 盒}) \tag{4.7}$$

式 (4.7) 把 $P($ 黑色 $)$ 分盒子展開，得到全機率公式。

定義 4.5（全機率公式）設樣本空間 Ω 可以分解為 n 個互不相容的事件 $B_1, B_2, \cdots, B_n$，且 $P(B_i) > 0$，$i = 1, 2, \cdots, n$，顯然 $\Omega = \bigcup\limits_{i=1}^{n} B_i$ 為必然事件，即 $P\left(\bigcup\limits_{i=1}^{n} B_i\right) = 1$，則對事件域 $\mathcal{F}$ 中的任意元素 A 都有

$$P(A) = P(B_1)P(A|B_1) + P(B_2)P(A|B_2) + \cdots + P(B_n)P(A|B_n)$$

即事件 A 的機率被分解為多個部分機率之和，式中的每項都可被視為條件機率 $P(A|B_i)$ 與其權重 $P(B_i)$ 之積，如圖 4.8 所示。

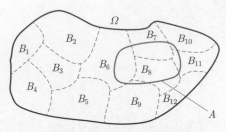

▲ 圖 4.8 全機率公式的含義

利用式 (4.5) 和全機率式 (4.7) 重新表達條件機率式 (4.4)，可得

$$P(A\ 盒|黑色) = \frac{P(黑色|A\ 盒)P(A\ 盒)}{P(黑色|A\ 盒)P(A\ 盒) + P(黑色|B\ 盒)P(B\ 盒)} \tag{4.8}$$

也就是赫赫有名的貝氏公式。

定義 4.6 (貝氏定理) 設樣本空間 Ω 可以分解為 n 個互不相容的事件 $B_1, B_2, \cdots, B_n$，且 $P(B_i) > 0,\ i = 1, 2, \cdots, n$，顯然 $\Omega = \bigcup_{i=1}^{n} B_i$ 為必然事件，即 $P\left(\bigcup_{i=1}^{n} B_i\right) = 1$，則對事件域 $\mathcal{F}$ 中的任意元素 A，只要 $P(A) > 0$，就有

$$\begin{aligned} P(B_k|A) &= \frac{P(B_k)P(A|B_k)}{P(B)} \\ &= \frac{P(B_k)P(A|B_k)}{P(B_1)P(A|B_1) + P(B_2)P(A|B_2) + \cdots + P(B_n)P(A|B_n)} \\ &= \frac{P(B_k)P(A|B_k)}{\displaystyle\sum_{i=1}^{n} P(B_i)P(A|B_i)} \end{aligned}$$

式中，$P(B_k)$ 被稱為先驗機率，這是根據已有的知識和經驗確定的；$P(B_k|A)$ 稱為後驗機率，是觀察到事件 A 發生後 B_k 的機率；

$$\frac{P(A|B_k)}{P(B)} = \frac{P(A|B_k)}{\displaystyle\sum_{i=1}^{n} P(B_i)P(A|B_i)}$$

稱為調整因數，表示件 A 的發生對事件 B_k 帶來的影響。

以上為貝氏定理的離散形式，如果是連續形式，以機率密度替換機率，以積分替換求和即可。

根據貝氏定理，也可以計算出 $P(A$ 盒 | 黑色 $) = 3/4$。與傳統的由因到果的推理相比較，這裡表現了由果推因，即如果在現實生活中觀察到了某種現象，去反推造成這種現象的各種原因的機率，這就是貝氏定理表現的逆機率思維。

例 4.1 伊索寓言中有一則故事是《狼來了》（圖 4.9）。故事講的是村子裡有個男孩每天到山上放羊，因為日復一日很是無聊，男孩想了個解悶的好方法。一天，他把羊帶到山上吃草之後，大喊「狼來了！狼來了！」村民們信以為真，扛著家裡的掃帚、木棍等上山去打狼。可是山上並沒有一隻狼。第二日，仍是如此；第三日，狼真的來了，可是任男孩喊破喉嚨，也沒有村民相信他。請利用貝氏定理分析村民對這個男孩的信任程度。

▲ 圖 4.9 伊索寓言──《狼來了》

解 假如記事件 A 為「男孩說謊」，事件 B 為「男孩可信」，村民們最初對這個男孩十分信賴，信任程度為

$$P(B_0) = 0.9, \quad P(\overline{B}_0) = 0.1$$

其中，事件 $\overline{B_0}$ 表示「男孩不可信」。假設在「男孩可信」的條件下，「男孩說謊」的機率 $P(A|B_0) = 0.05$；在「男孩不可信」的條件下，「男孩說謊」的機率 $P(A|\overline{B_0}) = 0.5$。

男孩第一次喊「狼來了」，村民上山打狼，發現「男孩說謊」，狼沒有來。根據這個新增加的資訊，村民對男孩的信任程度發生了變化

$$P(B_0|A) = \frac{P(B_0)P(A|B_0)}{P(B_0)P(A|B_0) + P(\overline{B_0})P(A|\overline{B_0})} = \frac{0.9 \times 0.05}{0.9 \times 0.05 + 0.1 \times 0.5} = 0.4737$$

即信任程度由 0.9 下降為 0.4737。記村民第一次上當後，事件 B_1 為「男孩可信」，$\overline{B_1}$ 表示「男孩不可信」，更新後的機率為

$$P(B_1) = P(B_0|A) = 0.4737, \quad P(\overline{B_1}) = 1 - P(B_1) = 0.5263$$

假設在「男孩可信」的條件下「男孩說謊」的機率與在「男孩不可信」的條件下「男孩說謊」的機率均不發生改變，但是村民對男孩的信任程度發生了變化

$$P(A|B_1) = 0.05, \quad P(A|\overline{B_1}) = 0.5$$

當男孩第二次喊「狼來了」，村民再次發現「男孩說謊」時，這個資訊使得村民對男孩的信任程度再次發生變化

$$P(B_1|A) = \frac{P(B_1)P(A|B_1)}{P(B_1)P(A|B_1) + P(\overline{B_1})P(A|\overline{B_1})} = \frac{0.4737 \times 0.05}{0.4737 \times 0.05 + 0.5263 \times 0.5} = 0.0826$$

這說明，村民兩次上當之後，對男孩的信任程度已從 0.9 降至 0.0826，在這麼低信任度的情況下，當男孩第三次呼救時，自然無人去營救了！這就是以貝氏思維來解釋說謊故事。每當加入新的資訊時，原有的機率即先驗機率會受到影響，透過調整因數更新為後驗機率。

日常生活中，應用貝氏思維的例子比比皆是。假如在冬至這一天，小明去餐館，老闆很可能就問這麼一句話：「要不要來盤餃子？」這就是老闆根據當天的節氣舉出的主觀判斷。因為大多數人在冬至的這一天會選擇吃餃子，尤其是北方人，可是假如小明用的是四川話，回覆老闆一句「我冬至不吃餃子」，其實就相當於在原有的基礎上為餐館老闆提供一個新的資訊。根據新提供的資訊，老闆可

能判斷小明是一個四川人，於是很有可能就問「那您要不要來碗羊湯」，因為四川人在冬至這一天會選擇喝羊肉湯。如果小明說「好」，就表明老闆成功地預測出了最後的結果——「小明今天打算吃羊肉湯」，這就是最終結論。這個例子中，開始的時候，老闆根據當天的節氣，也就是冬至舉出了一個主觀判斷，對應到貝氏定理中就是一個先驗機率；後面根據客人說的四川話，老闆發現新的資訊並增加進去，這裡的新資訊帶來貝氏定理的調整因數；老闆得到的最終結論可認為是後驗機率，這類似貝氏思維的全過程。貝氏思維全過程如圖 4.10 所示。

▲圖 4.10　貝氏思維全過程

　　另外，人類的認知也符合貝氏思維。對於咿呀學語的孩童，世界中的萬物都是新奇的。假如這時候有個小動物跑了過來，皮毛烏黑發亮，有只挺翹的黑鼻子，一對靈動的大眼睛盯著小孩，「汪汪汪」地叫起來。小孩肯定會很好奇，就會問媽媽「這是什麼」。如果媽媽告訴孩子「這是小狗」，那麼小孩每次看到類似的小動物，都會喊「小狗，小狗」。可是，小孩有時候喊對了有時候卻喊錯了。於是，如果小孩喊對了，媽媽就表揚小孩「你真棒」；如果喊錯了，媽媽就給小孩糾正。雖然最初小孩認出小狗的機率很低，但每次的確認或糾正就如同提供了新資訊，以調整因數的形式發揮作用，一次次地更新後驗機率。最後，小孩認出小狗的機率就會很高，從而完成對小狗的認知過程。這些都是貝氏思維的表現。

　　貝氏統計決策以貝氏思維為依據。具體而言，可簡要分為 3 個步驟：

(1)透過訓練集估計先驗機率分佈和條件機率模型的參數。

(2)根據貝氏定理計算後驗機率。

(3)利用後驗機率做出統計決策。

　　本章之初介紹的打撈「黃金之船」事件也離不開上面這三個步驟。簡介一下貝氏定理在的搜索「黃金之船」中是怎樣發揮作用的。根據經驗，先對沉船殘骸的位置做個猜測，對每種猜測都建構一個關於空間位置的機率分佈，這就是先驗

機率。接著根據海洋環境和沉船的航線等多種資訊，針對每個可能的位置計算能夠找到沉船殘骸的機率分佈，也就是貝氏定理中樣本空間的劃分，用作計算調整因數。有了先驗機率和調整因數，沉船落在每個位置的後驗機率很容易得到。之後，根據後驗機率分佈確定搜索區域：始於高機率區，途經中機率區，最後搜索低機率區。在這期間，每個位置的搜索結果，比如發現部分殘骸或一無所獲，這些資訊都可以用以更新後驗機率。直到完成沉船殘骸的整個搜索過程。可以說，貝氏搜索不僅能夠綜合多個資訊來源，而且可以根據每一次新資訊的增加，自動更新搜索成功的機率，增大成功機率並且縮短時間。

4.2 貝氏分類器

貝氏思維在機器學習中的典型應用就是貝氏分類。特別地，如果屬性變數之間是相互獨立的，則簡化為單純貝氏分類器。

4.2.1 貝氏分類

與 K 近鄰演算法類似，當透過訓練集學習到先驗機率和條件機率之後，對於新實例，預測其類別也是用的眾數思想。繼續沿用巧克力的例子，假如小明的女朋友拿出來 1 塊黑色巧克力。請問：這塊巧克力最有可能來自於哪個盒子？

類似於式 (4.8)，運用貝氏定理，易得出「巧克力來自於 B 盒」的條件機率

$$P(B\ 盒|黑色) = \frac{P(黑色|B\ 盒)P(B\ 盒)}{P(黑色)} = \frac{1}{4}$$

很明顯，黑色巧克力來自 A 盒的機率更大：$P(A\ 盒\ |\ 黑色) > P(B\ 盒\ |\ 黑色)$。那麼，這塊巧克力最有可能來自於 A 盒。推廣到 K 個盒子，假設 X 為特徵變數，包含 p 維特徵 $X_1, X_2, \cdots, X_p$；Y 為分類變數，包含 K 類 $c_1, c_2, \cdots, c_K$。現給定一個新的實例 $\boldsymbol{x}^* = (x_{*1}, x_{*2}, \cdots, x_{*p})^{\mathrm{T}}$，則該實例 $\boldsymbol{x}^*$ 歸屬第 c_K 類的可能性有多大？另外，該實例最有可能歸屬哪一類？

換言之，已知這個實例，求它來自於 c_K 類的機率，就是鎖定條件 $X = \boldsymbol{x}^*$，根據貝氏定理，可得「歸屬第 c_K 類」的後驗機率：

$$P(Y = c_k | X = \boldsymbol{x}^*) = \frac{P(X = \boldsymbol{x}^* | Y = c_k)P(Y = c_k)}{P(X = \boldsymbol{x}^*)}$$

$$= \frac{P(X = \boldsymbol{x}^* | Y = c_k)P(Y = c_k)}{\sum_{i=1}^{K} P(X = \boldsymbol{x}^* | Y = c_i)P(Y = c_i)} \quad (4.9)$$

式中，分子是同時滿足兩種情況的機率，分母是發生這一條件的全機率公式。可以依次求出 $P(Y = c_1 | X = \boldsymbol{x}^*), P(Y = c_2 | X = \boldsymbol{x}^*), \cdots, P(Y = c_K | X = \boldsymbol{x}^*)$，然後取條件機率最大值所對應的類別，即

$$c^* = \arg \max_{c_k} P(Y = c_k | X = \boldsymbol{x}^*)$$

由於在同一實例下，K 個條件機率的分母相同，因此只需計算不同類下的分子，然後找到分子最大值所對應的類別即可，

$$c^* = \arg \max_{c_k} [P(X = \boldsymbol{x}^* | Y = c_k)P(Y = c_k)] \quad (4.10)$$

貝氏分類的原理就是透過最大的後驗機率來預測實例類別，此處的眾數思想指的是根據機率最大的位置做出決策。更具有針對性地，我們稱這種決策準則為「後驗機率最大化」。貝氏分類流程如圖 4.11 所示。

▲ 圖 4.11 貝氏分類流程示意圖

4.2.2 單純貝氏分類

單純貝氏分類，這個詞語的主體為「分類」，用以修飾的兩個詞語「樸素」和「貝氏」表明這個分類器是以屬性變數獨立假設和貝氏定理為根本的。圖 4.12 所示為單純貝氏分類示意圖。

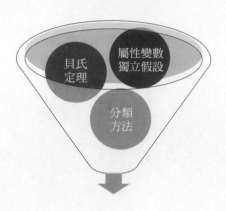

▲ 圖 4.12 單純貝氏分類

在式 (4.9) 中，分子為聯合機率 $P(X = x^*, Y = c_k) = P(X = x^*|Y = c_k)P(Y = c_k)$，可透過先驗機率 $P(Y = c_k)$ 以及類別 c_k 下的條件機率 $P(X = x^*|Y = c_k)$ 計算。

在巧克力的例子中，假如希望透過顏色來判斷巧克力所屬的盒子，那麼顏色就是屬性變數，盒子就是分類變數。

「巧克力來自 A 盒」的先驗機率是 $P(A\ 盒) = 7/16$，「巧克力來自 B 盒」的先驗機率是 $P(B\ 盒) = 9/16$。然後，分別計算出 A 盒中每種顏色和 B 盒中每種顏色對應的條件機率。最後，將先驗機率與條件機率相乘，就得到聯合機率。由於顏色屬性具有 5 個設定值，類別具有 2 個設定值，要得到聯合機率分佈需要計算 5 × 2 = 10 個機率，結果如表 4.1 所示。

▼ 表 4.1 巧克力顏色和類別的聯合機率

聯 合 機 率	A 盒	B 盒
黑色	$\frac{3}{7} \times \frac{7}{16} = \frac{3}{16}$	$\frac{1}{9} \times \frac{9}{16} = \frac{1}{16}$
白色	$\frac{2}{7} \times \frac{7}{16} = \frac{2}{16}$	$\frac{2}{9} \times \frac{9}{16} = \frac{2}{16}$
棕色	$\frac{1}{7} \times \frac{7}{16} = \frac{1}{16}$	$\frac{3}{9} \times \frac{9}{16} = \frac{3}{16}$
黃色	$\frac{1}{7} \times \frac{7}{16} = \frac{1}{16}$	$\frac{1}{9} \times \frac{9}{16} = \frac{1}{16}$
紅色	$\frac{0}{7} \times \frac{7}{16} = \frac{0}{16}$	$\frac{2}{9} \times \frac{9}{16} = \frac{2}{16}$

表 4.1，就相當於用訓練集學習出的貝氏分類器，對於任何顏色的巧克力，都可以快速預測出巧克力最可能屬於的盒子。如果取出的是黑色巧克力，最可能來自於 A 盒；如果取出的是白色或黃色巧克力，來自於兩個盒子的機率相同，這時候隨便猜一個即可；如果取出的是棕色巧克力，最有可能來自於 B 盒；如果取出的是紅色巧克力，肯定來自於 B 盒。

在上面的例子中只涉及一個屬性變數 —— 顏色。如果這時候增加一個新的屬性變數，就需要考慮兩個特徵屬性之間的相互關係了。

假如現在有兩種形狀的巧克力，方形和圓形，顏色仍然是原來那 5 種，具體如圖 4.13。也就是說，這時候的屬性變數包括顏色和形狀，分類變數是盒子。如果取出 1 塊方形黑色巧克力，這塊巧克力最有可能來自於哪個盒子？

比較後驗機率 P (A 盒 | 方形 且 黑色) 與 P (B 盒 | 方形 且 黑色) 的大小，就等值於比較 P (A 盒 , 方形 且 黑色) 與 P (B 盒 , 方形 且 黑色) 的大小。根據圖 4.13 中的資訊，可計算聯合機率

$$P(A \text{ 盒}, \text{方形 且 黑色}) = \frac{2}{16}, \quad P(B \text{ 盒}, \text{方形 且 黑色}) = \frac{0}{16}$$

所以，這塊巧克力更有可能來自於 A 盒。此處雖然僅增加一個屬性變數，但如果訓練貝氏分類器，則需要計算聯合機率分佈中的 $5 \times 2 \times 2 = 20$ 個機率，才能對任意顏色的巧克力做出判斷「來自 A 盒還是 B 盒」。

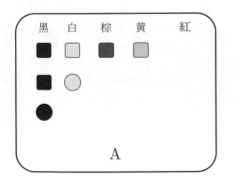 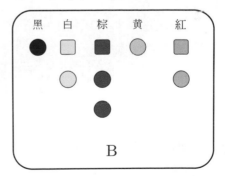

▲ 圖 4.13 具有兩個特徵屬性的巧克力

實際上，往往存在更多的屬性變數。小明是個動漫迷，動漫《斗羅大陸》中的小舞，《武庚紀》中的白菜，《星辰變》中的姜立，《一人之下》中的寶兒姐，等等，真是各有千秋，要給這些女性人物來個選美大賽，需要舉出「漂亮」的定義。小明簡單取了 4 種屬性變數，即身高、髮型、臉型、鼻型，希望透過聯合機率分佈來做個判斷。

▼ 表 4.2 動漫人物誰更漂亮

特　　　　征	情況 1	情況 2
身高	「高」：高於 170cm	「矮」：小於或等於 170cm
髮型	短髮	長髮
臉型	長臉	圓臉
鼻型	高鼻樑	矮鼻樑

即使每種特徵僅考慮兩種情況，如表 4.2 所示。類別也只有兩種：「漂亮」和「不漂亮」。計算聯合機率分佈時，也會有 $2 \times 2^4 = 2^5 = 32$ 種組合。

更一般地，如果有 p 個屬性變數，變數 X_j 可能設定值的個數有 s_j 個，設定值集合表示為 $\{a_{j1}, a_{j2}, \cdots, a_{js_j}\}$，多種屬性的組合數就是 $s_1 \cdot s_2 \cdot \cdots \cdot s_p$。如果類別變數 Y 的可能設定值有 K 個，那麼屬性與類別總的組合數為 $K \prod_{j=1}^{p} s_j$。也就是說，計算聯合機率分佈時需要計算的機率個數為 $K \prod_{j=1}^{p} s_j$ 個。如此驚人的組合數，明顯是指數等級的，隨著屬性變數個數的增加，計算量也是巨大的。

指數級增長非常恐怖！以新冠肺炎為例，假如最初感染的人數只是 100 人，按照每天新增 25% 的比例增加，那麼到了第 n 天，感染的人數會增加到 $100 \times (1 + 25\%)^n$，如果不加以控制，從 100 人到全球 70 億人，理論上只需要 81 天，如圖 4.14 所示。換而言之，如果屬性變數個數增多，計算量將出現指數級的增長。如果增加屬性變數條件獨立的假設，類別 c_k 下實例 $\boldsymbol{x}^* = (x_{*1}, x_{*2}, \cdots, x_{*p})^{\mathrm{T}}$ 的條件機率就可以轉化為簡單的形式，

$$P(X = \boldsymbol{x}^* | Y = c_k) = P(X_1 = x_{*1} | Y = c_k) \cdot P(X_2 = x_{*2} | Y = c_k) \cdot \cdots \cdot P(X_p = x_{*p} | Y = c_k)$$

$$= \prod_{j=1}^{p} P(X_j = x_{*j}) | Y = c_k) \tag{4.11}$$

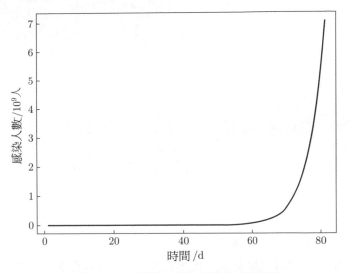

▲ 圖 4.14　新冠肺炎感染人數的指數增長

此時貝氏分類器需要儲存的機率個數僅為 $K + \sum\limits_{j=1}^{p} s_j$ 個即可，顯著減少計算量，提高分類器的可行性。分類器中屬性變數既可以是離散的也可以是連續的。如果是離散的屬性變數，直接採用式 (4.11) 計算即可。如果是連續的屬性變數，可以透過劃分將其轉化為離散形式，也可用條件機率密度替代式 (4.11)　中的條件機率進行計算。

單純貝氏分類器中，要求屬性變數條件獨立。變數之間的關係如圖 4.15 所示。

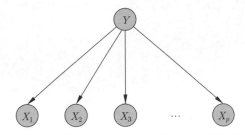

▲ 圖 4.15　單純貝氏分類器中變數之間的關係

式 (4.9) 的後驗機率可以表示為

$$P(Y = c_k | X = \boldsymbol{x}^*) = \frac{P(Y = c_k) \prod\limits_{j=1}^{p} P(X_j = x_{*j} | Y = c_k)}{\sum\limits_{i=1}^{K} P(Y = c_i) \prod\limits_{j=1}^{p} P(X_j = x_{*j} | Y = c_i)}$$

用以預測類別的式 (4.10) 可以重新表達為一系列機率的乘積：

$$c^* = \arg\max_{c_k} P(Y = c_k) \prod_{j=1}^{p} P(X_j = x_{*j} | Y = c_k) \tag{4.12}$$

　　從根本上來說，單純貝氏法是在條件獨立性假設的基礎上實現的：假定 p 個屬性變數是相互獨立的。這就是單純貝氏簡潔樸素的內涵。雖然在現實生活中要求所有特徵相互獨立非常難以達到，但方便實用也是可取的。正如統計大師喬治・博克斯（George Box）所言「所有的模型都是錯誤的，但是有些模型是有用處的」。單純貝氏的分類演算法如下。

單純貝氏分類演算法

　　輸入：訓練集 $T = \{(\boldsymbol{x}_1, y_1), (\boldsymbol{x}_2, y_2), \cdots, (\boldsymbol{x}_N, y_N)\}$，其中 $\boldsymbol{x}_i = (x_{i1}, x_{i2}, \cdots, x_{ip})^{\mathrm{T}}$，$x_{ij}$ 是第 i 個樣本的第 j 個屬性的觀測值，$i = 1, 2, \cdots, N$，$j = 1, 2, \cdots, p$; $y_i \in \{c_1, c_2, \cdots, c_K\}$；實例 $\boldsymbol{x}^* = (x_{*1}, x_{*2}, \cdots, x_{*p})^{\mathrm{T}}$。

　　輸出：實例 $\boldsymbol{x}^*$ 的類別。

　　(1) 估計類別的先驗機率 $P(Y = c_k)$ 及在類 c_k 下的屬性變數條件機率 $P(X = \boldsymbol{x}^* | Y = c_k) = \prod\limits_{j=1}^{N} P(X_j = x_{*j} | Y = c_k)$, $k = 1, 2, \cdots, K$。

　　(2) 對於給定的實例 $\boldsymbol{x}^* = (x_{*1}, x_{*2}, \cdots, x_{*p})^{\mathrm{T}}$ 計算聯合機率 $P(X = \boldsymbol{x}^*, Y = c_k) = P(Y = c_k) \prod\limits_{j=1}^{N} P(X_j = x_{*j} | Y = c_k)$, $k = 1, 2, \cdots, K$。

　　(3) 根據後驗機率最大化準則，確定實例 x 最有可能歸屬的類別 c^*：

$$c^* = \arg\max_{c_k} P(Y = c_k) \prod_{j=1}^{N} P(X_j = x_{*j} | Y = c_k)$$

　　輸出類別 $\hat{y}^* = c^*$。

例 4.2 小明按照自己的審美傾向，標出一組動漫女孩的顏值結果，類別變數為 $Y \in \{$ 漂亮 , 不漂亮 $\}$，屬性變數如表 4.2 所示，訓練集見表 4.3。假設 4 種屬性變數相互獨立，請訓練一個單純貝氏分類器。假如有個新的動漫女孩，4 個屬性分別為「矮，短髮，圓臉，高鼻樑」，請預測這個女孩在小明心目中的類別。

解

(1) 計算類別的先驗機率：

$$P(\text{漂亮}) = \frac{6}{10}, \quad P(\text{不漂亮}) = \frac{4}{10}$$

(2) 估計每個屬性的條件機率。

① 在類別為「漂亮」的條件下：

$$P(\text{身高} = \text{高} \mid \text{漂亮}) = \frac{4}{6}, \quad P(\text{身高} = \text{矮} \mid \text{漂亮}) = \frac{2}{6}$$

$$P(\text{髮型} = \text{短髮} \mid \text{漂亮}) = \frac{3}{6}, \quad P(\text{髮型} = \text{長髮} \mid \text{漂亮}) = \frac{3}{6}$$

$$P(\text{臉型} = \text{圓臉} \mid \text{漂亮}) = \frac{3}{6}, \quad P(\text{臉型} = \text{長臉} \mid \text{漂亮}) = \frac{3}{6}$$

$$P(\text{鼻型} = \text{高鼻樑} \mid \text{漂亮}) = \frac{4}{6}, \quad P(\text{鼻型} = \text{矮鼻樑} \mid \text{漂亮}) = \frac{2}{6}$$

▼ 表 4.3 動漫女孩顏值評鑑

編　號	身　高	髮　型	臉　型	鼻　型	類　別
1	高	短髮	長臉	高鼻樑	漂亮
2	高	短髮	圓臉	高鼻樑	漂亮
3	高	短髮	長臉	矮鼻樑	漂亮
4	高	長髮	圓臉	高鼻樑	漂亮
5	矮	長髮	圓臉	矮鼻樑	漂亮
6	矮	長髮	長臉	高鼻樑	漂亮
7	高	長髮	圓臉	矮鼻樑	不漂亮
8	矮	長髮	長臉	高鼻樑	不漂亮
9	矮	短髮	圓臉	矮鼻樑	不漂亮
10	矮	短髮	長臉	矮鼻樑	不漂亮

② 在類別為「不漂亮」的條件下：

$$P(身高 = 高 \mid 不漂亮) = \frac{1}{4}, \quad P(身高 = 矮 \mid 不漂亮) = \frac{3}{4}$$

$$P(髮型 = 短髮 \mid 不漂亮) = \frac{2}{4}, \quad P(髮型 = 長髮 \mid 不漂亮) = \frac{2}{4}$$

$$P(臉型 = 圓臉 \mid 不漂亮) = \frac{2}{4}, \quad P(臉型 = 長臉 \mid 不漂亮) = \frac{2}{4}$$

$$P(鼻型 = 高鼻樑 \mid 不漂亮) = \frac{1}{4}, \quad P(鼻型 = 矮鼻樑 \mid 不漂亮) = \frac{3}{4}$$

(3) 對於給定的實例「矮，短髮，圓臉，高鼻樑」，有

$P(漂亮, 身高 = 矮, 髮型 = 短髮, 臉型 = 圓臉, 鼻型 = 高鼻樑)$

$= P(漂亮)P(身高 = 矮 \mid 漂亮)P(髮型 = 短髮 \mid 漂亮)P(臉型 = 圓臉 \mid 漂亮)$

$\times P(鼻型 = 高鼻樑 \mid 漂亮) 1$

$= \dfrac{1}{30}$

$P(不漂亮, 身高 = 矮, 髮型 = 長髮, 臉型 = 圓臉, 鼻型 = 高鼻樑)$

$= P(不漂亮)P(身高 = 矮 \mid 不漂亮)P(髮型 = 短髮 \mid 不漂亮)P(臉型 = 圓臉 \mid$
$不漂亮) \times P(鼻型 = 高鼻樑 \mid 不漂亮)$

$= \dfrac{3}{160}$

(4) 1/30 > 3/160，透過單純貝氏分類器，可預測這個動漫女孩在小明心目中應該屬於「漂亮」類別。

4.3　如何訓練貝氏分類器

　　訓練貝氏分類器的關鍵在於估計類別的先驗機率和屬性變數的條件機率。如何估計這些機率呢？這就需要參數估計方法。在統計學的參數估計中，從頻率學派來看，最常用的點估計方法是極大似然估計，從貝氏學派來看，最常用的則是貝氏估計。

4.3.1　極大似然估計：機率最大化思想

　　小明的想像力很豐富，有一天夢到自己穿越到漫威宇宙，看到室友與鷹眼（圖 4.16）柯林頓‧巴頓比賽射箭。天空中有雄鷹掠過，被一箭矢射下。從獵物身上的箭矢來看，室友和柯林頓的箭矢完全相同。請問：這隻雄鷹到底是誰射中的？既然在漫威宇宙，顯然神箭手柯林頓命中雄鷹的機率更高，作為局外人，小明推斷這隻雄鷹更可能是柯林頓射中的，而非室友。這裡表現的就是機率最大化的思想。

▲ 圖 4.16　漫威宇宙──鷹眼

　　極大似然估計初次出現在 1921 年，由數學王子高斯發現。相隔 100 年之後，英國統計學家費雪重拾這一方法，將其命名為極大似然法，並證明這一估計方法的統計性質，從而使得極大似然法得到廣泛的應用。為直觀理解極大似然法，請先看一個例子。

　　例 4.3　假定有一個巧克力盲盒，盒內有白色巧克力、黑色巧克力共 6 塊，但不知白色巧克力和黑色巧克力分別有幾塊。現在每次從盲盒中取出 1 塊巧克力，記錄下顏色，並放回盒中。取出 3 次發現第 1 塊和第 3 塊巧克力是黑色的，第 2 塊巧克力是白色的。問：如何估計盒中黑色巧克力所佔比例 θ？

　　解　我們逐絲剝繭地分析，先看一下參數 θ 所有可能的設定值，確定參數空間 Θ。已知盒內有 6 塊巧克力，因為取出的巧克力中出現了黑色和白色，說明

$$\Theta = \left\{ \frac{1}{6}, \frac{2}{6}, \frac{3}{6}, \frac{4}{6}, \frac{5}{6} \right\}$$

記隨機變數 X_i 為第 i 次取出的顏色結果，

$$X_i = \begin{cases} 1, & \text{黑色} \\ 0, & \text{白色} \end{cases}, \quad i = 1, 2, 3$$

X_i 服從二項分佈，可用參數 θ 表示，

$$P(X_i) = \begin{cases} \theta, & X_i = 1 \\ 1 - \theta, & X_i = 0 \end{cases} = \theta^{X_i}(1-\theta)^{1-X_i}, \quad i = 1, 2, 3$$

透過所獲樣本資訊，可以得到隨機變數 X_1, X_2, X_3 的具體設定值 $x_1 = 1$, $x_2 = 0$, $x_3 = 1$。記「第 1 塊和第 3 塊巧克力是黑色的，第 2 塊巧克力是白色的」為事件 A。假設每次取出巧克力的事件相互獨立，事件 A 發生的機率為

$$P(A) = P(x_1, x_2, x_3; \theta) = \theta(1-\theta)\theta = \theta^2(1-\theta) \tag{4.13}$$

但參數 θ 是未知的，如何得到該事件發生的機率 $P(A)$？

既然事件 A 很容易被觀察到，那麼可以在參數空間找一個合適的 $\hat{\theta}$，使得未知參數設定值為 $\hat{\theta}$ 時，獲得樣本 x_1, x_2, x_3 的機率最大。如此一來，參數也能估計出來，事件發生的機率也能預測到。

幸運的是，已經知道 θ 所有可能的設定值，不妨一一嘗試。將式 (4.13) 記為關於 θ 的函式：

$$L(\theta) = \theta^2(1-\theta) \tag{4.14}$$

這個函式稱為似然函式。於是，原來「已知參數求得樣本出現機率」的情況轉化為「已知樣本資訊求參數」的問題。

表 4.4 為 θ 不同設定值下事件 A 發生的機率。

▼ 表 4.4 θ 不同設定值下，事件 A 發生的機率

θ	$\dfrac{1}{6}$	$\dfrac{2}{6}$	$\dfrac{3}{6}$	$\dfrac{4}{6}$	$\dfrac{5}{6}$
$L(\theta)$	$\dfrac{5}{216}$	$\dfrac{16}{216}$	$\dfrac{27}{216}$	$\dfrac{32}{216}$	$\dfrac{25}{216}$

從表 4.4 可以看出，當 θ = 4/6 = 2/3 時，對應的似然函式最大，此時事件 A 發生的機率最大，即 $\hat{P}(A)$ = 4/27。黑色巧克力所佔的機率 $\hat{\theta}$ = 2/3，這就是極大似然估計。

通俗來說，極大似然估計是根據給定的樣本（所觀察到的資料）來估計模型參數的一種方法。從頻率學派來看，隨機變數的機率模型是已知的，比如例 4.3 中 X_i 服從二項分佈是已知的，但是二項分佈的參數 θ 是未知的，即「模型已定，參數未知，樣本來臨，反推參數」。θ 可以取參數空間中的任意值，都有可能觀察到樣本。但是，不同的參數設定值，對應的樣本聯合機率不同，比如例 4.3 中不同 θ 的情況下，$P(A)$ 是不同的。我們希望找到一個最佳的參數設定值，就猜測 $P(A)$ 在該設定值下應該具有最大值。也就是說，極大似然估計是基於機率最大化的思想，透過樣本去反推最有可能導致出現這些觀測資料對應的模型參數的值。

1. 離散隨機變數下的極大似然估計

考慮離散的情況下，假設隨機變數 X 的機率為 $P(X; \theta)$，θ 為機率模型參數，簡單隨機變數序列為 $X_1, X_2, \cdots, X_N$ 且相互獨立，其中 X_i 為第 i 個觀測的結果，那麼樣本 $x_1, x_2, \cdots, x_N$ 出現的聯合機率為 $P(x_1, \cdots, x_N; \theta) = \prod_{i=1}^{n} P(X_i = x_i; \theta)$，當序列 $(X_1, X_2, \cdots, X_N)$ 取定值 $(x_1, x_2, \cdots, x_N)$ 時，$P(x_1, \cdots, x_N; \theta)$ 是 θ 的函式，記為樣本的似然函式 $L(\theta)$。

$$L(\theta) = P(x_1, \cdots, x_N; \theta)$$

θ 的極大似然估計 $\hat{\theta}$ 可以根據機率最大化的思想得到。

$$\hat{\theta} = \arg\max_{\theta \in \Theta} L(\theta) \tag{4.15}$$

例 4.4 某彩券工作站的工作人員調查彩券獲獎情況，結果如表 4.5 所示。已知在購買彩券中，變數「性別」和「是否獲獎」是相互獨立的，請透過極大似然法估計購買彩券者為女性的機率 θ_1 和購買彩券獲獎的機率 θ_2。

▼ 表 4.5 對購買彩券者的調查情況 [ii]

性 別	獲 獎 人 數	未獲獎人數
女性	$n_1 = 20$	$n_2 = 100$
男性	$n_3 = 32$	$n_4 = 152$

解 記變數 X 表示「性別」屬性，類別變數 Y 為「是否獲獎」，則 X 與 Y 的分佈分別為

$$P(X) = \begin{cases} \theta_1, & X = 女性 \\ 1 - \theta_1, & X = 男性 \end{cases} \qquad P(Y) = \begin{cases} \theta_2, & X = 獲獎 \\ 1 - \theta_2, & X = 未獲獎 \end{cases}$$

▼ 表 4.6 購買彩券者的聯合機率分佈

性 別	獲 獎	未 獲 獎
女性	$p_1 = \theta_1\theta_2$	$p_2 = \theta_1(1 - \theta_2)$
男性	$p_3 = (1 - \theta_1)\theta_2$	$p_4 = (1 - \theta_1)(1 - \theta_2)$

例 4.4 中，任何人購買彩券都可能屬於 4 種可能中的一種：女性獲獎、女性未獲獎、男性獲獎、男性未獲獎，這可以被看作一個多項實驗，資料統計結果在表 4.5 中。根據表 4.6 所示的聯合機率分佈，可以得到統計結果出現的機率函式，

$$P(n_1, n_2, n_3, n_4; \theta_1, \theta_2) = \frac{N!}{n_1!n_2!n_3!n_4!} p_1^{n_1} p_2^{n_2} p_3^{n_3} p_4^{n_4}$$

其中，$N = n_1 + n_2 + n_3 + n_4$；$n_i!$ 表示 n_i 的階乘數，$i = 1, 2, 3, 4$。

$N!/(n_1!n_2!n_3!n_4!)$ 表示出現表 4.5 中結果的組合數，與參數 θ_1 與 θ_2 無關，在樣本已知時為一個常數項。在似然函式中，略去常數項，得到

---

ii 陳家鼎，鄭忠國. 機率與統計 [M]. 北京：北京大學出版社，2007.

$$L(\theta_1, \theta_2) = [\theta_1\theta_2]^{n_1} [\theta_1(1-\theta_2)]^{n_2} [(1-\theta_1)\theta_2]^{n_3} [(1-\theta_1)(1-\theta_2)]^{n_4}$$

$$= \theta_1^{n_1+n_2}(1-\theta_1)^{n_3+n_4}\theta_2^{n_1+n_3}(1-\theta_2)^{n_2+n_4} \tag{4.16}$$

為計算式 (4.15)，可根據費馬原理，對下列兩個方程式求解。

$$\frac{\partial L(\theta_1, \theta_2)}{\partial \theta_1} = 0, \quad \frac{\partial L(\theta_1, \theta_2)}{\partial \theta_2} = 0$$

將式 (4.16) 中的似然函式代入，得到

$$\begin{cases} (n_1+n_2)\theta_1^{n_1+n_2-1}(1-\theta_1)^{n_3+n_4} - (n_3+n_4)\theta_1^{n_1+n_2}(1-\theta_1)^{n_3+n_4-1} = 0 \\ (n_1+n_3)\theta_2^{n_1+n_3-1}(1-\theta_2)^{n_2+n_4} - (n_2+n_4)\theta_2^{n_1+n_3}(1-\theta_2)^{n_2+n_4-1} = 0 \end{cases} \tag{4.17}$$

於是，參數的極大似然估計

$$\hat{\theta}_1 = \frac{n_1+n_2}{N} = \frac{120}{304} = \frac{15}{38}, \quad \hat{\theta}_2 = \frac{n_1+n_3}{N} = \frac{52}{304} = \frac{13}{76}$$

極大似然法透過似然函式最大化來實現模型參數估計的目的。從整個過程來看，雖然似然函式和機率函式具有相同的運算式，但其看待問題的角度與目的不同。對於機率函式，相當於站在上帝的角度看問題，加入已知的模型參數，看看這組樣本能夠出現的可能性是多少；對於似然函式，相當於站在人類的角度看問題，根據已經發生的事件，即所獲得的樣本，反過來推測模型參數，如同古代帝王在吩咐了一系列工作之後，王孫大臣們需要揣度聖意似的。

由於似然函式通常是一組樣本機率乘積的形式，為在求解極大值時簡化運算，我們採用數學魔法小工具——對數，化乘法為加法，所得新的函式記為對數似然函式：

$$\ln L(\boldsymbol{\theta}) = \sum_{i=1}^{N} \ln P(X_i = x_i; \boldsymbol{\theta})$$

因為對數函式 $y = \ln x$ 為區間 $(0, +\infty)$ 上的單調增函式，式 (4.15) 等值於

$$\hat{\boldsymbol{\theta}} = \arg\max_{\boldsymbol{\theta} \in \Theta} \ln L(\boldsymbol{\theta}) \tag{4.18}$$

例 4.5　請透過最大化對數似然函式求解例 4.4 的參數。

解　對數似然函式為

$$\ln L(\theta_1, \theta_2) = (n_1 + n_2) \ln \theta_1 + (n_3 + n_4) \ln(1 - \theta_1)$$
$$+ (n_1 + n_3) \ln \theta_2 + (n_2 + n_4) \ln(1 - \theta_2) \tag{4.19}$$

為計算式 (4.18)，根據費馬原理，得到下列兩個方程式：

$$\frac{\partial \ln L(\theta_1, \theta_2)}{\partial \theta_1} = 0, \quad \frac{\partial \ln L(\theta_1, \theta_2)}{\partial \theta_2} = 0 \tag{4.20}$$

將式 (4.19) 中的對數似然函式帶入式 (4.20) 可得

$$\begin{cases} \dfrac{n_1 + n_2}{\theta_1} - \dfrac{n_3 + n_4}{1 - \theta_1} = 0 \\ \dfrac{n_1 + n_3}{\theta_2} - \dfrac{n_2 + n_4}{1 - \theta_2} = 0 \end{cases} \tag{4.21}$$

參數的極大似然估計為

$$\hat{\theta_1} = \frac{n_1 + n_2}{N} = \frac{15}{38}, \quad \hat{\theta_2} = \frac{n_1 + n_3}{N} = \frac{13}{76}$$

與例 4.4 中的直接用似然函式得到的煩瑣方程組 (4.17) 相比，例 4.5 中透過對數似然函式得到的方程組 (4.21) 顯然來得更加輕巧。因此，在實際應用時經常採用對數似然函式估計參數。

2. 連續隨機變數下的極大似然估計

如果隨機變數的設定值是連續的，若計算機率，則要計算機率密度的積分；若有 n 個樣本，則需計算 n 重積分，即使這些樣本相互獨立，也需計算 n 個一重積分的乘積，這個計算量十分龐大。所以，對於連續隨機變數，可以將機率最大化轉化為機率密度最大化，借此對模型參數進行估計。

假設連續隨機變數 X 的機率密度為 $p(X; \boldsymbol{\theta})$，如果簡單隨機序列 $X_1, X_2, \cdots, X_N$ 相互獨立，那麼樣本 $x_1, x_2, \cdots, x_n$ 出現的聯合機率密度為 $p(X_1, X_2, \cdots, X_N; \boldsymbol{\theta})$ $= \prod_{i=1}^{n} p(X_i; \boldsymbol{\theta})$。當 $(X_1, X_2, \cdots, X_N)$ 取定值 $(x_1, x_2, \cdots, x_N)$ 時，樣本出現的聯合機率密

度 $p(X_1, X_2, \cdots, X_N; \boldsymbol{\theta})$ 為參數 $\boldsymbol{\theta}$ 的函式，記為似然函式 $L(\boldsymbol{\theta})$，對數似然函式為 $\ln L(\boldsymbol{\theta})$。根據機率密度最大的思想，可以得到 $\boldsymbol{\theta}$ 的極大似然估計：

$$\hat{\boldsymbol{\theta}} = \arg\max_{\boldsymbol{\theta}\in\Theta} L(\boldsymbol{\theta}) \quad \text{或} \quad \hat{\boldsymbol{\theta}} = \arg\max_{\boldsymbol{\theta}\in\Theta} \ln L(\boldsymbol{\theta})$$

例 4.6 假設隨機變數 X 服從高斯分佈，機率密度函式為

$$p(x, \mu, \delta) = \frac{1}{\sqrt{2\pi\delta}} \exp\left\{ -\frac{(x-\mu)^2}{2\delta} \right\}$$

式中，平均值 μ $(-\infty, \infty)$，方差 $\delta = \sigma^2 \in (0, \infty)$，$\pi = 3.1415926\cdots$。若已知樣本 $x_1, x_2, \cdots, x_N$ 相互獨立，請根據極大似然法估計 μ 和 δ。

解 在樣本 $x_1, x_2, \cdots, x_N$ 出現的情況下，似然函式為

$$L(\mu, \delta) = \left(\frac{1}{\sqrt{2\pi\delta}}\right)^N \exp\left\{ -\frac{\sum\limits_{i=1}^{N}(x_i - \mu)^2}{2\delta} \right\}$$

則對數似然函式

$$\ln L(\mu, \delta) = -\frac{N}{2}\ln(2\pi) - \frac{N}{2}\ln\delta - \frac{1}{2\delta}\sum_{i=1}^{N}(x_i - \mu)^2$$

為求對數似然函式的最大值，根據費馬原理可得到方程組：

$$\begin{cases} \dfrac{\partial \ln L}{\partial \mu} = \dfrac{1}{\delta}\sum\limits_{i=1}^{N}(x_i - \mu) = 0 \\[3mm] \dfrac{\partial \ln L}{\partial \delta} = -\dfrac{N}{2\delta} + \dfrac{1}{2\delta^2}\sum\limits_{i=1}^{N}(x_i - \mu)^2 = 0 \end{cases}$$

極大似然估計值為

$$\hat{\mu} = \frac{1}{N}\sum_{i=1}^{N}x_i = \overline{x}, \qquad \hat{\delta} = \frac{1}{N}\sum_{i=1}^{N}(x_i - \overline{x})^2$$

3. 極大似然估計的求解方法

求解極大似然估計的常用方法如圖 4.17 所示。

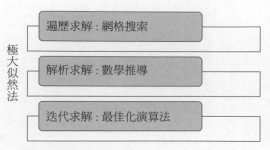

▲ 圖 4.17　求解極大似然估計的 3 種常用方法

在例 4.3 中，已透過對參數空間中的所有設定值一一計算似然函式，挑出了似然函式最大的參數。當參數有無限不可列個設定值的時候，可以將參數空間劃分為若干區間，每個區間可以被看作一個網格，這時候透過網格搜索的方法即可求解。這種方法樸實有效，簡單直觀，因需要遍歷計算所有可能的參數設定值，故被稱之為**遍歷求解法**。

如果掌握一點微積分的知識，可以將微分與函式聯繫在一起，借助費馬原理，透過計算似然函式的偏導數並令其為 0 尋找極大似然函式的極值點。比如在例 4.4、例 4.5 和例 4.6 中用的就是此類方法。

下面以最大化對數似然函式為例，闡述該方法的具體流程。

若參數 θ 中包含 m 個參數，$\theta = (\theta_1, \theta_2, \cdots, \theta_m)\mathrm{T}$，當 $L(\theta)$ 可微且為凹函式 [iii] 時，可透過方程組

$$\frac{\partial L(\boldsymbol{\theta})}{\partial \theta_1} = 0, \frac{\partial L(\boldsymbol{\theta})}{\partial \theta_2} = 0, \cdots, \frac{\partial L(\boldsymbol{\theta})}{\partial \theta_m} = 0$$

求得 $L(\boldsymbol{\theta})$ 的極大值點。

該求解方法需要根據嚴格的數學公式推導而得，舉出任意一組樣本都可以根據運算式直接得到參數的估計值，所以這類方法被稱之為**解析求解法**。

---

iii 凹函式和凸函式的含義參見小冊子 1.1 節。

對許多模型而言，似然函式複雜，直接進行公式推導非常困難，這時候怎麼辦？請欣賞英國數學家羅伯特·雷科德（Robert Records）的一首小詩，看看能否獲得靈感。

藝術基礎

按照自己的意願猜一個答案；

運氣好的話，你可能會接近真理；

對問題進行初次計算，儘管真理仍然遙不可及；

這種錯誤是良好的基礎，你很快就會發現真相；

走過的道路越來越多，離目標的距離越來越近；

再長的道路也會走到盡頭，再小的水滴也能聚成大海；

不同種類交叉相乘，錯誤的方法也可以找到真理。

這首小詩啟發人們一種想法：

(1)先猜一個初始值，不妨設為 $\theta^{(0)}$，如果運氣好，也許正好猜中了答案 $\hat{\theta}$，當然這種情況很少發生；

(2)這需要設定一個目標函式，把 $\theta^{(0)}$ 代入目標函式中；

(3)如果存在偏差，可修正得到 $\theta^{(1)}$，再代入目標函式中，如果仍然未達到目的地，則重複循環這一步驟，陸續得到 $\theta^{(2)}, \theta^{(3)}, \cdots$；

(4)直到相鄰兩次的估計結果相近或目標函式值相近，滿足停止條件，就得到最佳解。

這首小詩提供給人們一種迭代的想法，勇於試錯，不斷用舊值更迭出新值。這種透過迭代過程得到近似解的方法被稱為**迭代求解法**。

4. 古典機率與極大似然估計

安東尼

我們為什麼要旅行呢？

我想，可能是因為，有些人，有些事，有些地方，一旦離開，就回不去了，或者應該說總覺得自己回不去了。

於是，我們不斷地離開，去旅行，

鬥志昂揚地擺脫地心引力，證明自己不是蘋果！

平安夜裡送蘋果蘊含著平平安安之意。小明今年平安夜就收到一個蘋果禮盒（圖 4.18），禮盒外的說明寫著「共 10 個蘋果：紅蘋果 7 個，青蘋果 3 個」。如果隨機取出一個蘋果，那麼為紅蘋果的機率是多少？

▲圖 4.18 平安夜的蘋果禮盒

根據古典機率，盒中共有蘋果 10 個，所包含的基本事件個數為 10；由於禮盒中包含 7 個紅蘋果，所以事件「從盒子中取出 1 個紅蘋果」的基本事件個數為 7；僅透過計數即可得到取出紅蘋果的機率為 7/10。

現在小明學會了極大似然法，想練練手。假設任取一個蘋果是紅蘋果的機率為 θ，10 個蘋果中紅蘋果出現 7 次，青蘋果出現 3 次，根據二項分佈，可以得到似然函式

$$L(\theta) = C_{10}^3 \theta^7 (1 - \theta)^3$$

求解方程式

$$\frac{\partial L(\theta)}{\partial(\theta)} = 7\theta^6(1 - \theta)^3 - 3\theta^7(1 - \theta)^2 = 0$$

化簡即可得參數解析解 $\hat{\theta} = 7/10$。

可見，直接根據古典機率計算機率和透過極大似然法估計參數所得結果相同。這從另一個角度說明，古典機率的定義也是出於機率最大化的原理而來。

5. 以極大似然法訓練單純貝氏分類器

假設類別變數為 Y，設定值空間為 $\{c_1, c_2, \cdots, c_K\}$，屬性變數為 $X_1, X_2, \cdots, Xp$。訓練集為 $T = \{(\boldsymbol{x}_1, y_1), (\boldsymbol{x}_2, y_2), \cdots, (\boldsymbol{x}_N, y_N)\}$，其中 $\boldsymbol{x}_i = (x_{i1}, x_{i2}, \cdots, x_{ip})^{\mathrm{T}}$，$x_{ij}$

是第 i 個樣本的第 j 個特徵，$i = 1, 2, \cdots, N$；$j = 1, 2, \cdots, p$。如果 T_k 為訓練資料集 T 中屬於類別 c_K 的樣本集合，那麼根據極大似然法，類別先驗機率的極大似然估計

$$P(Y = c_k) = \frac{|T_k|}{|T|} = \frac{\sum\limits_{i=1}^{N} I(y_i = c_k)}{N}, \quad k = 1, 2, \cdots, K$$

如果屬性變數 X_j 是離散的，設定值空間為 $\{a_{j1}, a_{j2}, \cdots, a_{js_j}\}$。在集合 T_k 中 X_j 設定值為 a_{jl} 的集合記為 T_{kjl}，則在類別 c_k 的條件下，$X_j = a_{jl}$ 條件機率的極大似然估計為

$$P(X_j = a_{jl}|Y = c_k) = \frac{|T_{kjl}|}{|T_k|} = \frac{\sum\limits_{i=1}^{N} I(x_{ij} = a_{jl},\ y_i = c_k)}{\sum\limits_{i=1}^{N} I(y_i = c_k)}, \quad l = 1, 2, \cdots, s_j$$

4.3.2 貝氏估計：貝氏思想

說到底，貝氏估計也是依據貝氏思想實現的。不同於頻率學派，在貝氏估計中，認為參數是隨機變數。對參數有個初步認知，就是要舉出參數的先驗分佈；然後根據樣本提供的資訊，對先驗分佈進行調整；進而求出參數的後驗分佈。只要得到後驗分佈，參數估計就容易了。最常見的有最大後驗機率估計、後驗中位數估計、後驗期望估計 3 種。本節著重講解後驗期望估計 [iv]。

1. 貝氏估計

《女兒情》

鴛鴦雙棲蝶雙飛，滿園春色惹人醉。
悄悄問聖僧，女兒美不美，女兒美不美。
說什麼王權富貴，怕什麼戒律清規，
只願天長地久，與我意中人兒緊相隨。

---

iv　期望估計就是基於平均值思想的估計。

如果想調查世界上女性佔總人口的比例，而訓練集選擇的卻是女兒國，直接透過極大似然估計，得出的比例是 100%，但是這不能說明世界上只有女性沒有男性。貝氏思維中蘊含的動態變化性啟發我們，或許從貝氏學派出發，即使選錯訓練集，結論也不至於如此荒謬。

假設世界上任何一個人是女性的機率是 θ。為估計參數 θ，經過一系列觀測，訓練集中人數為 N，以女性的人數 X 作為隨機變數。顯然在 θ 條件下，X 的分佈為二項分佈 $X \sim B(N, \theta)$，即

$$P(X = x|\theta) = C_N^x \theta^x (1 - \theta)^{N-x}, \quad x = 0, 1, \cdots, N$$

需要注意的是，$P(X|\theta)$ 與極大似然法中出現的 $P(X; \theta)$ 不同，$P(X; \theta)$ 表示參數空間 Θ 中 θ 取不同值時 X 對應的不同機率分佈，而 $P(X|\theta)$ 表示在隨機變數 θ 取某個定值時 X 的條件機率分佈。

當毫無經驗，對 θ 的分佈情況一無所知時，可以採用均勻分佈 $U[0, 1]$ 作為參數的先驗分佈，即參數取區間 $[0, 1]$ 上任意一點的機會均等。實際上，貝氏最初發現貝氏公式，在桌球試驗中，用的就是這一先驗分佈 ˅，貝氏稱其為「同等無知」原則。θ 的先驗機率密度

$$p(\theta) = \begin{cases} 1, & \theta \in [0, 1] \\ 0, & \text{其他} \end{cases}$$

根據貝氏定理，參數 θ 的後驗機率分佈為

$$p(\theta|X = x) = \frac{P(X = x|\theta)p(\theta)}{\int_0^1 P(X = x|\theta)p(\theta)\mathrm{d}\theta}$$

$$= \frac{\Gamma(N + 2)}{\Gamma(x + 1)\Gamma(N - x + 1)} \theta^x (1 - \theta)^{N-x}$$

$$= \frac{1}{B(x + 1, N - x + 1)} \theta^{(x+1)-1} (1 - \theta)^{(N-x+1)-1}$$

˅　詳情見本章閱讀時間 4.9 節。

其中，$\Gamma(\cdot)$ 表示伽馬函式（Gamma Function）；$B(\cdot,\cdot)$ 表示貝塔函式（Beta Function）。

可見，參數 θ 的後驗分佈是貝塔分佈 $\theta|X = x \sim \text{Be}(x+1, N-x+1)$。以後驗分佈的期望作為 θ 的估計值，

$$\hat{\theta} = E(\theta|X = x) = \frac{x+1}{N+2}$$

假設女兒國裡有 $N = 50$ 人，其中女性 $x = 50$ 人。以貝氏後驗期望估計，可以得到

$$\hat{\theta} = \frac{50+1}{50+2} = 0.98$$

此時計算出的男性比例不為 0，避免了因訓練集選擇不當而造成的男性機率為 0 的結果。

貝氏估計的計算過程可歸納如下。

(1)確定隨機變數 X 的分佈列或機率密度函式，這裡為敘述簡便，統一以 $P(X|\theta)$ 表示。

(2)根據參數的先驗資訊確定先驗分佈列或先驗機率密度函式，以 $P(\boldsymbol{\theta})$ 表示。

(3)在替定樣本序列 $(x_1, x_2, \cdots, x_N)$ 條件下，計算樣本的聯合條件分佈

$$P(x_1, x_2, \cdots, x_N|\boldsymbol{\theta}) = \prod_{i=1}^{N} P(x_i|\boldsymbol{\theta})$$

(4)綜合樣本與整體的資訊，計算聯合分佈

$$P(x_1, x_2, \cdots, x_N, \boldsymbol{\theta}) = P(x_1, x_2, \cdots, x_N|\boldsymbol{\theta})P(\boldsymbol{\theta})$$

(5)根據貝氏公式，計算參數的後驗分佈

$$P(\boldsymbol{\theta}|x_1, x_2, \cdots, x_N) = \frac{P(x_1, x_2, \cdots, x_N, \boldsymbol{\theta})}{\displaystyle\int_{\boldsymbol{\theta} \subset O} P(x_1, x_2, \cdots, x_N, \boldsymbol{\theta})} \mathrm{d}\boldsymbol{\theta}$$

(6)計算參數後驗分佈的期望，得到貝氏估計。

2. 以貝氏估計方法訓練單純貝氏分類器

假設類別變數為 Y，設定值空間為 $\{c_1, c_2, \cdots, c_K\}$，屬性變數為 $X_1, X_2, \cdots, X_p$。訓練集為 $T = \{(\boldsymbol{x}_1, y_1), (\boldsymbol{x}_2, y_2), \cdots, (\boldsymbol{x}_N, y_N)\}$，其中 $\boldsymbol{x}_i = (x_{i1}, x_{i2}, \cdots, x_{ip})^{\mathrm{T}}$，$x_{ij}$ 是第 i 個樣本的第 j 個特徵，$i = 1, 2, \cdots, N; j = 1, 2, \cdots, p$。如果 T_k 為訓練資料集 T 中屬於類別 c_k 的樣本集合。如果屬性變數 X_j 是離散的，設定值空間為 $\{a_{j1}, a_{j2}, \cdots, a_{js_j}\}$。在集合 T_k 中 X_j 設定值為 a_{jl} 的集合記為 T_{kjl}。應用貝氏估計訓練單純貝氏分類器，可以得到類別先驗機率和屬性變數條件機率的貝氏估計。

(1) 類別先驗機率的貝氏估計

$$P_\lambda(Y = c_k) = \frac{|T_k| + \lambda}{|T| + K\lambda} = \frac{\sum\limits_{i=1}^{N} I(y_i = c_k) + \lambda}{N + K\lambda}, \quad k = 1, 2, \cdots, K \tag{4.22}$$

(2) 屬性變數條件機率的貝氏估計

$$P_\lambda(X_j = a_{jl} | Y = c_k) = \frac{|T_{kjl}| + \lambda}{|T_k| + s_j\lambda} = \frac{\sum\limits_{i=1}^{N} I(x_{ij} = a_{jl}, \ y_i = c_k) + \lambda}{\sum\limits_{i=1}^{N} I(y_i = c_k) + s_j\lambda}, \quad l = 1, 2, \cdots, s_j$$

$$\tag{4.23}$$

稱 λ 為平滑因數。$\lambda = 0$ 時，貝氏估計退化為極大似然估計；$\lambda < 1$ 時，稱為李德斯通平滑（Lidstone Smoothing）；$\lambda = 1$ 時，稱為拉普拉斯估計或拉普拉斯平滑（Laplace Smoothing）；$\lambda \to +\infty$ 時，為不考慮樣本資訊前的類別的先驗機率。

3. 貝氏估計中的平滑思想

下面以式 (4.23) 中的先驗機率為例闡述貝氏估計中的平滑思想。對任意 $k = 1, 2, \cdots, K$ 記

$$P_\lambda(Y = c_k) = \theta_k, \quad \sum_{i=1}^{N} I(y_i = c_k) = n_k$$

用符號 θ_k 和 n_k 簡化運算式 (4.23)，

$$\theta_k = \frac{n_k + \lambda}{N + K\lambda}$$

於是

$$(\theta_k N - n_k) + \lambda(K\theta_k - 1) = 0 \qquad (4.24)$$

式 (4.24) 等號左邊由兩項組成一個凸組合，第一項為 0 時，得到的是 θ_k 的樣本極大似然估計；第二項為 0 時，得到的是 θ_k 的先驗機率。平滑思想與正規化的思想類似，正規化的第一部分為損失，第二部分為正規項，在極大似然估計的基礎上加上先驗機率，也造成同樣的效果。換言之，不能只是憑樣本說話，還要有模型整體的概念。

$$\lim_{N \to +\infty} \frac{\sum_{i=1}^{N} I(y_i = c_k) + \lambda}{N + K\lambda} = \lim_{N \to +\infty} \frac{\sum_{i=1}^{N} I(y_i = c_k)}{N}$$

表明在訓練集樣本容量 N 趨於無限大時，分子分母上的平滑因數對最終結果沒有影響，這就是平滑的思想。

那麼，增加平滑因數之後，貝氏估計還是機率分佈嗎？

顯然，對任何 $l = 1, 2, \cdots, s_j$ 和 $k = 1, 2, \cdots, K$，有

$$P_\lambda (Y = c_k) > 0, \quad \sum_{k=1}^{K} P (Y = c_k) = 1$$

表明 $P_\lambda (Y = c_k), \ k = 1, 2, \cdots, K$ 的確為一種機率分佈。

4.4　常用的單純貝氏分類器

本節將介紹幾種常見的單純貝氏分類器：多項式單純貝氏（Multinomial Naive Bayes）分類器、伯努利單純貝氏（Bernoulli Naive Bayes）分類器和高斯單純貝氏（Gaussian Naive Bayes）分類器。

訓練貝氏分類器，需要分別估計類別變數的先驗分佈和屬性變數的條件分佈。假設類別變數為 Y，設定值空間為 $\{c_1, c_2, \cdots, c_K\}$，屬性變數為 $X_1, X_2, \cdots, Xp$。訓

練集為 $T = \{(\boldsymbol{x}_1, y_1), (\boldsymbol{x}_2, y_2), \cdots, (\boldsymbol{x}_N, y_N)\}$，其中 $\boldsymbol{x}_i = (x_{i1}, x_{i2}, \cdots, x_{ip})^{\mathrm{T}}$，$x_{ij}$ 是第 i 個樣本的第 j 個特徵，$i = 1, 2, \cdots, N$；$j = 1, 2, \cdots, p$。如果 T_k 為訓練資料集 T 中屬於類別 c_k 的樣本集合，那麼根據極大似然法，先驗機率估計為

$$P(Y = c_k) = \frac{|T_k|}{|T|}$$

根據貝氏估計，先驗機率估計為

$$P(Y = c_k) = \frac{|T_k| + \lambda}{|T| + K\lambda}$$

對於屬性變數，需要分離散和連續兩種情況進行討論。

4.4.1 離散屬性變數下的單純貝氏分類器

如果屬性變數 X_j 是離散的，設定值空間為 $a_{j1}, a_{j2}, \cdots, a_{jsj}$。將集合 T_k 中 X_j 設定值為 a_{jl} 的集合記為 T_{kjl}，則在類別 c_k 的條件下，X_j 的條件機率可估計為

$$P(X_j = a_{jl}|Y = c_k) = \frac{|T_{kjl}|}{|T_k|}$$

如果採用單純貝氏估計得到 X_j 屬性變數在類別 c_k 條件下的條件機率

$$P(X_j = a_{jl}|Y = c_k) = \frac{|T_{kjl}| + \lambda}{|T_k| + \lambda s_j}$$

這種分類稱為多項式單純貝氏分類器。也就是之前在介紹極大似然估計和貝氏估計時涉及的貝氏分類器。

如果屬性變數滿足伯努利分佈，則 X_j 屬性變數的設定值空間為 $\{0, 1\}$，在類別 c_k 的條件下，屬性變數的條件機率為

$$P(X_j|Y = c_k) = \theta_k^{X_j}(1 - \theta_k)^{1-X_j}$$

其中，$\theta_k = P(X_j = 1|Y = c_k)$，可用貝氏估計的形式表示

$$\theta_k = \frac{|T_{kj1}| + \lambda}{|T_k| + 2\lambda}$$

其中 $|T_{kj1}|$ 表示集合 T_k 中 X_j 設定值為 1 的集合。這種分類稱為伯努利單純貝氏分類器。

4.4.2 連續特徵變數下的單純貝氏分類器

假設在 $Y = c_k$ 條件下，X_j 為連續的屬性變數且服從高斯分佈 $N(\mu_{kj}, \sigma_{kj}^2)$，則其機率密度函式為

$$p(X_j = x | Y = c_k) = \frac{1}{\sqrt{2\pi}\sigma_{kj}} \exp\left\{-\frac{(x - \mu_{kj})^2}{2\sigma_{kj}^2}\right\}$$

其中，μ_{kj} 和 σ_{kj}^2 為在類別 c_k 下透過極大似然估計得到的變數 X_j 的平均值和方差，估計過程詳見例 4.6。

用以判斷類別的式 (4.12) 在離散屬性下可以重新表達為類別的先驗機率與一系列屬性變數條件機率密度的乘積

$$c^* = \arg\max_{c_k} P(Y = c_k) \prod_{j=1}^{p} p(X_j = x_j | Y = c_k)$$

更一般地，如果屬性變數 $X_1, X_2, \cdots, X_p$ 的聯合機率分佈是多元高斯分佈 $N(\mu_k, \Sigma_k)$，則聯合機率密度函式為

$$p(X = \boldsymbol{x}^* | Y = c_k) = \frac{1}{(2\pi)^{\frac{p}{2}} |\Sigma_k|^{\frac{1}{2}}} \exp\left\{-\frac{1}{2}(\boldsymbol{x} - \boldsymbol{\mu}_k)^{\mathrm{T}} \Sigma_k^{-1} (\boldsymbol{x} - \boldsymbol{\mu}_k)\right\}$$

其中，$X = (X_1, X_2, \cdots, X_p)^{\mathrm{T}}$ 表示屬性向量，μ_k 和 Σ_k 分別為在類別 c_k 下透過極大似然估計得到的 X 的平均值向量和協方差矩陣，$|\Sigma_k|$ 表示 Σ_k 的行列式，Σ_k^{-1} 表示 Σ_k 的反矩陣。特別地，當 Σ_k 為對角矩陣時，$X_1, X_2, \cdots, X_p$ 間相互獨立，即退化為單純貝氏分類器。

這類假設屬性變數為高斯分佈的貝氏分類器稱為高斯單純貝氏分類器。

4.5 擴充部分

4.5.1 半單純貝氏

有人作伴時，不要忘記孤獨思考時的發現；獨自沉思時，要想到你與別人溝通時的心得。

——列夫・托爾斯泰

單純貝氏分類之所以樸素是因為這個方法中假設屬性變數之間相互獨立，然而在現實應用中，這個往往難以實現。因此，可以適當考慮一部分屬性變數之間的相互依賴關係，這類條件適當放鬆後的分類被稱為半單純貝氏分類。

因為這一部分表現在類別 c_k 下的條件機率或條件機率密度的估計上，最常用的一種為獨依賴估計（One Dependent Estimator，ODE）。顧名思義，在這種估計方法中，除類別之外，每個屬性變數最多只依賴於一個其他屬性變數，不妨記其中的 $X_{j'}$ 為 X_j 所依賴的屬性，稱為 X_j 的父屬性。

$$P(X|Y = c_k) = \prod_{j=1}^{p} P(X_j|Y = c_k, X_{j'})$$

如果用半單純貝氏模型預測新實例 $\boldsymbol{x}^* = (x_{*1}, x_{*2}, \cdots, x_{*p})^{\mathrm{T}}$ 的類別，則是

$$c^* = \arg\max_{c_k} P(Y = c_k) \prod_{j=1}^{p} P(X_j = x_{*j}|Y = c_k, X_{j'})$$

假設父屬性 $X_{j'}$ 已知，可以透過條件機率公式估計 $P(X_j|Y = c_k, X_{j'})$，

$$P(X_j|Y = c_k, X_{j'}) = \frac{P(X_j, Y = c_k, X_{j'})}{P(Y = c_k, X_{j'})}$$

例 4.7 訓練集如表 4.7 所示，假設 X_1, X_2 為兩個屬性變數，設定值空間分別為 $A_1 = \{a, b\}, A_2 = \{q, w, e\}$，$Y$ 為分類變數，$Y \in \{1, -1\}$。依賴關係如下：

X_1 依賴於 X_2，且 X_2 設定值為 q 時，依賴 X_1 設定值為 a；

X_2 依賴於 X_1，且 X_1 設定值為 a 時，依賴 X_2 設定值為 e。

請透過貝氏估計訓練一個半單純貝氏分類器，並預測實例 $\boldsymbol{x}^* = (a, e)^{\mathrm{T}}$ 的類別 y。

▼ 表 4.7 例 4.7 中訓練集

編號	1	2	3	4	5	6	7	8	9	10
X_1	a	a	a	b	b	b	a	a	a	a
X_2	q	q	w	w	e	e	q	w	e	e
Y	+1	+1	+1	+1	+1	−1	−1	−1	−1	−1

解 (1) 類別先驗機率的貝氏估計：

$$P(Y = +1) = \frac{5+1}{10+2} = \frac{1}{2}, \quad P(Y = -1) = \frac{5+1}{10+2} = \frac{1}{2}$$

(2) 帶有依賴屬性的條件機率的貝氏估計：

$$P(X_1 = a | Y = +1, X_2 = q) = \frac{2+1}{2+2} = \frac{3}{4}$$

$$P(X_2 = e | Y = +1, X_1 = a) = \frac{0+1}{3+3} = \frac{1}{6}$$

$$P(X_1 = a | Y = -1, X_2 = q) = \frac{1+1}{1+2} = \frac{2}{3}$$

$$P(X_2 = e | Y = -1, X_1 = a) = \frac{2+1}{4+3} = \frac{3}{7}$$

(3) 對於給定的實例 $\boldsymbol{x}^* = (a, e)^{\mathrm{T}}$，有

$$P(Y = +1, X_1 = a, X_2 = e)$$
$$= P(Y = +1)P(X_1 = a | Y = +1, X_2 = q)\, P(X_2 = e | Y = +1, X_1 = a)$$
$$= \frac{1}{16}$$
$$P(Y = -1, X_1 = a, X_2 = e)$$
$$= P(Y = -1)P(X_1 = a | Y = -1, X_2 = q)\, P(X_2 = e | Y = -1, X_1 = a)$$
$$= \frac{1}{7}$$

(4) 由於 $\dfrac{1}{16} < \dfrac{1}{7}$，因此通過半單純貝氏分類器，將實例類別判斷為 $\hat{y}^* = -1$。

以例 4.7 來解釋單純貝氏分類器與半單純貝氏分類器之間的區別。在單純貝氏分類器中，考慮屬性變數 X_1 與 X_2 是相互獨立的關係，不存在父屬性，如圖 4.19(a) 所示。在半單純貝氏分類器中，屬性變數存在獨依賴關係，每個屬性最多依賴一個其他屬性，比如 X_1 只依賴於 X_2，表示 X_2 是 X_1 的父屬性；X_2 只依賴於 X_1，表示 X_1 是 X_2 的父屬性；兩者的關係分別如圖 4.19(b) 和圖 4.19(c) 所示。

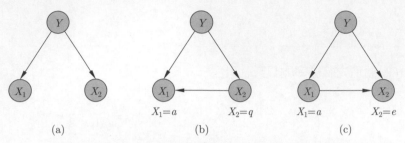

▲ 圖 4.19 單純貝氏與半單純貝氏分類器中的屬性依賴關係

可以發現，如何確定每個屬性的父屬性是半單純貝氏分類的關鍵。根據不同的做法所篩選出的父屬性不同，目前主流的方法有 3 類：SPODE、AODE 和 TAN。

1. 基於 SPODE 的半單純貝氏分類

SPODE（Super-Parent ODE，超父獨依賴估計）中假設所有屬性變數都依賴於同一個屬性，則這個被依賴的屬性稱為「超父」（Super-Parent），如圖 4.20 所示中，X_1 為超父屬性變數。超父屬性變數可以透過交叉驗證等模型選擇方法來確定。

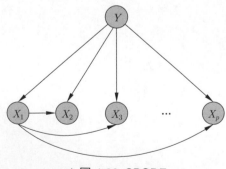

▲ 圖 4.20 SPODE

2. 基於 AODE 的半單純貝氏分類

AODE（Averaged ODE，平均獨依賴估計）本質為整合學習 [vi] 分類器，與 SPODE 透過模型選擇方法確定「超父」屬性不同，AODE 嘗試以每個屬性變數作為「超父」來建構 SPODE，然後透過整合學習將這些基分類器整合起來作為最終結果，如圖 4.21 所示。

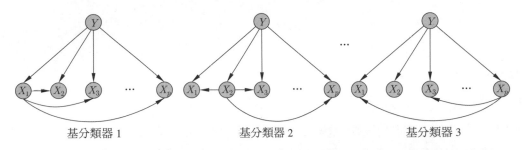

▲ 圖 4.21　AODE 中的基分類器

3. 基於 TAN 的半單純貝氏分類

從 TAN（Tree Augmented Naive Bayes，樹增廣單純貝氏）這個名字就可以看出，其與樹模型脫不開關係。它是在最大生成樹演算法的基礎上建構的樹結構模型。TAN 需要透過條件相互資訊挑選父屬性，保留了兩個屬性變數之間的強依賴關係。任意兩個屬性變數之間的條件相互資訊 [vii] $I(X_i, X_j|Y), i \neq j$ 且 $i, j \in \{1, 2, \cdots, p\}$，計算公式為

$$I(X_i, X_j|Y) = \sum_{k \in \{1, 2, \cdots, K\}} P(X_i, X_j|Y = c_k) \ln \frac{P(X_i, X_j|Y = c_k)}{P(X_i|Y = c_k)P(X_j|Y = c_k)}$$

通俗來說，就是每個屬性找到與相關性最強的屬性變數，然後形成一個具有有向邊的樹結構，如圖 4.22 所示。圖 4.22 中，與屬性 X_3 相關性最強的變數是 X_2，與屬性 X_2 相關性最強的變數是 X_1，與屬性 X_p 相關性最強的變數是 X_3 等。這也是基於機率圖的一種模型。

---

vi　整合學習的內容詳見第 11 章。

vii　關於相互資訊的詳細內容見第 6 章。

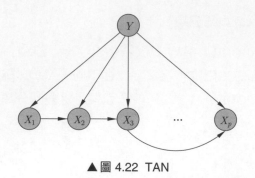

▲ 圖 4.22 TAN

4.5.2 貝氏網路

在單純貝氏分類器中，假定屬性變數之間相互獨立，但很難符合實際情況。於是半單純貝氏分類器適當放寬了限制條件，提出每種屬性變數最多可以依賴一個其他的屬性變數。貝氏網路在半單純貝氏的基礎上更進一步，認為每個屬性變數都可以依賴於其他多個屬性。雖然貝氏網路更靈活也更適用於實際問題，但同時也導致貝氏網路比單純貝氏模型和半單純貝氏模型更加複雜，需要透過網路結構表示變數之間的關係。

貝氏網路（Bayesian Network），又稱信念網路（Belief Network），或有向無環圖模型（Directed Acyclic Graphical Model），是一種基於機率圖的模型。貝氏網路於 1985 年由朱迪・亞珀爾（Judea Pearl）首先提出，是一種模擬人類推理過程中因果關係的不確定性處理模型，其網路拓撲結構是一個有向無環圖（DAG）。

貝氏網路的有向無環圖中的節點表示隨機變數，它們即可以是可觀察到的變數，也可以是隱變數、未知參數等。在這個有向無環圖中，有直接因果關係的變數用箭頭來連接。若兩個節點之間以一個單箭頭連接在一起，表示其中一個節點是「因」（Parents），另一個是「果」（Children），兩節點產生一個條件機率。若兩個變數之間無任何邊進行連接，則表示獨立關係。總而言之，連接兩個節點的箭頭代表此兩個隨機變數具有因果關係。

舉個例子，假設節點 A 直接影響到節點 B，即 $A \rightarrow B$，則用從 A 指向 B 的箭頭建立節點 A 到節點 B 的有向弧 (A, B)，權值（即連接強度）用條件機率 $P(B|A)$ 來表示，如圖 4.23 所示。

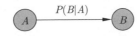

▲圖 4.23 因果有向弧

簡言之，就是將某個研究系統中涉及的隨機變數，根據是否條件獨立繪製在一個有方向圖中，就形成了貝氏網路。貝氏網路用以描述隨機變數之間的條件依賴，用圈表示隨機變數節點，用箭頭表示條件依賴情況。圖 4.24 中舉出了 3 種常見的基本結構單元。

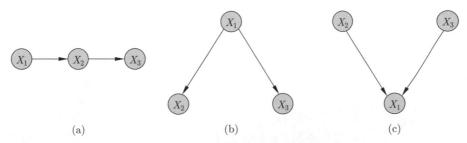

▲圖 4.24 貝氏網路中的基本結構單元

圖 4.24(a) 表示一種鏈式結構，聯合機率為

$$P(X_1, X_2, X_3) = P(X_1)P(X_2|X_1)P(X_3|X_2)$$

圖 4.24(b) 表示在替定 X_1 變數的情況下，X_2 和 X_3 是條件獨立的，即

$$P(X_2|X_1) = P(X_3|X_1)$$

這種結構關係被稱為「共因」，聯合機率為

$$P(X_1, X_2, X_3) = P(X_1)P(X_2|X_1)P(X_3|X_1)$$

圖 4.24(c) 與圖 4.24(b) 不同，X_2 和 X_3 是完全獨立的，即

$$P(X_2) = P(X_3)$$

這種結構關係被稱為「共果」，聯合機率為

$$P(X_1, X_2, X_3) = P(X_2)P(X_3)P(X_1|X_2, X_3)$$

貝氏網路模型的學習過程分為兩大階段：第一階段，確定各隨機變數的結構

關係，即在替定一個訓練集的前提下，尋找一個與之匹配最好的網路結構，該過程稱為結構學習；第二階段，在替定網路結構和訓練集後，利用先驗資訊確定貝氏網路中各節點的條件機率分佈，該過程稱為參數學習。這種兩階段法的優勢在於每次估計只需考慮一個局部機率分佈函式，而無須估計全域機率分佈函式，大大降低了學習模型訓練的複雜性。貝氏網路參數確定後，即可利用貝氏網路結構和各節點的條件機率表，對新實例的標籤做出推斷。

貝氏網路能夠根據各變數所對應的資料資訊，估計出相互之間複雜的機率相依性，並透過節點之間的邊遍歷整個網路，從而為多個變數之間的複雜依賴關係提供統一的表達模型。它不僅克服了人為主觀判斷的局限性和盲目性，而且能夠避免傳統線性和非線性預測模型的過度擬合問題，這有助整合多維度資訊，進而提高目標變數預測的精準性。

通常情況下，貝氏網路對實際應用進行建模主要可以分為 4 部分：第一部分是根據實際應用場景，確定模型中節點的個數、節點的類型以及其狀態的個數等；第二部分是利用專家知識或歷史訓練集，採用評分的方式或結構學習演算法建構網路的有向無環圖；第三部分是學習網路中每個節點的條件機率分佈表，即節點之間的機率相關性；第四部分則是採用貝氏網路推理的一些演算法，同時利用觀測到的節點的狀態，對網路中的某些需要查看的節點的狀態分佈進行推理。典型的應用有故障診斷、可靠性分析及態勢評估。

(1)故障診斷。在利用貝氏網路進行故障診斷時，首先透過對每個故障源及系統建立對應的節點及有向邊結構，然後利用貝氏反向推理，計算系統出現異常時，每個故障源發生的機率。

(2)可靠性分析。可靠性分析可以分為人為分析及機率分析兩類。其中，人為分析是透過專家經驗判斷，然而這種方法準確度低，且很難達到預測的效果；機率分析則是透過分析系統中故障發生的機率，結合狀態變化以及系統的容錯，從而計算出系統潛在故障的機率大小。貝氏網路能夠極佳地應用於多態系統中，同時，也能夠進行反向推理，從而診斷出系統發生故障時的故障源。

(3)態勢評估。態勢評估是指根據作戰活動、時間、位置及兵力等資訊，並將當前的戰鬥力和周圍環境與敵對勢力的機動性聯繫起來，得到對於敵方的兵力結

構以及使用特點等的估計，從而幫助指揮員快速、準確地做出決策的過程。相比於傳統的專家系統和神經網路模型，貝氏網路能夠更進一步地進行知識更新且學習過程更簡單，使其在軍事方面的態勢評估中能夠得到很好的研究和應用。

4.6 案例分析——蘑菇資料集

▲ 圖 4.25 森林中的野蘑菇

童謠《採蘑菇的小姑娘》
　　採蘑菇的小姑娘，背著一個大竹筐；
　　清晨光著小腳丫，走遍森林和山岡；
　　她采的蘑菇最多，多得像那星星數不清；
　　她采的蘑菇最大，大得像那小傘裝滿筐。

　　兒歌中所描繪的是小女孩在雨後的清晨到山上採蘑菇的場景。然而，採蘑菇是一定要小心的。野生菌導致死亡的病例中有 90% 是因為誤食引發的。蘑菇分為可食用蘑菇和有毒蘑菇。雖然一直流傳這樣的說法「越好看的蘑菇越有毒」，但是蘑菇形態差別很大，有些看起來普通的蘑菇也是有毒的。對於非專業人士，很難從外觀、形態、顏色等方面區分有毒蘑菇與可食用蘑菇。

　　本節分析的案例是蘑菇資料集，來自 1981 年出版的北美蘑菇指南 *Audubon Society Field Guide to North American Mushrooms* 一書。具體的資料集可在 https://archive.ics.uci.edu/ml/datasets/Mushroom 下載。該資料集一共有 8124 筆記錄，包括多種蘑菇的菌蓋、菌柄、菌絲等部位的顏色、寬度、長度等 22 個屬性變數，並標記了每一筆記錄蘑菇所屬種類：可食用和有毒的。

　　因篇幅所限，這裡只簡要列出類別變數與前 3 個屬性變數。

- class：蘑菇種類（e：可食用；p：有毒的）。

- cap-shape：菌蓋的形狀（b：鐘形；c：錐形；*x*：凸形；f：扁平；k：球形；s：凹陷）。

- cap-surface：菌蓋的表面（f：纖維狀；g：溝紋；y：鱗狀；s：光滑）。

- cap-color：菌蓋的顏色（n：棕色；b：淺黃色；c：肉桂色；g：灰色；r：綠色；p：粉色；u：紫色；e：紅色；w：白色；y：黃色）。

　　以上所有記錄不存在遺漏值的情況。接下來匯入蘑菇資料集，因所有的屬性都儲存為 Object 物件變數，且為離散變數，需將其數字化，然後訓練高斯單純貝氏分類器。

```
1  # 匯入相關模組
2  import pandas as pd
3  from sklearn.preprocessing import LabelEncoder
4  import random
5  from sklearn.naive_bayes import GaussianNB
6  from sklearn.metrics import accuracy_score
7  from sklearn.model_selection import train_test_split
8
9  # 設置隨機數種子
10 random.seed(2022)
11
12 # 讀取蘑菇資料集
13 mushrooms = pd.read_csv("mushrooms.csv")
14
15 # 將物件變數數字化
16 labelencoder=LabelEncoder()
17 for col in mushrooms.columns:
18     mushrooms[col] = labelencoder.fit_transform(mushrooms[col])
19
20 # 提取屬性變數與分類變數
```

```
21 X = mushrooms.drop("class",axis=1)
22 y = mushrooms["class"]
23
24 # 劃分訓練集與測試集，集合容量比例為 8:2
25 X_train, X_test, y_train, y_test = train_test_split(X, y, train_size = 0.8)
26 # 建立高斯單純貝氏分類器
27 NB_gau = GaussianNB()
28 # 訓練模型
29 mushroom_fit = NB_gau.fit(X_train, y_train)
30
31 # 模型準確率
32 pred = mushroom_fit.predict(X_test)
33 accuracy = accuracy_score(pred, y_test)
34 print("The Accuracy of GaussianNB: %.2f" % accuracy)
```

輸出分類準確率如下：

```
1 The Accuracy of GaussianNB: 0.92
```

4.7　本章小結

1. 貝氏思維是指根據先驗分佈，透過觀測樣本增加調整因數，得到後驗分佈的思維。貝氏統計決策以貝氏思維為依據。具體而言，可簡要分為 3 個步驟：

   (1)透過訓練集估計先驗機率分佈和條件機率模型的參數。

   (2)根據貝氏定理計算後驗機率。

   (3)利用後驗機率做出統計決策。

2. 貝氏分類器在貝氏思維的加持下建構分類模型，它預測類別的準則就是後驗機率最大化。如果屬性變數之間是獨立的，則簡化為單純貝氏分類器。

3. 極大似然估計秉持機率最大化思想，透過似然函式極大化來實現參數估計的目的。貝氏估計基於貝氏思維，視參數為隨機變數，透過後驗分佈估計參數。

4. 相比單純貝氏分類器，半單純貝氏分類器放鬆了變數假設的限制條件，適當考慮一部分屬性間的相互依賴關係。

5. 貝氏網路是一種機率圖模型，其網路拓撲結構是一個有向無環圖，可以應用在多個領域。

4.8 習題

4.1　試透過女兒國的例子比較極大似然估計與貝氏最大後驗估計之間的關係。

4.2　根據例 4.7 中的訓練集，分別透過極大似然估計和貝氏估計訓練單純貝氏分
　　　類器，並預測實例 $x^* = (a, e)^T$ 的類別 y。

4.3　簡述條件機率的連鎖律，並寫出圖 4.26 中兩個貝氏網路的聯合機率。

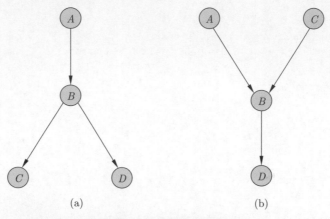

▲ 圖 4.26　兩個貝氏網路

4.4　請用蘑菇資料集訓練伯努利單純貝氏分類器和多項單純貝氏分類器，並與高
　　　斯單純貝氏分類器的準確率進行比較。

4.9 閱讀時間：貝氏思想的起源

　　在歷史的長河中，會遇到很多人類當前無法解釋的現象，這時候神就應運而
生。因為無法解釋的現象都可以歸為神跡，就可以讓問題變得簡單！

　　在傳統文化中，神話故事一直是不可或缺的，但因為不同的人想像中的神不
同，即使是同一種現象，也有著不同的解釋，比如說下雨。在道教中，掌管打雷
的是雷公，司管下雨的是雨師，而在佛教中，施雲佈雨的神是龍王。

東方

　　左雨師使徑待兮，右雷公而為衛。

　　　　　　　　　　　　　　　　　　　　　——《楚辭·遠遊》

　　小聖東海龍神是也，奉上帝敕令，管領著江河淮濟，
溪洞譚淵，興雲布雨，降福消災，濟渡眾生。

　　　　　　　　　　　　　　　　　　　　　——《南極登山》

　　在西方，更多的人信奉上帝。有一大波科學家前扑後繼地從無神論者轉向為
神學論，紛紛證明上帝的存在性，比如牛頓、愛因斯坦、愛迪生、笛卡兒等。

西方

　　神的形象沒有人看到、聽到和接觸到，我們只能在他所創造的萬物中了解
他。神仍在掌權，我們都在他的掌管之下。

　　　　　　　　　　　　　　　　　——牛頓《自然哲學之數學原理》

　　完美是存在的，而上帝是絕對完美的，所以上帝是存在的。

　　　　　　　　　　　　　　　　　　　　　　　　　　——笛卡兒

1. 休謨的探尋

　　18 世紀的時候英國出現了這樣一個人物——大衛·休謨。大衛·休謨（David
Hume）是一個喜歡質疑的哲學家，在那個對基督教稍有不敬就有可能引發人身安
全的年代，休謨不敢暢所欲言，只能隱晦地表達他的一些看法。比如 1734 年的他
在《人性論》一書中寫道這樣一個觀點。

大衛·休謨

　　僅僅基於自身觀察，是不可能推出任何關於這個世界的絕對且普遍的規律
的。說的通俗一點，就是無論做出多少觀察，都不可能得出太陽每天升起的結
論。

　　休謨想要表達的就是，經驗論不能匯出必然的真理，我們無從得知因果之間
的關係，只能得知某些事物之間總是會所有連結的。即使過去所觀察的結果完全

一致，人們也不能對未來做出毫無保留的預測。

1748 年，休謨壯著膽子發表論文《論神跡》，對上帝的存在表示質疑。休謨認為，神跡是自然法則的違逆，因此是極不可能發生的。在那個時代，經常有一些人報告發現了神跡，比如基督復活之類的。但在休謨看來，這些神跡是不可能的，不是報告這說了謊，就是搞錯了，相比較而言，出現不準確的神跡報告這類事件更是有可能的。

休謨用到的這些詞語，「觀察」「結果」「預測」「極不可能」「有可能的」，能讓我們想到什麼？

隨機試驗？樣本空間？不可能事件？機率？

沒錯，就是**機率**。雖然休謨本人並不懂高深的數學知識，但是不妨礙其他人往這個方向思考。

2. 貝氏的魔術

這個所謂的「其他人」就是湯瑪斯‧貝氏（Thomas Bayes），沒錯，就是貝氏公式中的那個人名。雖然貝氏是一位神父，但仍然阻止不了他對科學的熱情。他讀了休謨的著作之後，很受啟發，思考「難道我們真的無法透過觀察到的結果推出真正的原因嗎？」

於是，貝氏做了個「小魔術」：貝氏背對著一張桌子，讓小幫手在桌子上放一個黑球，當然貝氏並不知道黑球的位置。接著，他交代小幫手以均勻隨機的方式放置若干白球。每放置一個白球，就讓小幫手告訴他白球相對於黑球的位置。白球放置的越多，就越能確定黑球的位置。這就是貝氏思想中學習的過程，根據白球的相對位置推理出黑球的絕對位置。

據說，貝氏的這一想法可能受到當時學術界流行的「第一性原理」的影響而產生的。所以，休謨的關於因果的看法就被貝氏的機率小魔術給駁回了。可是這一結論並沒有馬上被大家知曉，因為貝氏沒有公佈這個神奇的數學公式。有人推測，當時被認可的機率公式都是從因推果，但貝氏的數學公式是逆機率的，由果推因。這是不被認可的異端邪說，為了避免麻煩，他沒有公佈。也有人說，這可能是因為這個公式質疑了他信仰的上帝。總歸，貝氏公式是在貝氏逝世之後才發表的。

3. 理察·普萊斯的接力

　　誰幫貝氏發表了他的神奇公式呢？貝氏有一位朋友名為理察·普萊斯（Richard Price），是一位妥妥的神學論者，而且據說普萊斯同意整理貝氏遺作並發表的原因就是為了證明上帝的存在。

> **理察·普萊斯**
>
> 　　我的目標就是弄清楚我們究竟出於什麼原因相信，
>
> 　　物體的組成中存在一些固定法則，
>
> 　　而這些法則正是物體產生的依據；
>
> 　　我們又為何會相信，
>
> 　　世界的框架也因此必然源自一個智慧本因的智慧和能力。
>
> 　　所以，我的目標就是透過終極原因確立上帝的存在。

　　貝氏逝世於 1763 年 4 月 7 日，普萊斯投往倫敦的皇家學會哲學會刊的日期是 1763 年 12 月 23 日。從論文的日期可以看得出來，普萊斯對貝氏的遺作還是很重視的。圖 4.27 為貝氏的遺作。

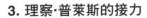

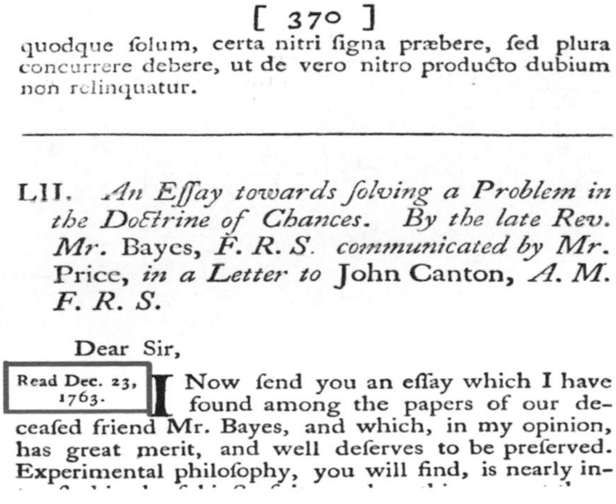

[370]

quodque folum, certa nitri figna præbere, fed plura concurrere debere, ut de vero nitro producto dubium non relinquatur.

LII. *An Effay towards folving a Problem in the Doctrine of Chances. By the late Rev.* Mr. Bayes, F. R. S. *communicated by Mr.* Price, *in a Letter to* John Canton, A. M. F. R. S.

Dear Sir,

Read Dec. 23, 1763. I Now fend you an effay which I have found among the papers of our deceafed friend Mr. Bayes, and which, in my opinion, has great merit, and well deferves to be preferved. Experimental philofophy, you will find, is nearly in-

▲圖 4.27 貝氏的遺作

　　為了反駁休謨的觀點，普萊斯甚至給這篇論文起了一個非常有針對性的標題——《一種建立在歸納基礎上計算所有推斷的精確機率的方法》。對該論文簡

單敘述大意就是：如果一個事件在 N 次獨立實驗中每次都以未知的機率 p 發生了，並且發生了 x 次，那麼在 p 所有值等可能的先驗假設下，就能找到 p 的後驗分佈。

若問，普萊斯怎麼透過貝氏公式證明上帝存在了？請跟我接著看普萊斯對貝氏公式的應用。仍然以剛才所說的觀察每天的日出為例，如果有一天太陽沒有升起，我們就認為是神跡。假設支援自然法則的是相同的事件，比如每天的日出，我們記發生神跡的機率為 p，X 表示發現神奇的例外個數。這代表下一次神跡的機率為零嗎？當然不是！

將每天的觀測認為是伯努利試驗，假如日出無一異常地接連發生 1,000,000 次，

就是相當於觀測次數 $N = 1,000,000$ 的二項分佈。在這種情況下，神跡發生的機率大於 1/1,600,000 的條件機率

$$P\left(p > \frac{1}{1,600,000} \middle| X = 0\right) = 0.5353$$

雖然 1/1,600,000 這個值已經很小了，但是大於這個機率的可能性竟然高達 0.5 以上，這豈不是說明「神跡不是個不可能事件」。

換種方式，如果假設一次觀測中神跡發生的機率為 $p = \dfrac{1}{1,600,000}$，那麼在接下來的 1,000,000 次試驗中，至少發生一次神跡的機率有多大。

先計算一次神跡都不發生的機率

$$(1-p)^{1,000,000} = \left(1 - \frac{1}{1,600,000}\right)^{1,000,000}$$
$$= 0.535$$

然後，計算至少發生一次神跡的機率

$$1 - 0.535 = 0.465$$

機率將近 0.5 ！也就是說，有一半的可能在這 1,000,000 次試驗中出現神跡！多麼驚人！

不過，成也標題，敗也標題。這個題目過於乏味而寬泛，導致很多人沒有注意到這一成果。

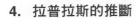

4.　拉普拉斯的推斷

　　想到逆機率的不只是貝氏。同時期，法國有一位非常偉大的數學家皮耶・西蒙・拉普拉斯（Pierre Simon Laplace）。牛頓曾經表示，如果宇宙中只有地球和太陽，那麼它們就會組成一個穩定的系統，直到時間盡頭。然而，如果添入木星，牛頓就無法得到這個結論了。所以，牛頓採用老方法，把上帝搬出來了，只有上帝的干預可以給予這個複雜系統以穩定的秩序。

　　拉普拉斯可不是這麼想的，他在著作《天體力學》中舉出了關於太陽系穩定的新論點：「太陽系的穩定無須上帝的干預」。據說拿破崙讀了《天體力學》這本書之後，就問拉普拉斯：「牛頓還在他的書中提到了上帝，怎麼在你的書中，上帝一次也沒出現過呢？」拉普拉斯的回答非常的霸氣：「我不需要上帝這個假設！」

　　不過，即使說明太陽系的穩定性，仍有很多懸而未解的問題。為推斷天體的真正位置，拉普拉斯也採用了逆機率的思想，這一思想發表在其題為《論事件原因存在的機率》的論文中，這發生在貝氏公式發表 10 年之後的 1774 年。

　　拉普拉斯論文中用的例子不是黑白小球了，而是黑白紙條。假如有一個罐子，裡面裝著大量黑色和白色的紙條，比例未知。假如有放回的取出出 p 張白色紙條，q 張黑色紙條。請問：下一次抽出一張白色紙條的機率有多大？

　　這裡假設白色紙條的先驗機率和後驗機率的分佈相同，都是均勻分佈 $U\,[0,\,1]$。可以透過一次次地取出更新對白球機率的認知，直到已經取出 $p+q$ 次，其中 p 次是白色的，q 次是黑色的。所以，要計算的最終機率為

$$\frac{p+1}{p+q+2}$$

　　這就是貝氏估計的雛形。不過，因為逆機率公式是拉普拉斯在不知道貝氏公式的情況下發現的，所以當時將其稱作**拉普拉斯接續法則**，也就是拉普拉斯估計。可見，同一個理論，不同人對其的理解也是不同的。普萊斯用貝氏公式來證明上帝的存在，拉普拉斯則用貝氏公式強調科學的力量，否認上帝。

　　舉個之前的例子，還是關於日出的。假如已經連續 q 天太陽照常升起，請問：明天太陽不會升起的機率是多少？

　　拉普拉斯借用了《聖經》中舉出的天數——5000 年對應的天數作為 q，然後計算出的機率數量級為百萬分之一。現如今，太陽每天升起已經大約持續了 50 億年，如果仍然利用拉普拉斯接續法則，得到的太陽不會升起的機率是兩兆分之一。那麼，是不是太陽會永遠地正常升起呢？

　　科學界眾說紛紜，有人說數十億年之後，地球就會脫離軌道，所以正常升起還能持續數十億年；有人說太陽在 50 億年之後就會變成紅巨星，吞噬地球。總歸是眾說紛紜，比如《太陽危機》《流浪地球》等各類小說、電影也是層出不窮。

　　如今，貝氏公式已經被各位所熟知，物理學、生態學、心理學、電腦，甚至哲學等諸多領域都有它的應用。理工科的神劇《宅男行不行》也拿它來做梗，就是在謝爾敦研究抓嗶嗶鳥的時候，寫在白板上的公式。甚至，在人工智慧中，可以說核心就是貝氏思維，這應該感謝所羅門諾夫，將可計算性理論與貝氏公式結合起來，成就了人工智慧的前身。

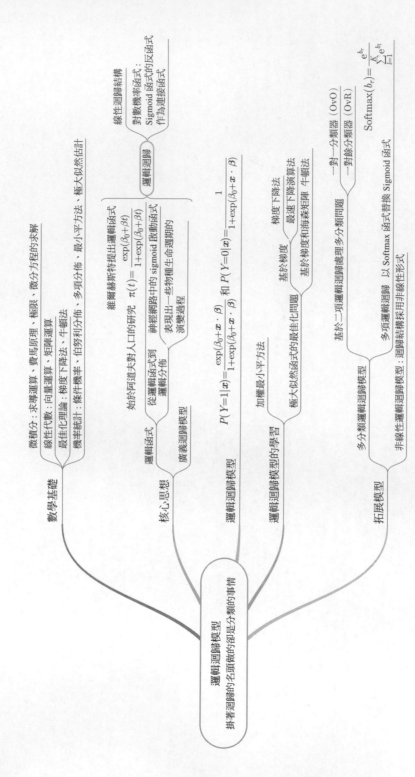

第 5 章　邏輯迴歸模型思維導圖

第 5 章
邏輯迴歸模型

當你去招募資金時，用人工智慧的名稱會顯得更高大上；當你去應聘時，機器學習背景可能會獲得更高的薪資；但當你真正去實現時，用的則是邏輯迴歸。

—— 來自網路段子

本章要介紹的是一個掛著迴歸的名稱做的卻是分類事情的模型。請不要被它的名字所迷惑，一切只不過是因為邏輯迴歸是從線性迴歸演變而來的而已。從功能上來說，邏輯迴歸是用來處理分類問題的，其關鍵在於邏輯函式。起源於 19 世紀的邏輯迴歸，現在已廣泛應用於醫學中的疾病診斷、經濟學中的經濟預測、網際網路中的搜索廣告等領域。本章著重介紹邏輯迴歸模型的結構、邏輯迴歸模型的學習，以及如何採用最佳化中常用的兩大演算法 —— 梯度下降法和牛頓法實現最佳參數的求解。

5.1 一切始於邏輯函式

邏輯迴歸模型通常用以處理二分類問題，其核心思想在於將原本線性迴歸所得值透過邏輯函式映射到機率空間，然後將線性迴歸模型轉為一個分類模型。簡單來講，邏輯迴歸表示迴歸模型與邏輯函式的合成，因此本節先從源頭邏輯函式出發，歷經邏輯分佈與廣義線性迴歸，最終得到邏輯迴歸模型。

5.1.1 邏輯函式

19 世紀初，人們對人口增長的問題十分感興趣，比利時數學家阿道夫・凱特勒也不能免俗。他以 $W(t)$ 表示 t 時刻的人口總量，人口增長率則為 $dW(t)/dt$。他發現人口增長率和人口總量恰好呈線性關係：

$$\frac{\mathrm{d}W(t)}{\mathrm{d}t} = \beta W(t) \tag{5.1}$$

求解微分方程 (5.1)，可以得到

$$\ln W(t) = \beta t + C$$

式中，C 為常數。於是，總人口量

$$W(t) = \exp(\beta t + C) = W(0)\exp(\beta t)$$

其中，$W(0) = \exp(C)$ 指 0 時刻的人口數量。

僅憑公式來看，這裡得到的 $W(t)$ 具有指數結構，表示人類越來越多，沒有上限。但是，人類會有生老病死，地球的資源也是有限的，不可能無休止地增長。阿道夫發現這個問題非常有趣，於是把這個課題交給的學生維爾赫斯特繼續研究。

維爾赫斯特認為若要控制增長，可以透過增加一個限制函式 $\phi(W(t))$ 實現：

$$\frac{\mathrm{d}W(t)}{\mathrm{d}t} = \beta W(t) - \phi(W(t))$$

在經歷無數次嘗試與失敗之後，某一天維爾赫斯特靈光一現，發現最理想的限制函式 $\phi(W(t))$ 為二次函式，於是人口增長率就成為了

$$\frac{\mathrm{d}W(t)}{\mathrm{d}t} = \widetilde{\beta}W(t)[\Omega - W(t)]$$

式中，Ω 表示環境所允許的人口總量最大值，$\widetilde{\beta} = \beta / \Omega$。

因人口總量最大值難以得到，維爾赫斯特退而求其次，分析當前 t 時刻的人口數量佔環境允許的人口總量最大值的比值 $W(t)/\Omega$，記為 $\pi(t)$。於是

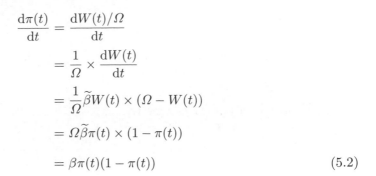

$$\frac{\mathrm{d}\pi(t)}{\mathrm{d}t} = \frac{\mathrm{d}W(t)/\Omega}{\mathrm{d}t}$$

$$= \frac{1}{\Omega} \times \frac{\mathrm{d}W(t)}{\mathrm{d}t}$$

$$= \frac{1}{\Omega}\widetilde{\beta}W(t) \times (\Omega - W(t))$$

$$= \Omega\widetilde{\beta}\pi(t) \times (1 - \pi(t))$$

$$= \beta\pi(t)(1 - \pi(t)) \tag{5.2}$$

求解微分方程 (5.2)，可以得到

$$\pi(t) = \frac{\exp(\beta_0 + \beta t)}{1 + \exp(\beta_0 + \beta t)} \tag{5.3}$$

其中，β_0 是一個常數。因此 $1 - \pi(t)$ 表示 t 時刻之後未來將出現的人口佔總環境允許的人口總量最大值的比值。$\pi(t)$ 與 $1 - \pi(t)$ 類似於 t 時刻扔出的一枚不均勻硬幣正反兩面的機率。

皮埃爾・弗朗索瓦・韋呂勒稱式 (5.3) 為邏輯（Logistic）函式。至於為何韋呂勒以 Logistic 為其命名，而且 Logistic 被譯作邏輯，根據科學史書籍以及個人理解，筆者推測有以下 3 方面的原因：

(1) 為了和對數（Logarithmic）一詞區分。

(2) 為了與數學（Mathmatic）等保持詞綴的一致性。

(3) 對應於「0」和「1」之間的邏輯關係。

如果記 $x = \beta_0 + \beta t$，那麼 $\pi(t)$ 函式可以寫成 $F(x)$ 的形式：

$$F(x) = \frac{\mathrm{e}^x}{1 + \mathrm{e}^x} \quad \text{或者} \quad F(x) = \frac{1}{\mathrm{e}^{-x} + 1} \tag{5.4}$$

此處，$F(x)$ 函式被稱為 sigmoid 啟動函式，在神經網路中，可用其替代單位步階函式，這表示輸入變數既可以離散也可以連續。

5.1.2　邏輯斯諦分佈

　　人們發現，邏輯函式可以巧妙地將普通變數轉化為機率，因此演變出邏輯斯諦分佈。

　　定義 5.1（邏輯斯諦分佈）設 X 是連續隨機變數，若 X 的分佈函式為

$$F(x) = P(X \leqslant x) = \frac{1}{1 + \exp\{-(x - \mu)/\gamma\}} \tag{5.5}$$

　　其中，μ 為位置參數，$\gamma > 0$ 為尺度參數，則稱 X 服從邏輯斯諦分佈（Logistic Distribution）。特別地，當 $\mu = 0$, $\gamma = 1$ 時，稱為標準邏輯斯諦分佈（Standard Logistic Distribtuion）。

　　對式 (5.5) 求導可得到邏輯斯諦分佈的機率密度函式

$$f(x) = \frac{\exp\{-(x - \mu)/\gamma\}}{\gamma \left(1 + \exp\{-(x - \mu)/\gamma\}\right)^2}$$

　　邏輯斯諦分佈的機率分佈函式與機率密度函式如圖 5.1 所示。

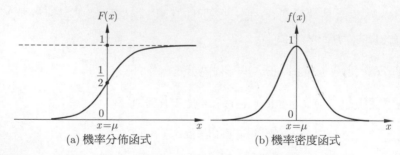

(a) 機率分佈函式　　　　　　　(b) 機率密度函式

▲ 圖 5.1　邏輯斯諦分佈的機率分佈函式與機率密度函式

　　圖 5.1 揭示了邏輯斯諦分佈的機率分佈函式與機率密度函式的特點。如果熟悉高斯分佈，可以輕鬆發現邏輯斯諦分佈的形狀與高斯分佈十分相似，但是邏輯斯諦分佈的尾部更長、波峰更高。

(1)　機率分佈函式的特點：

- 當 $x \to +\infty$ 時，$F(x) \to 1$；當 $x \to -\infty$ 時，$F(x) \to 0$。

- 有界且連續，即 $0 \leqslant F(x) \leqslant 1$。

- 關於 $\left(\mu, \dfrac{1}{2}\right)$ 點呈中心對稱。

- 曲線為 S 形，且尺度參數 γ 越大，收斂越慢。

(2) 機率密度函式的特點：

- 當 $x = \mu$ 時，機率密度最大，為 $1/4\gamma$。

- 當 $x \to \pm\infty$ 時，$F(x) \to 0$。

- 關於 $x = \mu$ 對稱。

- 曲線為鐘形曲線，尺度參數 γ 越大，$f(x)$ 的曲線看起來越矮胖。

邏輯斯諦分佈起源於人口增長，呈現為 S 形曲線，可分為 4 個發展階段：發生、發展、成熟和飽和。具體來講，發生階段增長速度緩慢，發展階段則迅速上升，之後逐漸成熟穩定，最終則趨於飽和。恰好表現出一些物種生命週期的演變過程，這也是邏輯迴歸廣泛應用於疾病研究的原因。

5.1.3 邏輯迴歸

邏輯迴歸模型可用以解決二分類問題。不失一般性，記兩個類別分別為 $Y = 1$ 和 $Y = 0$。假定輸入變數 X 包含 p 個屬性變數 $X_1, X_2, \cdots, X_p$，輸出變數 Y 的機率完全由條件機率 $P(Y|X)$ 決定。雖然 $P(Y|X)$ 與 $X_1, X_2, \cdots, X_p$ 之間不存在直接的線性關係，但是透過連接函式 $\mathcal{G}(\cdot)$ 可以轉化為線性的：

$$\mathcal{G}(\pi) = \beta_0 + X_1\beta_1 + X_2\beta_2 + \cdots + X_p\beta_p \tag{5.6}$$

式中，π 表示條件機率 $P(Y=|1X)$。如果從期望的角度來理解，

$$\pi = E_{Y|X}(Y) = 1 \times P(Y=1|X) + 0 \times P(Y=0|X) = P(Y=1|X)$$

所以，式 (5.6) 中的模型為期望方程式形式，是一種廣義線性模型。結合式 (5.3) 中的邏輯函式，令連接函式為 sigmoid 函式的反函式，即對數機率函式 logit($\cdot$)。

$$\text{logit}(\pi) = \ln\left(\frac{\pi}{1-\pi}\right) \tag{5.7}$$

令新的「因變數」Z 的期望為 $E(Z) = \text{logit}(\pi)$，於是

$$Z = \beta_0 + X_1\beta_1 + X_2\beta_2 + \cdots + X_p\beta_p + \epsilon \tag{5.8}$$

式中，ϵ 為雜訊變數且 $E(\epsilon) = 0$。

例 5.1 有一項社會調查為「一個人在家是否害怕生人來？」研究者希望研究一個人的文化程度對該問題的影響。設類別變數

$$Y = \begin{cases} 1, & \text{害怕} \\ 0, & \text{不害怕} \end{cases}$$

X 是文化程度屬性，為順序變數，共有 4 個設定值：$a_1 = 0$ 表示文盲，$a_2 = 1$ 表示小學文化程度，$a_3 = 2$ 表示中學文化程度，$a_4 = 3$ 表示大專及以上文化程度。表 5.1 中的資料是一組 20 世紀 80 年代某地區社會調查報告的結果，共調查了 1421 人。記類別條件機率 $\pi_i = P(Y = 1 | X = a_i), i = 1, 2, 3, 4$。請根據表 5.1 估計 π_i，並計算新「因變數」的觀測值 $z_i, i = 1, 2, 3, 4$。

解 可以簡單地根據資料頻率作為類別條件機率 π_i 的估計值：

$$\hat{\pi}_1 = \frac{7}{11 + 7} = 0.3889, \qquad \hat{\pi}_2 = \frac{32}{45 + 32} = 0.4156$$

$$\hat{\pi}_3 = \frac{422}{664 + 422} = 0.3886, \qquad \hat{\pi}_4 = \frac{72}{168 + 72} = 0.3000$$

▼ 表 5.1 一項社會調查的資料結果

文 化 程 度	不害怕的人數	害怕的人數
0	11	7
1	45	32
2	664	422
3	168	72

接著，根據對數機率函式計算新的「因變數」觀測值，結果如下：

$$z_1 = \ln \frac{\hat{\pi}_1}{1 - \hat{\pi}_1} = -0.4520, \qquad z_2 = \ln \frac{\hat{\pi}_1}{1 - \hat{\pi}_2} = -0.3409$$

$$z_3 = \ln \frac{\hat{\pi}_3}{1 - \hat{\pi}_3} = -0.4533, \qquad z_4 = \ln \frac{\hat{\pi}_4}{1 - \hat{\pi}_4} = -0.8473$$

是否可以直接採用新的「因變數」建構的線性迴歸模型估計參數呢？答案是否定的，原因我們將在下一節揭曉。

現在，結合式 (5.6) 和式 (5.7)，得到

$$\pi = \frac{\exp\left(\beta_0 + X_1\beta_1 + X_2\beta_2 + \cdots + X_p\beta_p\right)}{1 + \exp\left(\beta_0 + X_1\beta_1 + X_2\beta_2 + \cdots + X_p\beta_p\right)}$$

下面引入邏輯迴歸模型的定義。

定義 5.2（邏輯迴歸模型）設輸入變數 X 包含 p 個屬性變數 $X_1, X_2, \cdots, Xp$, $Y \in \{0, 1\}$ 為輸出變數。實例 $\boldsymbol{x} = (x_1, x_2, \cdots, x_p)^{\mathrm{T}}$, x_j 表示實例第 j 個屬性的具體設定值，$j = 1, 2, \cdots, p$，則以下條件機率分佈被稱為邏輯迴歸模型。

$$P(Y = 1|\boldsymbol{x}) = \frac{\exp\left(\beta_0 + \boldsymbol{x} \cdot \boldsymbol{\beta}\right)}{1 + \exp\left(\beta_0 + \boldsymbol{x} \cdot \boldsymbol{\beta}\right)}$$

和

$$P(Y = 0|\boldsymbol{x}) = \frac{1}{1 + \exp\left(\beta_0 + \boldsymbol{x} \cdot \boldsymbol{\beta}\right)}$$

式中，β_0 和 $\boldsymbol{\beta} = (\beta_1, \beta_2, \cdots, \beta_p)^{\mathrm{T}}$ 為模型參數；$\boldsymbol{x} \cdot \boldsymbol{\beta}$ 表示向量 $\boldsymbol{x}$ 和 $\boldsymbol{\beta}$ 的內積。

可見，邏輯迴歸模型就是將輸入實例 $\boldsymbol{x}$ 的線性組合 $\beta_0 + \boldsymbol{x} \cdot \boldsymbol{\beta}$ 透過對數機率函式映射到 [0, 1] 區間，表示 $Y = 1$ 發生的條件機率，從而解決分類問題。也就是說，給定實例 x 時的輸出變數 $Y \mid \boldsymbol{x}$ 服從伯努利分佈，如果 $P(Y = 1|\boldsymbol{x}) \geqslant 0.5$，則將實例 $\boldsymbol{x}$ 歸為 $Y = 1$ 類；如果 $P(Y = 1 \mid \boldsymbol{x}) < 0.5$，則將實例 $\boldsymbol{x}$ 歸為 $Y = 0$ 類。

因式 (5.8) 等號右邊為線性結構，當 $P(Y = 1|\boldsymbol{x}) = 0.5$ 時，$\beta_0 + \boldsymbol{x} \cdot \boldsymbol{\beta} = 0$，這決定了定義 5.2 中的邏輯迴歸模型只能處理能夠線性可分的樣本，如圖 5.1 所示這種。線性可分指訓練集可以透過一條線性決策邊界或分離超平面分開[i]，例如圖 5.2 中的虛線即為一條線性決策邊界。

---

i 關於線性可分的定義詳見本書第 9 章。

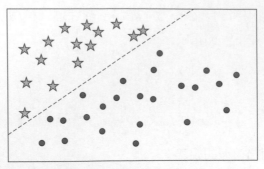

▲ 圖 5.2 線性決策邊界的範例

5.2 邏輯迴歸模型的學習

5.2.1 加權最小平方法

若給定訓練資料集 $T = \{(\boldsymbol{x}_1, y_1), (\boldsymbol{x}_2, y_2), \cdots, (\boldsymbol{x}_N, y_N)\}$，其中 $\boldsymbol{x}_i = (x_{i1}, x_{i2}, \cdots,$ $x_{ip})^{\mathrm{T}} \in \mathbb{R}^p$，$x_{ij}$ 表示第 i 個樣本中的實例在第 j 個屬性上的設定值；$y_i \in \{0, 1\}$，$i = 1, 2, \cdots, N$；$j = 1, 2, \cdots, p$。記 $\pi_i = P(Y = 1 | \boldsymbol{x}_i)$，新的「因變數」觀測值為

$$z_i = \ln\left(\frac{\hat{\pi}_i}{1 - \hat{\pi}_i}\right)$$

則可以寫出式 (5.8) 中迴歸模型的樣本形式

$$z_i = \beta_0 + \boldsymbol{x}_i \cdot \boldsymbol{\beta} + \epsilon_i, \quad i = 1, 2, \cdots, N \tag{5.9}$$

這與第 2 章中的線性迴歸模型結構相同。如果對模型中的參數進行估計，那麼很自然地會想到採用最小平方法。但是需要注意的是，最小平方法是在雜訊項 ϵ_i 滿足 Gauss-Markov 假設的情況下實施的，而式 (5.9) 中的雜訊不滿足這一假設。下面以例 5.1 來說明。

例 5.1 中只存在一個屬性變數 X，即文化程度，因此迴歸模型的樣本形式

$$z_i = \beta_0 + \beta_1 x_i + \epsilon_i, \quad i = 1, 2, \cdots, s \tag{5.10}$$

式中，s 表示 X 的設定值個數。我們以樣本頻率來估計類別條件機率。記

n_i 時，對 Y 作了 $X = a_i$ 次觀測，其中 $Y=1$ 發生了 m_i 次，則 π_i 的估計值為 $\hat{\pi}_i = m_i/n_i$。根據中心極限定理，$\hat{\pi}_i$ 的漸近分佈是 $N(\pi_i, \pi_i(1 - \pi_i)/n_i)$。

容易得到函式 $v(t) = \ln[t/(1 - t)]$ 的導函式

$$v'(t) = \frac{\mathrm{d}v}{\mathrm{d}t} = \frac{1}{t(1 - t)}$$

因此，

$$v'(\hat{\pi}_i) = \frac{1}{\hat{\pi}_i(1 - \hat{\pi}_i)}$$

於是 $\ln[\hat{\pi}_i/(1 - \hat{\pi}_i)]$ 漸近分佈為高斯分佈 [ii]，期望和方差分別如下：

期望：$v(\pi_i) = \ln \dfrac{\hat{\pi}_i}{1 - \hat{\pi}_i}$

方差 ：$v'(\pi_i) \dfrac{\pi_i(1 - \pi_i)}{n_i} v'(\pi_i) = \ln \dfrac{1}{n_i \hat{\pi}_i(1 - \hat{\pi}_i)}$

模型式 (5.10) 中的 ϵ_i 近似服從高斯分佈

$$\epsilon_i \sim N\left(0, \frac{1}{n_i \pi_i(1 - \pi_i)}\right)$$

也就是說，ϵ_i 具有異方差性。為使 ϵ_i 同方差，需要對式 (5.10) 中的模型進行變換

$$\frac{z_i}{\sqrt{u_i}} = \frac{\beta_0 + \beta_1 x_i}{\sqrt{u_i}} + \varsigma_i, \quad i = 1, 2, \cdots, s$$

式中，$u_i = 1/[n_i \pi_i(1 - \pi_i)]$；$\varsigma_i = \epsilon_i/\sqrt{u_i}$。此時 ς_i 的方差近似相等，近似滿足 Gauss-Markov 假設的條件。

然後，就可以效仿最小平方法，確定目標函式

$$Q(\beta_0, \beta_1) = \sum_{i=1}^{s} \left(\frac{z_i}{\sqrt{u_i}} - \frac{\beta_0 + \beta_1 x_i}{\sqrt{u_i}}\right)^2 = \sum_{i=1}^{s} \frac{1}{u_i}(z_i - \beta_0 - \beta_1 x_i)^2$$

---

ii 根據參考文獻 [22] 的定理 0.2 所得。

這相當於在每個平方損失 $(z_i - \beta_0 - \beta_1 x_i)^2$ 處施加「權重」 $w_i = 1/u_i$，其估計值 $\hat{w}_i = n_i \hat{\pi}_i (1 - \hat{\pi}_i)$，稱其為加權最小平方法。

為使權重之和為 1，對 w_i 做歸一化處理：

$$\widetilde{w}_i = \frac{\hat{w}_i}{\sum\limits_{l=1}^{s} \hat{w}_l}$$

參數估計值可以透過最小化目標函式得到，

$$\arg\min_{\beta_0, \beta_1} Q(\beta_0, \beta_1) = \sum_{i=1}^{s} \widetilde{w}_i \left(z_i - \beta_0 - \beta_1 x_i\right)^2$$

例 5.2 請根據例 5.1 中的資料建構邏輯迴歸，並用加權最小平方法估計模型參數，解釋文化程度對「是否害怕生人」的影響。

解 根據例 5.1 中計算出的新「因變數」 Z 的觀測值建構模型

$$\frac{z_i}{\sqrt{u_i}} = \frac{\beta_0 + \beta_1 x_i}{\sqrt{u_i}} + \varsigma_i, \quad i = 1, 2, 3, 4$$

用加權最小平方法估計模型參數。

(1) 根據 $\hat{\pi}_i$ 計算「權重」 w_i 的估計值：

$$\frac{z_i}{\sqrt{u_i}} = \frac{\beta_0 + \beta_1 x_i}{\sqrt{u_i}} + \varsigma_i, \quad i = 1, 2, 3, 4$$

則有 $\hat{w}_1 = 4.2777$, $\hat{w}_2 = 18.7013$, $\hat{w}_3 = 258.0184$, $\hat{w}_4 = 50.4000$。

(2) 透過歸一化處理計算權重 $\widetilde{w}_i$: $\widetilde{w}_1 = 0.7518$, $\widetilde{w}_2 = 0.1720$, $\widetilde{w}_3 = 0.0125$, $\widetilde{w}_4 = 0.0638$。

(3) 最小化目標函式：

$$\arg\min_{\beta_0, \beta_1} Q(\beta_0, \beta_1) = \sum_{i=1}^{4} \widetilde{w}_i \left(z_i - \beta_0 + \beta_1 x_i\right)^2$$

得到參數估計值 $\hat{\beta}_0 = 0.0004$, $\hat{\beta}_1 = -0.2450$。

於是，有迴歸方程式

$$\ln \frac{\pi}{1 - \pi} = 0.0004 - 0.2450x$$

進而得到邏輯迴歸模型

$$P(Y = 1|x) = \frac{\exp(0.0004 - 0.2459x)}{1 + \exp(0.0004 - 0.2459x)}$$

結果表明，文化程度越高，害怕生人的機率越低。

需要注意：加權最小平方法，對資料有特殊要求，需要 n_i 較大（一般大於 30 方可）。另外，根據二項分佈的常態修正原理 [iii]，計算 z_i 用得更多的是

$$\ln \frac{m_i + 0.5}{n_i - m_i + 0.5} \tag{5.11}$$

對於式 (5.9) 中多元邏輯迴歸的樣本形式，以矩陣的形式表示為

$$z = X\widetilde{\beta} + \epsilon$$

式中，X 為 $N \times (p + 1)$ 維的承載訓練集實例資訊的設計矩陣；z 為 $N \times 1$ 維的承載訓練集標籤的觀測向量；$\widetilde{\beta} \sim$ 為 $(p + 1)$ 維的參數向量；ϵ 為隨機雜訊向量。

$$z = \begin{pmatrix} z_1 \\ z_2 \\ \vdots \\ z_N \end{pmatrix}, \quad X = \begin{pmatrix} 1 & x_{11} & x_{12} & \cdots & x_{1p} \\ 1 & x_{21} & x_{22} & \cdots & x_{2p} \\ \vdots & \vdots & \vdots & \ddots & \vdots \\ 1 & x_{N1} & x_{N2} & \cdots & x_{Np} \end{pmatrix}, \quad \widetilde{\beta} = \begin{pmatrix} \beta_0 \\ \beta_1 \\ \vdots \\ \beta_p \end{pmatrix}, \quad \epsilon = \begin{pmatrix} \epsilon_1 \\ \epsilon_2 \\ \vdots \\ \epsilon_N \end{pmatrix}$$

假定雜訊項 $\epsilon_1, \epsilon_2, \cdots, \epsilon_N$ 之間相互獨立，期望 $E(\epsilon_i) = 0$，方差 $\mathrm{Var}(\epsilon_i) = u_i$。由於雜訊項的異方差性，採用加權最小平方法

$$\arg \min_{\widetilde{\beta} \in \mathbb{R}^{p+1}} Q(\widetilde{\beta}) = (z - X\widetilde{\beta})^{\mathrm{T}} U^{-1} (z - X\widetilde{\beta})$$

可得到參數估計結果

$$\widetilde{\beta}^* = (X^{\mathrm{T}} U^{-1} X)^{-1} X^{\mathrm{T}} U^{-1} z \tag{5.12}$$

---

iii 詳情參見小冊子 3.5 節。

式中

$$U = \begin{pmatrix} u_1 & 0 & \cdots & 0 \\ 0 & u_2 & \cdots & 0 \\ \vdots & \vdots & \ddots & \vdots \\ 0 & 0 & \cdots & u_N \end{pmatrix}$$

一般矩陣 U 未知，可透過訓練集估計。

根據加權最小平方法舉出邏輯迴歸模型的分類演算法如下。

邏輯回歸模型的分類演算法——加權最小平方法

輸入：訓練資料集 $T = \{(\boldsymbol{x}_1, y_1), (\boldsymbol{x}_2, y_2), \cdots, (\boldsymbol{x}_N, y_N)\}$，其中 $\boldsymbol{x}_i \in \mathbb{R}^p$, $y_i \in \{0, 1\}$, $i = 1, 2, \cdots, N$；待分類實例 $\boldsymbol{x}^* = (x_{*1}, x_{*2}, \cdots, x_{*p})^{\mathrm{T}}$。

輸出：實例 $\boldsymbol{x}^*$ 的類別。

(1) 計算新「因變數」的觀測向量 $\boldsymbol{z}$ 和雜訊向量協方差矩陣的估計值 $\hat{U}$。

(2) 透過加權最小平方法估計參數

$$\widetilde{\boldsymbol{\beta}}^* = (\boldsymbol{X}^{\mathrm{T}} \hat{\boldsymbol{U}}^{-1} \boldsymbol{X})^{-1} \boldsymbol{X}^{\mathrm{T}} \boldsymbol{U}^{-1} \boldsymbol{z}$$

(3) 記擴充後的實例 $\widetilde{\boldsymbol{x}}^* = (1, x_{*1}, x_{*2}, \cdots, x_{*p})^{\mathrm{T}}$，計算

$$P(Y = 1 | \boldsymbol{x}^*) = \frac{\exp(\widetilde{\boldsymbol{x}}^* \cdot \widetilde{\boldsymbol{\beta}}^*)}{1 + \exp(\widetilde{\boldsymbol{x}}^* \cdot \widetilde{\boldsymbol{\beta}}^*)}$$

和

$$P(Y = 0 | \boldsymbol{x}^*) = \frac{1}{1 + \exp(\widetilde{\boldsymbol{x}}^* \cdot \widetilde{\boldsymbol{\beta}}^*)}$$

(4) 預測實例 $\boldsymbol{x}^*$ 的類別：

如果 $P(Y = 1 | \boldsymbol{x}^*) \geqslant 0.5$，則輸出預測類別 $\hat{y}^* = 1$；如果 $P(Y = 1 | \boldsymbol{x}^*) < 0.5$，則輸出預測類別 $\hat{y}^* = 0$。

5.2.2　極大似然法

對於邏輯迴歸模型，可以採用極大似然法進行參數估計。若給定訓練資料集 $T = \{(\boldsymbol{x}_1, y_1), (\boldsymbol{x}_2, y_2), \cdots, (\boldsymbol{x}_N, y_N)\}$，其中 $\boldsymbol{x}_i = (x_{i1}, x_{i2}, \cdots, x_{ip})^{\mathrm{T}} \in \mathbb{R}^p$，$x_{ij}$ 表示第 i

個樣本中的實例在第 j 個屬性上的設定值；$y_i \in \{0,1\}, i = 1,2,\cdots,N; j = 1,2,\cdots,p$。因此實例 $\boldsymbol{x}_i$ 處，類別的條件機率

$$P(Y|\boldsymbol{x}_i) = \begin{cases} \dfrac{\exp(\beta_0 + \boldsymbol{x}_i \cdot \boldsymbol{\beta})}{1 + \exp(\beta_0 + \boldsymbol{x}_i \cdot \boldsymbol{\beta})}, & Y = 1 \\[3mm] \dfrac{1}{1 + \exp(\beta_0 + \boldsymbol{x}_i \cdot \boldsymbol{\beta})}, & Y = 0 \end{cases}$$

如果 $Y = y_i$，則

$$P(Y = y_i|\boldsymbol{x}_i) = \left\{ \frac{\exp(\beta_0 + \boldsymbol{x}_i \cdot \boldsymbol{\beta})}{1 + \exp(\beta_0 + \boldsymbol{x}_i \cdot \boldsymbol{\beta})} \right\}^{y_i} \left\{ \frac{1}{1 + \exp(\beta_0 + \boldsymbol{x}_i \cdot \boldsymbol{\beta})} \right\}^{1-y_i}$$

假設訓練集中 N 個樣本之間相互獨立，可以得到樣本聯合機率

$$\prod_{i=1}^{N} P(Y = y_i|\boldsymbol{x}_i) = \prod_{i=1}^{N} \left\{ \frac{\exp(\beta_0 + \boldsymbol{x}_i \cdot \boldsymbol{\beta})}{1 + \exp(\beta_0 + \boldsymbol{x}_i \cdot \boldsymbol{\beta})} \right\}^{y_i} \left\{ \frac{1}{1 + \exp(\beta_0 + \boldsymbol{x}_i \cdot \boldsymbol{\beta})} \right\}^{1-y_i}$$

對數似然函式為

$$\begin{aligned} L(\beta_0, \boldsymbol{\beta}) &= \sum_{i=1}^{N} \ln\{P(Y = y_i|\boldsymbol{x}_i)\} \\ &= \sum_{i=1}^{N} \left[y_i \ln \frac{\exp(\beta_0 + \boldsymbol{x}_i \cdot \boldsymbol{\beta})}{1 + \exp(\beta_0 + \boldsymbol{x}_i \cdot \boldsymbol{\beta})} + (1 - y_i) \ln \frac{1}{1 + \exp(\beta_0 + \boldsymbol{x}_i \cdot \boldsymbol{\beta})} \right] \\ &= \sum_{i=1}^{N} \{y_i(\beta_0 + \boldsymbol{x}_i \cdot \boldsymbol{\beta}) - \ln[1 + \exp(\beta_0 + \boldsymbol{x}_i \cdot \boldsymbol{\beta})]\} \end{aligned}$$

如果從損失的角度來理解，每個樣本 $(\boldsymbol{x}, y)$ 處的損失為對數似然損失，

$$-\ln\{P(Y = y|\boldsymbol{x})\} = \ln[1 + \exp(\beta_0 + \boldsymbol{x} \cdot \boldsymbol{\beta})] - y(\beta_0 + \boldsymbol{x} \cdot \boldsymbol{\beta})$$

則經驗損失為

$$R_{\text{emp}} = \sum_{i=1}^{N} \ln[1 + \exp(\beta_0 + \boldsymbol{x}_i \cdot \boldsymbol{\beta})] - y_i(\beta_0 + \boldsymbol{x}_i \cdot \boldsymbol{\beta})$$

最小化經驗損失

$$\underset{\beta_0, \boldsymbol{\beta}}{\arg\min} R_{\mathrm{emp}} = \sum_{i=1}^{N} \ln\left[1 + \exp(\beta_0 + \boldsymbol{x}_i \cdot \boldsymbol{\beta})\right] - y_i(\beta_0 + \boldsymbol{x}_i \cdot \boldsymbol{\beta})$$

等值於最大化似然函式。此處，最小化損失思想與機率最大化思想是一致的。

透過極大似然法得到邏輯迴歸模型的分類演算法如下。

邏輯回歸模型的分類演算法——極大似然法

輸入：訓練資料集 $T = \{(\boldsymbol{x}_1, y_1), (\boldsymbol{x}_2, y_2), \cdots, (\boldsymbol{x}_N, y_N)\}$，其中 $\boldsymbol{x}_i \in \mathbb{R}^p$, $y_i \in \{0, 1\}$, $i = 1, 2, \cdots, N$；待分類實例 $\boldsymbol{x}^*$。

輸出：實例 $\boldsymbol{x}^*$ 的類別。

(1) 根據極大似然法建構最佳化問題

$$\underset{\beta_0, \boldsymbol{\beta}}{\arg\max} L(\beta_0, \boldsymbol{\beta}) = \sum_{i=1}^{N} \left\{ y_i(\beta_0 + \boldsymbol{x}_i \cdot \boldsymbol{\beta}) - \ln\left[1 + \exp(\beta_0 + \boldsymbol{x}_i \cdot \boldsymbol{\beta})\right] \right\}$$

根據最佳化問題得出最優解 $\boldsymbol{\beta}^*, \beta_0^*$。

(2) 根據 $\beta_0{}^*$ 和 $\boldsymbol{\beta}^*$ 計算

$$P(Y = 1 | \boldsymbol{x}^*) = \frac{\exp\left(\beta_0^* + \boldsymbol{x}^* \cdot \boldsymbol{\beta}^*\right)}{1 + \exp\left(\beta_0^* + \boldsymbol{x}^* \cdot \boldsymbol{\beta}^*\right)}$$

和

$$P(Y = 0 | \boldsymbol{x}^*) = \frac{1}{1 + \exp\left(\beta_0^* + \boldsymbol{x}^* \cdot \boldsymbol{\beta}^*\right)}$$

(3) 預測實例 $\boldsymbol{x}^*$ 的類別：

如果 $P(Y = 1 | \boldsymbol{x}^*) \geqslant 0.5$，則輸出預測類別 $\hat{y}^* = 1$；如果 $P(Y = 1 | \boldsymbol{x}^*) < 0.5$，則輸出預測類別 $\hat{y}^* = 0$。

5.3　邏輯迴歸模型的學習演算法

雖然加權最小平方法具有顯性運算式，但對資料有一定的要求，而且權重和新「因變數」都是根據訓練集估計所得，具有局限性。一般而言，對於邏輯迴歸模型，更常用的是極大似然法。也就是說，只要解決 5.2 節的極大似然問題，就能

訓練出邏輯迴歸模型，這可以透過最佳化演算法求解。為表達簡便，這裡記擴展後的實例 $\widetilde{\boldsymbol{x}} = (1, x_1, x_2, \cdots, x_p)^{\mathrm{T}}$，模型參數向量 $\widetilde{\boldsymbol{\beta}} = (\beta_0, \beta_1, \beta_2, \cdots, \beta_p)^{\mathrm{T}}$。邏輯迴歸模型重寫作

$$P(Y = 1|\boldsymbol{x}) = \frac{\exp(\widetilde{\boldsymbol{x}} \cdot \widetilde{\boldsymbol{\beta}})}{1 + \exp(\widetilde{\boldsymbol{x}} \cdot \widetilde{\boldsymbol{\beta}})} \quad 和 \quad P(Y = 1|\boldsymbol{x}) = \frac{1}{1 + \exp(\widetilde{\boldsymbol{x}} \cdot \widetilde{\boldsymbol{\beta}})}$$

模型的最佳化問題可簡化為

$$\arg\max_{\widetilde{\boldsymbol{\beta}}} L(\widetilde{\boldsymbol{\beta}}) = \sum_{i=1}^{N} \left\{ y_i(\widetilde{\boldsymbol{x}}_i \cdot \widetilde{\boldsymbol{\beta}}) - \ln\left[1 + \exp(\widetilde{\boldsymbol{x}}_i \cdot \widetilde{\boldsymbol{\beta}})\right] \right\} \tag{5.13}$$

式中，$\widetilde{\boldsymbol{x}}_i = (1, x_{i1}, x_{i2}, \cdots, x_{ip})^{\mathrm{T}}$。

最佳化方法大多解決凸最佳化的極小值問題，我們將最佳化問題式 (5.13) 轉化為

$$\arg\min_{\widetilde{\boldsymbol{\beta}}} Q(\widetilde{\boldsymbol{\beta}}) = \sum_{i=1}^{N} \left\{ \ln\left[1 + \exp(\widetilde{\boldsymbol{x}}_i \cdot \widetilde{\boldsymbol{\beta}})\right] - y_i(\widetilde{\boldsymbol{x}}_i \cdot \widetilde{\boldsymbol{\beta}}) \right\} \tag{5.14}$$

常用的最佳化方法，比如梯度下降法[iv]、牛頓法[v]等，都適用於邏輯迴歸模型。下面分別介紹這兩種方法的學習。其中，牛頓法收斂速度較梯度下降法更快。

5.3.1 梯度下降法

對於目標函式 $Q(\widetilde{\boldsymbol{\beta}})$，梯度

$$G(\widetilde{\boldsymbol{\beta}}) = \left(\frac{\partial Q(\widetilde{\boldsymbol{\beta}})}{\partial \beta_0}, \frac{\partial Q(\widetilde{\boldsymbol{\beta}})}{\partial \beta_1}, \frac{\partial Q(\widetilde{\boldsymbol{\beta}})}{\partial \beta_2}, \cdots, \frac{\partial Q(\widetilde{\boldsymbol{\beta}})}{\partial \beta_p} \right)^{\mathrm{T}}$$

式中

$$\frac{\partial Q(\widetilde{\boldsymbol{\beta}})}{\partial \beta_j} = \sum_{i=1}^{N} \left\{ \frac{\exp(\widetilde{\boldsymbol{x}}_i \cdot \widetilde{\boldsymbol{\beta}})}{1 + \exp(\widetilde{\boldsymbol{x}}_i \cdot \widetilde{\boldsymbol{\beta}})} - y_i \right\} x_{ij}, \quad j = 0, 1, 2, \cdots, p$$

---

iv   詳情參見小冊子 4.1 節。

v   詳情參見小冊子 4.2 節。

其中，$x_{i0} = 1$。記

$$\pi(\widetilde{\boldsymbol{x}}_i, \widetilde{\boldsymbol{\beta}}) = \frac{\exp(\widetilde{\boldsymbol{x}}_i \cdot \widetilde{\boldsymbol{\beta}})}{1 + \exp(\widetilde{\boldsymbol{x}}_i \cdot \widetilde{\boldsymbol{\beta}})}$$

則參數 $\beta_j, j = 0, 1, 2, \cdots, p$ 在梯度下降法中第 k 輪迭代公式為

$$\beta_j^{(k+1)} = \beta_j^{(k)} - \eta \sum_{i=1}^{N} \left\{ \pi(\widetilde{\boldsymbol{x}}_i, \widetilde{\boldsymbol{\beta}}^{(k)}) - y_i \right\} x_{ij}, \quad j = 0, 1, 2, \cdots, p$$

其中，η 為梯度下降法中的迭代步進值。

訓練邏輯迴歸模型的梯度下降演算法如下。

訓練邏輯回歸模型的梯度下降演算法

輸入：訓練資料集 $T = \{(\boldsymbol{x}_1, y_1), (\boldsymbol{x}_2, y_2), \cdots, (\boldsymbol{x}_N, y_N)\}$，其中 $\boldsymbol{x}_i \in \mathbb{R}^p$, $y_i \in \{0, 1\}$, $i = 1, 2, \cdots, N$；迭代步進值 η；精進 ε。

輸出：最優參數 $\widetilde{\boldsymbol{\beta}}^*$；最優邏輯回歸模型。

(1) 選定參數的初始值 $\widetilde{\boldsymbol{\beta}}^{(0)} = (\beta_0^{(0)}, \beta_1^{(0)}, \beta_2^{(0)}, \cdots, \beta_p^{(0)})^{\mathrm{T}} \in \mathbb{R}^{p+1}$，置 $k = 0$。

(2) 根據參數 $\widetilde{\boldsymbol{\beta}}^{(k)}$ 計算 $\pi(\widetilde{\boldsymbol{x}}_i, \widetilde{\boldsymbol{\beta}}^{(k)})$, $i = 1, 2, \cdots, N$。

(3) 更新參數

$$\widetilde{\boldsymbol{\beta}}^{(k+1)} = (\beta_0^{(k+1)}, \beta_1^{(k+1)}, \beta_2^{(k+1)}, \cdots, \beta_p^{(k+1)})^{\mathrm{T}}$$

其中

$$\beta_j^{(k+1)} = \beta_j^{(k)} - \eta \sum_{i=1}^{N} \left\{ \pi(\widetilde{\boldsymbol{x}}_i, \widetilde{\boldsymbol{\beta}}^{(k)}) - y_i \right\} x_{ij}, \quad j = 0, 1, 2, \cdots, p$$

(4) 如果 $\|\widetilde{\boldsymbol{\beta}}^{(k+1)} - \widetilde{\boldsymbol{\beta}}^{(k)}\|_2 \leqslant$，停止迭代，令 $\widetilde{\boldsymbol{\beta}}^* = \widetilde{\boldsymbol{\beta}}^{(k+1)}$，輸出最優參數；否則，令 $k = k + 1$，轉 (2) 繼續迭代，更新參數，直到滿足終止條件。

(5) 最優邏輯回歸模型為

$$P(Y = 1 | \boldsymbol{x}) = \frac{\exp(\widetilde{\boldsymbol{x}} \cdot \widetilde{\boldsymbol{\beta}}^*)}{1 + \exp(\widetilde{\boldsymbol{x}} \cdot \widetilde{\boldsymbol{\beta}}^*)} \text{ 和 } P(Y = 1 | \boldsymbol{x}) = \frac{1}{1 + \exp(\widetilde{\boldsymbol{x}} \cdot \widetilde{\boldsymbol{\beta}}^*)}$$

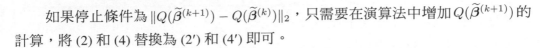

如果停止條件為 $\|Q(\widetilde{\boldsymbol{\beta}}^{(k+1)}) - Q(\widetilde{\boldsymbol{\beta}}^{(k)})\|_2$，只需要在演算法中增加 $Q(\widetilde{\boldsymbol{\beta}}^{(k+1)})$ 的計算，將 (2) 和 (4) 替換為 (2′) 和 (4′) 即可。

(2′) 根據參數 $\widetilde{\boldsymbol{\beta}}^{(k)}$ 計算 $Q(\widetilde{\boldsymbol{\beta}}^{(k+1)})$ 和 $\pi(\widetilde{\boldsymbol{x}}_i, \widetilde{\boldsymbol{\beta}}^{(k)})$, $i = 1, 2, \cdots, N$。

(4′) 如果 $\|Q(\widetilde{\boldsymbol{\beta}}^{(k+1)}) - Q(\widetilde{\boldsymbol{\beta}}^{(k)})\|_2 \leqslant \varepsilon$，停止迭代，令 $\widetilde{\boldsymbol{\beta}}^* = \widetilde{\boldsymbol{\beta}}^{(k+1)}$，輸出最佳參數；不然令 $k = k + 1$，轉 (2) 繼續迭代，更新參數，直到滿足終止條件。

在學習邏輯迴歸模型的梯度下降演算法中，步進值 η 為給定的，若希望每步迭代採用的都是最佳步進值，可應用最速下降演算法。

梯度向量還可以表示為

$$G(\widetilde{\boldsymbol{\beta}}) = \sum_{i=1}^{N} \left\{ \frac{\exp(\widetilde{\boldsymbol{x}}_i \cdot \widetilde{\boldsymbol{\beta}})}{1 + \exp(\widetilde{\boldsymbol{x}}_i \cdot \widetilde{\boldsymbol{\beta}})} - y_i \right\} \widetilde{\boldsymbol{x}}_i$$

迭代公式

$$\widetilde{\boldsymbol{\beta}}^{(k+1)} = \widetilde{\boldsymbol{\beta}}^{(k)} - \eta^{(k)} G(\widetilde{\boldsymbol{\beta}}^{(k)})$$

式中，$\eta^{(k)}$ 為第 k 輪迭代的最佳步進值。

學習邏輯迴歸模型的最速下降演算法如下。

學習邏輯回歸模型的最速下降演算法

輸入：訓練資料集 $T = \{(\boldsymbol{x}_1, y_1), (\boldsymbol{x}_2, y_2), \cdots, (\boldsymbol{x}_N, y_N)\}$ 其中 $\boldsymbol{x}_i \in \mathbb{R}^p$, $y_i \in \{0, 1\}$, $i = 1, 2, \cdots, N$；精度 ε。

輸出：最優參數 $\widetilde{\boldsymbol{\beta}}^*$；最優邏輯回歸模型。

(1) 選定參數的初始值 $\widetilde{\boldsymbol{\beta}}^{(0)} = (\beta_0^{(0)}, \beta_1^{(0)}, \beta_2^{(0)}, \cdots, \beta_p^{(0)})^{\mathrm{T}} \in \mathbb{R}^{p+1}$，置 $k = 0$。

(2) 計算目標函式 $Q(\widetilde{\boldsymbol{\beta}}^{(k)})$ 和梯度向量 $G(\widetilde{\boldsymbol{\beta}}^{(k)})$。

(3) 計算最優步

$$\eta^{(k)} = \arg\min_{\eta} Q(\widetilde{\boldsymbol{\beta}}^{(k)} - \eta G(\widetilde{\boldsymbol{\beta}}^{(k)}))$$

(4) 參數更新：

$$\widetilde{\boldsymbol{\beta}}^{(k+1)} = \widetilde{\boldsymbol{\beta}}^{(k)} - \eta^{(k)} G(\widetilde{\boldsymbol{\beta}}^{(k)})$$

(5) 如果 $\|Q(\widetilde{\boldsymbol{\beta}}^{(k+1)}) - Q(\widetilde{\boldsymbol{\beta}}^{(k)})\|_2 \leqslant \varepsilon$，停止迭代，令 $\widetilde{\boldsymbol{\beta}}^* = \widetilde{\boldsymbol{\beta}}^{(k+1)}$，輸出最優參數；否則，令 $k = k + 1$，轉步驟 (2) 繼續迭代，更新參數，直到滿足終止條件。

(6) 最優邏輯回歸模型

$$P(Y = 1 | \boldsymbol{x}) = \frac{\exp(\widetilde{\boldsymbol{x}} \cdot \widetilde{\boldsymbol{\beta}}^*)}{1 + \exp(\widetilde{\boldsymbol{x}} \cdot \widetilde{\boldsymbol{\beta}}^*)} \ \text{和} \ P(Y = 1 | \boldsymbol{x}) = \frac{1}{1 + \exp(\widetilde{\boldsymbol{x}} \cdot \widetilde{\boldsymbol{\beta}}^*)}$$

5.3.2 牛頓法

計算目標函式 $Q(\widetilde{\boldsymbol{\beta}})$ 的海森矩陣為

$$H(\widetilde{\boldsymbol{\beta}}) = \begin{pmatrix} \dfrac{\partial Q^2(\widetilde{\boldsymbol{\beta}})}{\partial^2 \beta_0} & \dfrac{\partial Q^2(\widetilde{\boldsymbol{\beta}})}{\partial \beta_0 \partial \beta_1} & \dfrac{\partial Q^2(\widetilde{\boldsymbol{\beta}})}{\partial \beta_0 \partial \beta_2} & \cdots & \dfrac{\partial Q^2(\widetilde{\boldsymbol{\beta}})}{\partial \beta_0 \partial \beta_p} \\ \dfrac{\partial Q^2(\widetilde{\boldsymbol{\beta}})}{\partial \beta_1 \partial \beta_0} & \dfrac{\partial Q^2(\widetilde{\boldsymbol{\beta}})}{\partial^2 \beta_1} & \dfrac{\partial Q^2(\widetilde{\boldsymbol{\beta}})}{\partial \beta_1 \partial \beta_2} & \cdots & \dfrac{\partial Q^2(\widetilde{\boldsymbol{\beta}})}{\partial \beta_1 \partial \beta_p} \\ \vdots & \vdots & \vdots & \ddots & \vdots \\ \dfrac{\partial Q^2(\widetilde{\boldsymbol{\beta}})}{\partial \beta_p \partial \beta_0} & \dfrac{\partial Q^2(\widetilde{\boldsymbol{\beta}})}{\partial \beta_p \partial \beta_1} & \dfrac{\partial Q^2(\widetilde{\boldsymbol{\beta}})}{\partial \beta_p \partial \beta_2} & \cdots & \dfrac{\partial Q^2(\widetilde{\boldsymbol{\beta}})}{\partial^2 \beta_p} \end{pmatrix}$$

式中

$$\frac{\partial^2 Q(\widetilde{\boldsymbol{\beta}})}{\partial\beta_j\partial\beta_l} = \sum_{i=1}^{N} \frac{\exp(\widetilde{\boldsymbol{x}}_i \cdot \widetilde{\boldsymbol{\beta}})}{[1 + \exp(\widetilde{\boldsymbol{x}}_i \cdot \widetilde{\boldsymbol{\beta}})]^2} x_{ij}x_{il}, \quad j, l = 0, 1, 2, \cdots, p$$

以向量形式表示海森矩陣：

$$H(\widetilde{\boldsymbol{\beta}}) = \sum_{i=1}^{N} \frac{\exp(\widetilde{\boldsymbol{x}}_i \cdot \widetilde{\boldsymbol{\beta}})}{[1 + \exp(\widetilde{\boldsymbol{x}}_i \cdot \widetilde{\boldsymbol{\beta}})]^2} \widetilde{\boldsymbol{x}}_i\widetilde{\boldsymbol{x}}_i^{\mathrm{T}}$$

迭代公式

$$\widetilde{\boldsymbol{\beta}}^{(k+1)} = \widetilde{\boldsymbol{\beta}}^{(k)} - H^{-1}(\widetilde{\boldsymbol{\beta}}^{(k)})G(\widetilde{\boldsymbol{\beta}}^{(k)})$$

學習邏輯迴歸模型的牛頓法演算法如下。

學習邏輯回歸模型的牛頓法演算法

輸入：訓練資料集 $T = \{(\boldsymbol{x}_1,y_1),(\boldsymbol{x}_2,y_2),\cdots,(\boldsymbol{x}_N,y_N)\}$，其中 $\boldsymbol{x}_i \in \mathbb{R}^p$, $y_i \in \{0,1\}$, $i = 1, 2, \cdots, N$；精度 ε。

輸出：最優參數 $\widetilde{\boldsymbol{\beta}}^*$；最優邏輯回歸模型。

(1) 選定參數的初始值 $\widetilde{\boldsymbol{\beta}}^{(0)} = (\beta_0^{(0)},\beta_1^{(0)},\beta_2^{(0)},\cdots,\beta_p^{(0)})^{\mathrm{T}} \in \mathbb{R}^{p+1}$，置 $k = 0$。

(2) 計算梯度向量 $G(\widetilde{\boldsymbol{\beta}}^{(k)})$ 和海森矩陣 $H(\widetilde{\boldsymbol{\beta}}^{(k)})$。

(3) 參數更新：

$$\widetilde{\boldsymbol{\beta}}^{(k+1)} = \widetilde{\boldsymbol{\beta}}^{(k)} - H^{-1}(\widetilde{\boldsymbol{\beta}}^{(k)})G(\widetilde{\boldsymbol{\beta}}^{(k)})$$

(4) 如果 $\|\widetilde{\boldsymbol{\beta}}^{(k+1)} - \widetilde{\boldsymbol{\beta}}^{(k)}\|_2 \leqslant \varepsilon$，停止迭代，令 $\widetilde{\boldsymbol{\beta}}^* = \widetilde{\boldsymbol{\beta}}^{(k+1)}$，輸出最優參數；否則，令 $k = k + 1$，轉步驟 (2) 繼續迭代，更新參數，直到滿足終止條件。

(5) 最優邏輯回歸模型為

$$P(Y = 1|\boldsymbol{x}) = \frac{\exp(\widetilde{\boldsymbol{x}} \cdot \widetilde{\boldsymbol{\beta}}^*)}{1 + \exp(\widetilde{\boldsymbol{x}} \cdot \widetilde{\boldsymbol{\beta}}^*)} \text{ 和 } P(Y = 1|\boldsymbol{x}) = \frac{1}{1 + \exp(\widetilde{\boldsymbol{x}} \cdot \widetilde{\boldsymbol{\beta}}^*)}$$

5.4 擴充部分

本章第 5.1 節介紹了邏輯迴歸。邏輯迴歸的本質為 Logistic 函式和廣義線性迴歸模型。接下來就從這兩方面對邏輯迴歸模型進行擴充。

5.4.1 擴充 1：多分類邏輯迴歸模型

之前的小節介紹的都是用邏輯迴歸解決二分類問題，類別的條件機率分佈 $P(Y|X = \boldsymbol{x})$ 為伯努利分佈，也稱這類邏輯迴歸為二項邏輯迴歸（Binary Logistic Regression）。假如是多分類問題，如何用邏輯迴歸處理呢？

若給定訓練資料集 $T = \{(\boldsymbol{x}_1, y_1), (\boldsymbol{x}_2, y_2), \cdots, (\boldsymbol{x}_N, y_N)\}$，其中 $\boldsymbol{x}_i = (x_{i1}, x_{i2}, \cdots, x_{ip})^{\mathrm{T}} \in \mathbb{R}^p$，$x_{ij}$ 表示第 i 個樣本中的實例在第 j 個屬性上的設定值；$y_i \in \mathcal{Y} = \{c_1, c_2, \cdots, c_K\}$，$i = 1, 2, \cdots, N$，$j = 1, 2, \cdots, p$；$T_\tau$ 表示屬於第 c_k 類的樣本集合，$\tau = 1, 2, \cdots, K$。

1. 基於二項邏輯迴歸處理多分類問題

先考慮不改變模型結構本身的情況，也就是仍然基於二項邏輯迴歸來處理。此時可以將多分類問題拆分為若干二分類的子問題。常用的拆分方式有兩種：一對一分類器和一對餘分類器。

1) 一對一分類器（OvO）

一對一分類器（One vs One，OvO），顧名思義，就是一個類別對應一個類別的分類器。如果採用一對一的拆分策略，表示將 K 個類別兩兩組成對，一共有 $\mathrm{C}_K^2 = K(K-1)/2$ 對，每次取一對類別的樣本去訓練一個分類器。對實例預測時，就是將 $K(K-1)/2$ 個分類器的結果綜合在一起，輸出結果。處理一個二分類問題的時間複雜度為 $O(Np^2)$，則一對一分類器的時間複雜度為 $O(Np^2K^2)$。

2) 一對餘分類器（OvR）

一對餘分類器（One vs Rest，OvR），顧名思義，就是一個類別對應剩餘類別的分類器，一共有 K 對組合。如果採用一對餘的拆分策略，表示先選擇一個類別的樣本標注為正類，比如將 T_τ 中的樣本標注為「+1」，然後將剩餘的所有類別的

樣本並在一起標注為負類，即將 $\{T_1, \cdots, T_{\tau-1}, T_{\tau+1}, \cdots, T_K\}$ 中的樣本標注為「-1」，之後根據正負類的樣本訓練分類器。對實例預測時，就是將 K 個分類器的結果綜合在一起，輸出結果。一對餘分類器的時間複雜度為 $O(Np^2K)$。

以 $K = 4$ 為例，一對一分類器和一對餘分類器的示意圖如圖 5.3 所示。

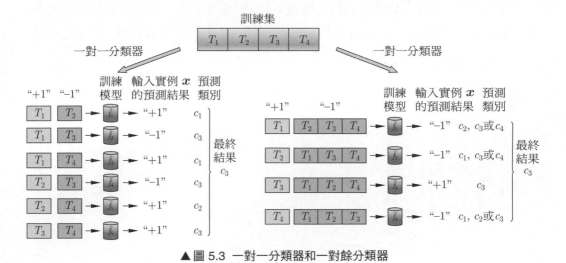

▲ 圖 5.3 一對一分類器和一對餘分類器

2. 擴展至多項邏輯迴歸處理多分類問題

如果將類別的條件機率分佈 $P(Y|X = x)$ 擴充至多類別的離散分佈，輸出空間 $\mathcal{Y} = \{c_1, c_2, \cdots, c_K\}$，稱這類邏輯迴歸為多項邏輯迴歸（Multi-nomial Logistic Regression）。多項邏輯迴歸仍然是一個廣義線性迴歸模型，與二項邏輯迴歸模型的不同之處，在於以 Softmax 函式替換 sigmoid 函式。

拆詞介意，Softmax 由 soft 和 max 兩部分組成。soft 詞義為「軟」，一般代表更加靈活，與 hard 的「硬」相對 [vi]，max 表示「最大值」。Softmax 函式也經常用在神經網路中作為啟動函式，形式為

---

vi　在本書第 9 章，支援向量機的演算法有硬間隔和軟間隔兩種，與此處的 hard 和 soft 含義類似。

$$\text{Softmax}(b_\tau) = \frac{e^{b_\tau}}{\displaystyle\sum_{l=1}^{K} e^{b_l}}, \quad \tau = 1, 2, \cdots, K$$

Softmax 函式透過指數變換，將 b_τ 映射到 $(0, 1)$ 區間，使得 $b_1, b_2, \cdots, b_K$ 中的最小值變換後趨於 0，最大值變換後趨於 1，放大 b_τ 的作用。舉例來說，有一組序列 $2, 3, 7, 4, 1$，其 Softmax 函式值和 Max 函式值，如圖 5.4 所示。

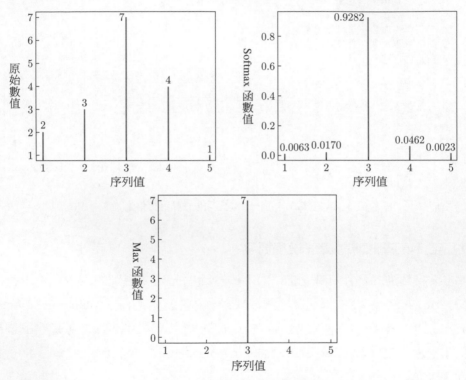

▲ 圖 5.4 Softmax 函式作用效果圖

可見，如果以 Max 函式（即取序列最大值）來判斷每個數值，則結果十分絕對，不是是最大值，就是不是。而 Softmax 函式較之 Max 函式顯得沒有那麼生硬，這也是稱其為 soft 的原因。

以 Softmax 函式的反函式作為廣義線性迴歸模型的連接函式，得到多項邏輯迴歸模型。如果在 x 處，擴展後的實例為 $\tilde{x}$，第 c_τ 類的參數為 $\tilde{\beta}_\tau$，則類別的條件機率為

$$P(Y|\boldsymbol{X}=\boldsymbol{x})=\begin{cases}\dfrac{\exp(\widetilde{\boldsymbol{x}}\cdot\widetilde{\boldsymbol{\beta}}_1)}{\displaystyle\sum_{\tau=1}^{K}\exp(\widetilde{\boldsymbol{x}}\cdot\widetilde{\boldsymbol{\beta}}_\tau)}, & Y=c_1\\[6mm] \dfrac{\exp(\widetilde{\boldsymbol{x}}\cdot\widetilde{\boldsymbol{\beta}}_2)}{\displaystyle\sum_{\tau=1}^{K}\exp(\widetilde{\boldsymbol{x}}\cdot\widetilde{\boldsymbol{\beta}}_\tau)}, & Y=c_2\\[6mm] \quad\quad\vdots\\[4mm] \dfrac{\exp(\widetilde{\boldsymbol{x}}\cdot\widetilde{\boldsymbol{\beta}}_K)}{\displaystyle\sum_{\tau=1}^{K}\exp(\widetilde{\boldsymbol{x}}\cdot\widetilde{\boldsymbol{\beta}}_\tau)}, & Y=c_K\end{cases}$$

從根本上來說，二項邏輯迴歸與多項邏輯迴歸在本質上是一致的，二項邏輯迴歸可被視為多項邏輯迴歸的特殊情況。

5.4.2 擴充 2：非線性邏輯迴歸模型

非線性邏輯迴歸模型範例見圖 5.5。

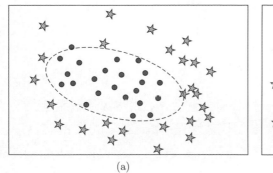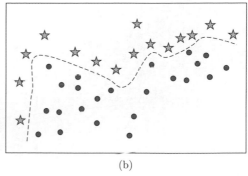

(a)　　　　　　　　　　　　　　　　(b)

▲ 圖 5.5 非線性邏輯迴歸範例

如果是非線性的分類情況，以二分類問題為例，如圖 5.5 所示，圖中的虛線就是決策邊界，很明顯兩類樣本無法透過直線分離。如果仍然採用廣義線性迴歸模型的結構很難取得一個較好的效果，甚至會出現欠擬合的線性，這時候可以考

慮用廣義非線性迴歸模型。也就是說，輸出 Y 的條件機率 $p = P(Y|\boldsymbol{x})$ 經連接函式 $\mathcal{G}(p)$ 後得到的是實例 $\boldsymbol{x} = (x_1, x_2, \cdots, x_p)^{\mathrm{T}}$ 的非線性函式，即

$$\mathcal{G}(p) = f(\boldsymbol{x}, \boldsymbol{\beta})$$

其中，$f(\boldsymbol{x}; \boldsymbol{\beta})$ 表示參數為 $\boldsymbol{\beta}$ 的非線性函式。參數向量 $\boldsymbol{\beta}$ 的維度由擬合決策邊界的函式包含的參數個數決定。對於圖 5.5(a)，可以考慮橢圓函式擬合，參數包括中心點座標，橢圓長短軸的長度，共 4 個參數，則 $\boldsymbol{\beta} \in \mathbb{R}^4$；對於圖 5.5(b)，可以考慮多項式函式擬合，參數維度由最小損失對應的模型函式決定。

另外，如果無法確定擬合決策邊界的函式，還可以嘗試非參數迴歸，比如樣條迴歸，核心函式迴歸等。本書第 9 章還將詳細介紹非線性支援向量機方法，透過引入核心函式，將非線性分類問題轉化為線性問題，然後借助線性分類器解決。

總的來說，非線性邏輯迴歸的基本流程包含以下 4 步：

(1) 根據經驗確定擬合的函式形式。

(2) 確定損失函式形式。

(3) 根據損失最小化思想或機率最大化思想，訓練模型。

(4) 根據透過訓練得到的模型做出預測。

5.5 案例分析——離職資料集

2020 年初，新冠疫情席捲全球，一些公司甚至世界名企也瀕臨破產危機。儘管公司渴求人才，但公司裁員、職工辭職等現象屢見不鮮。本節分析的案例是某公司員工的離職資料集，具體的資料集可在 http://www.kaggle.com/datasets/jiangzuo/hr-comma-sep 下載。該資料集一共有 14999 筆記錄，包含未離職和已離職的兩個類別的員工，屬性變數有 9 個。資料集中的具體變數如下：

- left：是否已經離職（0：未離職；1：已離職）。

- satisfaction_level：對公司的滿意度。

- last_evaluation：對績效的評估。

- number_project：共參加的專案個數。

- average_montly_hours：每月平均工作時長。

- time_spend_company：工作年限。

- Work_accident：是否發生過工作事故（0：未發生；1：已發生）。

- promotion_last_5years：5 年內是否升職（0：未升職；1：已升職）。

- sales：工作職位（accounting：會計職務；hr：人力崗；IT：網際網路技術職務；management：管理職務；marketing：市場職務；product_mng：產品職務；RandD：研發職務；sales：銷售職務；support：協助職務；technical：技術職務）。

- salary：薪資水準（low：低；medium：中；high：高）。

資料集不存在遺漏值的情況。屬性特徵中，工作職位和薪資水準儲存為 Object 物件變數，且為離散變數，需將其數字化。特別地，薪資水準為順序變數，需要將其按類別順序賦值。需要說明的是，sklearn 程式庫中的函式「LogisticRegression」預設訓練以參數 L_2 範數為正規項的邏輯迴歸模型。正規化將帶來參數的有偏估計，尤其在量綱不同的情況，正規化會帶來更大的偏差，導致最佳化演算法無法執行或擬合效果差。因此，本案例分析中將對資料標準化處理後再訓練模型。

```
1  # 匯入相關模組
2  import pandas as pd
3  from sklearn.linear_model import LogisticRegression
4  from sklearn.metrics import accuracy_score
5  from sklearn.model_selection import train_test_split
6  from sklearn.preprocessing import LabelEncoder
7  from sklearn.preprocessing import StandardScaler
8
9  # 設置隨機數種子
10 random.seed(2022)
11
12 # 讀取離職資料集
13 dimission = pd.read_csv("HR_comma_sep.csv")
14
15 # 將順序變數數值化
16 dimission["salary"] = dimission["salary"].map({"low":0, "medium":1, "high":2})
17 dimission["salary"] .unique()
18
19 # 將物件變數資料化
20 labelencoder=LabelEncoder()
21 dimission["sales"] = labelencoder.fit_transform(dimission["sales"])
```

```
22
23 # 提取屬性變數與分類變數
24 X = dimission.drop("left",axis=1)
25 y = dimission["left"]
26
27 # 劃分訓練集與測試集，集合容量比例為 8:2
28 X_train, X_test, y_train, y_test = train_test_split(X, y, train_size = 0.8)
29
30 # 對資料標準化處理
31 standard = StandardScaler()
32 X_train_st = standard.fit_transform(X_train)
33 X_test_st = standard.fit_transform(X_test)
34
35 # 建立邏輯回歸分類器
36 LR = LogisticRegression( )
37 # 訓練模型
38 LR_fit = LR.fit(X_train_st, y_train)
39
40 # 模型準確率
41 pred = LR_fit.predict(X_test_st)
42 accuracy = accuracy_score(pred, y_test)
43 print("Accuracy of LR:  %.2f" % accuracy)
```

輸出分類準確率如下：

```
1 The Accuracy of LR: 0.78
```

5.6 本章小結

1. 邏輯迴歸模型通常用以處理二分類問題，其核心思想在於將原本線性迴歸所
    得值透過邏輯函式映射到機率空間，然後將線性迴歸模型轉為一個分類模型。
    簡單來講，邏輯迴歸的結構由迴歸模型與邏輯函式決定。

2. 邏輯迴歸模型：

    設輸入變數 X 包含 p 個屬性變數 $X_1, X_2, \cdots, X_p$，$Y \in \{0, 1\}$ 為輸出變數。如果
    實例 $\boldsymbol{x} = (x_1, x_2, \cdots, x_p)^{\mathrm{T}}$，$x_j$ 表示實例第 j 個屬性的具體設定值，$j = 1, 2, \cdots, p$，
    則以下條件的機率分佈被稱為邏輯迴歸模型：

$$P(Y = 1|\boldsymbol{x}) = \frac{\exp(\beta_0 + \boldsymbol{x} \cdot \boldsymbol{\beta})}{1 + \exp(\beta_0 + \boldsymbol{x} \cdot \boldsymbol{\beta})} \text{ 和 } P(Y = 1|\boldsymbol{x}) = \frac{1}{1 + \exp(\beta_0 + \boldsymbol{x} \cdot \boldsymbol{\beta})}$$

式中，β_0 和 $\beta = (\beta_1, \beta_2, \cdots, \beta_p)^{\mathrm{T}}$ 為模型參數，$x \cdot \beta$ 表示向量 x 和 β 的內積。

3. 對於多元分類問題，既可以用多個二項邏輯迴歸模型來處理，也可以用多元邏輯迴歸模型。多元邏輯迴歸模型與普通邏輯迴歸模型的區別，在於以 Softmax 函式替換 Sigmoid 函式。

4. 如果是非線性的分類情況，可以考慮用廣義非線性邏輯迴歸模型：

$$\mathcal{G}(p) = f(x, \beta)$$

式中，$f(x; \beta)$ 表示參數為 β 的非線性函式。參數向量 β 的維度由擬合決策邊界的函式包含的參數個數決定。

5.7 習題

5.1 請寫出邏輯迴歸模型的 3 種演算法：批次梯度下降法、隨機梯度下降法和小量梯度下降法。

5.2 如果為邏輯迴歸模型增加上類似套索迴歸的正規化項，請寫出要學習的極大似然問題。

5.3 請用邏輯迴歸模型分析鳶尾花資料集，並與 K 近鄰法的結果進行比較。

5.8 閱讀時間：牛頓法是牛頓提出的嗎

是什麼魔法，使你這世界珍寶，落到了我纖細手臂的懷抱裡？

——泰戈爾《新月集》

在本節閱讀時間，我們將一起循著歷史的腳步，追溯牛頓法的起源。

請先跟我回到 3500 年前，身為四大文明古國之一的古巴比倫。巴比倫由阿卡德語 Babilli 音譯而來，表示「上帝之門」。據歷史記載，古巴比倫有著當時蘇美爾人創造的先進文明，建造有世界七大奇蹟之一的空中花園，古希臘數學家畢達哥拉斯也曾赴巴比倫學習音樂與數學。在畢達哥拉斯弟子希伯索斯提出無理數之後，很多人想辦法求解平方根。有一名古巴比倫人提出一個巧妙的方法。

假如現在要對 $A = 2$ 求平方根，怎麼辦？

(1) 取 $\sqrt{A}$ 附近的點 a_0 和 b_0，滿足 $a_0^2 < A < b_0^2$，不妨取 $a_0 = 1$，$b_0 = 2$。

(2) 用 A 除以較小的數 a_0，得到 $c_0 = A/a_0 = 2$，取 a_0 和 c_0 的平均數 $(1 + 2)/2 = 1.5$。很明顯，與 b_0 相比，1.5 距離 $\sqrt{2}$ 更近，且 $1^2 < A < 1.5^2$，記 $a_1 = 1, b_1 = 1.5$。

(3) 用 A 除以較大的數 b_1，近似得到 $c_1 = A/b_1 = 1.33$，取 b_1 和 c_1 的平均數 $(1.50 + 1.33)/2 = 1.415$。很明顯，與 a_1 相比，1.415 距離 $\sqrt{2}$ 更近，且 $1.415^2 < A < 1.5^2$，記 $a_2 = 1.415, b_2 = 1.5$。

(4) 重複上述步驟，$\sqrt{A}$ 附近的點會越來越接近真值 $\sqrt{A}$。

看得出來，這就是牛頓法的雛形。但是這個時期，只是身為無名氏提出的無名方法而存在。

接下來，讓我們快進到牛頓時期。牛頓曾經在他的一本名為《分析論》的書中，改進了韋達求方程式根的方法，其中的韋達定理常用來求解一元二次方程的根。牛頓需要解決的問題更複雜一些，是多項式方程式的根。不過，他巧妙地利用了微積分的原理。也就是說，如果一個值非常小，那麼這個值的高次方就非常小。於是，牛頓得到一個更加精確的對多項式方程式求根的方法，然後記錄在我們剛才提到的《分析論》中。

後來，牛頓再一次求方程式的根，不過這次他求得的是天文學中的非常有名的超越方程式，也就是有關軌道偏近點角 E 的開普勒方程式，E 就是要求解的物件：

$$M = E - e \sin E$$

式中，M 為軌道的平近點角；e 為軌道的離心率；E 為軌道偏近點角，即求解的物件。對此，牛頓先將正弦函式用級數展開，近似表達為一個多項式方程式。這樣，牛頓就將解超越方程式的問題轉化為一個曾經解決的問題。這一部分，被牛頓寫入了《自然哲學數學原理》一書。不過，雖然牛頓利用的是導數的概念、迭代的思想，但他並沒有將這種方法抽象概括。

如今，人們所熟知的牛頓法迭代公式，真正的提出者是英國著名數學家辛普森。值得說明的是，辛普森當初提出來的迭代公式，除古今符號差異外（當時導

數還處於叫「流數」的年代），基本上與我們現在所用牛頓法的迭代公式一模一樣。

後來，英國數學家傅立葉採用符號大師萊布尼茲所創立的導數符號，重新表達了迭代公式，得到

$$x^{(k+1)} = x^{(k)} - \frac{f(x^{(k)})}{f'(x^{(k)})}$$

式中，$x^{(k)}$ 代表第 k 次迭代點。

作為牛頓的超級粉絲，傅立葉將這個方法命名為牛頓法，這就是牛頓法的來歷。可見，牛頓法既不是牛頓發明的，也不是牛頓提出的，這只是個美麗的誤會。有意思的是，這種誤會在數學界十分常見。許多概念雖然以人名命名的，但這個名字卻不是他的發明者的。這是英國一位科學史學家史蒂芬・施蒂格勒（Stephen Stigler）發現的，稱為施蒂格勒誤稱定律。有趣的是，這個誤稱定律恰恰以發現者的名字命名。

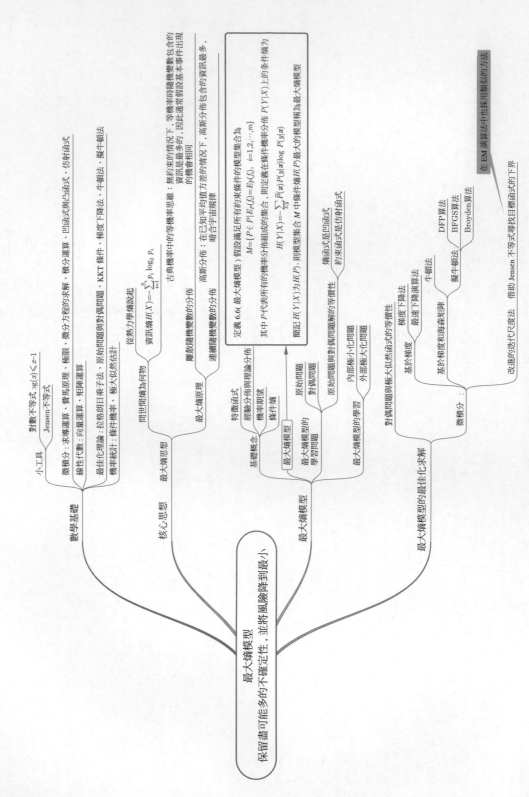

第 6 章 最大熵模型思維導圖

第 6 章
最大熵模型

生命以負熵為食。

——薛丁格

　　類似於邏輯迴歸模型，最大熵模型也是一種機率模型，即透過對類別條件機率的學習，對實例的類別做出預測。最大熵模型借助最大熵思想，保留盡可能多的不確定性，並將風險降到最小。可以說，最大熵模型是將訊號學、統計學和電腦完美結合的一種機器學習模型，主要應用於自然語言處理和金融等領域。如今，最大熵模型的潛力越來越被研究者注意到，也逐漸出現於目標檢索、自動駕駛、考古學等領域。本章首先介紹熵的含義，並引出最大熵原理，之後舉出最大熵模型的學習問題，接著從不同的角度出發介紹用以訓練最大熵模型的最速下降法、擬牛頓法和改進的迭代尺度法。

6.1 問世間熵為何物

6.1.1 熱力學熵

　　最初的熵（Entropy）由克勞修斯創造，起源於熱力學，表示能量的轉換。據傳，1923 年，德國物理學家普朗克赴中國南京東南大學講學，報告《熱力學第二定律及熵之觀念》等，由著名物理學家胡剛復擔任翻譯。因為 Entropy 的運算式為一個恰當微分，是商的形式，又來自於熱力學，所以增加一個火字旁，就創造出「熵」這個中文字。可見，熵與能量是息息相關的。

　　熵度量系統內在的混亂程度，也可以視為從微觀態的角度研究巨觀態。這裡的巨觀態指的是系統，而微觀態則是這個系統的內部組成。需要注意的是，無論是微觀態還是巨觀態，都是相對而言的，需要根據具體的研究物件而判斷。

　　舉個例子，如果要研究生物系統，那麼生物界就是相應的巨觀態，微觀態可以是生物界的六大類：植物界、動物界、原生生物界、原核心生物界、真菌界和非胞生物界（病毒）。雖然植物界屬於生物界中的一大類，但如果研究的是植物系統，植物界搖身一變就成了巨觀態，那麼植物界中所包含的藻類、地衣、苔蘚、蕨類和種子植物則是相應的微觀態。

　　如何透過微觀態研究巨觀態的混亂程度呢？玻爾茲曼提出一個方法，假設巨觀態可以由一定數量的微觀態組成，而且每個微觀態是等機率出現的，可以將熵與系統巨觀態所包含的微觀態的數量建構一個簡單關係式：

$$S = k_B \log W \tag{6.1}$$

　　式中，$\log$ 表示對數；$k_B = 1.3807 \times 10^{-23}$ J/K 是玻爾茲曼常數；W 則為系統巨觀狀態中所包含的微觀狀態總數。微觀態越多，熵越大，系統越混亂；微觀態越少，熵越小，系統越確定。這有點類似於古典機率的思想，都是透過定義基本單元進行度量。古典機率以基本事件來定義機率，熵則利用微觀態來定義巨觀態的混亂程度。

　　隨著季節由夏轉秋，樹葉中的葉綠素因溫度下降而漸漸分解，葉綠素越來越少，漸漸地綠葉就變成了黃葉、紅葉等。獨特的楓葉因為貯存的糖分會被分解成花青素，就以火紅色呈現出來。如果像製作標本，秋天正是收集楓葉的好時機，綠色、黃色、紅色等，漂亮極了。假定現在有個系統包含 4 片楓葉，為簡單起見，楓葉顏色只考慮紅色和綠色兩種選擇，其他特徵都相同，此時系統有 4 種巨觀態。如果將每 4 片楓葉的排列組合視作一個微觀態，可得到每個系統的微觀態，如圖 6.1 所示。那麼，這個系統處在哪種巨觀態最混亂？

　　顯然，當楓葉組合滿足 2 紅 2 綠時，系統最混亂，根據式 (6.1)，該系統的熵為

$$S = k_B \log 6$$

　　但是，假如每個顏色的楓葉都有 2 種形狀，那麼 2 紅 2 綠這個系統所包含的 6 個微觀態還額外伴隨 4 個等機率的微觀態組成 $S_{微觀} = k_B \log 2^2$。如果視不同形狀不同顏色的楓葉為一個新的微觀態，系統含有 $6 \times 2^2 = 24$ 個態，因此總的熵為 $S_{總} =$

$k_\mathrm{B} \log 24$，可以分解為

$$S_{總} = S + S_{微觀} \tag{6.2}$$

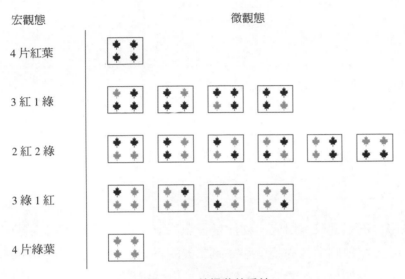

宏觀態　　　　　　　　　　　　　　微觀態

4 片紅葉

3 紅 1 綠

2 紅 2 綠

3 綠 1 紅

4 片綠葉

▲圖 6.1 4 片楓葉的系統

　　實際上，不是每個微觀態都是等機率出現的，而且微觀態的細節難以直接測量。因此，類似於上面的例子，可以視每個微觀態為新的巨觀態，假如共有 K 個新巨觀態，第 i 個新巨觀態中包含 n_i 個微觀態，整個系統中所有新巨觀態中微觀態的總和為 N，則有

$$\sum_{i=1}^{K} n_i = N \tag{6.3}$$

　　於是，第 i 個新巨觀態在整個系統中的機率為 $p_i = \dfrac{n_i}{N}$，根據式 (6.3)，$\sum_{i=1}^{K} p_i = 1$。顯而易見，雖然不能直接測量整個系統，但總熵為 $S_{總} = k_\mathrm{B} \log N$，又已知每個新巨觀態的熵，則根據式 (6.2)，有

$$S = S_{總} - S_{微觀} = k_\mathrm{B} \log N - k_\mathrm{B} \sum_{i=1}^{K} p_i \log n_i$$

於是，得到熵的吉布斯表示式（Gibbs's Expression for the Entropy）

$$S = -k_{\mathrm{B}} \sum_{i=1}^{K} p_i \log p_i \tag{6.4}$$

6.1.2 資訊熵

> **馮・諾依曼向香農建議他的新函式名稱**
>
> 你應該把它稱作熵，有兩個原因：
>
> 第一，你的不確定函式已經被用在統計力學中，而且用了熵這個名字。
>
> 第二，更重要的是，沒有人真正知道什麼是熵，所以在爭論中你總是有優勢。

資訊學裡的資訊熵，研究的物件是資訊系統。資訊用以消除隨機不確定性。比如，許多人夜裡爬山為的就是欣賞第二天的日出。但是，能不能看到日出，其實是不確定的，如果第二天清晨晴空萬里，自然沒問題，若陰天下雨，就只能留下遺憾，等待下一次。此時，如果沒有任何額外的資訊，那麼能否看到日出的可能各佔 50%。古有諺語「月暈而雨，月潤而晴」。如果爬山的當夜，繁星滿空，相當於獲得了一筆資訊，從而消除一部分不確定性，第二天能看到日出的可能就會增大到 70%。

日常中，大家常常會聽到資訊量大這個說法，比如某篇文章資訊量很大，這代表所獲取的資料可以在很大程度上消除讀者對某事的不確定性。如果對於消除不確定性起不到太大作用，則認為資訊量小。在巨量資料時代，資料就是資訊的載體，這裡的資料不只是數字，也包括聲音、影像、文字等。資料就是資訊（消除不確定性的資料）與雜訊（對某事的確定性造成干擾的資料）的混合體。我們希望透過一個量化指標來比較資料中資訊量的多少，這就是資訊理論之父香農定義的資訊熵。因為 k_{B} 為常數，在資訊熵中直接取為常數 1，根據熵的吉布斯表示式 (6.4) 即可得資訊熵的定義。

定義 6.1（資訊熵）若離散型隨機變數 X 的機率分佈為

$$P(X = a_i) = p_i, \quad i = 1, 2, \cdots, n$$

則隨機變數 X 的熵 $H(X)$ 定義為

$$H(X) = -\sum_{i=1}^{n} p_i \log_2 p_i \tag{6.5}$$

資訊熵最初提出來的時候就是以離散求和的形式出現的。有時，也將 X 的資訊熵記作 $H(p)$，p 表示機率。因為電腦採用的是二進位，所以一般資訊熵中對數 log 所採用的底為 2，此時資訊熵的單位為位元（bit）。比如，拋擲一枚均勻硬幣這一事件的資訊熵就是 1 位元。若 $p_i \to 0$，則 $p_i \log_2 p_i \to 0$，通常約定 $0 \log_2 0 = 0$，因為增加一個零機率的項不會帶來任何資訊。

當對數的底取自然對數 e 時，資訊熵的單位為納特（nat），這種表示方法常用在理論推導中；當對數的底取 10 時，資訊熵的單位為哈特（hart）。若要從一種底變換為另一種，只需要乘以一個合適的常數即可。如無特殊說明，本書公式中的 log 表示對數，對數的底可根據實際變數情況決定。後續將簡稱「資訊熵」為「熵」，並略去熵的單位。一般計算離散隨機變數的熵時選取 2 為對數的底，計算連續隨機變數的熵時選取 e 為對數的底。關於連續隨機變數的熵，本書在第 6.2.2 節進行詳細介紹。

需要說明的是，當表示變數的不確定性時，熵不同於方差，它不依賴於變數 X 的實際設定值，僅由 X 所服從的機率分佈確定，描述隨機變數平均意義上承載的資訊量。

例 6.1 假如某場馬賽中有 6 匹馬比賽，已知 6 匹馬的獲勝機率分佈為

$$\left(\frac{1}{2}, \frac{1}{4}, \frac{1}{8}, \frac{1}{16}, \frac{1}{32}, \frac{1}{32} \right)$$

請計算該場馬賽的熵。

解 該場馬賽的熵為

$$H(X) = -\frac{1}{2}\log_2\frac{1}{2} - \frac{1}{4}\log_2\frac{1}{4} - \frac{1}{8}\log_2\frac{1}{8} - \frac{1}{16}\log_2\frac{1}{16} - 2\frac{1}{32}\log_2\frac{1}{32} = 1.9375$$

總而言之，計算資訊熵時最關鍵的就是鎖定分佈。

6.2 最大熵思想

既然資訊熵用以表示資訊量的大小，人們自然希望找到包含資訊量最大的模型。從不確定性的角度來理解，模型以機率分佈的形式呈現。

6.2.1 離散隨機變數的分佈

例 6.2 假定 X 服從伯努利分佈

$$P(X) = \begin{cases} p, & X = 1 \\ 1-p, & X = 0 \end{cases}$$

於是 X 的熵為

$$H(p) = -p \log_2 p - (1-p) \log_2 (1-p)$$

請問：p 取何值時，隨機變數的資訊熵最大？

解 簡化為數學問題，例 6.2 就是希望找到使得 $H(p)$ 達到最大的 p，即

$$\arg \max_p H(p) = -p \log_2 p - (1-p) \log_2 (1-p)$$

函式 $H(p)$ 的圖形如圖 6.2 所示，說明熵是分佈的凹函式，且存在極值點。根據費馬原理，對 $H(p)$ 求導令其為零：

$$\frac{\mathrm{d}H(p)}{\mathrm{d}p} = -\log_2 p - \frac{p}{p \ln 2} + \log_2 (1-p) + \frac{1-p}{(1-p) \log_2 2} = 0$$

即

$$\log_2 (1-p) - \log_2 p = 0 \Longrightarrow p = \frac{1}{2}$$

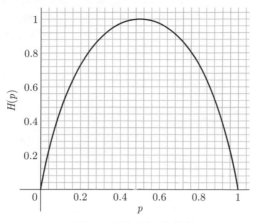

▲ 圖 6.2 伯努利分佈的熵

從圖 6.2 中可以看出，當 $p = 0$ 或 $p = 1$ 時，對應必然事件，變數不再是隨機的，而是確定的，此時 $H(p) = 0$。在 $p = 1/2$ 時，變數的不確定性達到最大，此時熵取得最大值。

例 6.3 如果隨機變數 X 有 n 個設定值，分別是 $a_1, a_2, \cdots, a_n$，其相應的機率是 $p_1, p_2, \cdots, p_n$，請問：機率取何值時，隨機變數 X 的熵最大？

解 例 6.3 中的問題等值於

$$\arg \max_{p_i} H(X) = -\sum_{i=1}^{n} p_i \log_2 p_i \tag{6.6}$$

同時，根據機率的定義[i]，p_i 需要滿足基本條件：

$$\sum_{i=1}^{n} p_i = 1 \tag{6.7}$$

若想在滿足約束式 (6.7) 的情況下求解式 (6.6)，可透過拉格朗日乘子法將有約束問題轉化為無約束問題[ii]，新的目標函式為

---

i 詳情參見小冊子 3.2 節。

ii 詳情參見小冊子 4.5.1 節。

$$Q(p_1, p_2, \cdots, p_n) = -\sum_{i=1}^{n} p_i \log_2 p_i + \lambda \left(\sum_{i=1}^{n} p_i - 1 \right) \qquad (6.8)$$

利用費馬原理，可以透過對每個 p_i 求偏導，令其為零，尋找極值點，即

$$\frac{\partial Q}{\partial p_i} = -(\log_2 p_i + 1) + \lambda = 0, \quad i = 1, 2, \cdots, n$$

得到 $p_i = 2^{\lambda-1}$。因 p_i 滿足式 (6.7)，則

$$\sum_{i=1}^{K} p_i = n \cdot 2^{\lambda-1} = 1 \Longrightarrow p_i = 2^{\lambda-1} = \frac{1}{n}$$

這說明當隨機變數的設定值為等機率分佈 $\frac{1}{n}$ 時，相應的資訊熵最大，即

$$\max H(X) = -n \cdot \frac{1}{n} \log_2 \frac{1}{n} = \log_2 \left(\frac{1}{n} \right)^{-1} = \log_2 n$$

這從熵的角度解釋了古典機率中的等機率思維，即在無約束的情況下，等機率時隨機變數包含的資訊是最多的。因此，通常假設基本事件出現的機會相同。

童謠《賣湯圓》

　　賣湯圓，賣湯圓，

　　小二哥的湯圓是圓又圓，

　　一碗湯圓滿又滿，三毛錢呀買一碗。

　　湯圓湯圓賣湯圓，湯圓一樣可以當茶飯。

例 6.4　元宵佳節吃湯圓。假如現在有一碗湯圓，包含醇香黑芝麻、香甜花生、綿軟豆沙、香芋紫薯和蛋黃流沙 5 種口味，隨機變數 X 為隨機舀到的湯圓。請根據最大熵思想，估計每種口味的湯圓被舀到的機率。

解　為簡單起見，分別用字母 A, B, C, D, E 表示 5 種口味：醇香黑芝麻、香甜花生、綿軟豆沙、香芋紫薯和蛋黃流沙。每種口味的湯圓被舀到的機率分別是 $p_1 = P(A), p_2 = P(B), p_3 = P(C), p_4 = P(D), p_5 = P(E)$。若無任何其他條件，根據例 6.3，在等機率的時候取得資訊熵的最大值 $p_i = 1/5$，$i = 1, 2, 3, 4, 5$。

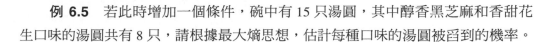

例 6.5 若此時增加一個條件，碗中有 15 只湯圓，其中醇香黑芝麻和香甜花生口味的湯圓共有 8 只，請根據最大熵思想，估計每種口味的湯圓被舀到的機率。

解 隨機變數 X 的分佈需滿足機率的常規約束

$$\sum_{i=1}^{5} p_i = 1 \tag{6.9}$$

因為醇香黑芝麻和香甜花生口味的湯圓共有 8 只，還需滿足約束

$$p_1 + p_2 = \frac{8}{15} \tag{6.10}$$

根據式 (6.9) 可將式 (6.10) 拆分為兩部分，

$$\begin{cases} p_1 + p_2 = \dfrac{8}{15} \\ p_3 + p_4 + p_5 = \dfrac{7}{15} \end{cases}$$

根據最大熵思維，在每部分裡面都是等機率的時候取得資訊熵的最大值，表示

$$p_1 = p_2 = \frac{4}{15}, \quad p_3 = p_4 = p_5 = \frac{7}{30}$$

例 6.6 如果關於那碗湯圓又得到一個資訊，醇香黑芝麻和綿軟豆沙口味的湯圓一共有 6 只，請根據最大熵思想，估計每種口味的湯圓被舀到的機率。

解 在例 6.5 中，除常規約束式 (6.9) 之外，還有兩個約束條件

$$\begin{cases} p_1 + p_2 = \dfrac{8}{15} \\ p_1 + p_3 = \dfrac{6}{15} \end{cases}$$

將所有的 p_i 用 p_1 表示：

$$p_2 = \frac{8}{15} - p_1$$

$$p_3 = \frac{6}{15} - p_1$$

$$p_4 + p_5 = \frac{1}{15} + p_1$$

要保證拆分之後每一小部分都是等機率的，需滿足

$$p_4 = p_5 = \frac{1}{30} + \frac{1}{2}p_1$$

因此，X 的資訊熵僅用 p_1 表示即可：

$$H(p_1) = -p_1 \log_2 p_1 - \left(\frac{8}{15} - p_1\right) \log_2 \left(\frac{8}{15} - p_1\right) - \left(\frac{6}{15} - p_1\right) \log_2 \left(\frac{6}{15} - p_1\right)$$

$$- 2\left(\frac{1}{30} + \frac{1}{2}p_1\right) \log_2 \left(\frac{1}{30} + \frac{1}{2}p_1\right)$$

對 p_1 求導，令其為零，

$$\frac{\mathrm{d}H(p_1)}{\mathrm{d}p_1} = -1 - \log_2 p_1 + 1 + \log_2 \left(\frac{8}{15} - p_1\right) + 1 + \log_2 \left(\frac{6}{15} - p_1\right)$$

$$- 2\left[\frac{1}{2} + \frac{1}{2}\log_2 \left(\frac{1}{30} + \frac{1}{2}p_1\right)\right]$$

$$= 0$$

整理可得一元二次方程

$$\frac{1}{2}p_1^2 - \frac{29}{30}p_1 + \frac{16}{75} = 0$$

函式 $H(p_1)$ 的圖形如圖 6.3 所示，在 A 點，即當 $p_1 = 0.2541$ 時資訊熵最大。每種口味被舀到的機率分別為 $0.2541, 0.2792, 0.1459, 0.1604, 0.1604$。

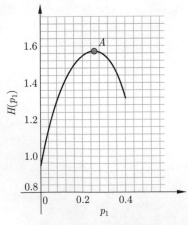

▲ 圖 6.3 例 6.6 中的資訊熵

6.2.2 連續隨機變數的分佈

由資訊熵定義式 (6.5) 可明顯看出，隨機變數 X 是離散的。但是隨機變數還有連續型的，該如何計算資訊熵呢？

在極大似然法中，對於離散的分佈，以聯合機率作為似然函式，對於連續的分佈，以聯合機率密度作為似然函式。那麼，在資訊熵中也可以仿照這個規律，對於離散的隨機變數，根據機率計算熵；對於連續的隨機變數，根據機率密度計算熵。

定義 6.2（連續熵） 若連續型隨機變數 X 的機率密度函式為 $p(x)$，則隨機變數 X 的熵 $H(X)$ 定義為

$$H(X) = -\int_{-\infty}^{\infty} p(x) \ln p(x) \mathrm{d}x$$

隨機變數為連續時，通常在計算資訊熵時採用以自然對數 e 為底的對數。

例 6.7 已知在整個實數軸上設定值的連續隨機變數 X 的平均值為 μ，方差為 σ^2，請根據最大熵思想，求出隨機變數 X 的機率密度函式 $p(x)$。

解 根據最大熵思想，得到一個有約束的最佳化問題：

$$\max_{p(x)} \quad H(X) = -\int_{-\infty}^{\infty} p(x) \ln p(x) \mathrm{d}x$$

$$\mathrm{s.t.} \quad \int_{-\infty}^{\infty} p(x)\mathrm{d}x = 1 \ （常規約束）$$

$$\int_{-\infty}^{\infty} xp(x)\mathrm{d}x = \mu \ （平均值約束）$$

$$\int_{-\infty}^{\infty} (x-\mu)^2 p(x)\mathrm{d}x = \sigma^2 \ （方差約束）$$

引入拉格朗日乘子，得到一個新的目標函式：

$$Q(p(x), \lambda_1, \lambda_2, \lambda_3) = -\int_{+\infty}^{\infty} p(x) \ln p(x)\mathrm{d}x + \lambda_1 \left(\int_{+\infty}^{\infty} p(x)\mathrm{d}x - 1 \right)$$
$$+ \lambda_2 \left(\int_{+\infty}^{\infty} xp(x)\mathrm{d}x - \mu \right) + \lambda_3 \left(\int_{+\infty}^{\infty} (x-\mu)^2 p(x)\mathrm{d}x - \sigma^2 \right)$$

根據費馬原理，借助泛函求偏導，令導函式為 0：

$$\frac{\partial Q}{\partial p(x)} = -[\ln p(x) + 1] + \lambda_1 + \lambda_2 x + \lambda_3 (x - \mu)^2 = 0$$

以指數來表示 $p(x)$：

$$p(x) = e^{\lambda_1 - 1 + \lambda_2 x + \lambda_3 (x - \mu)^2}$$

保留和 x 以及拉格朗日乘子 $\lambda_1, \lambda_2, \lambda_3$ 有關的值，其餘的用常數 C 表示，整理可得

$$p(x) = C \cdot e^{\lambda_3 \left[x^2 + \left(\frac{\lambda_2}{\lambda_3} - 2\mu \right) x + \mu^2 \right]} \tag{6.11}$$

指數部分 $x^2 + (\lambda_2/\lambda_3 - 2\mu)x + \mu^2$ 表明 $p(x)$ 的對稱軸為 $\mu - \lambda_2/(2\lambda_3)$。要滿足平均值約束，同時使得 X 具有最大熵，只有關於 $x = \mu$ 對稱時才可以，因此 $\lambda_2 = 0$。式 (6.11) 簡化為

$$p(x) = C \cdot e^{\lambda_3 (x - \mu)^2} \tag{6.12}$$

由於 $p(x)$ 為機率密度函式，必非負且不大於 1，那麼一定滿足 $C > 0$ 和 $\lambda_3 < 0$。不妨將 λ_3 設為 $-\lambda$，其中 $\lambda > 0$，於是式 (6.12) 接著化簡為

$$p(x) = C \cdot e^{-\lambda (x - \mu)^2}$$

輔以一個常用指數的積分結果（此積分可透過極座標變換得到）

$$\int_{+\infty}^{\infty} e^{-\frac{x^2}{2}} dx = \sqrt{2\pi}$$

將其代入常規約束，

$$1 = \int_{+\infty}^{\infty} p(x) dx$$

$$= C \int_{+\infty}^{\infty} e^{-\lambda (x - \mu)^2} dx$$

$$= C \sqrt{\frac{\pi}{\lambda}}$$

得到

$$C = \sqrt{\frac{\lambda}{\pi}} \tag{6.13}$$

再利用方差約束條件

$$\sigma^2 = \int_{+\infty}^{\infty} (x-\mu)^2 C \cdot e^{-\lambda(x-\mu)^2} dx$$

$$= \sqrt{\frac{\lambda}{\pi}} \int_{+\infty}^{\infty} (x-\mu)^2 \cdot e^{-\lambda(x-\mu)^2} dx$$

$$= \sqrt{\frac{\lambda}{\pi}} \cdot \sqrt{\frac{\pi}{\lambda}} \cdot \frac{1}{2\lambda}$$

可得

$$\lambda = \frac{1}{2\sigma^2} \tag{6.14}$$

結合式 (6.13) 和式 (6.14)，得到

$$C = \frac{1}{\sqrt{2\pi}\sigma}$$

將 C 的運算式帶入式 (6.12)，

$$p(x) = \frac{1}{\sqrt{2\pi}\sigma} e^{-\frac{(x-\mu)^2}{2\sigma^2}}$$

這恰好是高斯分佈機率密度函式的運算式。

　　高斯分佈在統計學中具有重要的地位，不只是因為實際生活中的身高、成績、重量、測量誤差等都是服從高斯分佈的，還因為它在統計理論中發揮著巨大的作用。但是，為什麼高斯分佈如此的重要令許多人非常費解。物理學家傑恩斯（E.T.Jaynes）曾在《機率論沉思錄》中寫了龐加萊曾說過的一句話。

亨利・龐加萊（Henri Poincaré）

Physicists believe that
the Gaussian law has been proved in mathematics,
while mathematicians think that
it was experimentally established in physics.
物理學家堅信高斯分佈已經在數學領域被證明，
然而數學家則認為高斯分佈已經透過物理試驗被驗證！

現在，透過例 6.7，可以從最大熵的思想理解高斯分佈，之所以它這麼重要，應該是因為在已知平均值方差的情況下，高斯分佈包含的資訊是最多的，暗合了宇宙規律。

6.3 最大熵模型的學習問題

最大熵模型就是利用最大熵思想訓練模型的，本節主要介紹模型的定義，然後透過原始問題與對偶問題的等值性引出最大熵模型的學習問題。

6.3.1 最大熵模型的定義

最大熵模型的目的是找到滿足約束條件並且具有最大熵的條件機率分佈，其中約束條件可透過特徵函式的期望來表示，訓練集可以提供經驗分佈。接下來，將分別介紹特徵函式、經驗分佈與理論分佈、機率期望和條件熵，最後引出最大熵模型的定義。

1. 特徵函式

假如現在有一組詞語，每個詞語中都包含「打」字，見表 6.1。可以看出，「打」字是破音字。很明顯，第一行的「打」字為量詞，念二聲 dá；第二行的「打」字為動詞，念三聲 dǎ。

那麼，如果以詞語作為輸入變數 x，讀音作為輸出變數 y，如何從不同詞語的「打」字判斷讀音呢？透過觀察表 6.1 發現，如果「打」字前面是數詞，表示讀作 dá，那麼根據這一規律，可以得到表示這一關係的函式，稱之為特徵函式。

▼ 表 6.1「打」字

量詞	一打雞蛋	兩打撲克	三打啤酒	
動詞	打雞蛋	打撲克	打電話	打籃球

定義 6.3（二值特徵函式）假如函式 $f(x, y)$ 描述輸入變數 x 與輸出變數 y 之間的某一事實，定義函式

$$f(x, y) = \begin{cases} 1, & x \text{ 和 } y \text{ 滿足某一事實} \\ 0, & \text{否則} \end{cases}$$

在「打」字讀音的例子中，某一事實就是指「『打』字前面有個數詞」。將表 6.1 中的樣本集記為 $\{(\boldsymbol{x}_1, y_1), (\boldsymbol{x}_2, y_2), \cdots, (\boldsymbol{x}_7, y_7)\}$。其中，$(\boldsymbol{x}_i, y_i), i = 1, 2, 3$ 為第一行的樣本；$(\boldsymbol{x}_i, y_i), i = 4, \cdots, 7$ 為第二行的樣本。很明顯，對於第一行的樣本，可以得出

$$f(\boldsymbol{x}_1, y_1) = f(\boldsymbol{x}_2, y_2) = f(\boldsymbol{x}_3, y_3) = 1$$

對於第二行的樣本可以得出

$$f(\boldsymbol{x}_4, y_4) = f(\boldsymbol{x}_5, y_5) = f(\boldsymbol{x}_6, y_6) = f(\boldsymbol{x}_7, y_7) = 0$$

當然，還有不滿足這個事實的，比如詞語「三打白骨精」中，「打」字念作 dǎ，這是根據《西遊記》中的語義所得特殊詞語，我們可以適當地增加新的特徵函式。

2. 經驗分佈與理論分佈

假如給定訓練資料集

$$T = \{(\boldsymbol{x}_1, y_1), (\boldsymbol{x}_2, y_2), \cdots, (\boldsymbol{x}_N, y_N)\}$$

輸入變數與輸出變數的聯合分佈、輸入變數的邊際分佈，以及輸出變數的條件分佈，它們的理論分佈分別記為 $P(X, Y)$、$P(X)$ 和 $P(Y|X)$，其中 $P(Y|X)$ 就是我們希望透過學習得到的物件。給定訓練資料集，可透過統計頻數得到聯合分佈和邊際分別記作 $\widetilde{P}(X, Y)$ 和 $\widetilde{P}(X)$：

$$\widetilde{P}(X = \boldsymbol{x}, Y = y) = \frac{n_{\boldsymbol{x}, y}}{N}, \quad \widetilde{P}(X = \boldsymbol{x}) = \frac{n_{\boldsymbol{x}}}{N}$$

其中，$n_{\boldsymbol{x}, y}$ 表示訓練集 T 中樣本 $(\boldsymbol{x}, y)$ 出現的頻數；$n_{\boldsymbol{x}}$ 表示 T 中樣本屬性 $\boldsymbol{x}$ 出現的頻數。

擲硬幣是最常見的例子，站在上帝的角度看，如果硬幣是均勻的，硬幣正面朝上和反面朝上的機率均為 0.5，這個分佈就是理論分佈；從頻率學派來看，這是投擲無窮多次硬幣所得到的機率分佈。但現實生活中，不可能投擲出無窮多次，表示用資料集訓練得到的經驗分佈肯定不會是百分之百等於這個理論分佈，可能出現如表 6.2 所示的結果。

▼ 表 6.2 擲硬幣的理論分佈與經驗分佈

情　況	正面朝上的機率	反面朝上的機率
次數趨於無限大的理論分佈	0.50	0.50
用訓練資料集得到的經驗分佈	0.48	0.52

3. 機率期望

透過擲硬幣的小例子可以發現，沒辦法點對點地保證用訓練資料集得到的經驗分佈和理論分佈完全相同，那麼可以換個想法，考慮平均意義下的機率分佈相同，即期望相同即可。

根據條件機率，可以表示樣本 $(\boldsymbol{x}, y)$ 的聯合機率為

$$P(\boldsymbol{x}, y) = P(y|\boldsymbol{x})P(\boldsymbol{x})$$

假如存在 m 個特徵函式 $f_i(\boldsymbol{x}, y), i = 1, 2, \cdots, m$，記 $E_P(f_i)$ 為聯合分佈的理論分佈下特徵函式 $f_i(\boldsymbol{x}, y)$ 的數學期望，用經驗分佈 $\widetilde{P}(\boldsymbol{x})$ 替代邊際分佈 $P(\boldsymbol{x})$ 可得

$$
\begin{aligned}
E_P(f_i) &= \sum_{\boldsymbol{x}, y} P(\boldsymbol{x}, y) f_i(\boldsymbol{x}, y) \\
&= \sum_{\boldsymbol{x}, y} P(\boldsymbol{x}) P(y|\boldsymbol{x}) f_i(\boldsymbol{x}, y) \\
&\approx \sum_{\boldsymbol{x}, y} \widetilde{P}(\boldsymbol{x}) P(y|\boldsymbol{x}) f_i(\boldsymbol{x}, y)
\end{aligned}
$$

記 $E_{\widetilde{P}}(f_i)$ 為聯合分佈的經驗分佈下特徵函式 $f_i(\boldsymbol{x}, y)$ 的數學期望：

$$E_{\widetilde{P}}(f_i) = \sum_{\boldsymbol{x}, y} \widetilde{P}(\boldsymbol{x}, y) f_i(\boldsymbol{x}, y)$$

假設兩個期望相等，得出最大熵模型關於特徵函式 $f_i(\boldsymbol{x}, y)$ 的約束條件，

$$E_P(f_i) = E_{\widetilde{P}}(f_i)$$

即

$$\sum_{\boldsymbol{x}, y} \widetilde{P}(\boldsymbol{x}) P(y|\boldsymbol{x}) f_i(\boldsymbol{x}, y) = \sum_{\boldsymbol{x}, y} \widetilde{P}(\boldsymbol{x}, y) f_i(\boldsymbol{x}, y)$$

4. 條件熵

最大熵模型的本質為判別方法，即最終目的是訓練出最佳的條件機率分佈 $P(Y|X)$。為此，首先需要找到條件熵 $H(Y|X)$ 的運算式。

從單一隨機變數的熵，推廣至兩個隨機變數的熵，得到聯合熵。

定義 6.4（聯合熵）若一對離散型隨機變數 (X, Y) 服從聯合機率分佈

$$P(X = a_i, Y = c_j) = p_{ij}, \quad i = 1, 2, \cdots, n; \ j = 1, 2, \cdots, m$$

隨機變數 (X, Y) 的熵 $H(X, Y)$ 定義為

$$H(X, Y) = -\sum_{i=1}^{n} \sum_{j=1}^{m} p_{ij} \log p_{ij} \tag{6.15}$$

可將式 (6.15) 表示為期望的形式，即平均意義資訊量：

$$H(X, Y) = -E_{X,Y} \log P(X, Y)$$

式中，$P(X, Y)$ 代表隨機變數 (X, Y) 的聯合機率分佈；$E_{X,Y}$ 表示隨機變數 (X, Y) 分佈下的期望。

定義 6.5（條件熵）若已知一對離散型隨機變數 (X, Y) 的聯合機率分佈，在替定隨機變數 X 的條件下，條件熵 $H(Y|X)$ 定義為

$$H(Y|X) = \sum_{i=1}^{n} p_i H(Y|X = a_i) \tag{6.16}$$

式中，$p_i = P(X = a_i), i = 1, 2, \cdots, n$。

同樣地，可用期望的形式定義式 (6.16) 中的條件熵

$$H(Y|X) = E_x H(Y|X) E_{X,Y} \log P(Y|X) \tag{6.17}$$

式 (6.17) 表示在替定某一隨機變數 X 的條件下，另一隨機變數 Y 在平均意義上的不確定性。

十分有意思的是，一對隨機變數的熵 $H(X, Y)$ 等於一個隨機變數 X 的熵 $H(X)$ 加上另一個隨機變數的條件熵 $H(Y|X)$，這就是熵的連鎖律

$$H(X,Y) = H(X) + H(Y|X)$$

為便於理解,下面從一維的離散屬性變數出發說明如何得到條件熵。

假如輸入變數 X 的設定值空間為 $\{a_1, a_2, \cdots, a_s\}$, 輸出變數 Y 的設定值空間為 $\{c_1, c_2, \cdots, c_K\}$,則條件熵 $H(Y|X)$ 以 X 的每個設定值機率 $P(a_l)$ 為權重施加在每個 $H(Y|X = a_l)$ 上。

$$
\begin{aligned}
H(Y|X) &= \sum_{l=1}^{s} P(a_l) H(Y|X = a_l) \\
&= -\sum_{l=1}^{s} P(a_l) \left(\sum_{k=1}^{K} P(Y = c_k | X = a_l) \log P(Y = c_k | X = a_l) \right) \\
&= -\sum_{l=1}^{s} \sum_{k=1}^{K} P(a_l) P(Y = c_k | X = a_l) \log P(Y = c_k | X = a_l)
\end{aligned}
$$

將輸入變數 X 推廣至 p 維屬性變數 $X_1, X_2, \cdots, X_p$,實例 $\boldsymbol{x} = (x_1, x_2, \cdots, x_p)^{\mathrm{T}}$,並用經驗分佈 $\widetilde{P}(\boldsymbol{x})$ 替代邊際分佈 $P(\boldsymbol{x})$ 可得條件熵為

$$
\begin{aligned}
\sum_{\boldsymbol{x}} P(\boldsymbol{x}) H(Y|X = \boldsymbol{x}) &\approx -\sum_{\boldsymbol{x}, y} \widetilde{P}(\boldsymbol{x}) P(Y = y | X = \boldsymbol{x}) \log P(Y = y | X = \boldsymbol{x}) \\
&= -\sum_{\boldsymbol{x}, y} \widetilde{P}(\boldsymbol{x}) P(y|\boldsymbol{x}) \log P(y|\boldsymbol{x})
\end{aligned}
$$

式中, $P(y|\boldsymbol{x})$ 是 $P(Y = y | X = \boldsymbol{x})$ 的簡寫形式。

定義 6.6(最大熵模型)假設滿足所有約束條件的模型集合為

$$\mathcal{M} = \{P \in \mathcal{P} | E_P(f_i) = E_{\widetilde{P}}(f_i), \quad i = 1, 2, \cdots, m\}$$

其中,$\mathcal{P}$ 代表由所有的機率分佈組成的集合,則定義在條件機率分佈 $P(Y|X)$ 上的條件熵為

$$H(Y|X) = -\sum_{\boldsymbol{x}, y} \widetilde{P}(\boldsymbol{x}) P(y|\boldsymbol{x}) \log P(y|\boldsymbol{x})$$

簡記 $H(Y|X)$ 為 $H(P)$,則模型集合 $\mathcal{M}$ 中條件熵 $H(P)$ 最大的模型稱為最大熵模型。

只要訓練出條件機率分佈，就可以根據具體的機率結果舉出類別的判斷。

若是二分類問題，對應的類別記為 $Y = 0$ 和 $Y = 1$，對於輸入實例 $\boldsymbol{x}$，分別計算出類別的條件機率，當 $P(Y = 1|\boldsymbol{x}) \geqslant 0.5$ 時，實例 $\boldsymbol{x}$ 的類別輸出 1，當 $P(Y = 0|\boldsymbol{x}) \geqslant 0.5$ 時，實例 $\boldsymbol{x}$ 的類別輸出 0。

若是 K 分類問題，$Y \in \mathcal{Y} = \{c_1, c_2, \cdots, c_K\}$，對於輸入實例 $\boldsymbol{x}$，需要逐一計算以下不同類別的條件機率：

$$P(Y = c_1|\boldsymbol{x}), \ P(Y = c_2|\boldsymbol{x}), \ \cdots, \ P(Y = c_K|\boldsymbol{x})$$

然後選出最大條件機率所對應的類別輸出

$$c^* = \arg\max_{c_k} P(Y = c_k|\boldsymbol{x})$$

這與 K 近鄰法、貝氏分類、邏輯迴歸等模型中的分類決策規則類似，都是出於最大機率的考量，暗含著眾數思想。

6.3.2 最大熵模型的原始問題與對偶問題

根據最大熵模型的定義可以發現，求解最大熵模型的過程是將解決有約束的最最佳化問題

$$\begin{aligned} \max_{P \in \mathcal{M}} \quad & H(P) \\ \text{s.t.} \quad & \sum_y P(y|\boldsymbol{x}) = 1 \\ & E_P(f_i) = E_{\widetilde{P}}(f_i), \quad i = 1, 2, \cdots, m \end{aligned}$$

轉化為求解極小值的最佳化問題

$$\begin{aligned} \min_{P \in \mathcal{M}} \quad & -H(P) = \sum_{\boldsymbol{x},y} \widetilde{P}(\boldsymbol{x}) P(y|\boldsymbol{x}) \log P(y|\boldsymbol{x}) \\ \text{s.t.} \quad & h_0(P) = \sum_y P(y|\boldsymbol{x}) - 1 = 0 \\ & h_i(P) = E_P(f_i) - E_{\widetilde{P}}(f_i) = 0, \quad i = 1, 2, \cdots, m \end{aligned} \tag{6.18}$$

透過拉格朗日乘子將有約束的最佳化問題式 (6.19) 轉化為無約束的最佳化問題。

$$原始問題： \min_{P \in \mathcal{M}} \max_{\Lambda} L(P, \Lambda) \tag{6.19}$$

式中，$\Lambda = (\lambda_0, \lambda_1, \cdots, \lambda_m)^{\mathrm{T}}$，拉格朗日函式

$$
\begin{aligned}
L(P, \Lambda) &= -H(P) - \lambda_0 \left(\sum_y P(y|\boldsymbol{x}) - 1 \right) - \sum_{i=1}^{m} \lambda_i \left(E_P(f_i) - E_{\widetilde{P}}(f_i) \right) \\
&= \sum_{\boldsymbol{x},y} \widetilde{P}(\boldsymbol{x}) P(y|\boldsymbol{x}) \log P(y|\boldsymbol{x}) - \lambda_0 \left(\sum_y P(y|\boldsymbol{x}) - 1 \right) - \\
&\quad \sum_{i=1}^{m} \lambda_i \left(\sum_{\boldsymbol{x},y} \widetilde{P}(\boldsymbol{x}) P(y|\boldsymbol{x}) f_i(\boldsymbol{x}, y) - \sum_{\boldsymbol{x},y} \widetilde{P}(\boldsymbol{x}, y) f_i(\boldsymbol{x}, y) \right)
\end{aligned} \tag{6.20}
$$

原始問題式 (6.19) 相應的對偶問題為

$$對偶問題： \max_{\Lambda} \min_{P \in \mathcal{M}} L(P, \Lambda) \tag{6.21}$$

若使原始問題等值於對偶問題 [iii]，$-H(P)$ 需為凸函式，$h_i(P)$ $(i = 0, 1, 2, \cdots, m)$ 需為仿射函式。接下來將對此做出解答。

1. 熵函式是凹函式嗎？

任取熵函式 H 中的兩個不同的機率分佈 P 和 Q，所對應的機率分別為 $p_1, p_2, \cdots,$ p_t 和 $q_1, q_2, \cdots, q_t$。如果熵函式是嚴格凹函式 [iv]，需滿足

$$H(w_1 P + w_2 Q) > w_1 H(P) + w_2 H(Q) \tag{6.22}$$

式中，$w_1, w_2 > 0$ 且 $w_1 + w_2 = 1$。

---

iii 詳情見小冊子 4.5.4 節。

iv 詳情見小冊子 1.1 節。

下面證明不等式 (6.22) 的成立。

證明 不等式 (6.22) 左邊展開為

$$H(w_1 P + w_2 Q) = -\sum_{i=1}^{t}(w_1 p_i + w_2 q_i)\log(w_1 p_i + w_2 q_i)$$

不等式 (6.22) 右邊展開為

$$w_1 H(P) + w_2 H(Q) = -w_1 \sum_{i=1}^{t} p_i \log p_i - w_2 \sum_{i=1}^{t} q_i \log q_i$$

那麼，不等式 (6.22) 等值於

$$\sum_{i=1}^{t}(w_1 p_i + w_2 q_i)\log(w_1 p_i + w_2 q_i) < w_1 \sum_{i=1}^{t} p_i \log p_i + w_2 \sum_{i=1}^{t} q_i \log q_i$$

整理可得

$$\sum_{i=1}^{t} w_1 p_i \log \frac{w_1 p_i + w_2 q_i}{p_i} + \sum_{i=1}^{t} w_2 q_i \log \frac{w_1 p_i + w_2 q_i}{q_i} < 0 \qquad (6.23)$$

所以，證明不等式 (6.22) 等值於證明不等式 (6.23)。

下面借助對數不等式這個小工具 ᵛ

$$\log(x) \leqslant x - 1$$

當且僅當 $x = 1$ 時對數不等式的等號成立。

因 P 和 Q 兩個機率分佈不同，表示 $w_1 p_i + w_2 q_i \neq p_i \neq q_i$，則

$$\log \frac{w_1 p_i + w_2 q_i}{p_i} < \frac{w_1 p_i + w_2 q_i}{p_i} - 1 \text{ 和 } \log \frac{w_1 p_i + w_2 q_i}{q_i} < \frac{w_1 p_i + w_2 q_i}{q_i} - 1$$

因此，

ᵛ 詳情見小冊子 1.2.2 節。

$$\sum_{i=1}^{t} w_1 p_i \log \frac{w_1 p_i + w_2 q_i}{p_i} + \sum_{i=1}^{t} w_2 q_i \log \frac{w_1 p_i + w_2 q_i}{q_i}$$

$$< \sum_{i=1}^{t} w_1 (w_1 p_i + w_2 q_i - p_i) + \sum_{i=1}^{t} w_2 (w_1 p_i + w_2 q_i - q_i)$$

$$= w_1^2 + w_2^2 + 2 w_1 w_2 - w_1 - w_2$$

$$= (w_1 + w_2)^2 - (w_1 + w_2)$$

$$= 0$$

不等式 (6.23) 得證，說明熵函式為嚴格凹函式。

2. 約束函式是仿射函式嗎？

仿射函式為向量空間內線性變換與平移變換的複合，一般形式為

$$f(\boldsymbol{x}) = \boldsymbol{A}\boldsymbol{x} + \boldsymbol{d}$$

式中，$\boldsymbol{x}$ 是一個 p 維向量；A 是一個 $n \times p$ 的矩陣；$\boldsymbol{d}$ 是一個 n 維向量，函式 f 反映了從 p 維到 n 維的空間映射關係。特別地，當 A 是一個標量時，函式 f 為線性函式，如果此時 $\boldsymbol{d}$ 為 0，則線性函式 f 退化為正比例函式。

對於最大熵問題而言，研究物件為條件機率分佈 $P(y|\boldsymbol{x})$，約束函式為 $h_i(P(y|\boldsymbol{x}))$，$i = 0, 1, 2, \cdots, m$。記 $\eta_y = P(y|\boldsymbol{x})$，則約束條件化簡為

$$h_0(\eta_y) = \sum_y \eta_y - 1$$

$$h_i(\eta_y) = \sum_{\boldsymbol{x},y} \widetilde{P}(\boldsymbol{x},y) f_i(\boldsymbol{x},y) - \sum_{\boldsymbol{x},y} \widetilde{P}(\boldsymbol{x}) \eta_y f_i(\boldsymbol{x},y), \quad i = 1, 2, \cdots, m$$

很明顯，這 $m + 1$ 個約束都是 η_y 的一次函式，因此滿足仿射函式的概念。

6.3.3 最大熵模型的學習

6.3.2 節驗證了凸最佳化原始問題等值於對偶問題這一定理 [vi] 的條件，說明求解

---

vi 詳情見小冊子 4.5.4 節。

最大熵模型的原始問題 (6.19) 等值於求解對偶問題式 (6.21)。

1. 內部極小化問題

首先固定拉格朗日乘子 Λ 尋找內部極小值，記透過內部極小化所得最佳條件機率分佈為 P_Λ，則

$$P_\Lambda = \arg \min_{P \in \mathcal{M}} L(P, \Lambda) \tag{6.24}$$

根據費馬原理，為得到極值點，可對式 (6.24) 中拉格朗日函式 $L(P, \Lambda)$ 計算條件機率 $P(y|\boldsymbol{x})$ 的偏導數，令其為 0：

$$\frac{\partial L(P, \Lambda)}{\partial P} = 0$$

$$
L(P, \Lambda) = \sum_{\boldsymbol{x}, y} \widetilde{P}(\boldsymbol{x}) P(y|\boldsymbol{x}) \log P(y|\boldsymbol{x}) - \lambda_0 \left(\sum_y P(y|\boldsymbol{x}) - 1 \right) -
$$
$$
\sum_{i=1}^m \lambda_i \left(\sum_{\boldsymbol{x}, y} \widetilde{P}(\boldsymbol{x}) P(y|\boldsymbol{x}) f_i(\boldsymbol{x}, y) - \sum_{\boldsymbol{x}, y} \widetilde{P}(\boldsymbol{x}, y) f_i(\boldsymbol{x}, y) \right)
$$

即

$$
\frac{\partial L(P, \Lambda)}{\partial P} = \sum_{\boldsymbol{x}, y} \widetilde{P}(\boldsymbol{x}) \left[\log P(y|\boldsymbol{x}) + 1 \right] - \sum_y \lambda_0 - \sum_{i=1}^m \lambda_i \sum_{\boldsymbol{x}, y} \widetilde{P}(\boldsymbol{x}) f_i(\boldsymbol{x}, y) \tag{6.25}
$$

因邊際分佈的經驗分佈滿足

$$\sum_x \widetilde{P}(\boldsymbol{x}) = 1$$

則方程式 (6.25) 可整理為

$$
\sum_{\boldsymbol{x}, y} \widetilde{P}(\boldsymbol{x}) \left(\log P(y|\boldsymbol{x}) + 1 - \lambda_0 - \sum_{i=1}^m \lambda_i f_i(\boldsymbol{x}, y) \right) = 0 \tag{6.26}
$$

若經驗分佈中實例 $\boldsymbol{x}$ 的機率非零，即 $\widetilde{P}(\boldsymbol{x}) > 0$，方程式 (6.26) 的解為

$$P(y|\boldsymbol{x}) = \frac{1}{\exp\left(1 - \lambda_0\right)} \exp\left(\sum_{i=1}^{m} \lambda_i f_i(\boldsymbol{x}, y)\right)$$

記

$$Z_{\boldsymbol{\Lambda}} = \exp\left(1 - \lambda_0\right)$$

根據機率分佈的特性 $\sum_{y} P(y|\boldsymbol{x}) = 1$，則

$$\sum_{y} \frac{1}{Z_{\boldsymbol{\Lambda}}} \exp\left(\sum_{i=1}^{m} \lambda_i f_i(\boldsymbol{x}, y)\right) = 1$$

得到 Z_Λ 關於 x 的函式

$$Z_{\boldsymbol{\Lambda}}(\boldsymbol{x}) = \sum_{y} \exp\left(\sum_{i=1}^{m} \lambda_i f_i(\boldsymbol{x}, y)\right)$$

Z_Λ 位於分母位置，類似於條件機率分佈中邊際分佈的角色，稱為規範化因數。透過 Z_Λ 可得到根據對偶問題所得條件機率分佈的運算式

$$P_{\boldsymbol{\Lambda}}(y|\boldsymbol{x}) = \frac{1}{Z_{\boldsymbol{\Lambda}}(\boldsymbol{x})} \exp\left(\sum_{i=1}^{m} \lambda_i f_i(\boldsymbol{x}, y)\right) \tag{6.27}$$

2. 外部極大化問題

接著解決外部極大化問題，記 P_Λ 對應的拉格朗日函式

$$\Psi(\boldsymbol{\Lambda}) = \min_{P \in \mathcal{M}} L(P, \boldsymbol{\Lambda}) = L(P_{\boldsymbol{\Lambda}}, \boldsymbol{\Lambda}) = \sum_{\boldsymbol{x}, y} \widetilde{P}(\boldsymbol{x}, y) \log P_{\boldsymbol{\Lambda}}(y|\boldsymbol{x})$$

則對偶問題的外部極大化問題為

$$\max_{\boldsymbol{\Lambda}} \Psi(\boldsymbol{\Lambda}) \tag{6.28}$$

若問題式 (6.28) 的解記作 Λ^*，則

$$\boldsymbol{\Lambda}^* = \arg\max_{\boldsymbol{\Lambda}} \sum_{\boldsymbol{x}, y} \widetilde{P}(\boldsymbol{x}, y) \log P_{\boldsymbol{\Lambda}}(y|\boldsymbol{x})$$

如果問題式 (6.28) 很難根據費馬原理直接得到最佳解，可應用梯度下降法、牛頓法、擬牛頓法、改進的迭代尺度法等最佳化演算法求解。

將外部極大化問題的解 Λ^* 帶入內部極小化問題所得條件機率分佈中，即得最大熵模型學習的最佳模型

$$P_{\Lambda^*}(y|\boldsymbol{x}) = \frac{1}{Z_{\Lambda^*}(\boldsymbol{x})} \exp\left(\sum_{i=1}^{m} \lambda_i^* f_i(\boldsymbol{x}, y)\right)$$

式中，$\Lambda^* = (\lambda_1^*, \lambda_2^*, \cdots, \lambda_m^*)^{\mathrm{T}}$。

例 6.8 透過拉格朗日對偶性學習例 6.6 中得到的最大熵模型。

解 在例 6.6 中，無屬性變數，只需要學習湯圓種類的機率分佈 $P : p_1, p_2, \cdots, p_5$ 即可，以最佳化問題的形式表示要學習的模型

$$\min_{P \in \mathcal{M}} \quad -H(P) = \sum_{i=1}^{5} p_i \log_2 p_i$$

$$\text{s.t.} \quad h_0(P) = \sum_{i=1}^{5} p_i - 1 = 0$$

$$h_1(P) = p_1 + p_2 - \frac{8}{15} = 0$$

$$h_2(P) = p_1 + p_3 - \frac{6}{15} = 0$$

引入拉格朗日乘子 $\Lambda = (\lambda_0, \lambda_1, \lambda_2)^{\mathrm{T}}$，得到拉格朗日函式

$$L(P, \Lambda) = \sum_{i=1}^{5} p_i \log_2 p_i - \lambda_0 \left(\sum_{i=1}^{5} p_i - 1\right) - \lambda_1 \left(p_1 + p_2 - \frac{8}{15}\right) - $$

$$\lambda_2 \left(p_1 + p_3 - \frac{6}{15}\right)$$

最佳化問題 (6.29) 的對偶形式為

$$\max_{\Lambda} \min_{P} L(P, \Lambda)$$

首先求解內部極小化問題，對拉格朗日函式求偏導數，令其為 0，

$$
\begin{cases}
\dfrac{\partial L(P, \boldsymbol{\Lambda})}{\partial p_1} = 1 + \log_2 p_1 - \lambda_0 - \lambda_1 - \lambda_2 = 0 \\[2mm]
\dfrac{\partial L(P, \boldsymbol{\Lambda})}{\partial p_2} = 1 + \log_2 p_2 - \lambda_0 - \lambda_1 = 0 \\[2mm]
\dfrac{\partial L(P, \boldsymbol{\Lambda})}{\partial p_3} = 1 + \log_2 p_3 - \lambda_0 - \lambda_2 = 0 \\[2mm]
\dfrac{\partial L(P, \boldsymbol{\Lambda})}{\partial p_4} = 1 + \log_2 p_4 - \lambda_0 = 0 \\[2mm]
\dfrac{\partial L(P, \boldsymbol{\Lambda})}{\partial p_5} = 1 + \log_2 p_5 - \lambda_0 = 0
\end{cases}
\tag{6.30}
$$

求解方程組式 (6.30)，得到內部極小化問題的解

$$
\begin{cases}
p_1 = \exp(\lambda_0 + \lambda_1 + \lambda_2 - 1) \\
p_2 = \exp(\lambda_0 + \lambda_1 - 1) \\
p_3 = \exp(\lambda_0 + \lambda_2 - 1) \\
p_4 = p_5 = \exp(\lambda_0 - 1)
\end{cases}
\tag{6.31}
$$

將式 (6.31) 代入 $L(P, \boldsymbol{\Lambda})$，可得

$$
\begin{aligned}
\Psi(\boldsymbol{\Lambda}) &= \min_{P \in \mathcal{M}} L(P, \boldsymbol{\Lambda}) \\
&= -\exp(\lambda_0 + \lambda_1 + \lambda_2 - 1) - \exp(\lambda_0 + \lambda_1 - 1) - \exp(\lambda_0 + \lambda_2 - 1) - \\
&\quad 2\exp(\lambda_0 - 1) + \lambda_0 + \frac{8}{15}\lambda_1 + \frac{6}{15}\lambda_2
\end{aligned}
$$

接著求解外部極大化問題

$$
\max_{\boldsymbol{\Lambda}} \Psi(\boldsymbol{\Lambda})
$$

仍然可利用費馬原理，對 $\Psi(\boldsymbol{\Lambda})$ 求偏導數，令其為 0

$$
\begin{cases}
\dfrac{\partial \Psi(\boldsymbol{\Lambda})}{\partial \lambda_0} = -\exp(\lambda_0 + \lambda_1 + \lambda_2 - 1) - \exp(\lambda_0 + \lambda_1 - 1) - \\
\qquad\qquad \exp(\lambda_0 + \lambda_2 - 1) - 2\exp(\lambda_0 - 1) + 1 = 0 \\[2mm]
\dfrac{\partial \Psi(\boldsymbol{\Lambda})}{\partial \lambda_1} = -\exp(\lambda_0 + \lambda_1 + \lambda_2 - 1) - \exp(\lambda_0 + \lambda_1 - 1) + \dfrac{8}{15} = 0 \\[2mm]
\dfrac{\partial \Psi(\boldsymbol{\Lambda})}{\partial \lambda_2} = -\exp(\lambda_0 + \lambda_1 + \lambda_2 - 1) - \exp(\lambda_0 + \lambda_2 - 1) + \dfrac{6}{15} = 0
\end{cases}
$$

得到：

$$p_1 = \exp(\lambda_0 + \lambda_1 + \lambda_2 - 1) = 0.2541$$
$$p_2 = \exp(\lambda_0 + \lambda_1 - 1) = 0.2792$$
$$p_3 = \exp(\lambda_0 + \lambda_2 - 1) = 0.1459$$
$$p_4 = p_5 = \exp(\lambda_0 - 1) = 0.1604$$

因此，舀到 5 種湯圓的機率分別為 0.2541, 0.2792, 0.1459, 0.1604, 0.1604，與例 6.6 所得結果相同。

根據對偶問題，最大熵模型的學習過程如下。

最大熵模型的學習過程

輸入：訓練資料集 $T = \{(\boldsymbol{x}_1, y_1), (\boldsymbol{x}_2, y_2), \cdots, (\boldsymbol{x}_N, y_N)\}$，其中 $\boldsymbol{x}_i \in \mathbb{R}^p$，$y_i \in \{0, 1\}$，$i = 1, 2, \cdots, N$。

輸出：條件機率分佈 $P(Y|X)$。

(1) 根據訓練集 T，估計聯合機率 $P(X, Y)$ 的經驗分佈 $\widetilde{P}(X = \boldsymbol{x}, Y = y)$，簡記作 $\widetilde{P}(\boldsymbol{x}, y)$。

(2) 建構最佳化

$$\arg\max_{\boldsymbol{\Lambda}} \sum_{\boldsymbol{x}, y} \widetilde{P}(\boldsymbol{x}, y) \log P_{\boldsymbol{\Lambda}}(y|\boldsymbol{x})$$

根據最佳化問題得出最優解 $\boldsymbol{\Lambda}^*$。

(3) 透過 $\boldsymbol{\Lambda}^* = (\lambda_1^*, \lambda_2^*, \cdots, \lambda_m^*)^{\mathrm{T}}$ 計算規範化因數

$$Z_{\boldsymbol{\Lambda}^*}(\boldsymbol{x}) = \sum_y \exp\left(\sum_{i=1}^m \lambda_i^* f_i(\boldsymbol{x}, y)\right)$$

(4) 得到條件機率模型

$$P_{\boldsymbol{\Lambda}^*}(Y = y|X = \boldsymbol{x}) = \frac{1}{Z_{\boldsymbol{\Lambda}^*}(\boldsymbol{x})} \exp\left(\sum_{i=1}^m \lambda_i^* f_i(\boldsymbol{x}, y)\right)$$

總的來說，實施最大熵模型需要注意 3 個問題。

(1) 最大熵模型的內涵：最大熵模型獲得的是所有滿足約束條件的模型中資訊熵最大的模型，作為經典的分類模型時準確率較高。

(2) 設置約束條件時的注意事項：最大熵模型可以靈活地設置約束條件，但是約束條件的數量會決定模型的擬合能力和泛化能力。

(3) 模型的不足：由於約束函式的數量和樣本數目緊密相關，導致迭代過程計算量巨大，實際應用存在困難。

6.4 模型學習的最最佳化演算法

要解決最大熵模型，首先應明確最大熵模型要解決的問題。6.3 節以最大熵思想為核心，得到即將學習的對偶問題。實際上，在統計學中最類似於熵函式的則是似然函式，因此本節也嘗試透過最大似然估計確定最佳化問題。透過最大熵思想和最大似然思想的比較，可以發現對於最大熵模型而言，兩種想法是殊途同歸的。

1. 最大熵模型中的對偶函式

在最大熵模型的學習中，將解決最大熵模型中的最佳化問題轉化為解決對偶問題，即先透過對偶問題求解最佳的拉格朗日乘子，然後用拉格朗日乘子以及約束條件將最佳條件機率分佈表示出來。從資訊理論角度來看，最大熵模型是透過最大熵原理建構的最佳化問題。現在，先從最大熵模型中的對偶函式出發，看看能夠簡化表達成什麼形式。

$$\Psi(\boldsymbol{\Lambda}) = \sum_{\boldsymbol{x},y} \widetilde{P}(\boldsymbol{x}) P_{\boldsymbol{\Lambda}}(y|\boldsymbol{x}) \log P_{\boldsymbol{\Lambda}}(y|\boldsymbol{x}) + \lambda_0 \left(1 - \sum_y P_{\boldsymbol{\Lambda}}(y|\boldsymbol{x}) \right) +$$

$$\sum_{i=1}^{m} \lambda_i \left(\sum_{\boldsymbol{x},y} \widetilde{P}(\boldsymbol{x},y) f_i(\boldsymbol{x},y) - \sum_{\boldsymbol{x},y} \widetilde{P}(\boldsymbol{x}) P_{\boldsymbol{\Lambda}}(y|\boldsymbol{x}) f_i(\boldsymbol{x},y) \right) \quad (6.32)$$

首先聚焦式 (6.32) 中非常簡單的第二項，對於條件機率而言，常規約束就是所有機率求和之後為 1，表示：

$$\sum_y P_{\boldsymbol{\Lambda}}(y|\boldsymbol{x}) = 1$$

因此

$$\lambda_0 \left(1 - \sum_y P_{\boldsymbol{\Lambda}}(y|\boldsymbol{x})\right) = 0$$

接著式 (6.32) 中就只剩下了第一項和第三項。

$$\Psi(\boldsymbol{\Lambda}) = \sum_{\boldsymbol{x},y} \widetilde{P}(\boldsymbol{x}) P_{\boldsymbol{\Lambda}}(y|\boldsymbol{x}) \log P_{\boldsymbol{\Lambda}}(y|\boldsymbol{x}) +$$

$$\sum_{i=1}^{m} \lambda_i \left(\sum_{\boldsymbol{x},y} \widetilde{P}(\boldsymbol{x},y) f_i(\boldsymbol{x},y) - \sum_{\boldsymbol{x},y} \widetilde{P}(\boldsymbol{x}) P_{\boldsymbol{\Lambda}}(y|\boldsymbol{x}) f_i(\boldsymbol{x},y)\right) \tag{6.33}$$

對於第一項：

$$\sum_{\boldsymbol{x},y} \widetilde{P}(\boldsymbol{x}) P_{\boldsymbol{\Lambda}}(y|\boldsymbol{x}) \log P_{\boldsymbol{\Lambda}}(y|\boldsymbol{x})$$

$$= \sum_{\boldsymbol{x},y} \widetilde{P}(\boldsymbol{x}) P_{\boldsymbol{\Lambda}}(y|\boldsymbol{x}) \log \frac{\exp\left(\sum_{i=1}^{m} \lambda_i f_i(\boldsymbol{x},y)\right)}{Z_{\boldsymbol{\Lambda}}(\boldsymbol{x})}$$

$$= \sum_{\boldsymbol{x},y} \widetilde{P}(\boldsymbol{x}) P_{\boldsymbol{\Lambda}}(y|\boldsymbol{x}) \left(\sum_{i=1}^{m} \lambda_i f_i(\boldsymbol{x},y) - \log Z_{\boldsymbol{\Lambda}}(\boldsymbol{x})\right)$$

$$= \sum_{\boldsymbol{x},y} \widetilde{P}(\boldsymbol{x}) P_{\boldsymbol{\Lambda}}(y|\boldsymbol{x}) \sum_{i=1}^{m} \lambda_i f_i(\boldsymbol{x},y) - \sum_{\boldsymbol{x},y} \widetilde{P}(\boldsymbol{x}) P_{\boldsymbol{\Lambda}}(y|\boldsymbol{x}) \log Z_{\boldsymbol{\Lambda}}(\boldsymbol{x})$$

$$= \sum_{\boldsymbol{x},y} \sum_{i=1}^{m} \lambda_i \dot{P}(\boldsymbol{x}) P_{\boldsymbol{\Lambda}}(y|\boldsymbol{x}) f_i(\boldsymbol{x},y) - \sum_{\boldsymbol{x},y} \widetilde{P}(\boldsymbol{x}) P_{\boldsymbol{\Lambda}}(y|\boldsymbol{x}) \log Z_{\boldsymbol{\Lambda}}(\boldsymbol{x}) \tag{6.34}$$

再看第三項：

$$\sum_{i=1}^{m} \lambda_i \left(\sum_{\boldsymbol{x},y} \widetilde{P}(\boldsymbol{x},y) f_i(\boldsymbol{x},y) - \sum_{\boldsymbol{x},y} \widetilde{P}(\boldsymbol{x}) P_{\boldsymbol{\Lambda}}(y|\boldsymbol{x}) f_i(\boldsymbol{x},y)\right)$$

$$= \sum_{i=1}^{m} \lambda_i \sum_{\boldsymbol{x},y} \widetilde{P}(\boldsymbol{x},y) f_i(\boldsymbol{x},y) - \sum_{i=1}^{m} \lambda_i \sum_{\boldsymbol{x},y} \widetilde{P}(\boldsymbol{x}) P_{\boldsymbol{\Lambda}}(y|\boldsymbol{x}) f_i(\boldsymbol{x},y)$$

$$= \sum_{\boldsymbol{x},y} \sum_{i=1}^{m} \lambda_i \widetilde{P}(\boldsymbol{x},y) f_i(\boldsymbol{x},y) - \sum_{\boldsymbol{x},y} \sum_{i=1}^{m} \lambda_i \widetilde{P}(\boldsymbol{x}) P_{\boldsymbol{\Lambda}}(y|\boldsymbol{x}) f_i(\boldsymbol{x},y) \tag{6.35}$$

將式 (6.34) 和式 (6.35) 代入式 (6.33) 中，可得

$$\Psi(\boldsymbol{\Lambda}) = \sum_{\boldsymbol{x},y} \sum_{i=1}^{m} \lambda_i \widetilde{P}(\boldsymbol{x},y) f_i(\boldsymbol{x},y) - \sum_{\boldsymbol{x},y} \widetilde{P}(\boldsymbol{x}) P_{\boldsymbol{\Lambda}}(y|\boldsymbol{x}) \log Z_{\boldsymbol{\Lambda}}(\boldsymbol{x}) \qquad (6.36)$$

利用條件機率常規約束，可對式 (6.36) 中的第二項繼續化簡：

$$\sum_{\boldsymbol{x},y} \widetilde{P}(\boldsymbol{x}) P_{\boldsymbol{\Lambda}}(y|\boldsymbol{x}) \log Z_{\boldsymbol{\Lambda}}(\boldsymbol{x})$$

$$= \sum_{\boldsymbol{x}} \left(\sum_{y} P_{\boldsymbol{\Lambda}}(y|\boldsymbol{x}) \right) \widetilde{P}(\boldsymbol{x}) \log Z_{\boldsymbol{\Lambda}}(\boldsymbol{x})$$

$$= \sum_{\boldsymbol{x}} \widetilde{P}(\boldsymbol{x}) \log Z_{\boldsymbol{\Lambda}}(\boldsymbol{x})$$

所以，對偶函式可重新寫為

$$\Psi(\boldsymbol{\Lambda}) = \sum_{\boldsymbol{x},y} \sum_{i=1}^{m} \lambda_i \widetilde{P}(\boldsymbol{x},y) f_i(\boldsymbol{x},y) - \sum_{\boldsymbol{x}} \widetilde{P}(\boldsymbol{x}) \log Z_{\boldsymbol{\Lambda}}(\boldsymbol{x})$$

$$= \sum_{\boldsymbol{x},y} \widetilde{P}(\boldsymbol{x},y) \left(\sum_{i=1}^{m} \lambda_i f_i(\boldsymbol{x},y) \right) - \sum_{\boldsymbol{x},y} \widetilde{P}(\boldsymbol{x},y) \log Z_{\boldsymbol{\Lambda}}(\boldsymbol{x}) \qquad (6.37)$$

2. 最大熵模型的極大似然函式

從機率統計角度來看，可以考慮常見的估計方法——極大似然估計。如果隨機變數的條件機率分佈已知，可以輕鬆得到樣本出現的機率；而如果僅已知樣本，是否可以反過來求解條件機率分佈呢？答案是肯定的——可以透過極大似然方法來實現。但是，不同於第 5 章，用極大似然估計方法僅能估計某一分佈的參數，這裡需要估計

整個條件機率分佈。所以，在實施極大似然方法之前，還需要明確 3 件事。

(1) 變數是離散的還是連續的？

如果屬性變數都是離散的，自然可以輕鬆地得到條件機率分佈律，如果屬性變數中的某一特徵為連續的，那麼就用某個機率密度替代。

(2)　似然函式的物件是什麼？

　　在最大熵模型中，待估物件為已知屬性 $X = \boldsymbol{x}$ 條件下對應的類別 Y，即條件機率分佈 $P(Y|\boldsymbol{x})$ 是一個泛函。

(3)　似然函式的運算式是什麼形式？

　　因為通常情況下擷取的樣本是獨立的，聯合機率或聯合機率密度為連乘形式，為計算簡單，一般先進行對數化處理，以求和形式呈現，也就是對數似然函式。如無特別說明，本章所涉及的似然函式預設為對數似然函式。

　　假如訓練集 T 中包含 N 個樣本，某一樣本點 $(\boldsymbol{x}, y)$ 對應的條件機率函式為 $P_{\boldsymbol{\Lambda}}(y|\boldsymbol{x})$，如果該樣本點在訓練集中出現多次，不妨設為 r 次，則該樣本點對應的機率可表示為

$$P_{\boldsymbol{\Lambda}}(y|\boldsymbol{x})^r$$

計算聯合機率函式

$$\prod_{\boldsymbol{x},y} P_{\boldsymbol{\Lambda}}(y|\boldsymbol{x})^r$$

對於訓練集 T 而言，r 為樣本總數 N 乘以該樣本點出現的機率 $\widetilde{P}(\boldsymbol{x}, y)$，

$$r = N \cdot \widetilde{P}(\boldsymbol{x}, y)$$

於是，聯合機率函式為

$$\prod_{\boldsymbol{x},y} P_{\boldsymbol{\Lambda}}(y|\boldsymbol{x})^{N \cdot \widetilde{P}(\boldsymbol{x},y)}$$

為計算簡便，透過對數化得到對數似然函式

$$\begin{aligned} L_{\widetilde{P}}(P_{\boldsymbol{\Lambda}}) &= \log \prod_{\boldsymbol{x},y} P_{\boldsymbol{\Lambda}}(y|\boldsymbol{x})^{N \cdot \widetilde{P}(\boldsymbol{x},y)} \\ &= N \log \prod_{\boldsymbol{x},y} P_{\boldsymbol{\Lambda}}(y|\boldsymbol{x})^{\widetilde{P}(\boldsymbol{x},y)} \\ &= N \sum_{\boldsymbol{x},y} \widetilde{P}(\boldsymbol{x}, y) \log P_{\boldsymbol{\Lambda}}(y|\boldsymbol{x}) \end{aligned} \tag{6.38}$$

如果用拉格朗日乘子 $\varLambda$ 表示條件機率分佈，即

$$P_{\varLambda}(y|\boldsymbol{x}) = \frac{1}{Z_{\varLambda}(\boldsymbol{x})} \exp\left(\sum_{i=1}^{m} \lambda_i f_i(\boldsymbol{x}, y)\right)$$

式中，

$$Z_{\varLambda}(\boldsymbol{x}) = \sum_{y} \exp\left(\sum_{i=1}^{m} \lambda_i f_i(\boldsymbol{x}, y)\right)$$

則式 (6.38) 中的似然函式可重寫為

$$
\begin{aligned}
L_{\widetilde{P}}(P_{\varLambda}) &= N \sum_{\boldsymbol{x},y} \widetilde{P}(\boldsymbol{x}, y) \log P_{\varLambda}(y|\boldsymbol{x}) \\
&= N \sum_{\boldsymbol{x},y} \widetilde{P}(\boldsymbol{x}, y) \log \frac{1}{Z_{\varLambda}(\boldsymbol{x})} \exp\left(\sum_{i=1}^{m} \lambda_i f_i(\boldsymbol{x}, y)\right) \\
&= N \left[\sum_{\boldsymbol{x},y} \widetilde{P}(\boldsymbol{x}, y) \left(\sum_{i=1}^{m} \lambda_i f_i(\boldsymbol{x}, y)\right) - \sum_{\boldsymbol{x},y} \widetilde{P}(\boldsymbol{x}, y) \log Z_{\varLambda}(\boldsymbol{x})\right]
\end{aligned}
$$

對於某一確定的訓練資料集而言，N 是固定的常數，不影響極大似然估計，故之後略去，記為

$$L_{\widetilde{P}}(P_{\varLambda}) = \sum_{\boldsymbol{x},y} \widetilde{P}(\boldsymbol{x}, y) \left(\sum_{i=1}^{m} \lambda_i f_i(\boldsymbol{x}, y)\right) - \sum_{\boldsymbol{x},y} \widetilde{P}(\boldsymbol{x}, y) \log Z_{\varLambda}(\boldsymbol{x}) \qquad (6.39)$$

透過觀察可以發現，式 (6.39) 和式 (6.37) 完全相同，表示最大熵模型的對數似然函式等值於對偶函式。透過這個結論，就可以透過最大化對數似然函式或最大化對偶函式求解條件機率分佈。

如何快準穩地求解這個最佳化問題？接下來的內容將圍繞 3 種最最佳化方法展開：最速梯度下降法、擬牛頓法和改進迭代尺度法。如果從最大熵模型的對偶函式出發，可以透過最速梯度下降法、擬牛頓法等學習參數。如果從極大似然函式出發，則可以透過迭代尺度法學習參數。

6.4.1 最速梯度下降法

最速梯度下降法 [vii] 的核心是「走一步看一步」。對於最大熵模型而言,目的是解決最大化問題。為與最速梯度下降法中的下山過程一致,取負的對偶函式或對數似然函式,得到目標函式

$$Q(\boldsymbol{\Lambda}) = -\Psi(\boldsymbol{\Lambda}) = \sum_{\boldsymbol{x}} \widetilde{P}(\boldsymbol{x}) \log \sum_{y} \exp\left(\sum_{i=1}^{m} \lambda_i f_i(\boldsymbol{x}, y)\right) - \sum_{\boldsymbol{x},y} \widetilde{P}(\boldsymbol{x}, y) \sum_{i=1}^{m} \lambda_i f_i(\boldsymbol{x}, y)$$

求解最大熵模型的問題轉化為求解最小化問題

$$\boldsymbol{\Lambda}^* = \arg\min_{\boldsymbol{\Lambda}} Q(\boldsymbol{\Lambda})$$

梯度為

$$\nabla Q(\boldsymbol{\Lambda}) = \left(\frac{\partial Q(\boldsymbol{\Lambda})}{\partial \lambda_1}, \frac{\partial Q(\boldsymbol{\Lambda})}{\partial \lambda_2}, \cdots, \frac{\partial Q(\boldsymbol{\Lambda})}{\partial \lambda_m}\right)^{\mathrm{T}}$$

這裡需要借助求導的連鎖律求出每個偏導數。梯度向量中的第 i 個元素為

$$\frac{\partial Q(\boldsymbol{\Lambda})}{\partial \lambda_i} = \sum_{\boldsymbol{x}} \widetilde{P}(\boldsymbol{x}) \frac{\sum_{y} \exp\left(\sum_{i=1}^{m} \lambda_i f_i(\boldsymbol{x}, y)\right) \cdot f_i(\boldsymbol{x}, y)}{\sum_{y} \exp(\sum_{i=1}^{m} \lambda_i f_i(\boldsymbol{x}, y))} - \sum_{\boldsymbol{x},y} \widetilde{P}(\boldsymbol{x}, y) f_i(\boldsymbol{x}, y) \quad (6.40)$$

利用條件機率公式和機率期望的定義,式 (6.40) 可以簡化表示為式 (6.41):

$$\frac{\partial Q(\boldsymbol{\Lambda})}{\partial \lambda_i} = \sum_{\boldsymbol{x}} \widetilde{P}(\boldsymbol{x}) P_{\boldsymbol{\Lambda}}(y|\boldsymbol{x}) f_i(\boldsymbol{x}, y) - E_{\widetilde{P}}(f_i), \quad i = 1, 2, \cdots, m \quad (6.41)$$

最大熵模型學習的最速梯度下降法演算法如下。

---

vii 詳情見小冊子 4.1 節。

最大熵模型學習的最速梯度下降法演算

　　輸入：特徵函式 f_1, f_2, $\cdots$, f_m；經驗分佈 $\widetilde{P}(\boldsymbol{x})$ 和 $\widetilde{P}(\boldsymbol{x}, y)$，目標函式 $Q(\boldsymbol{\Lambda})$，梯度 $\nabla Q(\boldsymbol{\Lambda})$，計算精度 ϵ。

　　輸出：最優模型 $P_{\boldsymbol{\Lambda}^*}(y|\boldsymbol{x})$。

(1) 選取初始值 $\boldsymbol{\Lambda}^{(0)} \in \mathbb{R}^m$，置 $k = 0$。

(2) 計算 $Q(\boldsymbol{\Lambda}^{(k)})$ 和梯度 $\nabla Q(w^{(k)})$。

(3) 計算最優步進值 $\eta^{(k)} = \arg\min_\eta Q(\boldsymbol{\Lambda}^{(k)} - \eta \nabla Q(\boldsymbol{\Lambda}^{(k)}))$。

(4) 利用迭代公式 $\boldsymbol{\Lambda}^{(k+1)} = \boldsymbol{\Lambda}^{(k)} - \eta^{(k)} \nabla Q(\boldsymbol{\Lambda}^{(k)})$ 進行參數更新。

(5) 如果 $\|Q(\boldsymbol{\Lambda}^{(k+1)}) - Q(\boldsymbol{\Lambda}^{(k)})\| < \epsilon$，停止迭代，令 $\boldsymbol{\Lambda}^* = \boldsymbol{\Lambda}^{(k+1)}$，輸出結果；否則，令 $k = k + 1$，轉步驟 (2) 繼續迭代，更新參數，直到滿足終止條件。

(6) 將所得 $\boldsymbol{\Lambda}^*$ 代入 $P_{\boldsymbol{\Lambda}}(y|\boldsymbol{x})$ 中，即得最優條件機率分佈模型

$$P_{\boldsymbol{\Lambda}^*}(y|\boldsymbol{x}) = \frac{\exp\left(\sum_{i=1}^{m} \lambda_i^* f_i(\boldsymbol{x}, y)\right)}{\sum_y \exp\left(\sum_{i=1}^{m} \lambda_i^* f_i(\boldsymbol{x}, y)\right)}$$

6.4.2 擬牛頓法：DFP 演算法和 BFGS 演算法

　　對於最大熵模型，很難直接得到海森矩陣或海森矩陣的逆，因此採用擬牛頓法 [viii]。

---

viii 詳情見小冊子 4.3 節。

1. DFP 演算法

將 DFP 演算法應用於最大熵模型中，具體演算法如下。

最大熵模型學習的 DFP 演算

輸入：特徵函式 f_1, f_2, $\cdots$, f_m；經驗分佈 $\widetilde{P}(x)$ 和 $\widetilde{P}(x,y)$，目標函式 $Q(\Lambda)$，梯 $g(\Lambda)$，計算精度 ϵ。

輸出：$Q(\Lambda)$ 的極小值點 Λ^*；最優模型 $P_{\Lambda^*}(y|x)$。

(1) 選取初始值 $\Lambda^{(0)} \in \mathbb{R}^m$，取正定對稱矩陣 G_0 置 $k = 0$。

(2) 計算 $g(\Lambda^{(k)})$，如果 $\|g_k\| < \epsilon$，停止迭代，令 $\Lambda^* = \Lambda^{(k)}$，輸出結果；否則，轉步驟 (3) 繼續迭代。

(3) 置 $p_k = -G_k g_k$，利用一維搜索公式得到最優步進值 η_k：

$$\eta_k = \arg\min_{\eta \geqslant 0} f(\Lambda^{(k)} + \eta p_k)$$

(4) 透過迭代公式更新

$$\Lambda^{(k+1)} = \Lambda^{(k)} + \eta_k p_k$$

(5) 計算 $g(\Lambda^{(k+1)})$，如果 $\|g(\Lambda^{(k+1)})\| < \epsilon$，停止迭代，令 $\Lambda^* = \Lambda^{(k+1)}$，輸出結果；否則，令 $k = k + 1$，計算

$$G_{k+1} = G_k + \frac{\delta_k \delta_k^{\mathrm{T}}}{\delta_k^{\mathrm{T}} \varsigma_k} - \frac{G_k \varsigma_k \varsigma_k^{\mathrm{T}} G_k}{\varsigma_k^{\mathrm{T}} G_k \varsigma_k}$$

轉步驟 (3) 繼續迭代，更新參數，直到滿足終止條件。

(6) 將所得 Λ^* 代入 $P_{\Lambda}(y|x)$ 中，即得最優條件機率分佈模型

$$P_{\Lambda^*}(y|x) = \frac{\exp\left(\sum_{i=1}^{m} \Lambda_i^* f_i(x, y)\right)}{\sum_y \exp\left(\sum_{i=1}^{m} \Lambda_i^* f_i(x, y)\right)}$$

---

2. BFGS 演算法

將 BFGS 演算法應用於最大熵模型中，具體演算法如下。

最大熵模型學習的 BFGS 演

輸入：特徵函式 $f_1, f_2, \cdots, f_m$；經驗分佈 $\widetilde{P}(\boldsymbol{x})$ 和 $\widetilde{P}(\boldsymbol{x}, y)$，目標函式 $Q(\Lambda)$，梯度 $g(\Lambda)$，計算精度 ϵ。

輸出：$Q(\Lambda)$ 的極小值點 Λ^*；最優模型 $P_{\Lambda^*}(y|\boldsymbol{x})$。

(1) 選取初始值 $\Lambda^{(0)} \in \mathbb{R}^m$，取正定對稱矩陣 $\boldsymbol{B}_0$ 置 $k = 0$。

(2) 計算 $g(\Lambda^{(k)})$，如果 $\|\boldsymbol{g}_k\| < \epsilon$，停止迭代，令 $\Lambda^* = \Lambda^{(k)}$，輸出結果；否則，轉步驟 (3) 繼續迭代。

(3) 置 $\boldsymbol{B}_k \boldsymbol{p}_k = -\boldsymbol{g}_k$，求出 $\boldsymbol{p}_k$，利用一維搜索公式得到最優步進值 η_k：

$$\eta_k = \arg \min_{\eta \geqslant 0} f(\Lambda^{(k)} + \eta \boldsymbol{p}_k)$$

(4) 透過迭代公式更新

$$\Lambda^{(k+1)} = \Lambda^{(k)} + \eta_k \boldsymbol{p}_k$$

(5) 計算 $g(\Lambda^{(k+1)})$，如果 $\|g(\Lambda^{(k+1)})\| < \epsilon$，停止迭代，令 $\Lambda^* = \Lambda^{(k+1)}$，輸出結果；否則，令 $k = k + 1$，計算

$$\boldsymbol{G}_{k+1} = \boldsymbol{G}_k + \frac{\boldsymbol{\delta}_k \boldsymbol{\delta}_k^{\mathrm{T}}}{\boldsymbol{\delta}_k^{\mathrm{T}} \boldsymbol{\varsigma}_k} - \frac{\boldsymbol{G}_k \boldsymbol{\varsigma}_k \boldsymbol{\varsigma}_k^{\mathrm{T}} \boldsymbol{G}_k}{\boldsymbol{\varsigma}_k^{\mathrm{T}} \boldsymbol{G}_k \boldsymbol{\varsigma}_k}$$

轉步驟 (3) 繼續迭代，更新參數，直到滿足終止條件。

(6) 將所得 Λ^* 代入 $P_{\Lambda}(y|\boldsymbol{x})$ 中，即得最優條件機率分佈模型

$$P_{\Lambda^*}(y|\boldsymbol{x}) = \frac{\exp \left(\sum_{i=1}^{m} \Lambda_i^* f_i(\boldsymbol{x}, y) \right)}{\sum_y \exp \left(\sum_{i=1}^{m} \Lambda_i^* f_i(\boldsymbol{x}, y) \right)}$$

6.4.3 改進的迭代尺度法

20 世紀 90 年代，IBM 公司的機器翻譯小組由於實際問題的需求，提出改進迭代尺度法（Improved Iterative Scaling，IIS）演算法。在 IIS 演算法中，需要借助極大似然估計的思想，即透過機率最大化估計條件機率分佈：

$$\boldsymbol{\Lambda}^* = \arg \max_{\boldsymbol{\Lambda}} L_{\widetilde{P}}(P_{\boldsymbol{\Lambda}})$$

其中，似然函式

$$L_{\widetilde{P}}(P_{\boldsymbol{\Lambda}}) = \sum_{\boldsymbol{x},y} \widetilde{P}(\boldsymbol{x},y) \left(\sum_{i=1}^{m} \lambda_i f_i(\boldsymbol{x},y) \right) - \sum_{\boldsymbol{x},y} \widetilde{P}(\boldsymbol{x},y) \log Z_{\boldsymbol{\Lambda}}(\boldsymbol{x}) \tag{6.42}$$

不同於梯度下降法和牛頓法，這裡從似然函式出發直接迭代計算，只要每一輪迭代後所得似然值大於上一輪的似然值即可收斂至參數的極大似然估計。假設兩輪迭代的增量為 $\boldsymbol{\nu}$，使得

$$L(\boldsymbol{\Lambda} + \boldsymbol{\nu}) \geqslant L(\boldsymbol{\Lambda})$$

現在問題轉化為只要找到每一輪迭代的增量為 $\boldsymbol{\nu} = (\nu_1, \nu_2, \cdots, \nu_m)^{\mathrm{T}}$ 即可。

最簡單的辦法就是計算兩輪迭代的差值，把兩組參數代入似然函式 (6.42) 中，得到差值

$$L(\boldsymbol{\Lambda} + \boldsymbol{\nu}) - L(\boldsymbol{\Lambda}) = \sum_{\boldsymbol{x},y} \widetilde{P}(\boldsymbol{x},y) \sum_{i=1}^{m} \nu_i f_i(\boldsymbol{x},y) - \sum_{\boldsymbol{x}} \widetilde{P}(\boldsymbol{x}) \log \frac{Z_{\boldsymbol{\Lambda}+\boldsymbol{\nu}}(\boldsymbol{x})}{Z_{\boldsymbol{\Lambda}}(\boldsymbol{x})} \tag{6.43}$$

為簡化運算，透過常用的對數不等式 $-\log x \geqslant 1 - x$ 去掉式 (6.43) 中的 log 函式，得到差值的下界。

$$L(\boldsymbol{\Lambda} + \boldsymbol{\nu}) - L(\boldsymbol{\Lambda}) \geqslant \sum_{\boldsymbol{x},y} \widetilde{P}(\boldsymbol{x},y) \sum_{i=1}^{m} \nu_i f_i(\boldsymbol{x},y) + 1 - \sum_{\boldsymbol{x}} \widetilde{P}(\boldsymbol{x}) \frac{Z_{\boldsymbol{\Lambda}+\boldsymbol{\nu}}(\boldsymbol{x})}{Z_{\boldsymbol{\Lambda}}(\boldsymbol{x})} \tag{6.44}$$

式 (6.44) 中 $Z_{\Lambda+\nu}(\boldsymbol{x})$ 可以拆解成兩項：

$$Z_{\boldsymbol{\Lambda}+\boldsymbol{\nu}}(\boldsymbol{x}) = \sum_y \exp\left(\sum_{i=1}^m (\lambda_i + \nu_i) f_i(\boldsymbol{x}, y)\right)$$

$$= \sum_y \left[\exp\left(\sum_{i=1}^m \lambda_i f_i(\boldsymbol{x}, y)\right)\right] \cdot \left[\exp\left(\sum_{i=1}^m \nu_i f_i(\boldsymbol{x}, y)\right)\right]$$

於是

$$\frac{Z_{\boldsymbol{\Lambda}+\boldsymbol{\nu}}(\boldsymbol{x})}{Z_{\boldsymbol{\Lambda}}(\boldsymbol{x})} = \sum_y \frac{\exp\left(\sum_{i=1}^m \lambda_i f_i(\boldsymbol{x}, y)\right)}{Z_{\boldsymbol{\Lambda}}(\boldsymbol{x})} \exp\left(\sum_{i=1}^m \nu_i f_i(\boldsymbol{x}, y)\right)$$

$$= \sum_y P_{\boldsymbol{\Lambda}}(y|\boldsymbol{x}) \exp \sum_{i=1}^m \nu_i f_i(\boldsymbol{x}, y)$$

將剛得到的下界函式記為 $A(\boldsymbol{\nu}|\boldsymbol{\Lambda})$：

$$A(\boldsymbol{\nu}|\boldsymbol{\Lambda}) = \sum_{\boldsymbol{x},y} \widetilde{P}(\boldsymbol{x}, y) \sum_{i=1}^m \nu_i f_i(\boldsymbol{x}, y) + 1 - \sum_{\boldsymbol{x}} \widetilde{P}(\boldsymbol{x}) \sum_y P_w(y|\boldsymbol{x}) \exp \sum_{i=1}^m \nu_i f_i(\boldsymbol{x}, y)$$

$$\tag{6.45}$$

代表在已知參數 $\boldsymbol{\Lambda}$ 的情況下所對應的關於增量 ν 的函式。只要找到合適的 $\boldsymbol{\nu}$ 使得 $A(\boldsymbol{\nu}|\boldsymbol{\Lambda}) > 0$，就能夠找到下一論的迭代值。

如何找到 $A(\boldsymbol{\nu}|\boldsymbol{\Lambda})$ 的下界，並且證明它是大於 0 的呢？

首先試試費馬原理，對其求偏導數

$$\frac{\partial A}{\partial \nu_i} = \sum_{\boldsymbol{x},y} \widetilde{P}(\boldsymbol{x}, y) \sum_{i=1}^m f_i(\boldsymbol{x}, y) + 0 - \sum_{\boldsymbol{x}} \widetilde{P}(\boldsymbol{x}) \sum_y P_{\boldsymbol{\Lambda}}(y|\boldsymbol{x}) \exp \sum_{i=1}^m \nu_i f_i(\boldsymbol{x}, y) \cdot f_i(\boldsymbol{x}, y)$$

遺憾的是，第三項與所有的 ν_i 有關，牽一髮而動全身，嘗試以失敗而告終！

接著，試圖換個想法，不妨再給 $A(\boldsymbol{\nu}|\boldsymbol{\Lambda})$ 函式找個下界。引入一個常用的不等式——Jensen 不等式。

假如特徵函式 $f_i(\boldsymbol{x}, y)$ 是二值函式，表示樣本符合特徵時為 1，不符合時為 0，記 $(\boldsymbol{x}, y)$ 滿足特徵的個數為

$$f^{\#}(\boldsymbol{x}, y) = \sum_i f_i(\boldsymbol{x}, y)$$

將其轉化為佔比機率

$$\frac{f_i(\boldsymbol{x}, y)}{f^{\#}(\boldsymbol{x}, y)} \geqslant 0 \quad \text{且} \quad \sum_i^m \frac{f_i(\boldsymbol{x}, y)}{f^{\#}(\boldsymbol{x}, y)} = 1$$

指數函式 $\exp(\cdot)$ 是一個典型的凸函式，應用 Jensen 不等式，

$$\exp\left(f^{\#}(\boldsymbol{x}, y) \sum_{i=1}^n \frac{\nu_i f_i(\boldsymbol{x}, y)}{f^{\#}(\boldsymbol{x}, y)}\right) \leqslant \exp\left(\sum_{i=1}^m \frac{f_i(\boldsymbol{x}, y)}{f^{\#}(\boldsymbol{x}, y)} \lambda_i f^{\#}(\boldsymbol{x}, y)\right)$$

$$\leqslant \sum_{i=1}^m \frac{f_i(\boldsymbol{x}, y)}{f^{\#}(\boldsymbol{x}, y)} \exp(\lambda_i f^{\#}(\boldsymbol{x}, y)) \tag{6.46}$$

將式 (6.46) 帶入差值函式 $A(\boldsymbol{\nu}|\boldsymbol{\Lambda})$ 式 (6.45)：

$$A(\boldsymbol{\nu}|\boldsymbol{\Lambda}) \geqslant \sum_{\boldsymbol{x}, y} \widetilde{P}(\boldsymbol{x}, y) \sum_{i=1}^m \delta_i f_i(\boldsymbol{x}, y) + 1$$

$$- \sum_{\boldsymbol{x}} \widetilde{P}(\boldsymbol{x}) \sum_y P_w(y|\boldsymbol{x}) \sum_{i=1}^m \frac{f_i(\boldsymbol{x}, y)}{f^{\#}(\boldsymbol{x}, y)} \exp(\nu_i f^{\#}(\boldsymbol{x}, y))$$

記作新的下界函式 $B(\boldsymbol{\nu}|\boldsymbol{\Lambda})$：

$$B(\boldsymbol{\nu}|\boldsymbol{\Lambda}) = \sum_{\boldsymbol{x}, y} \widetilde{P}(\boldsymbol{x}, y) \sum_{i=1}^m \delta_i f_i(\boldsymbol{x}, y) + 1 -$$

$$\sum_{\boldsymbol{x}} \widetilde{P}(\boldsymbol{x}) \sum_y P_w(y|\boldsymbol{x}) \sum_{i=1}^m \frac{f_i(\boldsymbol{x}, y)}{f^{\#}(\boldsymbol{x}, y)} \exp(\nu_i f^{\#}(\boldsymbol{x}, y))$$

再嘗試一下費馬原理，求偏導數：

$$\frac{\partial B}{\partial \nu_i} = \sum_{\boldsymbol{x}, y} \widetilde{P}(\boldsymbol{x}, y) \sum_{i=1}^m f_i(\boldsymbol{x}, y) + 0 - \sum_{\boldsymbol{x}} \widetilde{P}(\boldsymbol{x}) \sum_y P_{\boldsymbol{\Lambda}}(y|\boldsymbol{x}) f_i(\boldsymbol{x}, y) \cdot \exp\{\nu_i f^{\#}(\boldsymbol{x}, y)\}$$

$$= E_{\widetilde{P}}(f_i(\boldsymbol{x}, y)) - \sum_{\boldsymbol{x}} \widetilde{P}(\boldsymbol{x}) \sum_y P_{\boldsymbol{\Lambda}}(y|\boldsymbol{x}) f_i(\boldsymbol{x}, y) \cdot \exp\{\nu_i f^{\#}(\boldsymbol{x}, y)\}$$

令偏導 $\dfrac{\partial B}{\partial \nu_i} = 0$，得到方程式

$$E_{\widetilde{P}}(f_i(\boldsymbol{x},y)) = \sum_{\boldsymbol{x}} \widetilde{P}(\boldsymbol{x}) \sum_y P_{\boldsymbol{\Lambda}}(y|\boldsymbol{x}) f_i(\boldsymbol{x},y) \cdot \exp\{\nu_i f^{\#}(\boldsymbol{x},y)\} \tag{6.47}$$

若 $f^{\#}(\boldsymbol{x},y) = M$ ，則方程式的解可簡化為

$$\nu_i^* = \frac{1}{M} \log \frac{E_{\widetilde{P}}(f_i(\boldsymbol{x},y))}{E_P(f_i(\boldsymbol{x},y))} \tag{6.48}$$

將式 (6.48) 中的 ν_i^* 代入 $B(\boldsymbol{\nu}|\boldsymbol{\Lambda})$ 中，可得 B 的最小值，

$$\min_{\boldsymbol{\nu}} B(\boldsymbol{\nu}|\boldsymbol{\Lambda}) = \sum_{i=1}^m E_{\widetilde{P}}(\nu_i^* f_i(\boldsymbol{x},y)) + 1 - \sum_{i=1}^m \frac{1}{M} E_{\widetilde{P}}(f_i(\boldsymbol{x},y))$$

$$= 1 + \sum_{i=1}^m \frac{1}{M} \log \frac{E_{\widetilde{P}}(f_i)}{E_P(f_i)} E_{\widetilde{P}}(f_i(\boldsymbol{x},y)) - \sum_{i=1}^m \frac{1}{M} E_{\widetilde{P}}(f_i(\boldsymbol{x},y))$$

$$= 1 - \frac{1}{M} \sum_{i=1}^m E_{\widetilde{P}}(f_i(\boldsymbol{x},y)) - \frac{1}{M} \sum_{i=1}^m \log \frac{E_P(f_i)}{E_{\widetilde{P}}(f_i)} E_{\widetilde{P}}(f_i(\boldsymbol{x},y))$$

再次利用對數不等式 $-\log x \geqslant 1 - x$ ，就得到

$$-\frac{1}{M} \sum_{i=1}^m \log \frac{E_P(f_i)}{E_{\widetilde{P}}(f_i)} E_{\widetilde{P}}(f_i(\boldsymbol{x},y))$$

$$\geqslant \frac{1}{M} \sum_{i=1}^m \left(1 - \frac{E_P(f_i)}{E_{\widetilde{P}}(f_i)}\right) E_{\widetilde{P}}(f_i(\boldsymbol{x},y))$$

$$= \frac{1}{M} \sum_{i=1}^m E_{\widetilde{P}}(f_i(\boldsymbol{x},y)) - \frac{1}{M} \sum_{i=1}^n \frac{E_P(f_i)}{E_{\widetilde{P}}(f_i)} E_{\widetilde{P}}(f_i(\boldsymbol{x},y))$$

$$= \frac{1}{M} \sum_{i=1}^m E_{\widetilde{P}}(f_i(\boldsymbol{x},y)) - \frac{1}{M} \sum_{i=1}^n E_P(f_i(\boldsymbol{x},y))$$

於是

$$\min_{\boldsymbol{\nu}} B(\boldsymbol{\nu}|\boldsymbol{\Lambda}) \geqslant 1 - \frac{1}{M} \sum_{i=1}^m E_{\widetilde{P}}(f_i(\boldsymbol{x},y)) + \frac{1}{M} \sum_{i=1}^m E_{\widetilde{P}}(f_i(\boldsymbol{x},y)) - \frac{1}{M} \sum_{i=1}^m E_P(f_i(\boldsymbol{x},y))$$

$$= 1 - \frac{1}{M} \sum_{i=1}^m E_P(f_i(\boldsymbol{x},y))$$

$$\geqslant 0$$

　　這說明下界 $B(\nu|\Lambda)$ 是合理的，可採用增量 ν_i^* 更新似然函式。

　　可以說，這裡的迭代尺度法是根據條件機率模型的極大似然函式量身訂製而得，以下為最大熵模型學習的改進迭代尺度法的具體演算法。

最大熵模型學習的改進迭代尺度演算法

　　輸入：特徵函式 $f_1, f_2, \cdots, f_m$；經驗分佈 $\widetilde{P}(\boldsymbol{x})$ 和 $\widetilde{P}(\boldsymbol{x}, y)$，計算精度 ϵ。

　　輸出：最優參數 Λ^*；最優模型 $P_{\Lambda^*}(y|\boldsymbol{x})$。

　　(1) 對所有 $i \in \{1, 2, \cdots, m\}$，選取初始值 $\lambda_i = 0$，計算

$$P_{\Lambda}(y|\boldsymbol{x}) = \frac{1}{Z_{\Lambda}(\boldsymbol{x})} \exp\left(\sum_{i=1}^{m} \lambda_i f_i(\boldsymbol{x}, y)\right)$$

　　(2) 分別計算每次迭代的增量 ν_i，然後進行參數更新：

　　① 根據方程式

$$\sum_{\boldsymbol{x}, y} \widetilde{P}(\boldsymbol{x}) P_{\Lambda}(y|\boldsymbol{x}) f_i(\boldsymbol{x}, y) \exp\left(\nu_i f^{\#}(\boldsymbol{x}, y)\right) = E_{\widetilde{P}}(f_i)$$

求解得到 ν_i^*。特別地，如果 $f^{\#}(\boldsymbol{x}, y)$ 是常數 M，則

$$\nu_i^* = \frac{1}{M} \log \frac{E_{\widetilde{P}}(f_i(\boldsymbol{x}, y))}{E_P(f_i(\boldsymbol{x}, y))}$$

　　② 更新參數 λ_i：

$$\lambda_i \longleftarrow \lambda_i + \nu_i^*$$

　　(3) 重複以上步驟，透過迭代公式更新參數，直到收斂。

　　(4) 將所得 Λ^* 代入 $P_{\Lambda}(y|\boldsymbol{x})$ 中，即得最優條件機率分佈模型

$$P_{\Lambda}^*(y|\boldsymbol{x}) = \frac{\exp\left(\displaystyle\sum_{i=1}^{m} \lambda_i^* f_i(\boldsymbol{x}, y)\right)}{\displaystyle\sum_y \exp\left(\sum_{i=1}^{m} \lambda_i^* f_i(\boldsymbol{x}, y)\right)}$$

6.5 案例分析——湯圓小例子

因最大熵模型實現的複雜性，這裡僅透過一個簡易資料集來展示最大熵模型的實現。仍然是湯圓小例子。若呼叫最大熵模型，需要自行安裝「maxentropy」[ix]，程式如下：

```
1 pip install maxentropy
```

在 Python 中，將醇香黑芝麻、香甜花生、綿軟豆沙、香芋紫薯和蛋黃流沙 5 種口味分別表示為「sesame, peanuts, bean_paste, purple_potato, yolks」，並透過 BFGS 演算法實現參數的計算。

```
1 # 匯入相關模組
2 import numpy as np
3 import maxentropy
4
5 # 樣本空間
6 samplespace = ["sesame", "peanuts", "bean_paste", "purple_potato", "yolks"]
7
8
9 # 定義特徵函式
10 #常規約束
11 def f0(x):
12     return x in samplespace
13 # 約束 1：醇香黑芝麻和香甜花生口味的湯圓共有 8 只
14 def f1(x):
15     return x=="sesame" or x=="peanuts"
16 # 約束 2：醇香黑芝麻和綿軟豆沙口味的湯圓一共有 6 只
17 def f2(x):
18 return x=="sesame" or x=="bean_paste"
19
20 features = [f0, f1, f2]
21
22 # 設置特徵函式的期望
23 target_expectations = [1.0, 8/15, 6/15]
24
25 # 訓練模型，演算法選擇擬牛頓法 BFGS
26 X = np.atleast_2d(target_expectations)
27
```

---

ix 更多詳情請查看網站 PyPI。

```
28 smallmodel = maxentropy.MinDivergenceModel(features, samplespace,
29                                              vectorized=False,
30                                              verbose=False,
31                                              algorithm="BFGS")
32
33 smallmodel.fit(X)
34 Prob = smallmodel.probdist()
```

列印最大熵模型訓練出的機率分佈：

```
1 print("\nFitted distribution is:")
2 for j, x in enumerate(smallmodel.samplespace):
3    print(f"\tx = {x:15s}: p(x) = {Prob[j]:.4f}")
```

輸出結果為：

```
1 Fitted distribution is:
2    x = sesame : p(x) = 0.2541
3    x = peanuts : p(x) = 0.2793
4    x = bean_paste : p(x) = 0.1459
5    x = purple_potato : p(x) = 0.1604
6    x = yolks : p(x) = 0.1604
```

與例 6.5 和例 6.6 的結果完全一致。另外，還可以透過橫條圖展示分佈結果。

```
1 # 匯入相關模組
2 import seaborn as sns
3 import matplotlib.pyplot as plt
4
5 # 文字中文化設置
6 plt.rcParams["font.sans-serif"] = ["SimHei"]
7 plt.rcParams["axes.unicode_minus"] = False
8
9 Tangyuan = ["醇香黑芝麻","香甜花生","綿軟豆沙","香芋紫薯","蛋黃流沙"]
10
11 # 繪製橫條圖，並標上每種口味湯圓的機率分佈
12 sns.barplot(Tangyuan, Prob)
13 plt.title("5 種口味湯圓的機率分佈")
14 for x,y in enumerate(Prob):
15    plt.text(x,y+0.003,"%s"%round(y,4),ha="center")
```

橫條圖如圖 6.4 所示。

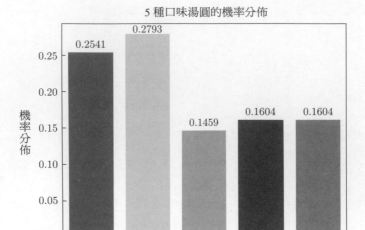

▲ 圖 6.4 5 種口味湯圓的機率分佈

6.6 本章小結

1. 熵度量系統內在的混亂程度。對於機率分佈而言，熵度量分佈資訊的多少分為兩種情況。若離散型隨機變數 X 的機率分佈為

$$P(X = a_i) = p_i, \quad i = 1, 2, \cdots, n$$

則隨機變數 X 的熵 $H(X)$ 定義為

$$H(X) = -\sum_{i=1}^{n} p_i \log_2 p_i$$

若連續型隨機變數 X 的機率分佈為密度函式 $p(x)$，則隨機變數 X 的熵 $H(X)$ 定義為

$$H(X) = -\int_{-\infty}^{\infty} p(x) \ln p(x) \mathrm{d}x$$

2. 最大熵模型是一種機率模型，透過對類別條件機率的學習對實例的類別做出預測。最大熵模型借助最大熵思想，保留盡可能多的不確定性，並將風險降到最小。最大熵思想，解釋了等機率分佈與高斯分佈在機率分佈中的重要地位。

3. 最大熵模型以訓練得到條件機率分佈為目的，以最大熵思想為核心，以特徵函式為約束得到。假設滿足所有約束條件的模型集合為

$$\mathcal{M} = \{P \in \mathcal{P} | E_P(f_i) = E_{\widetilde{P}}(f_i), \ i = 1, 2, \cdots, m\}$$

式中，$\mathcal{P}$ 代表由所有的機率分佈組成的集合。因此，定義在條件機率分佈 $P(Y|X)$ 上的條件熵為

$$H(P(Y|X)) = -\sum_{\boldsymbol{x},y} \widetilde{P}(\boldsymbol{x})P(y|\boldsymbol{x}) \log P(y|\boldsymbol{x})$$

簡記 $H(P(Y|X))$ 為 $H(P)$，則模型集合 $\mathcal{M}$ 中條件熵 $H(P)$ 最大的模型稱為最大熵模型。

4. 最大熵模型可以透過多種最佳化演算法學習得到，比如最速下降法、擬牛頓法和改進的迭代尺度法。

6.7 習題

6.1 對於同一個二分類問題，請結合方差 - 偏差折中思想比較最大熵模型與邏輯迴歸模型的方差和偏差。

6.2 高爾夫是由 GOLF 音譯而得，這 4 個英文字母分別代表：Green、Oxygen、Light 和 Friendship。表示綠色、氧氣、陽光和友誼。可以說，高爾夫是一項集享受大自然的綠色和陽光、鍛煉身體並且增進友誼的運動。既然是一項戶外運動，天氣對於是否可以打高爾夫球有著一定的影響。表 6.3 是一組天氣與「是否打高爾夫」的資料集。請透過最大熵模型學習這組資料，列出條件機率分佈。

▼ 表 6.3 今天的天氣是否適合打高爾夫

天 氣	溫 度	濕 度	是否有風	是否適合打網球
晴	熱	高	否	否
晴	熱	高	是	否
雨	涼爽	中	是	否
晴	溫	高	否	否
雨	溫	高	是	否
陰	熱	高	否	是
雨	溫	高	否	是
雨	涼爽	中	否	是
陰	涼爽	中	是	是
晴	涼爽	中	否	是
雨	溫	中	否	是
晴	溫	中	是	是
陰	溫	高	是	是
陰	熱	中	否	是

6.8 閱讀時間：奇妙的對數

給我時間、空間和對數，我可以創造出一個宇宙。

—— 伽利略

眾所皆知，微積分是 17 世紀最偉大的一項數學發明，對數與解析幾何則是與之齊名的 17 世紀三大成就。在 16 世紀 和 17 世紀之交，自然科學領域尤其是天文學學科，經常遇到大量的數值計算，天文學家們對此非常苦悶，要知道那時候可都是純手動計算，因此改進數字的計算方法、提高計算速度和準確度成了當務之急。

這時候，蘇格蘭有一位數學家 John Napier，他也是一位狂熱的天文同好，在計算各種行星軌道時，被浩瀚的計算量所折磨，因此十分痛恨這些乏味的重複性工作，更何況在那個時期沒有電腦，還處於手算的時代。為了簡化計算，Napier 潛

心研究 20 年，進行了數百萬次的計算。終於在 1614 年，他在愛丁堡出版了《奇妙的對數定律說明書》，正式提出對數的概念。

> **《奇妙的對數定律說明書》**
>
> 　看起來在數學實踐中，
>
> 　最麻煩的莫過於數字的乘法、除法、開平方和開立方，
>
> 　計算起來特別麻煩又傷腦筋，
>
> 　於是我開始構思有什麼巧妙好用的方法可以解決這些問題。

　　順便說一句，Napier 不只是發明對數，還發明了以他的名字命名的「納皮爾算籌」這種計算工具，可以說為計算做出了巨大的貢獻。所以稱為「對數」，是因為，在 $\log_{10} 2 = 0.30103$ 這樣的式子裡，2 叫作「真數」(這個名稱至今不變)，而 0.30103 叫作「假數」，「真數與假數對列成表」，所以叫作「對數表」。

1. 如何利用對數簡化運算

　　既然來自於天文，那我們就舉個天文的小例子。假如地球以圓形軌道繞太陽運動，根據以下已知資料，計算太陽的質量 M。

(1) 地球與太陽的平均距離 $R = 1.496 \times 10^{11}$ m。

(2) 地球公轉週期 $T = 3.156 \times 10^7$ s。

(3) 萬有引力常數 $G = 6.672 \times 10^{-11}$ m^3/(s$^2 \cdot$ kg)。

根據萬有引力定律和牛頓運動定律可知

$$M = \frac{4\pi^2 R^3}{GT^2}$$

假如我們現在手中有一本對數表，不用借助計算機就可以簡單快捷地計算出來，請看。

(1) 計算 $4\pi^2$：

$$\log_{10}(2\pi) = 0.7982 \Longrightarrow \log_{10}(4\pi^2) = 2\log_{10}(2\pi) = 1.5964$$

(2) 計算 R^3：

$$\log_{10}(R) = 11 + 0.1750 = 11.1750 \Longrightarrow \log_{10}(R^3) = 3\log_{10}(R) = 33.5250$$

(3) 計算 GT^2：

$$\begin{cases} \log_{10}(G) = -11 + 0.8242 = -10.1758 \\ \log_{10}(T) = 7 + 0.4991 = 7.4991 \end{cases}$$

$$\Longrightarrow \log_{10}(GT^2) = \log_{10}(G) + 2\log_{10}(T) = 4.8224$$

(4) 太陽的質量 M 手算即可得到：

$$\log_{10} M = \log_{10}(4\pi^2) + \log_{10}(R^3) - \log_{10}(GT^2) = 30.2990$$

$$\Longrightarrow M = 10^{\log_{10} M} = 10^{0.2990} \times 10^{30} \text{ kg} = 1.991 \times 10^{30} \text{ kg}$$

可見，利用對數這個工具，天文學家們就能夠輕鬆地化煩瑣的大數乘除運算為加減運算，減少計算量。直接得到太陽的質量為 1.991×10^{30} kg，這個結果與目前資料顯示的結果相差無幾。

2. 為何用對數表示資訊熵

本章著重講解的資訊熵，之所以採用對數形式，也是根據對數化乘除為加減的特性。與機率相聯繫，假如 $P(A)$ 代表 A 事件發生的機率，A 發生能夠帶來多大的資訊呢？顯然，$P(A)$ 越大，確定性越強，A 發生帶來的資訊越少；反之，$P(A)$ 越小，則 A 發生帶來的資訊越大。由此可以得到資訊量與機率的一個性質：$H(A)$ 應該是 $P(A)$ 的非減函式，並且 A 是必然事件時 $H(A) = 0$。此外，如果事件 A 和 B 相互獨立，則 A 和 B 都發生帶來的資訊量應該是 $H(A)$ 與 $H(B)$ 之和，即 $H(A \cap B) = H(A) + H(B)$，這就是第二個性質。根據這兩個性質，就確定了 $H(A)$ 一定是對數形式。下面舉出嚴格的數學表達和證明過程。

定理 6.1　設 $H(u)$ 是 $(0, 1]$ 上的嚴格減函式，$H(1) = 0$，且對所有的 $u, v \in (0, 1)$，使 $H(u)$ 滿足

$$H(uv) = H(u) + H(v)$$

則必須且只需存在 $c > 0$，使得

$$H(u) = -c\log u, \quad 0 < u \leqslant 1$$

證明 充分性顯然。

必要性的證明：因為 $H(u)$ 是 $(0, 1]$ 上的嚴格減函式，$H(1) = 0$，且 $H(uv) = H(u) + H(v)$，則對任意正整數 m 和 n，有

$$H(u^n) = nH(u)$$

於是

$$H((u^{\frac{1}{m}})^m) = mH(u^{\frac{1}{m}}) \Rightarrow H(u^{\frac{1}{m}}) = \frac{1}{m}H(u)$$

所以

$$H(u^{\frac{n}{m}}) = H((u^{\frac{1}{m}})^n) = nH(u^{\frac{1}{m}}) = \frac{n}{m}H(u)$$

可見，對任意無理數 $r > 0$，都有

$$H(u^r) = rH(u), \quad 0 < u \leqslant 1$$

利用 $H(u)$ 的單調性可得，r 為無理數時，上式仍然成立。不妨令 $u = a^{-1}$，則

$$H(a^{-r}) = rH(a^{-1})$$

令 $r = -\log_a u, c = -H(a^{-1})$，則

$$H(u) = -c\log_a u$$

c 是一個正常數，其大小不影響資訊量的單位，為簡單起見通常取為常數 1。所以，資訊量有以下形式：

$$H(A) = -\log_a P(A)$$

取 $a = 2$ 時，單位為位元；取 $u = e$ 時，單位為納特。對於隨機變數 X，可以根據機率分佈得到機率熵公式 $H(p(x)) = -E[\log(p(x))]$。

還有常用的對數似然函式、對數收益率，化學中 pH 的定義，心理學中的感官與物理刺激之間的對數關係，聲學中的分貝，地震學中的芮氏震級，等等，都是運用了對數運算的特性。

最後送大家兩個「雞湯」公式：

$$1.01^{365} = 37.78$$

$$0.99^{365} = 0.0255$$

雖然看起來這兩個機率相差無幾，一個是 0.99，一個是 1.01，但是如果加入時間這個變數，長期累積，即使只是 1% 的優勢，每天進步一點點，一年之後就會遠遠大於 1；雖然只有 1% 的劣勢，每天退步一點點，一年之後就會接近為零。保險公司中許多價值投資理論，也都是基於這個原理而來。

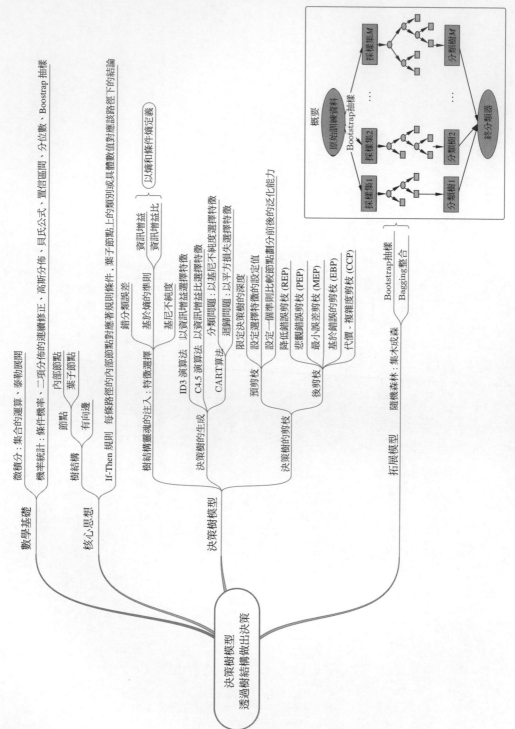

決策樹模型
透過樹結構結構做出決策

數學基礎
- 微積分：集合的運算、泰勒展開
- 機率統計：條件機率、二項分佈的連續修正、高斯分佈、貝氏公式、置信區間、分位數、Boostrap 抽樣

核心思想
- 樹結構
  - 節點
    - 內部節點
    - 葉子節點
  - 有向邊
- If-Then 規則：每條路徑的內部節點對應著規則條件，葉子節點上的類別或具體數值對應著該路徑下的結論

決策樹模型
- 樹結構靈魂的注入：特徵選擇
  - 錯分類誤差
  - 基於熵的準則
    - 資訊增益
    - 資訊增益比 } 以熵和條件熵定義
  - 基尼不純度
- 決策樹的生成
  - ID3 演算法　以資訊增益選擇特徵
  - C4.5 演算法　以資訊增益比選擇特徵
  - CART 算法
    - 分類問題：以基尼不純度選擇特徵
    - 迴歸問題：以平方損失選擇特徵
- 決策樹的剪枝
  - 預剪枝
    - 限定決策樹的深度
    - 設定決策特徵的設定值
    - 設定一個準則比較節點分前後的泛化能力
  - 後剪枝
    - 降低錯誤剪枝 (REP)
    - 悲觀錯誤剪枝 (PEP)
    - 最小誤差剪枝 (MEP)
    - 基於錯誤的剪枝 (EBP)
    - 代價 - 複雜度剪枝 (CCP)

拓展模型
- 隨機森林：集木成森
  - Bootstrap抽樣
  - Bagging整合 }

第 7 章　決策樹模型思維導圖

第 7 章
決策樹模型

參天的大樹是從一粒小樹種長起的。

——托‧富勒

決策樹（Decision Tree）絕不是一棵普通的樹，她是一棵有理想、有深度的樹，從一粒種子開始，為實現某個目標而奮鬥，努力從土壤中迸發出來，成長為一棵參天大樹，而後透過樹結構做出決策。決策樹不僅能夠解決分類問題，而且可用在迴歸問題上。既然作為一棵樹的形象存在，那麼自然少不了枝杈繁葉，歸根結底，即使是迴歸問題，如果是透過樹結構建構模型，其本質也是要先分類，將連續變數的屬性特徵空間分割成一個個的小區域。因此，理解分類決策樹是本章的重中之重。本章著重介紹決策樹的思想，生成決策樹模型的準則，以及決策樹的修剪方法，期間伴隨講解三大主流演算法：ID3 演算法、C4.5 演算法和 CART 演算法，最後擴充至隨機森林。

7.1 決策樹中蘊含的基本思想

7.1.1 什麼是決策樹

在介紹方法之初，需要知道這棵決策樹長成什麼樣子。它如圖 7.1 所示。

▲ 圖 7.1 決策樹的樹結構

　　沒錯，這是一棵倒立生長的樹。想要理解它，可以從兩個角度出發，一是建構決策樹的思維模式，二是決策樹的模型結構。

　　先看第一部分，思維模式。這與第 1 章介紹的科學推理一致。決策樹的生成過程用的是歸納法，是一個在觀察和總結中認識世界的過程，透過觀察大量的樣本，歸納總結出一棵從上往下的樹結構模型。決策樹模型做出決策的過程用的則是演繹法，即根據已知資訊建構的決策樹預測未知樣本的結果。

　　下面，透過一個淺顯易懂的小例子來說明決策樹中的思維模式。每年總會有那麼幾天令單身狗們格外傷心：2 月 14 日西方情人節，5 月 20 日表白日，農曆 7 月 7 日七夕，11 月 11 日光棍節。因為在這某一天，單身狗的選擇就那幾種。如果小明想透過週邊好友節日當天的安排情況，建構一棵決策樹，以決定他的活動安排，該怎麼辦呢？首先收集大量的資料樣本，小明將已有的活動安排簡單分為 4 類：玩狗、學習、娛樂和運動，然後透過是否單身、是否需要戀人的陪伴、是否需要自我提升、是內修還是外練逐次對資料集進行分割，得到一棵決策樹，如圖 7.2 所示。這就是根據已有的資料樣本歸納總結出來的決策樹。

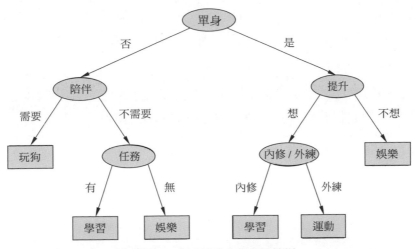

▲圖 7.2 小明活動安排的決策樹

接下來，小明可以根據這棵決策樹，按照優先程度，做出當日的安排：

如果不是單身，考慮是否需要陪伴；
若需要，就是各種花式玩狗行為；
若不需要，考慮是否有任務在身；
若有任務，則安排學習以便完成任務；
若無任務，則安排娛樂活動，比如男生喜歡打電動，女生則喜歡購物、刷劇等。
如果是單身，考慮是否在當日安排提升自我的活動；
若不想提升，則安排娛樂活動；
若想提升自我，可考慮是內修還是外練；若傾向於內修，則安排學習活動；
若傾向於外練，則安排體育運動。

這就是一棵比較典型的決策樹，根據當日活動安排的樣本資料集，觀察客觀情況，從根部開始生長，一步步落入決策結果。雖然在小明的決策樹中，生成的是一棵二元樹，但不代表每個階段在每個節點只能分為兩個枝杈。如果考慮大於兩組的多叉分割，就能得到一棵多叉樹。如果細分，則「學習」這個節點處，又可以劃分為透過讀書、看影片、聽音訊等來學習。

再舉一個例子，20 世紀初，英國白星航運公司建造了一艘當時世界上體積最大，設施最豪華的郵輪──鐵達尼號（Titanic），然而與鐵達尼號所享有的「永不沉沒」美譽相悖的是，這艘巨輪在處女航行中便慘遭厄運──1912 年 4 月 15 日晚，

與北大西洋的冰山相撞而沉沒海底。1985 年，鐵達尼號的殘骸再現，著名的電影《鐵達尼號》就是根據這一真實的航海事故改編的，電影中的愛情是淒美的，資料卻是冷酷的。

假如我們的關注點是乘客是否能倖存，可以透過大量的乘客資訊如年齡、性別、艙位這三個屬性特徵，生成一棵決策樹，如圖 7.3 所示。

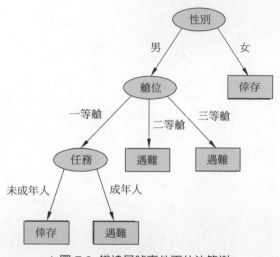

▲ 圖 7.3 鐵達尼號事件下的決策樹

如果現在已知一名乘客的年齡、性別、艙位的資訊，但是否倖存未知，就可以透過已建構的決策樹進行推理。

若是女性，很大的可能是倖存的；
若是男性，需要進一步根據艙位來判斷；
若是一等艙，需要更進一步地根據年齡來判斷；
年齡小於或等於 18 歲，是未成年人，很大的可能性是倖存的；
若大於 18 歲，很大的可能性遇難；
若是二等艙或三等艙，則倖存的可能性渺茫。

為進一步了解決策樹，需要探究第二部分，決策樹的模型結構。以上兩棵決策樹，包含了 3 種不同的圖形：箭頭、橢圓和矩形。箭頭代表有向邊；橢圓和矩形都是代表節點，其中橢圓代表內部節點，矩形代表葉子節點，如圖 7.4 所示。

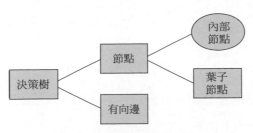

▲ 圖 7.4　決策樹的模型結構組成

　　這兩種節點到底有什麼區別呢？具體來說，內部節點表示的是樣本的特徵或屬性，透過這些特徵或屬性就可以進行分叉生長，直到結出一個又一個葉子節點，即最終的類別。特別地，最頂部的節點是根節點。決策樹的整個生長都是從根節點出發，每一筆箭頭就是一筆 If-Then 規則，透過一系列的規則，到達葉子節點，對資料進行分類。從根節點出發，到葉子節點所經歷的旅途被稱作一條條路徑，每條路徑都由若干 If-Then 規則組成。一個葉子節點，或說一個類別，它可能對應著多筆路徑，但每個實例只對應著唯一一條路徑。如同，雖說條條大路通羅馬，但每次去羅馬只能選擇其中的一條。

　　如果是程式設計師看到這個規則，肯定是會心一笑，If-Then 規則不就是常用的邏輯判斷結構嗎？決策樹中的「決策」二字也是來源於此吧。這個規則有什麼特點呢？一是如果給定條件，就能夠根據 If-Then 進行條件判斷；二是可以進行無限巢狀結構，一套 If-Then 的條件執行本體中，還能再巢狀結構另一個，從而一層又一層地巢狀結構下去。可以將圖 7.3 改寫為 If-Then 的形式，得到圖 7.5。

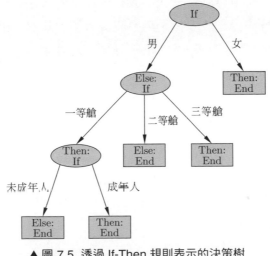

▲ 圖 7.5　透過 If-Then 規則表示的決策樹

從數學角度來看，If-Then 規則具有一筆良好的集合性質：互斥並且完備。假如訓練樣本資料集用 T 表示，透過一系列的 If-Then 規則可以根據樣本屬性特徵劃分為 M 個區域 $R_1, R_2, \cdots, R_M$，這些集合具有以下性質。

(1)互斥性：指透過屬性對資料集進行劃分得到的子集，互相之間不相交，即 $R_i \bigcap R_j = 0, \ i \neq j, \ i, j = 1, 2, \cdots, M$。

(2)完備性：指的是劃分所得到的子集，合併在一起是全集，即 $T = \bigcup\limits_{i=1}^{M} R_i$。

7.1.2 決策樹的基本思想

一個只顧低頭走路的人，永遠領略不到沿途的風光，生命不在於結果而在於歷程。

——泰戈爾

決策樹，具有樹結構，透過一系列規則對資料進行分類或迴歸。從決策樹的根節點到葉子節點的每一筆路徑由若干 If-Then 規則組成，每條路徑的內部節點對應著規則條件，葉子節點上的類別或具體數值對應該路徑下的結論。這些規則是透過訓練得到，而非人工制定的。

決策樹學習演算法通常是遞迴的選擇最佳特徵，並根據該特徵對訓練資料進行分割，使得對各個子集資料有一個最好的分割結果。這一過程對應著特徵空間的劃分，也對應著決策樹的建構。決策樹整個生成過程採用的是一種貪心演算法。首先，建構根節點，將所有訓練資料都放在根節點處，選擇一個最佳特徵，按照這一特徵將訓練資料集分割成多個子集，使得各個子集有一個當前條件下的最好劃分。如果這些子集已經能夠被基本正確分類或合理賦值，那麼建構葉子節點，並將這些子集分配到對應的葉子節點中去；如果還有子集不能被正確分類或合理賦值，那麼對剩餘的這些子集繼續選擇最佳特徵，對其進行分割，建構相應的節點。以此遞迴下去，直到所有訓練資料子集都被基本正確分類或合理賦值為止。這樣，每個子集都有相應的類別或設定值。

可以發現，決策樹在生成的過程中涉及兩個重要的問題，一是如何選擇最佳特徵，二是如何設置停止條件。關於停止條件，在決策樹的 7.3 節和 7.4.1 小節會涉及。

如果給定每個 If-Then 規則的條件，可以建構一棵樹，但絕不是我們所說的決策樹，因其缺少自主判斷的能力，如同提線木偶，離不開外界的操控。下面我們就為這棵樹注入靈魂，也就是自主選擇判別條件的標準。根據所要解決的問題不同，最佳特徵的選擇準則也不同。迴歸決策樹常用的則是平方損失。第 2 章已詳細介紹了平方損失。這裡著重介紹分類決策樹常用的準則錯分類誤差、資訊增益、資訊增益比以及基尼不純度。

7.2.1 錯分類誤差

從字面理解，錯分類誤差（Misclassification Error）就是分類錯誤的機率，這個準則可以說是面對分類資料集時的第一直覺。

定義 7.1（錯分類誤差）若離散型隨機變數 Y 的機率分佈為

$$P(Y = c_i) = p_i, \quad i = 1, 2, \cdots, K$$

隨機變數 Y 的錯分類誤差 $\mathrm{ME}(Y)$ 定義為

$$\mathrm{ME}(Y) = 1 - \max_i p_i$$

假如根據隨機變數 Y 的 K 個設定值可將資料集 [i] D 分為 K 個子集 D_1, D_2, $\cdots$, D_K，每個子集分別包含的樣本個數為 n_1, n_2, $\cdots$, n_K，且 $\sum_{i=1}^{K} n_i = N$，那麼錯分類誤的經驗值可透過式 (7.1) 計算：

$$\mathrm{ME}_D(Y) = 1 - \frac{1}{N} \max_i n_i \tag{7.1}$$

之所以計算錯分類誤差時使用機率最大的那一類，依據的是眾數思想。比如一個資料集中包含 K 個類，如果只能用一個類別來代表這個資料集，會優先選擇所佔比例最大的那個類別，這樣被錯分的樣本數量才會降到最低。在決策樹中，眾數思想不只可以用在選擇最佳特徵上，在生成決策樹節點的時候也造成至關重

---

i 為避免與決策樹 T 這一符號混淆，本章中的資料集以字母 D 表示。

要的作用。類似於在 K 近鄰演算法中用這一思想判斷類別。

7.2.2 基於熵的資訊增益和資訊增益比

無論是資訊增益還是資訊增益比，其本源來自於資訊熵。下面分別介紹信息增益和資訊增益比。

1. 資訊增益

第 6 章已舉出資訊熵的定義。如果明確舉出隨機變數 Y 的機率分佈，可直接計算 Y 的資訊熵。如果機率分佈未知，需要透過資料集 D 計算其經驗值，即經驗熵 $H_D(Y)$。我們以下標表示用以計算經驗熵的資料集。假如隨機變數 Y 有 K 個設定值 $c_1, c_2, \cdots, cK$，根據這 K 個設定值可將資料集 D 分為 K 個子集 $D_1, D_2, \cdots, D_K$，每個子集中包含的樣本個數分別為 $n_1, n_2, \cdots, n_K$，資料集 D 中包含的樣本個數為 N，則 $\sum_{i=1}^{K} n_i = N$，經驗熵可透過式 (7.2) 計算：

$$H_D(Y) = -\sum_{i=1}^{K} \frac{n_i}{N} \log \frac{n_i}{N} \tag{7.2}$$

式中，n_i/N 是透過資料集 D 所得到的 $pi = P(Y = c_i)$ 估計值。

例 7.1 在鐵達尼號上，有乘客 1316 名，船員 892 名，合計 2208 人，事件發生後，倖存者僅 718 人。那麼，以 2208 名人員為資料集 D，以是否倖存為隨機變數 Y，所對應的經驗熵是多少？

解 根據式 (7.2) 計算經驗熵

$$H_D(Y) = -\frac{718}{2208} \log_2 \frac{718}{2208} - \left(1 - \frac{718}{2208}\right) \log_2 \left(1 - \frac{718}{2208}\right) = 0.9099$$

類似於經驗熵，下面舉出條件經驗熵的計算方法。

假如隨機變數 Y 有 K 個設定值 $c_1, c_2, \cdots, c_K$，根據 X 的設定值 $\{a_1, a_2, \cdots, a_s\}$ 可將資料集 D 分為 s 個子集 $D_1, D_2, \cdots, D_s$，每個子集中包含的樣本個數分別為 l_1,

$l_2, \cdots, l_s$，且 $\sum_{i=1}^{s} l_i = N$，則屬性特徵變數 X 下 D 中每個子集的權重分別為 $w_i = l_i/N$, $i = 1, 2, \cdots, s$, w_i 就是 $P(X = a_i)$ 的估計值。可以先計算每個子集的經驗熵 $H_{D_i}(Y)$, $i = 1, 2, \cdots, s$，再透過加權求和得到條件經驗熵：

$$H_D(Y|X) = \sum_{i=1}^{s} w_i H_{D_i}(Y)$$

定義 7.2（資訊增益）資訊增益 (Information Gain)，指的是在替定特徵 X 下 Y 的不確定性的縮減程度，也稱作相互資訊 $I(Y;X)$。若已知一對離散型隨機變數 (X, Y) 的聯合機率分佈，在替定隨機變數 X 的條件下，資訊增益 $I(Y;X)$ 定義為

$$I(Y;X) = H(Y) - H(Y|X)$$

對稱地，也可以得到

$$I(Y;X) = H(X) - H(X|Y)$$

因此，Y 中含有 X 的資訊量等於 X 中含有 Y 的資訊量。

特別地，隨機變數 X 與自身的相互資訊為 X 的熵，因此熵也被稱作自資訊（Self-information）。從條件機率的角度來思考，條件熵與無條件熵相差的越大，越說明這個條件能帶來的資訊越多。

如果已知資料集 D，則可以計算特徵 X 下資訊增益的經驗值：

$$I_D(Y;X) = H_D(Y) - H_D(Y|X)$$

例 7.2　例 7.1 只舉出了船上的總人數和倖存人員的數量，而根據資料統計，在鐵達尼號上的 2208 人中，有 1738 名男性，只有 374 人倖存；470 名女性，倖存 344 人。那麼，以是否倖存作為隨機變數 Y，性別作為隨機變數 X，資訊增益是多少？另外，根據記載，還可以獲得鐵達尼號上人員的年齡和艙位資訊，具體資料如表 7.1 所示。請問：年齡和艙位對應的資訊增益又是多少？

解　先計算性別的資訊增益：

(1)計算隨機變數 Y 的熵，根據例 7.1 可知：$H(Y) = 0.9099$。

▼ 表 7.1 鐵達尼號事件中倖存者整理資料 [ii]

統計項	性別		年齡		艙位			
	男	女	未成年	成年	一等艙	二等艙	三等艙	船員艙
倖存	374	344	57	661	203	118	178	219
遇難	1364	126	52	1438	122	167	528	673
合計	1738	470	109	2099	325	285	706	892

(2) 根據性別，可將鐵達尼號上的人分為兩個子集：1738 名男性記作集合 D_1，佔總人數的比例為 $w_1 = 1738/2208$，是否倖存的熵記作 $H_D(Y|X = 男)$；470 名女性記作集合 D_2，佔總人數的比例為 $w_2 = 470/2208$，是否倖存的熵記作 $H_D(Y|X= 女)$，則

$$H_D(Y|X = 男) = -\frac{374}{1738}\log_2\frac{374}{1738} - \left(1 - \frac{374}{1738}\right)\log_2\left(1 - \frac{374}{1738}\right) = 0.7512$$

$$H_D(Y|X = 女) = -\frac{344}{470}\log_2\frac{344}{470} - \left(1 - \frac{344}{470}\right)\log_2\left(1 - \frac{344}{470}\right) = 0.8387$$

(3) 計算已知性別 X 下 Y 的條件熵：

$$H_D(Y|X) = w_1 H_D(Y|X = 男) + w_2 H_D(Y|X = 女) = 0.7699$$

(4) 計算資訊增益：

$$I_D(Y;X) = H_D(Y) - H_D(Y|X) = 0.1400$$

記性別特徵下的資訊增益為 $I(Y;性別)$。

同理，可計算出年齡特徵和艙位特徵下的資訊增益，並進行比較。

① 性別特徵下的資訊增益：$I(Y;性別) = 0.1400$
② 年齡特徵下的資訊增益：$I(Y;年齡) = 0.0062$
③ 艙位特徵下的資訊增益：$I(Y;艙位) = 0.0578$

可見，性別特徵下的資訊增益最大，這說明性別特徵可以為判斷是否倖存提供更多的資訊。

---

ii 資料來源：賈俊平《統計學》第七版。

資訊熵、聯合熵、條件熵和資訊增益之間的關係如圖 7.6 所示。

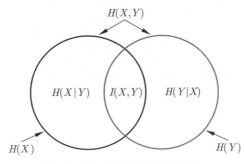

▲ 圖 7.6　幾種熵之間的關係

2.　資訊增益比

透過例 7.2 可以得到一個結論：當隨機變數有 K 個設定值時，只有這 K 個設定值是等機率的時候，該隨機變數的熵最大，而且設定值個數 K 越多，相對應的熵就越大。可見，特徵的設定值個數會在一定程度上影響資訊增益，如果以資訊增益作為選擇最佳特徵的標準，則存在偏向於選擇設定值較多的特徵的問題。此時，可使用資訊增益比（Information Gain Ratio）對這一問題進行校正。

定義 7.3（資訊增益比）資訊增益比 IR(Y; X) 定義為資訊增益 $I(Y;X)$ 與隨機變數 X 的熵 $H(X)$ 的比值：

$$\mathrm{IR}(Y;X) = \frac{I(Y;X)}{H(X)}$$

如果已知資料集 D，計算特徵 X 下資訊增益比的經驗值，可根據式 (7.3) 計算

$$\mathrm{IR}_D(Y;X) = \frac{I_D(Y;X)}{H_D(X)} \tag{7.3}$$

例 7.3　根據表 7.1 中的資料，分別計算性別、年齡、艙位這 3 個特徵下的資訊增益比。

解

(1)　計算性別特徵的資訊熵：

$$H(\text{性別}) = -\frac{1738}{2208}\log_2\frac{1738}{2208} - \left(1 - \frac{1738}{2208}\right)\log_2\left(1 - \frac{1738}{2208}\right) = 0.7469$$

(2)計算性別特徵下的資訊增益比：

$$\text{IR}(Y; \text{性別}) = \frac{I(Y; \text{性別})}{H(\text{性別})} = 0.1874$$

(3)同理，可計算年齡和艙位特徵下的資訊增益比：

$$\text{IR}(Y; \text{年齡}) = \frac{I(Y; \text{年齡})}{H(\text{年齡})} = 0.0220$$

$$\text{IR}(Y; \text{艙位}) = \frac{I(Y; \text{艙位})}{H(\text{艙位})} = 0.0314$$

透過比較，性別特徵下的資訊增益比最大，性別特徵可以為判斷是否生還提供更多的資訊。與根據資訊增益選擇的特徵相同，這說明此例中特徵變數的設定值個數對決策的影響較小。

7.2.3 基尼不純度

基尼不純度用於衡量在整體中一個隨機選中的樣本被分錯類別的機率期望。基尼不純度越小，表示選中的樣本被分錯的平均機率越小，即資料集的純度越高；反之，資料集的純度越低。

定義 7.4 （基尼不純度）假如隨機變數 Y 的設定值有 K 個，每個設定值的機率為 p_k, $k = 1, 2, \cdots, K$，則 Y 的機率分佈所對應的基尼不純度定義為

$$\text{Gini}(Y) = \sum_{k=1}^{K} p_k(1 - p_k) = 1 - \sum_{k=1}^{K} p_k^2$$

如果根據隨機變數 Y 的 K 個設定值可將資料集 D 分為 K 個子集 $D_1, D_2, \cdots, D_K$，每個子集中包含的樣本個數分別為 $n_1, n_2, \cdots, n_K$，且 $\sum_{k=1}^{K} n_k = N$，那麼基尼不純度的經驗值可透過式 (7.4) 計算：

$$\text{Gini}_D(Y) = 1 - \frac{1}{N^2} \sum_{k=1}^{K} n_k^2 \tag{7.4}$$

假如隨機變數 Y 有 K 個設定值 $c_1, c_2, \cdots, c_K$，根據屬性變數 X 的設定值可將資料集 D 分為 s 個子集 $D_1, D_2, \cdots, D_s$，每個子集中包含的樣本個數分別為 $l_1, l_2, \cdots,$

l_s，且 $\sum_{i=1}^{s} l_i = N$，則特徵 X 下 D 中每個子集的權重分別為 $w_i = l_i/N$, $i = 1, 2, \cdots, s$。可以計算每個子集的基尼不純度 $\text{Gini}_{D_i}(Y)$, $i = 1, 2, \cdots, s$，透過加權求和即可得特徵 X 下基尼不純度的經驗值：

$$\text{Gini}_D(Y; X) = \sum_{i=1}^{s} w_i \text{Gini}_{D_i}(Y)$$

進而得到特徵 X 下基尼不純度的增量：

$$G_D(Y; X) = \text{Gini}_D(Y) - \sum_{i=1}^{s} w_i \text{Gini}_{D_i}(Y)$$

根據泰勒公式可知，基尼不純度是熵的近似值，並且不涉及對數運算。採用基尼不純度作為特徵選擇的標準可以加快電腦的運算速度，而且基尼不純度還具有熵相似的性質，即基尼不純度的數值越大，不確定性也越大。給定特徵之後，基尼不純度增量越大，該特徵下資料集的純度越高，可以為決策帶來最多的資訊，從而增加分類的確定性。

例 7.4 根據表 7.1 中的資料，分別計算性別、年齡、艙位這 3 個特徵下的基尼不純度。

解

(1)計算資料集 D 的基尼不純度：

$$\text{Gini}_D(Y) = 1 - \frac{1}{2208^2}(718^2 + 1490^2) = 0.4389$$

(2)分別計算女性子集 D_1 和男性子集 D_2 的基尼不純度：

$$\text{Gini}_{D_1}(Y) = 1 - \frac{1}{470^2}(344^2 + 126^2) = 0.3924$$

$$\text{Gini}_{D_2}(Y) = 1 - \frac{1}{1738^2}(374^2 + 1364^2) = 0.3377$$

(3)計算性別特徵下的基尼不純度：

$$\text{Gini}_D(Y; 性別) = \frac{470}{2208}\text{Gini}_{D_1}(Y) + \frac{1738}{2208}\text{Gini}_{D_2}(Y) = 0.3494$$

(4) 計算性別特徵下基尼不純度的增量：

$$G_D(Y; 性別) = \text{Gini}_D(Y) - \frac{470}{2208}\text{Gini}_{D_1}(Y) + \frac{1738}{2208}\text{Gini}_{D_2}(Y) = 0.0895$$

(5) 同理，可計算年齡和艙位特徵下基尼不純度的增量：

$$G_D(Y; 年齡) = 0.0050$$

$$G_D(Y; 艙位) = 0.0370$$

透過比較發現，特徵性別下的基尼不純度增量最大，表明性別特徵可以為判斷是否生還提供更多的資訊，這與根據資訊增益和資訊增益比所選的特徵相同。

7.2.4 比較錯分類誤差、資訊熵和基尼不純度

由於資訊增益和資訊增益比都是基於資訊熵定義的，為比較這 4 個用以選擇最佳特徵的準則，只需比較錯分類誤差、基尼不純度和熵即可。特別地，考慮兩類別的情況，對比以上 3 種特徵選擇的準則之間的關係。假如第 1 類的機率為 p，錯分類誤差、資訊熵和基尼不純度分別為 $\text{ME}(p) = 1 - \max(p, 1-p)$，$H(p) = -p\log_2 p - (1-p)\log_2(1-p)$，$\text{Gini}(p) = 2p(1-p)$。為便於比較，將透過乘以常數將資訊熵放縮到通過點 $(0.5, 0.5)$，將 $\text{ME}(p)$、$H(p)/2$ 和 $\text{Gini}(p)$ 繪製在同一座標系下，可得到圖 7.7。三者相比，資訊熵和基尼不純度是可微的，更適合於數值最佳化。

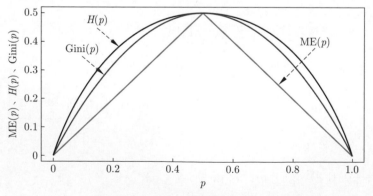

▲ 圖 7.7 第 1 類的機率為 p 時的錯分類誤差、資訊熵和基尼不純度

7.3　決策樹的生成演算法

決策樹什麼時候停止生長是一個很關鍵的問題，如果不加入停止條件，自然情況下有 3 種，下面以分類問題為例說明：

(1)到達終點。如果在某個節點，所有的樣本都屬於同一類，當然就停止生長，如同果樹結了果子，該節點不需要再分叉。

(2)屬性特徵用完了。因為決策樹依賴於屬性特徵進行分割，一旦所有的特徵都用完了，節點處的樣本仍然不全部屬於同一類怎麼辦？可以根據類別的佔比確定節點處的標籤，停止生長。此處節點標籤就需要根據眾數思想或說多數表決規則來確定。

(3)選不出來。這種情況有別於以上兩種，如果根據特徵選擇的標準，出現所有特徵下的同一指標都是相同的結果，那麼只能被迫停止生長，同樣可以根據類別的佔比確定節點處的標籤。

除了這 3 種自然停止的條件，還可以在實際應用中設置一些設定值，透過限制節點處的樣本個數，控制決策樹中的葉子節點個數，約束特徵選擇標準的設定值等使決策樹停止生長。本節介紹主要決策樹的 3 種生成演算法：ID3 演算法、C4.5 演算法和 CART 演算法。

7.3.1　ID3 演算法

ID3 演算法是 Quinlan 於 1986 年提出的，可謂是決策樹模型的第一個正式的演算法。 ID3 演算法的核心是在決策樹各個節點處應用資訊增益準則選擇最佳特徵，遞迴地建構決策樹。基本思想是，根據資訊增益度量資料屬性特徵所提供的資訊量，用以決策樹節點的特徵選擇和決策樹停止生長的條件，每次優先選取提供最大資訊量的特徵，即資訊增益最大的那個特徵，以建構一棵使得熵值下降最快的決策樹。若葉子節點處的熵值為 0，則該葉子節點對應的實例屬於同一類。但是，若要求每個葉子節點只有一類樣本，會生成一棵十分錯綜複雜的巨樹，通常的做法是設定一個停止條件。假如給定設定值 δ，若節點處的資訊增益小於設定值 δ，則停止此節點處的生長，記為葉子節點；反之，繼續根據資訊增益選擇最佳特徵。

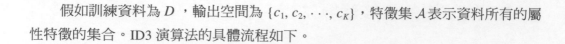

假如訓練資料為 D ，輸出空間為 $\{c_1, c_2, \cdots, c_K\}$ ，特徵集 $\mathcal{A}$ 表示資料所有的屬性特徵的集合。ID3 演算法的具體流程如下。

ID3 演算法

輸入：訓練資料集 D ，特徵集 $\mathcal{A}$ ，設定值 δ 。

輸出：決策樹 T 。

(1) 判斷 T 是否需要特徵選擇。

①若 D 中所有實例屬於同一類，則 T 為單節點樹，記錄實例類別 c_k ，以此作為該節點的類標記，並傳回 T 。

②若 D 中所有實例無任何特徵（ $\mathcal{A} = \varnothing$），則 T 為單節點樹，根據眾數思想記錄 D 中實例個數最多的類別 c_k ，以此作為該節點的類標記，並傳回 T 。

(2) 否則，計算根節點處 $\mathcal{A}$ 中各個特徵的資訊增益，並選擇資訊增益最大的特徵 A_g 。

①若 A_g 的資訊增益小於 δ ，則 T 為單節點樹，根據眾數思想記錄 D 中實例個數最多的類別 c_k ，以此作為該節點的類標記，並傳回 T 。

②否則，按照 A_g 的每個可能值 a_i ，將 D 分為若干非空子集 D_i ，將 D_i 中實例個數最多的類別作為標記，建構子節點，將父節點和子節點一併傳回 T 。

(3) 在第 i 個子節點，以 D_i 為訓練集， $\mathcal{A} - A_g$ 為新的特徵集合，遞迴地呼叫以上步驟，得到子樹 T_i 並傳回。

例 7.5 現有鐵達尼號事件中的 891 筆樣本，每筆樣本包含是否倖存（Survived）的資訊，以及 10 個特徵：艙位（Pclass）、姓名（Name）、性別（sex）、年齡（Age）、兄弟姐妹和配偶數量（SibSp）、父母與子女數量（Parch）、船票編號（Ticket）、票價（Fare）、座位號（Cabin）、碼頭（Embarked），表 7.2 中顯示編號（Id）為 1 ～ 15 的乘客。

▼ 表 7.2 鐵達尼號訓練資料集中的部分資料 [iii]

Id	Survived	Pclass	Name	Sex	Age	SibSp	Parch	Ticket	Fare	Cabin	Embarked
1	0	3	Braund	male	22	1	0	A/5 21171	7.25		S
2	1	1	Cumings	female	38	1	0	PC 17599	71.2833	C85	C
3	1	3	Heikkinen	female	26	0	0	STON/O2. 3101282	7.925		S
4	1	1	Futrelle	female	35	1	0	113803	53.1	C123	S
5	0	3	Allen	male	35	0	0	373450	8.05		S
6	0	3	Moran	male		0	0	330877	8.4583		Q
7	0	1	McCarthy	male	54	0	0	17463	51.8625	E46	S
8	0	3	Palsson	male	2	3	1	349909	21.075		S
9	1	3	Johnson	female	27	0	2	347742	11.1333		S
10	1	2	Nasser	female	14	1	0	237736	30.0708		C
11	1	3	Sandstrom	female	4	1	1	PP 9549	16.7	G6	S
12	1	1	Bonnell	female	58	0	0	113783	26.55	C103	S
13	0	3	Saundercock	male	20	0	0	A/5. 2151	8.05		S
14	0	3	Andersson	male	39	1	5	347082	31.275		S
15	0	3	Vestrom	female	14	0	0	350406	7.8542		S

　　本例中只選擇性別、年齡、艙位這 3 個特徵，以編號為 1 ～ 660 的樣本作為訓練資料集 D，編號為 661 ～ 891 的樣本作為測試集 D'，請根據資訊增益選擇特徵建構決策樹。為便於計算，只選取這 3 個特徵資料完整的樣本（D 中包含 521 筆，D' 中包含 192 筆），設定值 δ 設定為 0.1。

解

(1) 根據資訊增益，選擇根節點處的最佳特徵：

$$I_D(Y ; 年齡) = H_D(Y) - H_D(Y \mid 年齡) = 0.0056$$

$$I_D(Y ; 性別) = H_D(Y) - H_D(Y \mid 性別) = 0.2114$$

$$I_D(Y ; 艙位) = H_D(Y) - H_D(Y \mid 艙位) = 0.0844$$

[iii] 資料來自於 Kaggle：http://www.kaggle.com/pavlofesenko/titanic-extended。

以上計算結果中，性別特徵的資訊增益最大，且 $I_D(Y ; 性別)$ 大於設定值 δ，所以選擇性別作為根節點處的特徵進行資料集的分割，分為子集 D_1（男性）和子集 D_2（女性）。

(2)對 D_1 從特徵年齡（年齡）和艙位（艙位）中選擇最佳特徵，計算各個特徵的資訊增益：

$$I_{D1}(Y ; 年齡) = H_{D1}(Y) - H_{D1}(Y \mid 年齡) = 0.0139$$

$$I_{D1}(Y ; 艙位) = H_{D1}(Y) - H_{D1}(Y \mid 艙位) = 0.0320$$

選擇資訊增益最大的特徵艙位（艙位）作為該節點處的最佳特徵，所得資訊增益 $I_{D_1}(Y ; 艙位)$ 小於設定值 δ，記此處為葉子節點，又由於 D_1 中 79.26% 的乘客遇難，節點的類標記為「遇難」。

(3)對 D_2 從特徵年齡（年齡）和艙位（艙位）中選擇最佳特徵，計算各個特徵的資訊增益：

$$I_{D2}(Y ; 年齡) = H_{D2}(Y) - H_{D2}(Y \mid 年齡) = 0.0142$$

$$I_{D2}(Y ; 艙位) = H_{D2}(Y) - H_{D2}(Y \mid 艙位) = 0.2253$$

選擇資訊增益最大的艙位（艙位）作為該節點處的最佳特徵。所得資訊增益 $I_{D_2}(Y ; 艙位)$ 大於 δ，此處為內部節點。按照艙位可將 D_2 分為 D_{21}（一等艙）、D_{22}（二等艙）和 D_{23}（三等艙）。

(4) 分別計算 D_{21}, D_{22}, D_{23} 中特徵年齡（Age）的資訊增益：

$$I_{D21}(Y ; 年齡) = H_{D21}(Y) - H_{D21}(Y \mid 年齡) = 0.0127$$

$$I_{D22}(Y ; 年齡) = H_{D22}(Y) - H_{D22}(Y \mid 年齡) = 0.0240$$

$$I_{D23}(Y ; 年齡) = H_{D23}(Y) - H_{D23}(Y \mid 年齡) = 0.0000$$

很明顯，D_{21}, D_{22}, D_{23} 中特徵年齡（年齡）的資訊增益都小於設定值 δ，3 個節點都記為葉子節點，3 個子集中倖存乘客的佔比為 95.08%、93.10% 和 45.57%，所以相應的類標記為「倖存」「倖存」「遇難」。

(5)這樣，可以生成一棵如圖 7.8 所示的決策樹。

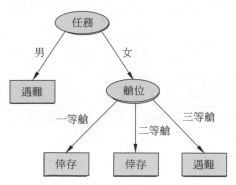

▲ 圖 7.8 例 7.5 中生成的決策樹

7.3.2 C4.5 演算法

1993 年，Quinlan 以 ID3 演算法為基礎研究出 C4.5 演算法，為避免採用資訊增益產生的過擬合現象，C4.5 演算法採用資訊增益比作為特徵選擇的準則，該演算法既適用於分類問題，又適用於迴歸問題，於 2006 年的國際資料探勘大會上當選為十大演算法之首。此處僅介紹 C4.5 演算法在分類問題上的應用，迴歸問題將在 CART 演算法中詳細介紹。

假如訓練資料為 D，輸出空間為 $\{c_1, c_2, \cdots, c_K\}$，特徵集 A 表示資料所有的屬性特徵的集合。C4.5 演算法的具體流程如下。

C4.5 演算法

　　輸入：訓練資料集 D、特徵集 A、設定值 δ。

　　輸出：決策樹 T。

　　(1) 判斷 T 是否需要選擇特徵生成決策樹。

　　① 若 D 中所有實例屬於同一類，則 T 為單節點樹，記錄實例類別 c_k，以此作為該節點的類標記，並傳回 T。

　　② 若 D 中所有實例無任何特徵（$A = \varnothing$），則 T 為單節點樹，記錄 D 中實例個數最多類別 c_k，以此作為該節點的類標記，並傳回 T。

　　(2) 否則，計算 A 中各特徵的資訊增益比，並選擇資訊增益比最大的特徵 A_g。

　　① 若 A_g 的資訊增益比小於 ϵ，則 T 為單節點樹，記錄 D 中實例個數最多類別 c_k，以此作為該節點的類標記，並傳回 T。

---

②否則，按照 A_g 的每個可能值 a_i，將 D 分為若干非空子集 D_i，將 D_i 中實例個數最多的類別作為標記，建構子節點，以節點和其子節點組成 T，並傳回 T。

(3) 第 i 個子節點，以 D_i 為訓練集，$A - A_g$ 為新的特徵集合，遞迴地呼叫以上步驟，得到子樹 T_i 並傳回。

7.3.3 CART 演算法

1984 年，Breiman 提出 CART（Classification and Regression Tree）演算法，包括樹的生成和剪枝，本節只介紹 CART 決策樹的生成，剪枝將在 7.4 節重點介紹。根據輸出變數是離散還是連續，分為分類樹和迴歸樹。在分類樹中，CART 演算法採用基尼不純度選擇最佳特徵，而在迴歸樹中則採用平方損失。不同於其他演算法，CART 演算法所生成的決策樹為二元樹，即內部節點只有兩個分支。習慣性地，左邊分支設定值為「否」，右邊分支設定值為「是」。二元樹和二進位有異曲同工之妙，其中蘊含了道家的「道生一，一生二，二生三，三生萬物」的思想。這種思想可以極大地簡化模型的設計，提高整個系統的穩定性和可靠性。

既然是二元樹，那麼每個內部節點處只能分為兩個分支，如果特徵的設定值有多個，需要選擇一個最佳切分點進行分割，所以在 CART 演算法中，基尼不純度不僅造成選擇最佳特徵作用也要用來選擇最佳切分點。

1. CART 分類樹的生成

根據屬性特徵的不同性質，可將特徵變數分為離散型特徵變數和連續性特徵變數，不同的特徵其劃分是不同的。屬性 A 對應的變數記為 X_A。

先考慮特徵 A 對應的變數 X_A 是離散型的情況，遵循由易入難，由簡入繁的過程，從變數只有兩個設定值出發，再到多個設定值。

如果特徵 $A \in \mathcal{A}$ 只有兩個設定值 a_1 和 a_2，那麼根據任意一個設定值就可將資料集 D 分割為兩個子集 D_L 和 D_R，兩個子集在資料集 D 中的權重分別為 w_L 和 w_R。屬性 A 對應的變數記為 X_A，實例點 x 在 A 上的設定值為 x_A。記 a_1 對應的子集為 $D_L = \{(\boldsymbol{x}, y) | x_A = a_1\}$，$a_2$ 對應的子集為 $D_R = \{(\boldsymbol{x}, y) | x_A = a_2\}$，則在集合 D 下

特徵 A 的基尼不純度為

$$\text{Gini}D(Y\,;XA) = w_L\text{Gini}D_\text{L}\,(Y) + w_R\text{Gini}D_\text{R}\,(Y) \tag{7.5}$$

如果特徵 $A\in\mathcal{A}$ 具有 m 個設定值 $a_1,\ a_2,\ \cdots,\ a_m$，每取一個值 a_j 都可以將資料集 D 分割為兩個子集 $D_\text{L} = \{(\boldsymbol{x},y)|x_A \in \{a_1, a_2,\cdots,a_j\}\}$ 和 $D_\text{R} = \{(\boldsymbol{x},y)|x_A \in \{a_{j+1},\cdots,a_m\}\}$。根據式 (7.5) 計算這個分割下的基尼不純度 $\text{Gini}_D(Y\,;X_A = a_j)$，在固定樣本集 D 的情況下，最大化基尼不純度的增量等值於最小化基尼不純度，那麼該特徵下的最佳二值切分點為

$$a = \arg\min_{a_j}\text{Gini}_D(Y\,;X_A = a_j)$$

最佳基尼不純度為 $\text{Gini}_D(Y\,;X_A = a)$，尋找最佳切分點的過程如圖 7.9 所示。

▲ 圖 7.9　多類別變數的最佳二值切分點

再考慮特徵 A 對應的變數 XA 是連續的情況，XA 的設定值範圍為 $(s_0,\ s_a)$，那麼任取 $s \in (s_0,\ s_a)$，都可以將資料集劃分為兩個子集，

$$D_\text{L} = \{(\boldsymbol{x},y) \in D|x_A \leqslant s\}\ \text{和}\ D_\text{R} = \{(\boldsymbol{x},y) \in D|x_A > s\}$$

同樣，可以根據式 (7.5) 計算這個分割下的基尼不純度 $\text{Gini}_D(Y;X_A = s_A)$。該特徵下的最佳二值切分點為

$$s_A = \arg\min_{s\in(s_0,s_a)}\text{Gini}_D(Y\,;X_A = s)$$

尋找最佳切分點的過程如圖 7.10 所示。根據最佳二值切分點，就可以得到特徵 A 的基尼不純度 $\text{Gini}_D(Y\,;X_A = s_A)$。

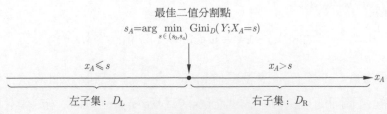

▲ 圖 7.10 連續變數的最佳二值切分點

例 7.6 根據表 7.3 中的資料，找到艙位特徵下的最佳切分點，分別以 1, 2, 3, 4 表示一等艙、二等艙、三等艙、船員艙。X 表示艙位特徵，Y 表示是否倖存，(x, y) 表示樣本。

▼ 表 7.3 鐵達尼號事件中根據艙位的整理資料 [iv]

統計項	艙 位				合計
	一等艙	二等艙	三等艙	船員艙	
倖存	203	118	178	219	718
遇難	122	167	528	673	1490
合計	325	285	706	892	2208

解 根據艙位已分為 4 類，因此切分點有 3 個。

(1)如果以「艙位 = 1」作為切分點，可以得到兩個子集 D_{1L} = { (x, y) | 艙位 = 1} 和 D_{1R} = { (x, y) | 艙位 ∈ {2, 3 4}}，計算「艙位 = 1」切分點下的基尼不純度：

$$\text{Gini}_D(Y; 艙位 = 1)$$

$$= \frac{325}{2208}\left(1 - \frac{1}{325^2}(203^2 + 122^2)\right) + \frac{1883}{2208}\left(1 - \frac{1}{1883^2}(515^2 + 1368^2)\right)$$

$$= 0.4079$$

(2)如果以「艙位 = 2」作為切分點，可以得到兩個子集 D_{2L} = { (x, y) | 艙位 ∈ {1, 2}} 和 D_{2R} = { (x, y) | 艙位 ∈{3 4}}，計算「艙位 = 2」切分點下的基尼不純度：

---

iv　資料來源：賈俊平《統計學》第七版。

$$\text{Gini}_D(Y; \text{艙位} = 2)$$

$$= \frac{610}{2208}\left(1 - \frac{1}{610^2}(321^2 + 289^2)\right) + \frac{1598}{2208}\left(1 - \frac{1}{1598^2}(397^2 + 1201^2)\right)$$

$$= 0.4083$$

(3)如果以「艙位 = 3」作為切分點，可以得到兩個子集 D_{3L} ={ (x, y) | 艙位 $\in$ {1, 2, 3}} 和 D_{3R} = { (x, y) | 艙位 = 4}，計算「艙位 = 3」切分點下的基尼不純度：

$$\text{Gini}_D(Y; \text{艙位} = 3)$$

$$= \frac{1316}{2208}\left(1 - \frac{1}{1316^2}(499^2 + 817^2)\right) + \frac{892}{2208}\left(1 - \frac{1}{892^2}(219^2 + 673^2)\right)$$

$$= 0.4303$$

比較 3 個切分點下的基尼不純度，以「艙位 = 1」作為切分點所得數值最小，表示以「艙位 = 1」作為切分點時集合 D 的純度最高，「艙位 = 1」是最佳二值切分點。

假如訓練資料為 D，輸出空間為 $\{c_1, c_2, \cdots, c_K\}$，特徵集 A 表示資料所有的屬性特徵的集合。接下來，可以根據最佳切分點和最佳特徵的基尼不純度生成 CART 分類決策樹。CART 分類樹演算法的具體流程如下。

CART 分類樹演算法

輸入：訓練資料集 D、特徵集 A、停止條件。

輸出：CART 決策樹 T。

(1)從根節點出發，進行操作，建構二元樹。

(2)節點處的訓練資料集為 D，計算現有特徵對該資料集的基尼不純度，並選擇最優特徵。

①計算特徵 A_g 的最優二值切分點，記該切分點下的基尼不純度 $\text{Gini}_D(Y; A_g)$ 為該特徵下的最優值。

②計算每個特徵下的最優二值切分點，並比較在最優切分下每個特徵的基尼不純度，基尼不純度最小的那個特徵，即最優特徵。

---

(3)根據最優特徵與最優切分點，從現節點生成左、右兩個子節點，將訓練資料集依特徵分配到兩個子節點中去，根據眾數思想記錄每個節點的類別，新的特徵集更新為 $A - A_g$。

(4)分別對兩個子節點遞迴地呼叫上述步驟 (2) 和 (3)，直至滿足停止條件，即生成 CART 決策樹。

2. CART 迴歸樹的生成

CART 迴歸樹模型本質上是一個多階段函式，若根據所生成的迴歸樹，可將輸入空間 X 分割為 m 單元 $R_1, R_2, \cdots, R_m$，每個單元對應一個輸出值 $r_1, r_2, \cdots, r_m$，則迴歸樹模型可表示為

$$f(\boldsymbol{x}) = \sum_{j=1}^{m} r_j I\left(\boldsymbol{x} \in R_j\right)$$

相當於每個單元 R_j 上對應一個常數迴歸模型 $Y = r_j + \epsilon$，根據第 2 章介紹的最小平方法，r_j 的估計值為該單元上輸出值的平均值，可透過訓練集 D 計算，即

$$\hat{r}_j = \operatorname*{Average}_{(\boldsymbol{x}_i, y_i) \in D}\left(y_i | \boldsymbol{x}_i \in R_j\right)$$

接下來，分別討論離散型特徵變數和連續性特徵變數的劃分，屬性 A 對應的變數記為 X_A。

如果特徵 A 只具有兩個設定值 a_1 和 a_2，那麼根據任意一個設定值就可將資料集 D 分割為兩個子集 $D_{\mathrm{L}} = \{(\boldsymbol{x}, y) | x_A = a_1\}$ 和 $D_{\mathrm{R}} = \{(\boldsymbol{x}, y) | x_A = a_2\}$，所對應的輸出分別為 r_{L} 和 r_{R}，相應的平方損失為

$$L_A = \sum_{(\boldsymbol{x}_i, y_i) \in D_{\mathrm{L}}} (y_i - r_{\mathrm{L}})^2 + \sum_{(\boldsymbol{x}_i, y_i) \in D_{\mathrm{R}}} (y_i - r_{\mathrm{R}})^2 \tag{7.6}$$

如果特徵 A 具有 m 個設定值 $a_1, a_2, \cdots, a_m$，每取一個值 a_j 都可以將資料集 D 分割為兩個子集 $D_{\mathrm{L}} = \{(\boldsymbol{x}, y) | x_A \in \{a_1, a_2, \cdots, a_j\}\}$ 和 $D_{\mathrm{R}} = \{(\boldsymbol{x}, y) | x_A \in \{a_{j+1}, \cdots, a_m\}\}$，類似於式 (7.6) 計算這個分割下的平方損失 $L_A(Y; X_A = a_j)$，則該特

徵下的最佳二值切分點為

$$a = \arg\min_{a_j} L_A(Y; X_A = a_j)$$

根據最佳二值切分點，就可以得到特徵 A 的平方損失為 $L_A = L_A(Y; X_A = a)$。

如果特徵 A 對應的變數 x_A 是連續的，設定值範圍為 (s_0, s_a)，那麼任取 $s \in (s_0, s_a)$，都可以將資料集分割為兩個子集，

$$D_{\mathrm{L}} = \{(\boldsymbol{x}, y) \in D | x_A \leqslant s\} \text{ 和 } D_{\mathrm{R}} = \{(\boldsymbol{x}, y) \in D | x_A > s\}$$

根據式 (7.6) 計算這個分割下的平方損失 $L_A(Y; X_A = s)$，則該特徵下的最佳二值切分點為

$$s_A = \arg\min_{s \in (s_0, s_A)} L_A(Y; X_A = s)$$

根據最佳二值切分點，就可以得到特徵 A 的平方損失 $L_A = L_A(Y; X_A = s_A)$。假如訓練資料為 D，特徵集 A 表示資料所有的屬性特徵的集合。接下來，可以根據最佳切分點和最佳特徵的平方損失生成 CART 迴歸決策樹。CART 迴歸樹演算法的具體流程如下。

CART 回歸樹演算法

輸入：訓練資料集 D，特徵集 A，停止條件。

輸出：CART 決策樹 T。

(1) 從根節點出發，進行操作，建構二元樹。

(2) 節點處的訓練資料集為 D，計算特徵集 A 中每個特徵變數 X_A 的最優切分點 s_A，並選擇最優特徵 A_g，該特徵的變數記作 X_{A_g}

$$X_{A_g} = \arg\min_{X_A} L_A$$

L_{Ag} 的最優切分點記為 s_{Ag}。

(3) 根據最優特徵 A_g 與其相應的最優切分點，從現節點生成兩個子節點，將訓練數據集依變數配到兩個子節點中去，記錄子節點的輸出值 $\hat{r}_{\mathrm{L}}$ 和 $\hat{r}_{\mathrm{R}}$。

（4）以 $\mathcal{A} - A_g$ 作為新的特徵集，繼續對兩個子區域呼叫 (2) 和 (3)，直至滿足停止條件。假如此時輸入空間被分割為 m 單元 $R_1, R_2, \cdots, R_m$，每個單元透過平均值估計輸出值得到 $\hat{r}_1, \hat{r}_2, \cdots, \hat{r}_m$，即生成 CART 決策樹

$$f(x) = \sum_{j=1}^{m} \hat{r}_j I\left(\boldsymbol{x} \in R_m\right)$$

《西遊記》第五回：亂蟠桃大聖偷丹

蟠桃飄香，仙樂嫋嫋。

玉露瓊漿，龍肝鳳髓。

珍饈百味般般美，異果嘉餚色色新。

傳說中，農曆三月初三是王母娘娘的聖誕，王母特在瑤池舉行蟠桃盛宴，各路神仙受邀赴宴，分外引人嚮往。桃子好不好吃，甜度就是其中一個重要標準，甜度小則食之無味，甜度大則太過甜膩，接下來就以桃子為例，對資料樣本進行劃分。

例 7.7 表 7.4 中包含 5 只桃子的樣本資料，輸入的屬性變數 X 是甜度，設定值區間是 $[0, 0.5]$；輸出變數 Y 好吃程度，設定值區間是 $[1, 10]$。請找到甜度特徵下的最佳切分點，並生成深度為 1 的 CART 迴歸樹模型。

▼ 表 7.4 5 只桃子的資料

序　號	1	2	3	4	5
甜度	0.05	0.15	0.25	0.35	0.45
好吃程度	5.5	8.2	9.5	9.7	7.6

解 從甜度來進行劃分，每次劃分只能劃分成兩個子集，分別考慮 $s = 0.1, 0.2, 0.3, 0.4$ 這 4 個切分點。

(1)以甜度 $x = 0.1$ 進行劃分，D_L 包含 1 號桃子，D_R 包含 2 ～ 5 號桃子。分別計算 D_L 和 D_R 上的平均值，得到兩個子集上輸出的預測值

$$\hat{r}_{\mathrm{L}} = 5.5, \quad \hat{r}_{\mathrm{R}} = \frac{8.2 + 9.5 + 9.7 + 7.6}{4} = 8.75$$

計算該切分點下的平方損失：

$$L_{x=0.1} = (5.5 - 5.5)^2 + (8.2 - 8.75)^2 + (9.5 - 8.75)^2 + (9.7 - 8.75)^2 + (7.6 - 8.75)^2$$
$$= 3.09$$

(2) 分別以甜度 $x = 0.2, 0.3, 0.4$ 進行劃分，計算相應切分點下的平方損失：

$$L_{x=0.2} = 6.33, \quad L_{x=0.3} = 10.53, \quad L_{x=0.4} = 11.23$$

從 4 個劃分中，選取平方損失最小值所對應的切分點，即以甜度 $x = 0.1$ 作為最佳切分點，同時輸出的 CART 迴歸樹模型為

$$f(x) = \begin{cases} 5.5, & x < 0.1 \\ 8.75, & x \geqslant 0.1 \end{cases}$$

7.4 決策樹的剪枝過程

橐駝非能使木壽且孳也，能順木之天，以致其性焉爾。

——柳宗元

仿生學中，許多設計靈感來自於動物或植物。舉例來說，飛機的機翼，靈感來自於鳥類；探測雷達的設計靈感來自於蝙蝠；人工血管的設計靈感來自於含羞草。可是，因為每個設計都是為實現一定的目標而服務的，所以與動植物本身的特徵有所不同，需要加入許多人為因素，這就是人工干預的過程。決策樹的設計靈感來自於樹木，目標是做決策，為實現這一目標，決策樹中也有人工干預的成分，這一部分表現在剪枝中。

若進行剪枝，需要明確一棵決策樹的評價系統：擬合能力和泛化能力。擬合能力表現在生成過程中，如果完美地將每個訓練實例點分配到正確的類別或相應的數值，則具有極強的擬合能力。這樣的一棵決策樹通常結構非常複雜，只能準確地預測出訓練資料集中實例的標籤，但對於未知資料集的預測能力較差，即對

已知資料的擬合能力很強，對未知資料的泛化能力較弱。這時，可以透過簡化決策樹的結構平衡擬合能力和泛化能力。

決策樹結構的複雜度可以透過深度和葉子節點的數量簡單度量。深度指所有節點的最大層次數，代表決策樹的高度。一般，根節點處的層次數為 0，如果類比於樓房，相當於地基的部分，建造樓房先要打地基。層數越多，深度越大，決策樹的結構越複雜，相當於樓房層數越多，樓房越高越複雜。除深度外，葉子節點的數量越大，決策樹的結構就越複雜，相當於平均每層樓房中房屋越多，樓房越複雜。

剪枝是決策樹學習演算法中避免過擬合的主要手段，主要分為預剪枝和後剪枝。本節以分類決策樹為例講解如何進行剪枝。

7.4.1 預剪枝

一般來說果園裡的果樹一般長得都比較矮，這是為了結出更多的果實，要在成熟之前進行剪枝，一是為了抑制果樹的生長高度，二是修剪掉一些很可能不結果的枝條，減少營養的消耗，這就是預剪枝。預剪枝指生成過程中，對每個節點劃分前進行估計，若當前節點的劃分不能提升泛化能力，則停止劃分，記當前節點為葉子節點。

常用的預剪枝方法有 3 種：限定決策樹的深度；設定選擇特徵的設定值；設定一個準則比較節點劃分前後的泛化能力。換而言之，預剪枝發生在生長過程中，所以也可理解為停止條件。

例 7.8 根據例 7.5 的資料，對圖 7.8 所示的決策樹，透過深度和設定值進行預剪枝。

解

(1)若限定深度為 1，根據深度進行預剪枝，則在深度為 1 時停止決策樹的生長，用一個葉子節點替代虛線方框中的子樹，所得決策樹如圖 7.11 所示。

(2)以 ID3 演算法為例，若給定設定值 $\delta = 0.25$，根據例 7.5 中的結果顯示，根節點處所得資訊增益都小於設定值 δ，那麼就得到一棵單節點樹，所得決策樹如圖

7.12 所示。

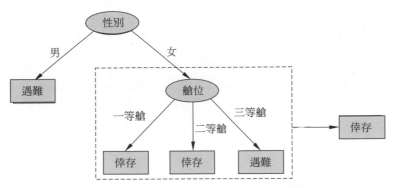

▲ 圖 7.11 對圖 7.8 所示的決策樹預剪枝，得到深度為 1 的決策樹

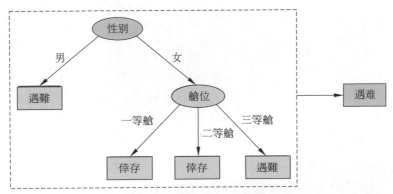

▲ 圖 7.12 對圖 7.8 所示決策樹預剪枝，限定設定值為 $\delta = 0.25$ 的決策樹

　　接下來，以錯誤率為例，說明如何根據比較節點劃分前後的泛化能力的標準進行預剪枝。首先明確，測試集上的錯誤率指測試集中錯誤分類的實例佔比。測試集的準確率，指測試集中正確分類的實例佔比。也就是說，我們可以透過測試集的錯誤率和準確率評估模型的泛化能力，如果與劃分前相比，劃分後的模型對測試集預測的準確率更高，則可以剪枝，反之，繼續生長。這與下一節的後剪枝十分類似，區別之處在於，預剪枝發生在決策樹完成生長之前，通常是從上往下進行判斷的。

例 7.9 以例 7.5 為基礎，根據測試集 D′ 上的誤差率進行預剪枝。

解 因為每個節點處的樣本數是固定的，所以可透過比較節點剪枝前後的誤判個數決定是否剪枝。為便於展示，先將測試集 D′ 的資料填入例 7.5 所得決策樹中，如圖 7.13 所示。

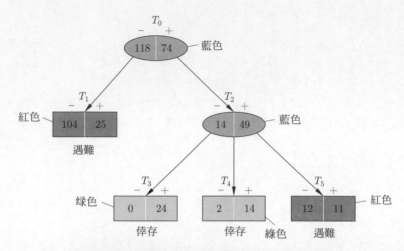

▲ 圖 7.13 根據例 7.5 中的測試集 D′ 所得決策樹

圖 7.13 中每個節點處的符號「−」代表類別「遇難」，符號「+」代表類別「倖存」，所對應的數字為測試集中該類別的樣本數量。藍色的橢圓形代表內部節點，矩形代表葉子節點，每個節點中的紅色部分代表類別「遇難」，綠色部分代表類別「倖存」。

(1)從根部 T_0 出發，如果根據性別特徵繼續生長，所得誤判樣本個數為 25 + 14 = 39；如果記為葉子節點，類標記為「遇難」，所得誤判樣本個數為 74。很明顯，74 > 39，所以不應該剪枝，故保留內部節點 T_0。

(2)在節點 T_2 處，如果根據艙位特徵繼續生長，所得誤判樣本個數為 0 + 2 + 11 = 13；如果記為葉子節點，類標記為「倖存」，所得誤判樣本個數為 14。很明顯，14 > 13，所以不應該剪枝，故保留內部節點 T_2。

(3)最終，所得決策樹結構與例 7.5 中所得決策樹相同，如圖 7.8 所示。

7.4.2 後剪枝

園藝起源自石器時代，發展至今，經久不衰，其中有一項就是剪枝。舉例來說，道路兩旁樹木的修剪，花園中植物的修剪，等等。這些修建大多發生在樹木完成生長之後。後剪枝，指生成一棵完整的決策樹之後，自下而上地對內部節點進行考察，若將此內部節點變為葉子節點，可以提升泛化能力，則用葉子節點替換內部節點。具體來說，決定是否修剪的這個內部節點由以下步驟組成。

(1)計算該內部節點處度量泛化能力的指標。

(2)刪除以此內部節點為根的子樹，使其為葉子節點，根據多數表決規則賦予該節點處資料集的類別。

(3)計算此葉子節點處度量泛化能力的指標。

(4)如果修剪後的樹泛化能力更強，刪除該節點處的子樹記為葉子節點；反之，不剪枝。

常見的後剪枝方法有 5 種：降低錯誤剪枝（REP）、悲觀錯誤剪枝（PEP）、最小誤差剪枝（MEP）、基於錯誤的剪枝（EBP）和代價 - 複雜度剪枝（CCP）。

1. 降低錯誤剪枝

降低錯誤剪枝（Reduced Error Pruning，REP）是最簡單的後剪枝方法之一，其基本原理是自下而上的處理節點，利用測試集來剪枝。對每個節點，計算剪枝前和剪枝後的誤判個數，若剪枝有利於減少誤判（包括相等的情況），則減掉該節點所在分枝。由於使用獨立的測試集，與原始決策樹相比，修改後的決策樹可能偏向於過度修剪，即欠擬合。

這個剪枝方法與預剪枝中的根據錯誤率剪枝的方法十分相似，只不過在預剪枝中是從上往下進行的，而在降低錯誤剪枝中是自下而上的。

例 7.10 以例 7.5 為基礎，根據降低錯誤剪枝方法進行預剪枝。

解 將測試集 D′ 的資料填入例 7.5 所得決策樹中，如圖 7.13 所示。對圖 7.8 所示的決策樹採取降低錯誤剪枝的措施。

(1)因為節點 T_3, T_4, T_5 都是葉子節點,所以從節點 T_2 出發。如果不剪枝,所得誤判樣本個數為 0 + 2 + 11 = 13;如果記為葉子節點,類標記為「倖存」,所得誤判樣本個數為 14。很明顯,13 < 14,所以不應該剪枝。

(2)於是得到例 7.5 中的決策樹,如圖 7.8 所示。

雖然降低錯誤剪枝操作簡單,容易理解,需要對每個節點逐一檢測,所以計算的複雜度是線性的,但是由於其泛化能力是由測試集決定的,如果測試集比訓練集小很多,會限制分類的精度。

2. 悲觀錯誤剪枝

悲觀錯誤剪枝(Pessimistic Error Pruning,PEP)也是根據剪枝前後的錯誤率來決定是否剪枝。悲觀錯誤剪枝不同於一般的後剪枝方法,它是從上往下剪枝的,並且只需要訓練集即可,不需要測試集。之所以稱為「悲觀」錯誤,是因為使用的是根據連續修正之後的誤判上限。

記決策樹 T 包含的樣本個數為 $N(T)$,T 中的葉子節點為 l 個。葉子節點記作 L_i, $i = 1, 2, \cdots, l$,$N_e(L_i)$ 表示節點 L_i 處的樣本誤判個數。悲觀錯誤剪枝的演算法詳情如下。

悲觀錯誤剪枝演算法

輸入:子樹 T。

輸出:剪枝後的子樹 T'。

(1) 從根節點出發,計算剪枝前樹 T 的誤判上限(即悲觀誤差)。

①對剪枝前目標子樹 T 的每個葉子節點 L_i 的誤差進行連續修正:

$$\text{Err}(L_i) = \frac{N_e(L_i) + 0.5}{N(T)}$$

其中,$\text{Err}(L_i)$ 為葉子節點 L_i 的修正誤差 ˇ;$N_e(L_i)$ 為葉子節點 L_i 處的誤判個數;$N(T)$ 為子樹 T 包含的樣本個數。

②計算剪枝前目標子樹的修正誤差:

$$\mathrm{Err}(T) = \sum_{i=1}^{l} \mathrm{Err}(L_i) = \frac{\sum\limits_{i=1}^{l} N_e(L_i) + 0.5l}{N(T)}$$

其中，$\mathrm{Err}(T)$ 為子樹 T 的修正誤差；l 為子樹 T 包含的葉子節點個數。

③ 計算剪枝前目標子樹誤判個數的期望值：

$$E(T) = N(T) \times \mathrm{Err}(T) = \sum_{i=1}^{l} N_e(L_i) + 0.5l$$

④ 計算剪枝前目標子樹誤判個數的標準差 [ii]：

$$\mathrm{std}(T) = \sqrt{N(T) \times \mathrm{Err}(T) \times (1 - \mathrm{Err}(T))}$$

⑤ 計算剪枝前的誤判上限（即悲觀誤差）

$$E(T) + \mathrm{std}(T)$$

(2) 計算剪枝後該節點誤判個數的期望值。

① 計算剪枝後該節點的修正誤差：

$$\mathrm{Err}(L) = \frac{N_e(L) + 0.5}{N(T)}$$

其中，L 為剪枝後的葉子節點；$N_e(L_i)$ 為該節點 L 處的誤判個數。

② 計算剪枝後該節點誤判個數的期望值：

$$E(L) = N_e(L) + 0.5$$

(3) 比較剪枝前後的誤判個數，如果滿足式 (7.7)，則剪枝；否則，不剪枝。

$$E(L) < E(T) + \mathrm{std}(T) \tag{7.7}$$

(4) 以所得子樹作為一棵新樹，遞迴地呼叫 (1) ～ (3)，直到不能繼續為止，傳回修剪後的子樹 T'。

---

v 這是根據二項分佈的連續修正得到的。

vi 這是根據二項分佈的方差公式得到的。

例 7.11 根據例 7.5，將訓練集 D 中的資料填入所得決策樹中，得到圖 7.14，請採用悲觀錯誤剪枝方法修剪決策樹。

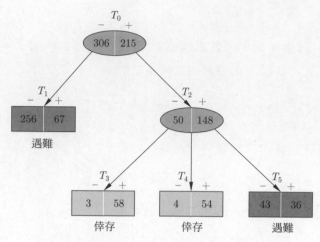

▲ 圖 7.14 根據例 7.5 中的訓練集 D 所得決策樹

解 (1) 從根節點 T_0 出發，計算剪枝前決策樹的誤判上限（即悲觀誤差）。

① 計算剪枝前目標子樹的修正誤差：

$$\text{Err}(T_0) = \frac{67 + 3 + 4 + 36 + 0.5 \times 4}{521} = 0.2111$$

② 計算剪枝前目標子樹誤判個數的期望值：

$$E(T_0) = 67 + 3 + 4 + 36 + 0.5 \times 4 = 110$$

③ 計算剪枝前目標子樹誤判個數的標準差：

$$\text{std}(T_0) = \sqrt{521 \times 0.2111 \times (1 - 0.2111)} = 86.7754$$

④ 計算剪枝前的誤判上限：

$$E(T_0) + \text{std}(T_0) = 196.7754$$

(2) 記剪枝後的節點為 L_0，計算剪枝後葉子節點 L_0 誤判個數的期望值：

$$E(L_0) = 215 + 0.5 = 215.5000$$

(3) 比較 T_0 剪枝前後的誤判個數，很明顯，215.5000 > 196.7754，所以不剪枝。

(4) 計算 T_2 節點處剪枝前後的誤判個數。

① 計算剪枝前的誤判上限：

$$E(T_2) + \text{std}(T_2) = 44.5 + 34.4987 = 78.9987$$

② 記剪枝後的節點為 L_2，計算剪枝後的誤判上限：

$$E(L_2) = 50 + 0.5 = 50.5000$$

(5) 比較 T_2 剪枝前後的誤判個數，很明顯，78.9987 > 50.5000，所以剪枝。

(6) 得到如圖 7.15 所示決策樹。

▲ 圖 7.15 透過悲觀錯誤剪枝所得決策樹

悲觀錯誤剪枝方法採用的是從上往下的剪枝策略，相比較於降低錯誤剪枝，效率更高；該方法中的錯誤率是經過連續修正值的，使得適用性更強。悲觀錯誤剪枝方法不需要單獨分離出剪枝資料集，有利於實例較少的問題，但可能會修剪掉不應剪掉的枝條。

3. 最小誤差剪枝

最小誤差剪枝（Minimum Error Pruning，MEP）採用的是自下而上的剪枝策略，根據剪枝前後的最小分類錯誤機率來決定是否剪枝，只需要訓練集即可。最小誤差剪枝利用了貝氏思想，以後驗機率作為預測錯誤率。

先舉出該方法中最小分類錯誤機率概念，若在子樹節點 T 處，屬於類別 c_k 的機率為

$$P_k(T) = \frac{N_k(T) + \text{Pr}_k(T) \times \tau}{N(T) + \tau}$$

式中，$N(T)$ 為在節點 T 處所有的樣本個數；$N_k(T)$ 為在節點 T 處屬於類別 c_k 的樣本個數；$\mathrm{Pr}_k(T)$ 為在節點 T 處屬於類別 c_k 的先驗機率；τ 為先驗機率對後驗機率的影響因數。那麼節點 T 處的預測錯誤率為

$$\mathrm{Err}(T) = \min_\tau \{1 - P_k(T)\} = \min_\tau \left\{ \frac{N(T) - N_k(T) + \tau(1 - \mathrm{Pr}_k(T))}{N(T) + \tau} \right\}$$

為得到最小錯誤率，可採用交叉驗證的方法選取合適的 τ。此處為便於方法介紹，採用貝氏先驗機率，也就是等機率分佈 $\mathrm{Pr}_k(T) = 1/K$，選取的影響因數 $\tau = K$，則預測錯誤率簡化為

$$\mathrm{Err}(T) = \frac{N(T) - N_k(T) + K - 1}{N(T) + K}$$

式中，K 為類別的個數。

記決策樹 T 包含的樣本個數為 $N(T)$，T 中葉子節點為 1 個。葉子節點記作 $L_i, i = 1, 2, \cdots, l$，$N(L_i)$ 表示節點 Li 處的樣本個數。最小誤差剪枝的演算法詳情如下。

最小誤差剪枝演算法

輸入：子樹 T

輸出：剪枝後的子樹 T'。

(1) 計算剪枝前目標子樹 T 的每個葉子節點為 L_i 的預測錯誤率：

$$\mathrm{Err}(L_i) = \frac{N(L_i) - N_k(L_i) + K - 1}{N(T) + K}$$

(2) 計算剪枝前目標子樹的預測錯誤率：

$$\mathrm{Err}(T) = \sum_{i=1}^{l} w_i \mathrm{Err}(L_i) = \sum_{i=1}^{l} \frac{N(L_i)}{N(T)} \mathrm{Err}(L_i)$$

(3) 剪枝後的葉子節點記為 L，計算節點 L 處的預測錯誤率：

$$\mathrm{Err}(L) = \frac{N(L) - N_k(L) + K - 1}{N(T) + K}$$

(4) 比較剪枝前後的預測錯誤率，如果滿足式 (7.8)，則剪枝；否則，不剪枝。

$$\mathrm{Err}(L) < \mathrm{Err}(T) \tag{7.8}$$

(5) 傳回修剪後的子樹 T'。

例 7.12 請採用最小誤差剪枝方法對圖 7.14 所示的決策樹剪枝。

解 (1) 因為節點 T_3、T_4、T_5 都是葉子節點，所以從節點 T_2 出發。

① 計算 T_2 剪枝前每個葉子節點的預測錯誤率：

$$\mathrm{Err}(T_3) = \frac{3 + 2 - 1}{61 + 2} = 0.0635$$

$$\mathrm{Err}(T_4) = \frac{4 + 2 - 1}{58 + 2} = 0.0833$$

$$\mathrm{Err}(T_5) = \frac{36 + 2 - 1}{79 + 2} = 0.4568$$

② 計算 T_2 剪枝前的預測錯誤率：

$$\mathrm{Err}(T_2) = \frac{61}{198}\mathrm{Err}(T_3) + \frac{58}{198}\mathrm{Err}(T_4) + \frac{79}{198}\mathrm{Err}(T_5) = 0.2262$$

③ 記 T_2 剪枝後的節點為 L_2，計算預測錯誤率：

$$\mathrm{Err}(L_2) = \frac{50 + 2 - 1}{198 + 2} = 0.2550$$

④ 比較剪枝前後的預測錯誤率，很明顯，$\mathrm{Err}(L_2) > \mathrm{Err}(T_2)$，所以不剪枝。

(2) 於是，得到例 7.5 中的決策樹，如圖 7.8 所示。

4. 基於錯誤剪枝

　　基於錯誤剪枝（Error Based Pruning，EBP）採用一般的自下而上剪枝策略，根據剪枝前後的誤判個數上界來決定是否剪枝，只需要訓練集即可。與悲觀錯誤剪枝方法不同，此處的誤判個數上界根據置信水準所得。要計算誤判個數上界，關鍵在於計算誤判率上界。這裡的上界計算類似於置信區間 [vii] 上界。Quinlan 在 C4.5 演算法中，把置信水準也稱作置信因數（Confidence Factor, CF）。記決策樹 T 包含的樣本個數為 $N(T)$，$N_e(T)$ 表示決策樹 T 中的樣本誤判個數，若置信因數為 α，每個節點的誤判率上界的計算公式為

---

vii 可參考第 2 章中迴歸模型的預測一節。

$$U_\alpha(T) = \frac{N_e(T) + 0.5 + \frac{q_\alpha^2}{2} + q_\alpha \sqrt{\frac{(N_e(T) + 0.5)(N(T) - N_e(T) - 0.5)}{N(T)} + \frac{q_\alpha^2}{4}}}{N(T) + q_\alpha^2} \quad (7.9)$$

式中，q_α 表示置信因數 α 的上分位數。在 Quinlan 提出的基於錯誤剪枝方法中，分位數是透過線性插值得到的。

假如已知 9 個置信因數，兩個端點分別為 $q_0 = 4$ 和 $q_1 = 0$，具體如表 7.5 所示。舉例來說，計算 $\alpha = 0.25$ 對應的上分位數，可透過圖 7.16 中 B 和 C 點的線性差值得到，上分位數 q_α 為 0.6925。之後，就可以根據式 (7.9) 計算誤判率上界。

▼ 表 7.5 9 個置信因數下的分位數

置信因數	0.000	0.001	0.005	0.010	0.050	0.100	0.200	0.400	1.000
上分位點	4.00	3.09	2.58	2.33	1.65	1.28	0.84	0.25	0.00

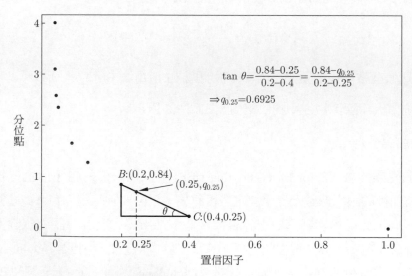

▲ 圖 7.16 透過線性差值得到 $\alpha = 0.25$ 對應的上分位數的示意圖

決策樹 T 中葉子節點的個數以 l 表示，葉子節點記作 L_i, $i = 1, 2, \cdots, l$；$N(L_i)$ 表示節點 L_i 處的樣本個數。基於錯誤剪枝的演算法詳情如下。

基於錯誤剪枝演算法

輸入：子樹 T，置信因數 α。

輸出：剪枝後的子樹 T'。

(1) 計算剪枝前目標子樹 T 的每個葉子節點 L_i 的誤判率上界：

$$U_\alpha(L_i) = \dfrac{N_e(L_i) + 0.5 + \dfrac{q_\alpha^2}{2} + q_\alpha\sqrt{\dfrac{(N_e(L_i) + 0.5)(N(L_i) - N_e(L_i) - 0.5)}{N(L_i)} + \dfrac{q_\alpha^2}{4}}}{N(L_i) + q_\alpha^2}$$

(2) 計算剪枝前目標子樹的誤判個數上界：

$$N_U(T) = \sum_{i=1}^{l} N(L_i)U_\alpha(L_i)$$

(3) 剪枝後生成的葉子節點記作 L，計算節點 L 處的誤判率上界：

$$U_\alpha(L) = \dfrac{N_e(T) + 0.5 + \dfrac{q_\alpha^2}{2} + q_\alpha\sqrt{\dfrac{(N_e(T) + 0.5)(N(T) - N_e(T) - 0.5)}{N(T)} + \dfrac{q_\alpha^2}{4}}}{N(T) + q_\alpha^2}$$

(4) 計算剪枝後的誤判個數上界：

$$N_U(L) = N(T)U_\alpha(L)$$

(5) 比較剪枝前後的誤判個數上界，如果滿足式 (7.10)，則剪枝；否則，不剪枝。

$$N_U(L) < N_U(T) \tag{7.10}$$

(6) 傳回子樹 T'。

例 7.13 取置信因數 $\alpha = 0.25$，請採用基於錯誤剪枝方法對圖 7.14 所示的決策樹剪枝。

解 (1) 因為節點 T_3、T_4、T_5 都是葉子節點，所以從節點 T_2 出發。

① 計算 T_2 剪枝前每個葉子節點的誤判率上界：

$$U_\alpha(T_3) = 0.0817, \quad U_\alpha(T_4) = 0.1055, \quad U_\alpha(T_5) = 0.5010$$

② 計算 T_2 剪枝前的誤判個數上界：

$$N_U(T_2) = 61 \times U_\alpha(T_3) + 58 \times U_\alpha(T_4) + 79 \times U_\alpha(T_5) = 50.6789$$

③ T_2 剪枝後，記葉子節點為 L_2，計算節點 L_2 處的誤判個數上界：

$$N_U(L_2) = 198 \times U_\alpha(L_2) = 54.8611$$

④ 比較剪枝前後的預測錯誤率，很明顯，$N_U(L_2) > N_U(T_2)$，所以不剪枝。

(2) 於是，得到例 7.5 中的決策樹，如圖 7.8 所示。

5. 代價 - 複雜度剪枝

代價 - 複雜度剪枝（Cost Complexity Pruning, CCP）是根據剪枝前後的損失函式來決定是否剪枝。假如要判斷是否剪枝的子樹為 T，以 T 包含的葉子節點的個數 $|T|$ 表示模型複雜度，類似於正規化的一般形式，可以得到損失函式

$$C_\alpha = C(T) + \lambda|T|$$

式中，$C(T)$ 表示樹 T 透過訓練集計算的預測誤差，度量擬合能力；λ 為懲罰參數，用以平衡模型的擬合能力和複雜度。$C(T)$ 可透過經驗熵的加權得到。

$$C(T) = \sum_{i=1}^{l} N(L_i)H(L_i) = -\sum_{i=1}^{l}\sum_{k=1}^{K} N_k(L_i) \log \frac{N_k(L_i)}{N(L_i)}$$

其中，$l = |T|$ 表示樹 T 葉子節點的個數；L_i 表示葉子節點，$i = 1, 2, \cdots, l$；$N_k(L_i)$ 表示葉子節點 i 處的屬於第 c_k 類的樣本個數；$H(L_i)$ 表示葉子節點 L_i 處的經驗熵。

代價 - 複雜度剪枝演算法的具體流程如下。

代價 - 複雜度剪枝演算法

輸入：生成演算法產生的整棵樹 T，參數 λ。

輸出：剪枝後的子樹 T'。

(1) 剪枝前的決策樹記作 T_A，計算每個葉子節點 L_i 的經驗熵：

$$H(L_i) = -\sum_{k=1}^{K} \frac{N_k(L_i)}{N(L_i)} \log \frac{N_k(L_i)}{N(L_i)}$$

---

(2) 計算剪枝前決策樹 T_A 的損失函式：

$$C_\lambda(T_A) = C(T_A) + \lambda|T_A|$$

(3) 剪枝後的決策樹記作 T_B，計算損失函式：

$$C_\lambda(T_B) = C(T_B) + \lambda|T_B|$$

(4) 比較剪枝前後的損失函式，如果滿足式 (7.11)，則剪枝；否則，不剪枝。

$$C_\lambda(T_B) \leqslant C_\lambda(T_A) \tag{7.11}$$

(5) 遞迴地呼叫步驟 (1) ～ (4)，直到不能繼續為止，得到損失函式最小的子樹 T'。

7.5 擴充部分：隨機森林

看到一個一個的事物，忘了它們互相間的聯繫；看到它們的存在，忘了它們的產生和消失；看到它們的靜止，忘了它們的運動；因為他只見樹木，不見森林。

——恩格斯

有了生成一棵決策樹的基礎，我們不免想到決策森林。一木參天，雙木成林，眾木成森。這需要統計工具的輔助——Bootstrap 方法。

早於 Breiman 提出 CART 演算法，Efron 於 1982 年提出 Bootstrap 方法，因為 bootstrap 指的是靴帶，故也譯作靴攀法。這個方法的原理十分簡單，以所擁有的全部資料樣本作為一個整體（偽整體），進行有放回地重抽樣，透過一系列的 Bootstrap 樣本集訓練模型。

之所以 Efron 給這個方法命名為靴攀法，其實來自於一本故事書《巴龍歷險記》（*Adventures of Baron Munchausen*）。歷險記中有一幕描述的是這麼個場景：有一日，巴龍不小心落入大海，只感到身子越來越沉，直到海底，而且身上未攜帶任何工具。不過，不幸中的萬幸是巴龍在絕望之時想到一個絕妙的主意，他用自己的靴帶把自己拉了上來。所以，Bootstrap 也指不借助他人幫助即可獲得自救。於是 Bootstrap 方法還有個名稱即自助法。

1996 年，Breiman 結合 Bootstrap 抽樣提出 Bagging 整合學習理論。透過 Bootstrap 重抽樣，每生成一組 Bootstrap 訓練集，就生成一棵決策樹。由於每棵樹所用的訓練集雖不同但同源，因此每棵樹和其他樹不同，但所針對的是同一類資料。之後，統一使用非抽樣資料測試每棵決策樹，如果衡量模型效果的方式比較巧妙，就可以將多組資料都用以訓練模型，這就是 Bagging 方法，具體過程如圖 7.17 所示。

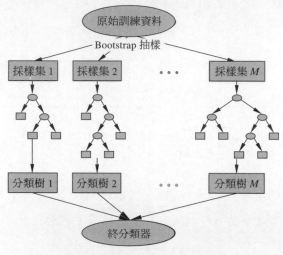

▲ 圖 7.17 Bagging 方法示意圖

2001 年，Breiman 將 Bagging 整合學習理論與隨機子空間方法相結合，提出了一種機器學習演算法——隨機森林。因為雖然決策樹可以極佳地擬合訓練資料集，但往往會出現過擬合現象。如果建構多棵決策樹聚集為一片森林，就相當於一組弱學習器的整合。如果是分類樹，則可採用多數表決或說大機率的思想來進行分類。如果是迴歸樹，則用所有決策樹輸出的結果加權求和進行預測。這種整合思維可以有效地避免過擬合，提高泛化能力。

由於決策樹建構的過程是確定的，要獲取隨機的決策樹可以從以下兩個角度入手。

(1)隨機的訓練樣本集：以原訓練樣本集 D 作為偽整體，透過 Bootstrap 方法有放回地隨機取出 N_b 個與訓練集樣本容量相同的訓練樣本集 D_b 作為一個採樣集，然後據此建構一個對應的決策樹。

(2)隨機的特徵子空間：在對決策樹每個節點進行分割時，不是選擇所有的剩餘屬性進行分割，而是從中均勻隨機取出一個特徵子集，然後在子集中選擇一個最佳特徵來建構決策樹。

隨機森林解決了決策樹性能瓶頸的問題，對雜訊和異常值有較好的容忍性，對高維資料分類問題具有良好的可擴展性和並行性。隨機森林的應用領域十分廣泛，例如生物資訊領域對基因序列的分類和迴歸，經濟與金融領域對客戶信用的分析及反詐騙，電腦視覺領域對人體的監測與追蹤、手勢辨識、動作辨識、人臉辨識、性別辨識和行為與事件辨識，語音領域的語音辨識與語音合成，資料探勘領域的異常檢測、度量學習，等等。

7.6 案例分析——帕爾默企鵝資料集

企鵝，有著「海洋之舟」的美譽，是一種最古老的游禽，能在零下 60℃ 的嚴寒中生活和繁殖。因為它像穿著燕尾服的西方紳士，走起路來憨態可掬而深受大家的喜愛。然而，根據美國 *Sciencealert* 期刊的報導，因為全球環境的惡化，氣候持續變暖，海冰大規模融化，專家預測生活在南極的帝企鵝，有可能在 21 世紀末迎來滅絕危機：在 2100 年之前，帝企鵝的數量將減少 99%。

本節分析的案例為帕默爾企鵝資料集，由 Kristen Gorman 博士和南極洲 LTER 的帕爾默科考站共同建立，可在 Kaggel 網站 http://www.kaggle.com/parulpandey/palmer-archipelago-antarctica-penguin-data 下載。此處，選擇檔案名稱為 penguins_size.csv 的資料集。資料集中包含 344 只企鵝的資料，有來自帕爾默群島 3 個島嶼的 3 種不同種類的企鵝，分別是 Adelie、Chinstrap 和 Gentoo，如圖 7.18 所示。是不是「Gentoo」聽起來很耳熟？那是因為 Gentoo Linux 就是以它命名的！

▲ 圖 7.18 帕爾默企鵝

資料集中的具體變數如下：

- species：企鵝種類（Chinstrap、Adelie、Gentoo）。
- culmen_length_mm：鳥喙的上脊的長度，單位為毫米。
- culmen_depth_mm：鳥喙的上脊的深度，單位為毫米。
- flipper_length_mm：腳蹼的長度，單位為毫米。
- body_mass_g：身體質量，單位為克。
- island：島嶼名稱（Dream、Torgersen、Biscoe）。
- sex：企鵝性別。

我們以 culmen_length_mm、culmen_depth_mm、flipper_length_mm、body_mass_g、island 和 sex 為輸入變數，species 為輸出變數，建構決策樹，採用 CART 演算法的具體 Python 程式如下。

```
1  # 匯入相關模組
2  import numpy as np
3  import matplotlib.pyplot as plt
4  import pandas as pd
5  import seaborn as sns
6  plt.style.use('seaborn-ticks')
7  from sklearn import tree
8  from sklearn.model_selection import train_test_split
9  import graphviz
10 from math import log
11 import operator
12
13 # 載入資料
14 Dataset = pd.read_csv("penguins_size.csv")
15
16 # 觀察資料並去掉具有遺漏值的樣本
17 Dataset.head()
18 Dataset.count()
19 print(Dataset.isnull().sum())
20 Dataset = Dataset.dropna()
21
22 # 變數因數化
23 Dataset['species'] = Dataset['species'].map({'Adelie': 0, 'Chinstrap': 1, 'Gentoo': 2 })
24 Dataset['island'] = Dataset['island'].map({'Torgersen': 0,'Biscoe': 1,'Dream': 2})
25 Dataset['sex'] = Dataset['sex'].map({'MALE': 0,'FEMALE': 1})
26 print(Dataset.isnull().sum())
27 Dataset.head()
```

```
28 Dataset = Dataset.dropna()
29
30 # 劃分訓練集與測試集，集合容量比例為 3:1
31 y = Dataset[['species']]
32 X = Dataset.drop('species',axis=1)
33 X_train, X_test, y_train, y_test = train_test_split(X, y, test_size = 0.25,
       random_state = 0)
34
35 # 建立決策樹模型並訓練
36 Features = ['Island' ,'Culmen-Length' ,'Culmen-Depth', 'Flipper-Length','Body-Mass',
       'Sex']
37 # 設定最大的深度為 5
38 dtree = tree.DecisionTreeClassifier(max_depth = 5)
39 dtree.fit(X_train, y_train)
40
41 # 決策樹狀視覺化
42 dot_data = \
43    tree.export_graphviz(
44       dtree,
45       out_file = None,
46       feature_names = Features,
47       class_names=['Adelie','Chinstrap','Gentoo'],
48       filled = True,
49       impurity = False,
50       rounded = True)
51
52 graph = graphviz.Source(dot_data)
53 graph.format='png'
54 graph.render('dtree')
```

執行程式所得決策樹如圖 7.19 所示。

7.7 本章小結

1. 決策樹是透過一系列規則對資料進行分割的過程。決策樹的根節點到葉節點的每條路徑建構一筆規則；路徑內部節點的特徵對應著規則的條件，而葉子節點對應著規則的結論。

2. 決策樹的基本想法：首先，建構根節點，將所有訓練資料都放在根節點，選擇一個最佳特徵，按照這一特徵將訓練資料集分割成子集，使得各個子集有一個當前條件下的最好分割。如果這些子集已經能夠被良好預測，那麼建構葉節點，並將這些子集分到對應的葉子節點中去；如果還有子集不能被良好預測，那麼就

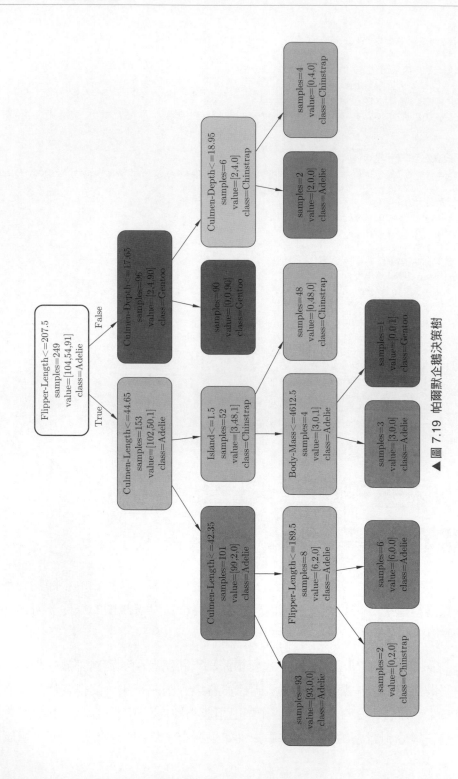

▲ 圖 7.19 帕爾默企鵝決策樹

對這些子集繼續選擇最佳特徵，繼續對其進行分割，建構相應的節點。如此遞迴下去，直到滿足停止條件。最後每個子集都有相應的類，就生成了一棵決策樹。

3. 決策樹包括 3 部分：特徵選擇、生成過程和剪枝過程。

4. 迴歸決策樹的特徵選擇準則通常為平方損失。分類決策樹的特徵選擇準則通常是資訊增益、資訊增益以及基尼不純度。

(1) 資訊增益

$$I(Y;X) = H(Y) - H(Y|X)$$

(2) 資訊增益比

$$\mathrm{IR}(Y;X) = \frac{I(Y;X)}{H(X)}$$

(3) 基尼不純度

$$\mathrm{Gini}(X) = \sum_{k=1}^{K} p_k(1-p_k) = 1 - \sum_{k-1}^{K} p_k^2$$

5. 生成過程的常用演算法有 ID3 演算法、C4.5 演算法和 CART 演算法，它們的主要區別在於應用了不同的特徵選擇準則。

6. 剪枝可以分為預剪枝和後剪枝，目的在於緩解決策樹的過擬合問題，得到簡化的決策樹。

7. 隨機森林是一種以決策樹為弱學習器，基於 Bagging 方法和隨機子空間方法的整合學習技術。

7.8 習題

7.1　試程式設計實現基於資訊增益比進行特徵選擇的決策樹演算法，並利用例 7.5 中所給的訓練資料集，生成一棵決策樹。

7.2　試分析基於訓練集和測試集進行剪枝的優缺點。

7.3 請分別透過悲觀錯誤剪枝和最小誤差剪枝判斷是否可以在圖 7.20 中的 T0 處剪枝。圖 7.20 中有兩類樣本「正類」和「負類」，分別以「＋」和「－」標在圖中。

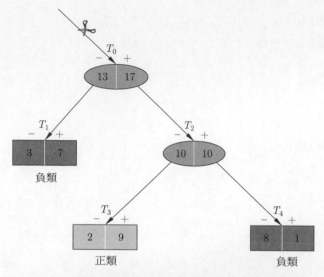

▲ 圖 7.20 習題 7.3 中待剪枝的決策樹

7.9 閱讀時間：經濟學中的基尼指數

在決策樹的生成中，一般以基尼不純度來選擇特徵，而基尼不純度還有另一個名字──基尼指數。無獨有偶，經濟學中也有一個基尼指數，本章的閱讀時間就來聊聊經濟學中的基尼指數。

早在春秋戰國時期，孔子曾在《論語》中指出：「不患寡而患不均，不患貧而患不安」。該如何度量這個「均」呢？平均值？可以，但是分配不均的程度又怎樣衡量？

直到 20 世紀初，這個問題才得到解決。1905 年，美國有位奧地利統計學家羅倫茲想到一個辦法，他畫出一條近似曲線的折線。折線所在座標系結構十分簡單，以水平座標表示人口百分比，垂直座標表示收入百分比，如圖 7.21 所示。

以圖 7.21 中的資料為例，對圖中折線稍加解釋。繪製這條折線之前，需要將

全社會的人口按照收入由低到高排序，並分成若干份，這裡以 5 份為例。然後，分別計算累計前 20%、40%、60% 和 80% 的人口收入佔社會總收入的百分比，依次描出點 E_1、E_2、E_3 和 E_4，接著起起點 O、終點 L 以及這 4 個點連接就生成了一條折線 $O-E_1-E_2-E_3-E_4-E_5$，這條折線也被稱作羅倫茲曲線。

依每個點來解釋，這條折線的含義如下。

- E_1：全社會的 20% 人口佔有著總收入的 5%。
- E_2：全社會的 40% 人口佔有著總收入的 10%。
- E_3：全社會的 60% 人口佔有著總收入的 30%。
- E_4：全社會的 80% 人口佔有著總收入的 50%。

這說明，剩餘的 20% 人口竟然佔有著總收入的 50%。

舉個直觀的例子，假設有 10 個人，大家一天能賺的總收入是 100 元。同樣一天中，2 個人平均賺 25 元，4 個人平均賺 10 元，而另外 4 個人只能平均賺 2 元 5 角！這條折線越彎曲，距離 OL 那條線越遠，越代表著收入分配不平等。

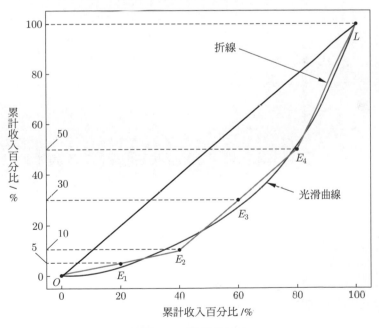

▲ 圖 7.21 羅倫茲曲線

　　但是，現在還沒有解決度量收入不均的問題。別急，另一位主角馬上就上場了。同年，剛剛 21 歲的義大利小夥克拉多‧基尼正好大學畢業。修讀法律專業的他，卻對統計學有著濃厚的興趣，畢業時發表了一篇題為《從統計角度看性別》的論文。25 歲時，他在卡利亞里擔任初級統計教師。26 歲時，他已繼任了那所大學的統計學系主任！ 1912 年，28 歲的他注意到羅倫茲曲線不像曲線，而是折線，於是透過數學平滑方法，將折線修正為光滑曲線，如圖 7.21 中的光滑曲線，並以統計思維提出一個度量指標──基尼指數。從而，將分配不均的問題從定性分析轉化為定量分析。

1. 基尼指數怎麼算

　　還是剛才那個例子。OL 直線與光滑曲線圍成的區域記作 A，光滑曲線橫軸圍成的區域記作 B。如圖 7.22 所示，利用 A 和 B 的面積，定義的基尼指數為

$$基尼指數 = \frac{A \text{ 區域的面積}}{A \text{ 區域的面積} + B \text{ 區域的面積}}$$

　　這裡可以透過三次多項式擬合出光滑曲線，計算所得基尼指數為 0.4417。

國家統計局

　　基尼指數，反映居民之間貧富差異程度的常用統計指標；

　　較全面客觀地反映居民之間的貧富差距；

　　能預報、預警居民之間出現貧富兩極分化。

　　這就是說，可以透過基尼指數來定量反映某地區的貧富差距，以便政府做出相應的決策。

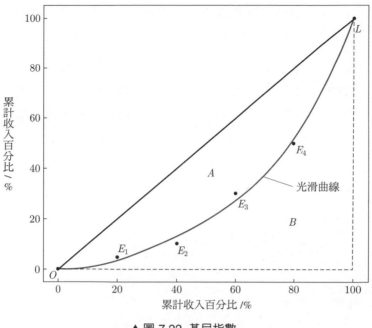

▲圖 7.22 基尼指數

2. 基尼指數如何反映貧富差距

國際上認為基尼指數合理的範圍是 0.3 ～ 0.4，太小了不好，代表社會收入差距太小，無論工作多努力都一樣，久而久之人們會越來越懶，社會也就沒有了活力；基尼指數太大也不好，太大就會「四海無閒田，農夫猶餓死」，造成社會的極不穩定。

上面例子中算出來的 0.4417，對照於表 7.6，可以看出指數等級高，差距較大。

▼ 表 7.6　9 個置信因數下的分位數

基 尼 指 數	含義
＜ 0.2	表示指數等級極低（高度平均）
1.2 ～ 0.29	表示指數等級低（比較平均）
1.3 ～ 0.39	表示指數等級中（相對合理）
1.4 ～ 0.59	表示指數等級高（差距較大）
＞ 0.6	表示指數等級極高（差距懸殊）

在基尼指數中，通常把 0.4 作為收入分配差距的「警戒線」，根據黃金分割律，其準確值應為 0.382。一般先進國家的基尼指數為 0.24 ～ 0.36。

基尼指數按照用途還會分為收入基尼指數、財富基尼指數、消費基尼指數。同樣，學術界有很多種計算基尼指數的方法，如幾何方法、基尼的平均差方法、協方差方法、矩陣方法等，各種計算方法之間具有統一性。計算基尼指數有時以離散分佈為基礎，有時以連續分佈為基礎，雖然其數學運算式不同，但其內涵是統一的。

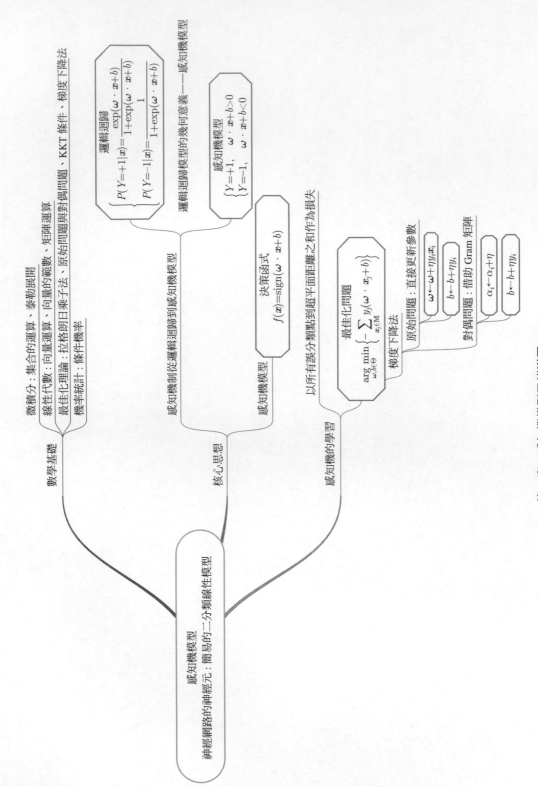

第 8 章　感知機模型思維導圖

第 8 章
感知機模型

偉大和偽裝，灰塵或輝煌，那是最前線之隔，或是最前線曙光。

——阿信《我心中尚未崩壞的地方》

1958 年，Rosenblatt 提出感知機模型，開啟了人類神經網路的新紀元。感知機

是一個簡易的二分類線性模型，與第 5 章介紹的邏輯迴歸有著共同之處。也可以說，感知機是支援向量機和神經網路的基礎。本章將從邏輯迴歸出發引出感知機的感知機制，然後介紹感知機的原理，透過對偶問題用 Gram 矩陣儲存樣本資訊以實現對感知機的迭代學習。

8.1 感知機制——從邏輯迴歸到感知機

假設輸入變數 X 包含 p 個屬性變數 $X_1, X_2, \cdots, X_p$，實例 $x = (x_1, x_2, \cdots, x_p)^{\mathrm{T}}$，$x_j$ 表示實例第 j 個屬性的具體設定值，$j = 1, 2, \cdots, p$，類別變數 $Y \in \{+1, -1\}$。如果建構邏輯迴歸模型，分別計算兩個類別的條件機率，即

$$\begin{cases} P(Y = +1|\boldsymbol{x}) = \dfrac{\exp(\boldsymbol{w} \cdot \boldsymbol{x} + b)}{1 + \exp(\boldsymbol{w} \cdot \boldsymbol{x} + b)} \\ P(Y = -1|\boldsymbol{x}) = \dfrac{1}{1 + \exp(\boldsymbol{w} \cdot \boldsymbol{x} + b)} \end{cases}$$

式中，$\boldsymbol{w}$ 和 b 為模型參數，$\boldsymbol{w} = (w_1, w_2, \cdots, w_p)^{\mathrm{T}} \in \mathbb{R}^p$ 表示權值向量，b 表示截距。

對於實例點 x，怎麼判斷該實例點所屬類別呢？不妨比較 $P(Y = +1|X = x)$ 和 $P(Y = -1|X = x)$ 的大小，類別歸屬於更大機率對應的類別。這可以透過兩類別的條件機率之比來判斷。對機率之比取對數，可以得到

$$\log \frac{P(Y = +1|\boldsymbol{x})}{P(Y = -1|\boldsymbol{x})} = \boldsymbol{w} \cdot \boldsymbol{x} + b \tag{8.1}$$

很明顯，類別判斷表現在式 (8.1) 中，

$$\begin{cases} Y = +1, & \log \dfrac{P(Y = +1|\boldsymbol{x})}{P(Y = -1|\boldsymbol{x})} > 0 \\[3mm] Y = -1, & \log \dfrac{P(Y = +1|\boldsymbol{x})}{P(Y = -1|\boldsymbol{x})} < 0 \end{cases}$$

即

$$\begin{cases} Y = +1, & \boldsymbol{w} \cdot \boldsymbol{x} + b > 0 \\ Y = -1, & \boldsymbol{w} \cdot \boldsymbol{x} + b < 0 \end{cases} \tag{8.2}$$

這說明，從幾何意義來理解邏輯迴歸模型，如果樣本點根據屬性變數完全線性可分，可透過屬性空間中的超平面 $\boldsymbol{w} \cdot \boldsymbol{x} + b = 0$ 將其分為兩部分：一部分是正類，記為「+1」；另一部分為負類，記為「–1」。

補充一下超平面的含義。在幾何中，如果環境空間是 p 維的，那它所對應的超平面其實就是一個 $p - 1$ 維的子空間。換句話說，超平面是比它所處的環境空間小一維的線性子空間。例如屬性空間是一維的，綠色圓圈和紅色五角星分別代表兩類樣本，想區分正負類實例點，用實數軸上的點即可，如圖 8.1 所示。

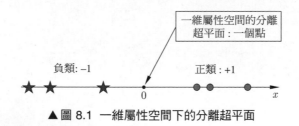

▲ 圖 8.1　一維屬性空間下的分離超平面

如果屬性空間是二維的，一維直線可以分開樣本點的分離超平面，如圖 8.2 所示。

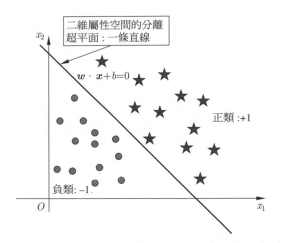

▲圖 8.2 二維屬性空間下的分離超平面

如果屬性空間是三維的,分離超平面應該就是一個二維平面了。四維屬性空間對應的超平面是一個立體面,依此類推。當屬性空間是 p 維的,所對應的分離超平面是一個 $p-1$ 維的平面。$p-1$ 維的平面由 $p+1$ 維的參數決定。

式 (8.2) 可以簡化表示為決策函式的形式,則為

$$f(\boldsymbol{x}) = \mathrm{sign}(\boldsymbol{w} \cdot \boldsymbol{x} + b)$$

其中,sign 是符號函式。這就是感知機模型的決策函式。

對於人類而言,是透過視覺、聽覺、觸覺、味覺和嗅覺這 5 種不同的方式來感知世界的,決定這些感知的根本就在於神經元中的訊號傳遞。感知機就是透過簡單的線性函式決定類神經網路的神經元,感知資料世界。

8.2 感知機的學習

感知機的輸入空間為 p 維屬性空間 $\mathcal{X} \in \mathbb{R}^p$,輸出空間 $\mathcal{Y} \in \{+1, -1\}$。當輸入實例 $\boldsymbol{x} = (x_1, x_2, \cdots, x_p)^{\mathrm{T}} \in \mathcal{X}$ 時,實例的類別可透過決策函式

$$f(\boldsymbol{x}) = \mathrm{sign}(\boldsymbol{w} \cdot \boldsymbol{x} + b) = \begin{cases} +1, & \boldsymbol{w} \cdot \boldsymbol{x} + b \geqslant 0 \\ -1, & \boldsymbol{w} \cdot \boldsymbol{x} + b < 0 \end{cases} \tag{8.3}$$

做出判斷。式 (8.3) 中從輸入空間到輸出空間的函式 $f(\boldsymbol{x})$ 被稱作感知機模型；稱 $\boldsymbol{w} = (w_1, w_2, \cdots, w_p)^{\mathrm{T}} \in \mathbb{R}^p$ 為感知機的權值向量；b 為感知機的截距參數；$\boldsymbol{w} \cdot \boldsymbol{x}$ 表示內積，

$$\boldsymbol{w} \cdot \boldsymbol{x} = w_1 x_1 + w_2 x_2 + \cdots + w_p x_p$$

屬性特徵空間中所有可能的這種線性函式就稱為假設空間，記作 $\mathcal{F} = \{f|\, f(x) = \boldsymbol{w} \cdot \boldsymbol{x} + b\}$，參數 $\boldsymbol{w}$ 和 b 的所有可能組合，就得到一個 $p+1$ 維的集合，稱為參數空間，記作 $\Theta = \{\boldsymbol{\theta}|\, \boldsymbol{\theta} = (\boldsymbol{w}^{\mathrm{T}}, b)^{\mathrm{T}} \in \mathbb{R}^{p+1}\}$。

在感知機的學習中，我們只考慮線性可分的情況。線性不可分或非線性可分的情況將在第 9 章介紹。

定義 8.1（線性可分）對於給定的資料集 $T = \{(\boldsymbol{x}_1, y_1), (\boldsymbol{x}_2, y_2), \cdots, (\boldsymbol{x}_N, y_N)\}$，$\boldsymbol{x}_i = (x_{i1}, x_{i2}, \cdots, x_{ip})^{\mathrm{T}} \in \mathbb{R}^p$，$y_i \in \{+1, -1\}$，$i = 1, 2, \cdots, N$，如果存在某個超平面 $\mathcal{S}$

$$\mathcal{S}: \quad \boldsymbol{w} \cdot \boldsymbol{x} + b = 0$$

使得資料集的所有實例點可以完全劃分到超平面 $\mathcal{S}$ 的兩側，

$$\begin{cases} y_i = +1, & \text{如果 } \boldsymbol{w} \cdot \boldsymbol{x}_i + b > 0 \\ y_i = -1, & \text{如果 } \boldsymbol{w} \cdot \boldsymbol{x}_i + b < 0 \end{cases} \quad i = 1, 2, \cdots, N$$

那麼，就稱資料集 T 是線性可分的，否則線性不可分。

如果訓練資料集線性可分，我們的目標是希望尋求到一個分離超平面將這些實例點完全劃分為正負類。但是，為學習感知機模型，就需要訓練超平面的參數，訓練參數的重任取決於感知機的損失函式的定義。

首先，舉出屬性特徵空間中的任意一點 $\boldsymbol{x}_0 \in \mathcal{X}$ 到超平面 $\mathcal{S}$ 的幾何距離

$$\frac{1}{\|\boldsymbol{w}\|} |\boldsymbol{w} \cdot \boldsymbol{x}_0 + b| \tag{8.4}$$

實例 $\boldsymbol{x}_0$ 類別標籤記作 y_0。可以分情況將式 (8.4) 中分母的絕對值去掉。

若 $\boldsymbol{x}_0$ 是正確分類點，則

$$\frac{1}{\|\boldsymbol{w}\|}|\boldsymbol{w} \cdot \boldsymbol{x}_0 + b| = \begin{cases} \dfrac{\boldsymbol{w} \cdot \boldsymbol{x}_0 + b}{\|\boldsymbol{w}\|}, & y_0 = +1 \\[3mm] -\dfrac{\boldsymbol{w} \cdot \boldsymbol{x}_0 + b}{\|\boldsymbol{w}\|}, & y_0 = -1 \end{cases}$$

若 $\boldsymbol{x}_0$ 是錯誤分類點，則

$$\frac{1}{\|\boldsymbol{w}\|}|\boldsymbol{w} \cdot \boldsymbol{x}_0 + b| = \begin{cases} -\dfrac{\boldsymbol{w} \cdot \boldsymbol{x}_0 + b}{\|\boldsymbol{w}\|}, & y_0 = +1 \\[3mm] \dfrac{\boldsymbol{w} \cdot \boldsymbol{x}_0 + b}{\|\boldsymbol{w}\|}, & y_0 = -1 \end{cases}$$

顯而易見，如果 $\boldsymbol{x}_0$ 是錯誤分類點，透過感知機分類器所得到的類別 $f(\boldsymbol{x}_0)$ 與實例的真實類別 y_0 符號相反，此時 $\boldsymbol{x}_0$ 到超平面 $\mathcal{S}$ 的幾何距離

$$\frac{1}{\|\boldsymbol{w}\|}|\boldsymbol{w} \cdot \boldsymbol{x}_0 + b| = \frac{-y_0(\boldsymbol{w} \cdot \boldsymbol{x}_0 + b)}{\|\boldsymbol{w}\|}$$

這些錯誤分類點會帶來損失，是我們要關注的物件，之後簡稱誤分類點。如果以 $\mathcal{M}$ 代表所有誤分類點的集合，可以寫出所有誤分類點到超平面 $\mathcal{S}$ 距離的總和

$$-\frac{1}{\|\boldsymbol{w}\|}\sum_{\boldsymbol{x}_j \in \mathcal{M}} y_j(\boldsymbol{w} \cdot \boldsymbol{x}_j + b)$$

很明顯，$\mathcal{M}$ 中所含有的誤分類點越少，總距離和就越小，在沒有誤分類點的時候 $\mathcal{M} = \varnothing$，這個距離和應該為 0。所以，透過最小化總距離和來求得相應的模型參數即

$$\arg\min_{\boldsymbol{w},b \in \Theta} -\frac{1}{\|\boldsymbol{w}\|}\sum_{\boldsymbol{x}_j \in \mathcal{M}} y_j(\boldsymbol{w} \cdot \boldsymbol{x}_j + b)$$

為簡化運算，不考慮 $\|\boldsymbol{w}\|$。一是 $\|\boldsymbol{w}\|$ 不會影響總距離和的符號，即不影響正值還是負值的判斷，二是 $\|\boldsymbol{w}\|$ 不會影響感知機模型的最終結果。演算法終止條件，不存在誤分類點。這時候 $\mathcal{M}$ 是空集，誤分類點的距離和是否為 0 取決於分子，而非分母，因此與 $\|\boldsymbol{w}\|$ 的大小無關。

於是，得到感知機的目標函式

$$Q(\boldsymbol{w}, b) = - \sum_{\boldsymbol{x}_j \in \mathcal{M}} y_j (\boldsymbol{w} \cdot \boldsymbol{x}_j + b)$$

感知機的學習問題為

$$\arg \min_{\boldsymbol{w}, b \in \Theta} Q(\boldsymbol{w}, b)$$

8.3 感知機的最佳化演算法

感知機模型的目標函式並不複雜，採用梯度下降法即可。根據迭代樣本的多少，梯度下降法分為隨機梯度下降法、批次梯度下降法和小量梯度下降法[i]。在感知機

模型中，目標函式中的樣本只限定於誤分類樣本集 $\mathcal{M}$ ，因此採用隨機梯度下降法最佳，即每次先判斷樣本是否為誤分類點再更新參數。本節將介紹感知機的原始形式演算法和對偶形式演算法。

8.3.1 原始形式演算法

假設訓練集為 $T = \{(\boldsymbol{x}_1, y_1), (\boldsymbol{x}_2, y_2), \cdots, (\boldsymbol{x}_N, y_N)\}$, $\boldsymbol{x}_i = (x_{i1}, x_{i2}, \cdots, x_{ip})^{\mathrm{T}} \in \mathbb{R}^p$, $y_i \in \{+1, -1\}$, $i = 1, 2, \cdots, N$。學習問題為

$$\arg \min_{\boldsymbol{w}, b \in \Theta} Q(\boldsymbol{w}, b) = - \sum_{\boldsymbol{x}_j \in \mathcal{M}} y_j (\boldsymbol{w} \cdot \boldsymbol{x}_j + b)$$

在梯度下降法中，以負梯度為下降方向更新參數。目標函式 $Q(\boldsymbol{w}, b)$ 的梯度向量

$$\frac{\partial Q}{\partial \boldsymbol{w}} = - \sum_{\boldsymbol{x}_i \in \mathcal{M}} y_i \boldsymbol{x}_i, \quad \frac{\partial Q}{\partial b} = - \sum_{\boldsymbol{x}_i \in \mathcal{M}} y_i$$

隨機梯度下降法，每一輪隨機選擇一個誤分類點，如果透過這個誤分類點進行參數更新，誤分類點減少，那麼下一輪迭代中的 $\mathcal{M}$ 元素個數就會減少。這在一

---

i 詳情見小冊子 4.1 節。

定程度上簡化計算，節約時間成本。若 $(\boldsymbol{x}_i, y_i) \in \mathcal{M}$ 是誤分類點，則參數更新公式為

$$\boldsymbol{w} \leftarrow \boldsymbol{w} + \eta y_i \boldsymbol{x}_i, \quad b \leftarrow b + \eta y_i$$

其中，$\eta \in (0, 1]$ 是隨機梯度下降法中的步進值。

圖 8.3 是感知機隨機梯度下降法的示意圖。

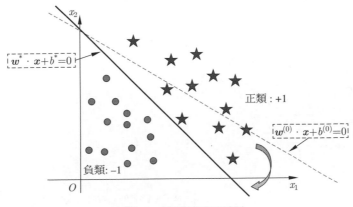

▲ 圖 8.3 隨機梯度下降法

　　首先選擇參數初始值得到分離超平面，圖 8.3 中虛線所示。接下來，在訓練集中隨機選取一個實例點，以 $y_i(\boldsymbol{w} \cdot \boldsymbol{x}_i + b)$ 來判斷這個樣本被分離超平面正確分類還是錯誤分類。如果被正確分類，$y_i(\boldsymbol{w} \cdot \boldsymbol{x}_i + b) > 0$，則不用理會這個實例點；如果被錯誤分類，$y_i(\boldsymbol{w} \cdot \boldsymbol{x}_i + b) < 0$，則以這個樣本點更新參數。最難以判斷的就是，如果這個樣本點恰好位於分離超平面上，$y_i(\boldsymbol{w} \cdot \boldsymbol{x}_i + b) = 0$，透過符號函式會將其劃分為正類。但是，無法獲悉該樣本點到底是被正確分類還是錯誤分類。因為前提條件是訓練集是線性可分的，所以本著「寧肯錯殺也不能放過」的原則，我們將這個樣本點用以更新參數。之後重複迭代，就能將所有樣本點正確劃分，得到圖 8.3 中的灰色直線，即感知機的分離超平面。

　　感知機的原始形式演算法流程如下。

感知機的原始形式演算法

　　輸入：訓練資料集 $T = \{(\boldsymbol{x}_1, y_1), (\boldsymbol{x}_2, y_2), \cdots, (\boldsymbol{x}_N, y_N)\}$ 其中 $\boldsymbol{x}_i \in \mathbb{R}^p$, $y_i \in \{+1, -1\}$ $i = 1, 2, \cdots, N$。

　　輸出：參數 w^* 和 b^*，以及感知機模型。

(1) 選定參數初始值 $\boldsymbol{w}^{(0)}$ 和 $b^{(0)}$。

(2) 於訓練集 T 中隨機選取樣本點 $(\boldsymbol{x}_i, y_i)$。

(3) 若 $y_i(\boldsymbol{w} \cdot \boldsymbol{x}_i + b) \leqslant 0$，更新參數

$$\boldsymbol{w} \leftarrow \boldsymbol{w} + \eta y_i \boldsymbol{x}_i, \quad b \leftarrow b + \eta y_i$$

(4) 重複步驟 (2) 和 (3)，直到訓練集 T 中沒有誤分類點，停止迭代，輸出參數 w^* 和 b^*。

(5) 分離超平面：

$$\boldsymbol{w}^* \cdot \boldsymbol{x} + b^* = 0$$

決策函式：

$$f(\boldsymbol{x}) = \text{sign}(\boldsymbol{w}^* \cdot \boldsymbol{x} + b^*)$$

　　感知機模型中，參數 w 是分離超平面的法向量，表示分離超平面的旋轉程度，b 是位移量，不停地迭代，就可以使超平面越來越接近於能夠將所有樣本點正確分類的分離超平面。但是，透過感知機模型，最後所得到的分離超平面是不唯一的 ii。下面透過一個例題說明原始形式演算法的具體流程，以及感知機隨機梯度下降演算法的不唯一性。

　　例 8.1　已知訓練資料集

$$T = \{(\boldsymbol{x}_1, y_1), (\boldsymbol{x}_2, y_2), (\boldsymbol{x}_3, y_3)\}$$

　　其中，實例 $\boldsymbol{x}_1 = (3, 3)^{\text{T}}$，$\boldsymbol{x}_2 = (4, 3)^{\text{T}}$，$\boldsymbol{x}_3 = (1, 1)^{\text{T}}$，類別標籤 $y_1 = +1$，$y_2 = +1$，$y_3 = -1$，如圖 8.4 所示。給定學習的步進值 $\eta = 1$，請根據感知機的原始形式演算法求出分離超平面與分類決策函式。

---

ii 第 9 章將介紹支援向量機，可以得到唯一分離超平面。

解 明確待學習的問題:

$$\arg \min_{\boldsymbol{w}, b \in \Theta} Q(\boldsymbol{w}, b) = -\sum_{\boldsymbol{x}_j \in \mathcal{M}} y_j (\boldsymbol{w} \cdot \boldsymbol{x}_j + b)$$

其中,$\boldsymbol{w} = (w_1, w_2)^{\mathrm{T}}$。

(1) 設定初始值:選取初始值 $\boldsymbol{w}^{(0)} = (0, 0)^{\mathrm{T}}$, $b^{(0)} = 0$。

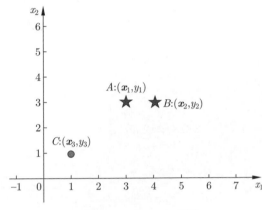

▲圖 8.4 例 8.1 示意圖

(2) 選擇樣本更新參數:

對於 A 點實例 $\boldsymbol{x}_1 = (3, 3)^{\mathrm{T}}$,有

$$y_1(\boldsymbol{w}^{(0)} \cdot \boldsymbol{x}_1 + b^{(0)}) = +1 \times \left((0, 0)^{\mathrm{T}} \cdot (3, 3)^{\mathrm{T}} + 0\right) = 0$$

可用以更新參數

$$\boldsymbol{w}^{(1)} = \boldsymbol{w}^{(0)} + \eta y_1 \boldsymbol{x}_1 = (3, 3)^{\mathrm{T}}, \quad b^{(1)} = b^{(0)} + \eta y_1 = 1$$

得到模型

$$\boldsymbol{w}^{(1)} \cdot \boldsymbol{x} + b^{(1)} = 3x_1 + 3x_2 + 1$$

(3) 繼續選擇樣本更新參數:

對於 A 點實例 $\boldsymbol{x}_1 = (3, 3)^{\mathrm{T}}$,有

$$y_1(\boldsymbol{w}^{(1)} \cdot \boldsymbol{x}_1 + b^{(1)}) = 19 > 0$$

說明 A 是正確分類點，不能用以更新參數；

對於 B 點實例 $\boldsymbol{x}_2 = (4, 3)^{\mathrm{T}}$，有

$$y_2(\boldsymbol{w}^{(1)} \cdot \boldsymbol{x}_2 + b^{(1)}) = 22 > 0$$

說明 B 是正確分類點，不能用以更新參數；

對於 C 點實例 $\boldsymbol{x}_3 = (1, 1)^{\mathrm{T}}$，有

$$y_3(\boldsymbol{w}^{(1)} \cdot \boldsymbol{x}_3 + b^{(1)}) = -7 < 0$$

說明 C 是誤分類點，可用以更新參數；

更新後參數為

$$\boldsymbol{w}^{(2)} = \boldsymbol{w}^{(1)} + \eta y_3 \boldsymbol{x}_3 = (2, 2)^{\mathrm{T}}, \quad b^{(2)} = b^{(1)} + \eta y_3 = 0$$

得到模型

$$\boldsymbol{w}^{(2)} \cdot \boldsymbol{x} + b^{(2)} = 2x_1 + 2x_2$$

(4) 重複迭代，更新參數，直到沒有誤分類點，迭代過程如表 8.1 所示。

▼ 表 8.1 例 8.1 中隨機梯度下降法的迭代過程

迭代次數	誤分類點	w	b	$w \cdot x + b$
0		$(0, 0)^{\mathrm{T}}$	0	0
1	$A : (\boldsymbol{x}_1, y_1)$	$(3, 3)^{\mathrm{T}}$	1	$3x_1 + 3x_2 + 1$
2	$C : (\boldsymbol{x}_3, y_3)$	$(2, 2)^{\mathrm{T}}$	0	$2x_1 + 2x_2$
3	$C : (\boldsymbol{x}_3, y_3)$	$(1, 1)^{\mathrm{T}}$	-1	$x_1 + x_2 - 1$
4	$C : (\boldsymbol{x}_3, y_3)$	$(0, 0)^{\mathrm{T}}$	-2	-2
5	$A : (\boldsymbol{x}_1, y_1)$	$(3, 3)^{\mathrm{T}}$	-1	$3x_1 + 3x_2 + 1$
6	$C : (\boldsymbol{x}_3, y_3)$	$(2, 2)^{\mathrm{T}}$	-2	$2x_1 + 2x_2 - 2$
7	$C : (\boldsymbol{x}_3, y_3)$	$(1, 1)^{\mathrm{T}}$	-3	$x_1 + x_2 - 3$
8	無	$(1, 1)^{\mathrm{T}}$	-3	$x_1 + x_2 - 3$

(5) 輸出最佳參數：

$$\boldsymbol{w}^* = \boldsymbol{w}^{(7)} = (1, 1)^{\mathrm{T}}, \quad b^* = b^{(7)} = -3$$

分離超平面：

$$\boldsymbol{w}^* \cdot \boldsymbol{x} + b^* = x_1 + x_2 - 3$$

決策函式

$$f(\boldsymbol{x}) = \text{sign}(x_1 + x_2 - 3)$$

其中，$\boldsymbol{x} = (x_1, x_2)^{\text{T}}$。

如果在迭代過程中，選擇的樣本點順序發生變化，如表 8.2 所示，最後輸出的則是另一個分離超平面

$$\boldsymbol{w}^* \cdot \boldsymbol{x} + b^* = 2x_1 + x_2 - 5$$

▼ 表 8.2 例 8.1 中隨機梯度下降法的另一迭代過程

迭 代 次 數	誤 分 類 點	$\boldsymbol{w}$	b	$\boldsymbol{w} \cdot \boldsymbol{x} + b$
0		$(0, 0)^{\text{T}}$	0	0
1	$C : (\boldsymbol{x}_3, y_3)$	$(1, 1)^{\text{T}}$	−1	$x_1 + x_2 - 1$
2	$C : (\boldsymbol{x}_3, y_3)$	$(0, 0)^{\text{T}}$	−2	−2
3	$B : (\boldsymbol{x}_2, y_2)$	$(4, 3)^{\text{T}}$	−1	$4x_1 + 3x_2 - 1$
4	$C : (\boldsymbol{x}_3, y_3)$	$(3, 2)^{\text{T}}$	−2	$3x_1 + 2x_2 - 2$
5	$C : (\boldsymbol{x}_3, y_3)$	$(2, 1)^{\text{T}}$	−3	$2x_1 + x_2 - 3$
6	$C : (\boldsymbol{x}_3, y_3)$	$(1, 0)^{\text{T}}$	−4	$x_1 - 4$
7	$A : (\boldsymbol{x}_1, y_1)$	$(4, 3)^{\text{T}}$	−3	$4x_1 + 3x_2 - 3$
8	$C : (\boldsymbol{x}_3, y_3)$	$(3, 2)^{\text{T}}$	−4	$3x_1 + 3x_2 - 4$
9	$C : (\boldsymbol{x}_3, y_3)$	$(2, 1)^{\text{T}}$	−5	$2x_1 + x_2 - 5$

從圖 8.5 可以看出，感知機具有依賴性，不同的初值選擇，或迭代過程中不同的誤分類點選擇順序，可能會得到不同的分離超平面。對於線性不可分的訓練集 T，感知機模型不收斂，迭代結果會發生振盪。為得到唯一分離超平面，需增加約束條件，這會在第 9 章詳細介紹。

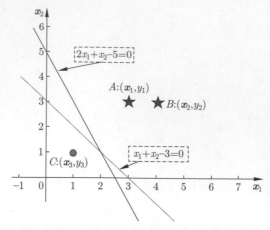

▲ 圖 8.5 例 8.1 中不同誤分類點順序下的分離超平面

8.3.2 對偶形式演算法

對偶形式與原始形式的不同在於，對偶形式是一種間接求解參數的方法。例如在最大熵模型中，原始問題是直接求條件機率模型，對偶問題則轉化為先求解拉格朗日乘子，然後透過拉格朗日乘子求得最大熵模型。

在之前原始形式的學習演算法中，如果樣本$(\boldsymbol{x}_i, y_i)$是誤分類點，可以用它更新參數

$$\boldsymbol{w} \leftarrow \boldsymbol{w} + \eta y_i \boldsymbol{x}_i, \quad b \leftarrow b + \eta y_i$$

假如樣本$(\boldsymbol{x}_i, y_i)$對參數更新做了 n_i 貢獻，那麼每個樣本作用到初始參數 $\boldsymbol{w}^{(0)}$, $b^{(0)}$ 上的增量分別為 $\eta y_i \boldsymbol{x}_i$ 和 $n_i \eta y_i$。特別地，如果取初始參數向量 $\boldsymbol{w}^{(0)} = (0, 0, \cdots, 0)^{\mathrm{T}} \in \mathbb{R}^p$, $b^{(0)} = 0$，令 $\alpha_i = n_i \eta$，則學習到的參數是

$$\boldsymbol{w} = \sum_{i=1}^{N} \alpha_i y_i \boldsymbol{x}_i, \quad b = \sum_{i=1}^{N} \alpha_i y_i$$

例如在表 8.1 中，$(\boldsymbol{x}_i, y_i)$ 作為誤分類點出現兩次，則 $n_1 = 2$，即第一個樣本在迭代中貢獻了 2 次；$(\boldsymbol{x}_2, y_2)$ 沒有出現，則 $n_2 = 0$，即第二個樣本在迭代中沒有貢獻；$(\boldsymbol{x}_3, y_3)$ 出現了 5 次，則 $n_3 = 5$，即第三個樣本在迭代中貢獻了 5 次。恰好，$n_1 + n_3 = 7$ 就是實際迭代的次數。綜合所有貢獻的增量，得到最終參數

$$w^* = \alpha_1 y_1 \boldsymbol{x}_1 + \alpha_3 y_3 \boldsymbol{x}_3 = (1,1)^{\mathrm{T}}, \quad b^* = \alpha_1 y_1 + \alpha_3 y_3 = -3$$

與原始形式演算法的結果相同。

感知機對偶形式演算法的基本思想是透過樣本的線性組合更新參數，其權重由貢獻的大小決定。感知機的對偶形式演算法流程如下。

感知機的對偶形式演算法

　　輸入：訓練資料集 $T = \{(\boldsymbol{x}_1, y_1), (\boldsymbol{x}_2, y_2), \cdots, (\boldsymbol{x}_N, y_N)\}$，其中 $\boldsymbol{x}_i \in \mathbb{R}^p$，$y_i \in \{+1, -1\}$，$i = 1, 2, \cdots, N$。

　　輸出：參數 w^* 和 b^*，以及感知機模型。

(1) 選定參數初始值 $\boldsymbol{w}^{(0)} = (0, 0, \cdots, 0)^{\mathrm{T}}$ 和 $b^{(0)} = 0$。

(2) 於訓練集 T 中隨機選取樣本點 $(\boldsymbol{x}_i, y_i)$。

(3) 若 $y_i\left(\displaystyle\sum_{j=1}^{N} \alpha_j y_j (\boldsymbol{x}_j \cdot \boldsymbol{x}_i) + b\right) \leqslant 0$，更新參數

$$\alpha_i \leftarrow \alpha_i + \eta, \quad b \leftarrow b + \eta y_i$$

(4) 重複步驟 (2) 和 (3)，直到訓練集 T 中沒有誤分類點，停止迭代，輸出參數 α_i^*，$i = 1, 2, \cdots, N$。

(5) 權重參數和偏置參數

$$w^* = \sum_{i=1}^{N} \alpha_i^* y_i \boldsymbol{x}_i, \quad b = \sum_{i=1}^{N} \alpha_i^* y_i$$

分離超平面

$$w^* \cdot \boldsymbol{x} + b^* = 0$$

決策函式

$$f(\boldsymbol{x}) = \operatorname{sign}(w^* \cdot \boldsymbol{x} + b^*)$$

如果將對偶形式的迭代條件展開，可以發現，有些值是不需要重複計算的，即內積 $\boldsymbol{x}_j \cdot \boldsymbol{x}_i$。對於訓練集 T，可以將 $N \times N$ 個內積計算出來儲存到 Gram 矩陣中。

Gram 矩陣形式為

$$G = [x_i \cdot x_j]_{N \times N} = \begin{pmatrix} x_1 \cdot x_1 & x_1 \cdot x_2 & \cdots & x_1 \cdot x_N \\ x_2 \cdot x_1 & x_2 \cdot x_2 & \cdots & x_2 \cdot x_N \\ \vdots & \vdots & & \vdots \\ x_N \cdot x_1 & x_N \cdot x_2 & \cdots & x_N \cdot x_N \end{pmatrix}$$

如果 (x_i, y_i) 是誤分類點，只要讀取 Gram 矩陣第 i 行的值即可，極大地節省了計算量。

實際應用時，可以根據訓練集的特點選擇感知機的原始形式演算法或對偶形式演算法。如果屬性變數個數 p 較大，可選擇對偶形式加速；如果樣本數 N 較大，沒必要每次透過累積求和判斷誤分類點，可選擇原始形式。

與第 2 章的線性迴歸模型相比，感知機最終得到的也是一條直線，但是感知機與線性迴歸模型不同。以二維屬性空間為例，如果從最終結果來看，感知機的超平面只要把訓練集樣本分開即可，可能存在多筆，但透過線性迴歸得到的直線，是從擬合直線的角度出發的，希望平方損失最小，最終只得到一條。從原理來看，感知機用的是誤分類點到直線的垂直距離，而線性迴歸用的是樣本沿垂直於橫軸方向上的平方損失，如圖 8.6 所示。線性迴歸不需要把樣本分開，而是希望離直線越近越好；感知機分類則需要分開兩類樣本，即使採用平方損失函式，也應該是最大化平方損失。另外，選擇平方損失不是分開樣本的最佳損失，垂直距離才最能反映分開情況。

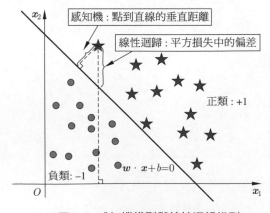

▲ 圖 8.6 感知機模型與線性迴歸模型

8.4　案例分析──鳶尾花資料集

在 K 近鄰模型的案例分析中，對鳶尾花資料集進行了分析，該資料集包含 150 筆樣本，共 3 類鳶尾花。從結果圖 3.21 可以發現，其中山鳶尾與另外兩類鳶尾花是線性可分的。這裡以山鳶尾（Setosa）和雜色鳶尾（Versicolour）的樣本作為訓練集。為便於視覺化展示，只提取兩個屬性特徵：花萼的長度和寬度。

```python
1  # 匯入相關模組
2  import numpy as np
3  import matplotlib.pyplot as plt
4  from sklearn.linear_model import Perceptron
5  from sklearn.datasets import load_iris
6  from matplotlib.colors import ListedColormap
7  from sklearn.model_selection import train_test_split
8  from sklearn.metrics import accuracy_score
9
10 # 讀取鳶尾花資料集
11 iris = load_iris()
12
13 # 提取資料集中山鳶尾和雜色鳶尾的樣本：前 100 條樣本
14 y = iris.target[0:100]
15 # 將類別標記為 +1 和 -1
16 y = np.where(y == 0, -1, +1)
17 # 提取資料集中花萼的長度和寬度兩個屬性
18 X = iris.data[0:100, :2]
19
20 # 自訂圖片顏料池
21 cmap_light = ListedColormap(["#FFAAAA", "#AAFFAA" ])
22 cmap_bold = ListedColormap(["#FF0000", "#00FF00" ])
23
24 # 建立感知機模型
25 Percep_model = Perceptron(eta0=0.2, max_iter=100)
26 Percep_model.fit(X, y)
27 Perceptron()
28 Percep_model.score(X, y)
29
30 # 繪製網格，生成測試點
31 h = 0.02
32 X_min, X_max = X[:, 0].min() - 1, X[:, 0].max() + 1
33 y_min, y_max = X[:, 1].min() - 1, X[:, 1].max() + 1
34 xx, yy = np.meshgrid(np.arange(X_min, X_max, h),
35                      np.arange(y_min, y_max, h))
36
37 # 用訓練所得感知機分類器預測測試點
38 z = Percep_model.predict(np.c_[xx.ravel(), yy.ravel()])
```

```
39 z = z.reshape(xx.shape)
40
41 # 繪製預測效果圖
42 plt.figure()
43 plt.pcolormesh(xx, yy, z, cmap = cmap_light)
44 plt.scatter(X[:, 0], X[:, 1], c=y, cmap = cmap_bold)
45 plt.xlim(xx.min(), xx.max())
46 plt.ylim(yy.min(), yy.max())
47 plt.title("Perceptron-Classifier for Iris")
48 plt.show()
```

輸出感知機分類器的分類效果，如圖 8.7 所示。

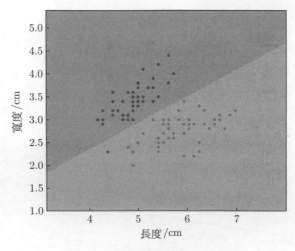

▲ 圖 8.7 感知機分類器的分類效果

8.5 本章小結

1. 感知機是一種二分類方法，透過線性結構的分離超平面解決分類問題。實例的類別可透過決策函式

$$f(\boldsymbol{x}) = \text{sign}(\boldsymbol{w} \cdot \boldsymbol{x} + b) = \begin{cases} +1, & \boldsymbol{w} \cdot \boldsymbol{x} + b \geqslant 0 \\ -1, & \boldsymbol{w} \cdot \boldsymbol{x} + b < 0 \end{cases}$$

做出判斷。

2. 感知機模型的學習問題是

$$\arg \min_{\boldsymbol{w},b\in\Theta} Q(\boldsymbol{w},b) = - \sum_{\boldsymbol{x}_j \in \mathcal{M}} y_j (\boldsymbol{w}\cdot\boldsymbol{x}_j + b)$$

3. 感知機模型可透過原始形式和對偶形式的隨機梯度下降演算法學習。

4. 感知機模型具有依賴性，不同的初值選擇，或迭代過程中不同的誤分類點選擇順序，可能會得到不同的分離超平面。對於線性不可分的訓練集 T，感知機模型不收斂，迭代結果會發生振盪。為得到唯一分離超平面，需增加約束條件。

8.6 習題

8.1 根據對偶形式的隨機梯度下降法求出例 8.1 的分離超平面與分類決策函式。

8.2 證明對於線性可分的資料集，感知機模型具有收斂性。

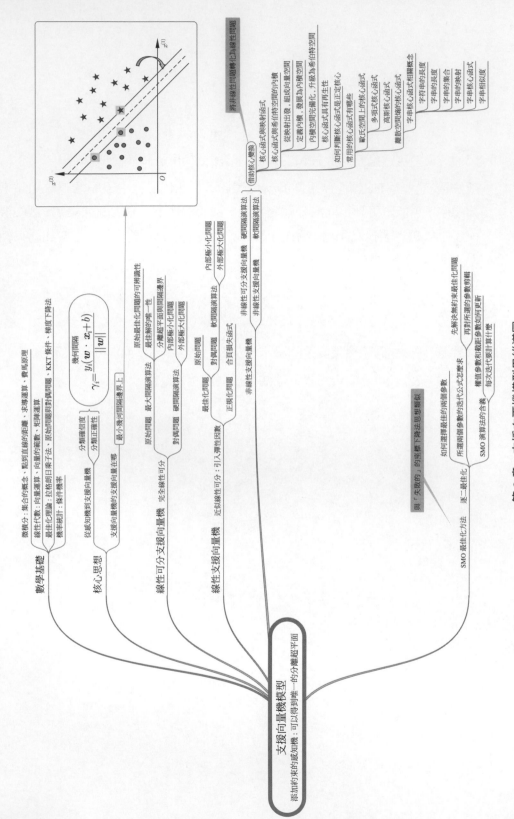

第 9 章 支援向量機模型思維導圖

第 9 章
支援向量機

這要從 1989 年說起，我那時正在研究神經網路和核心方法的性能對比，直到我的丈夫決定使用 Vapnik 的演算法，SVM 就誕生了。

——Isabelle Guyon

支援向量機（Support Vector Machine，SVM）是 Cortes 和 Vapnik 於 1995 年在 *Machine Learning* 期刊上提出的分類模型，在自然語言處理、電腦視覺以及生物資訊中有著重要的應用。本章從感知機模型出發引入支援向量機。支援向量機有別於感知機模型，透過增加約束條件，可以得到唯一的分離超平面。若訓練集完全線性可分，可通超強間隔演算法訓練模型，若近似線性可分，可透過更加靈活的軟間隔演算法訓練。由易入難，由簡至繁，由已知到未知的思想貫穿本章始終。當訓練集非線性可分時，借助核心技巧將原始的屬性特徵空間映射到希爾伯特空間，在希爾伯特空間訓練線性支援向量機，於非線性可分問題中遊刃有餘。

9.1 從感知機到支援向量機

在感知模型中，如果只是想求出一個超平面將兩個類別的樣本分開，是可以存在無數個分離超平面的，如圖 9.1 中的黃色直線 S_1、黑色直線 S_2、紫色直線 S_3 等。

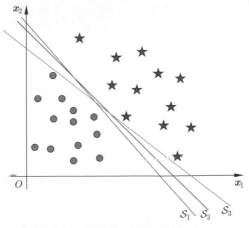

▲ 圖 9.1 感知機中的分離超平面

怎麼才能找到唯一的分離超平面呢？支援向量機就可以實現。這需要兩大要素——分類確信度和分類正確性的共同作用。

　　對於給定的訓練集 $T = \{(\boldsymbol{x}_1, y_1), (\boldsymbol{x}_2, y_2), \cdots, (\boldsymbol{x}_N, y_N)\}$，$\boldsymbol{x}_i = (x_{i1}, x_{i2}, \cdots, x_{ip})^{\mathrm{T}} \in \mathbb{R}^p$，$y_i \in \{+1, -1\}$，$i = 1, 2, \cdots, N$，分離超平面記作 $\mathcal{S}$

$$\mathcal{S}: \quad \boldsymbol{w} \cdot \boldsymbol{x} + b = 0$$

其中，$\boldsymbol{w} = (w_1, w_2, \cdots, w_p)^{\mathrm{T}} \in \mathbb{R}^p$ 為權值向量；b 為截距參數。該分離超平面的決策函式為

$$f(\boldsymbol{x}) = \mathrm{sign}(\boldsymbol{w} \cdot \boldsymbol{x} + b)$$

其中，$\mathrm{sign}(\cdot)$ 是符號函式。

1. 分類確信度

　　在邏輯迴歸模型中，透過條件機率 $P(Y = 1|\boldsymbol{x})$ 的大小可以對實例 $\boldsymbol{x}$ 的類別做出判斷，$P(Y = +1|\boldsymbol{x})$ 越大（接近於 1）就越加確定類別標籤為「+1」，這是根據機率的大小程度給予判斷的底氣。當從邏輯迴歸到感知機時，$P(Y = +1|\boldsymbol{x})$ 越大，表示實例 $\boldsymbol{x}$ 到分離超平面的距離越遠。也就是說，對於某一分離超平面，實例 $\boldsymbol{x}$ 距離分離超平面越遠，根據決策函式判斷實例類比就越加確定；實例 $\boldsymbol{x}$ 距離分離超平面越近，根據決策函式做出判斷的信心就越加不足。因此，這裡以實例距離分離超平面的幾何距離度量分類確信度。

　　樣本$(\boldsymbol{x}_i, y_i)$的分類確信度指標可以表示為

$$\text{分類確信度：} \frac{|\boldsymbol{w} \cdot \boldsymbol{x}_i + b|}{\|\boldsymbol{w}\|}$$

　　表示，實例距離分離超平面越遠，分類確信度越高。在圖 9.2 中，A, B, C 三個樣本點相對於超平面 S 的確信度依次提高。

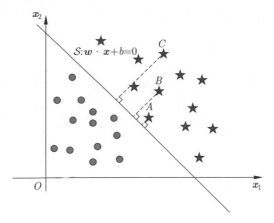

▲圖 9.2 分類確信度

2. 分類正確性

除此之外，還需要判斷分類是否正確的，所以需要一個指標用以評價分類正確性。樣本$(\boldsymbol{x}_i, y_i)$的分類正確性可以透過示性函式表示：

$$分類正確性：I(\hat{y}_i = y_i)$$

其中，$\hat{y}_i = \text{sign}(\boldsymbol{w} \cdot \boldsymbol{x} + b)$。如果分類正確，則$\boldsymbol{w} \cdot \boldsymbol{x}_i + b$與$y_i$同號；不然異號。

3. 分類確信度和分類正確性的結合物——幾何間隔

我們希望用一個指標將兩者結合起來，既能確定分類確信度，也能判斷分類正確性，這就是幾何間隔。

定義 9.1（幾何間隔）對於給定訓練集$T = \{(\boldsymbol{x}_1, y_1), (\boldsymbol{x}_2, y_2), \cdots, (\boldsymbol{x}_N, y_N)\}$和分離超平面

$$\mathcal{S}: \quad \boldsymbol{w} \cdot \boldsymbol{x} + b = 0$$

樣本$(\boldsymbol{x}_i, y_i)$的幾何間隔定義為

$$\gamma_i = \frac{y_i(\boldsymbol{w} \cdot \boldsymbol{x}_i + b)}{\|\boldsymbol{w}\|}$$

在所有的實例中，如果距離分離超平面最近的實例分類正確，且確信度足夠高，就可以放心地應用這個分離超平面對新實例進行分類。換言之，需要在訓練

集 T 中找到滿足幾何間隔最小的實例

$$\arg \min_{i=1,\cdots,N} \gamma_i$$

如圖 9.3 中灰色方框標記的那些實例。

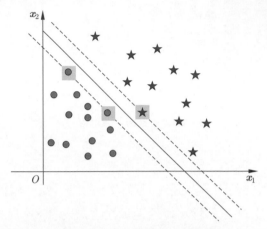

▲ 圖 9.3 幾何間隔最小的實例

4. 支援向量

之前所做的一切，都是假設分離超平面已知的情況下選中的實例點。實際上，我們並不了解分離超平面中權值向量和截距向量的具體設定值，為找到一個可以將所有實例點分離得足夠開的超平面，需要最大化剛才找到的最小幾何間隔，即

$$\max_{\boldsymbol{w},b} \min_{i=1,\cdots,N} \gamma_i \tag{9.1}$$

可見，分離超平面需要剛才找到的最小幾何間隔對應的實例點確定，這些實例點在歐氏空間可用向量的形式表示，因此稱為支援向量。正是因為有了它們的支援才可以找到唯一的分離超平面，這就是支援向量機名稱的由來。

式 (9.1) 中的最佳化問題，看起來無比眼熟，恰好就是原始問題，之後我們將應用原始問題與對偶問題的等值性估計參數。

本章首先介紹線性支援向量機。線性支援向量機適用於線性可分和近似線性可分的情況，可分別採用線性支援向量機的硬間隔演算法和軟間隔演算法來處理。

定義 9.2（線性可分和近似線性可分）對於給定的資料集，如果存在某個超平面，使得這個資料集的所有實例點可以完全劃分到超平面的兩側，也就是正類和負類。我們就稱這個資料集是線性可分的，如圖 9.4(a) 所示，否則線性不可分。

在線性不可分的情況下，如果將訓練資料集中的異數 (outlier) 去除後，由剩下的樣本點組成的資料集是線性可分的，則稱這個資料集近似線性可分，如圖 9.4(b) 所示。

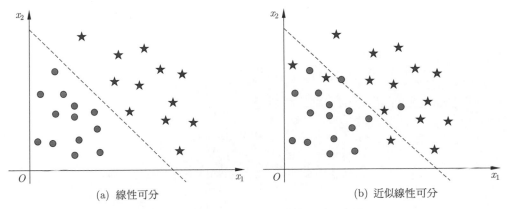

(a) 線性可分　　　　　　　　　　(b) 近似線性可分

▲圖 9.4 線性可分和近似線性可分示意圖

9.2　線性可分支援向量機

9.2.1　線性可分支援向量機與最大間隔演算法

假設訓練資料集線性可分，我們的目標是透過最小幾何間隔最大化

$$\max_{\boldsymbol{w},b} \min_{i=1,\cdots,N} \frac{y_i(\boldsymbol{w}\cdot\boldsymbol{x}_i+b)}{\|\boldsymbol{w}\|}$$

尋求到一個分離超平面，把這些實例點完全劃分為正類和負類。記幾何間隔的最小值為

$$\gamma = \min_{i-1,\cdots,N} \gamma_i$$

式 (9.1) 中的最佳化問題可重新寫為

$$\max_{\boldsymbol{w},\,b} \quad \gamma \tag{9.2}$$

$$\text{s.t.} \quad y_i \left(\frac{\boldsymbol{w} \cdot \boldsymbol{x}_i}{\|\boldsymbol{w}\|} + \frac{b}{\|\boldsymbol{w}\|} \right) \geqslant \gamma, \quad i = 1, 2, \cdots, N \tag{9.3}$$

定義 9.3（函式間隔）對於給定訓練集 $T = \{(\boldsymbol{x}_1, y_1), (\boldsymbol{x}_2, y_2), \cdots, (\boldsymbol{x}_N, y_N)\}$ 和分離超平面

$$\mathcal{S}: \quad \boldsymbol{w} \cdot \boldsymbol{x} + b = 0$$

樣本 $(\boldsymbol{x}_i, y_i)$ 的函式間隔定義為

$$\widetilde{\gamma}_i = y_i(\boldsymbol{w} \cdot \boldsymbol{x}_i + b)$$

可見，函式間隔與幾何間隔的關係是

$$\widetilde{\gamma} = \min_{i=1,\cdots,N} \widetilde{\gamma}_i$$

最小的函式間隔 $\widetilde{\gamma}$ 與最小的幾何間隔 γ 之間的關係是

$$\gamma = \frac{\widetilde{\gamma}}{\|\boldsymbol{w}\|}$$

以函式間隔表示式 (9.2) 和式 (9.3) 的最佳化問題：

$$\max_{\boldsymbol{w},\,b} \quad \frac{\widetilde{\gamma}}{\|\boldsymbol{w}\|} \tag{9.4}$$

$$\text{s.t.} \quad y_i(\boldsymbol{w} \cdot \boldsymbol{x}_i + b) \geqslant \widetilde{\gamma}, \quad i = 1, 2, \cdots, N \tag{9.5}$$

1. 最佳化問題結果的可辨識性

式 (9.4) 和式 (9.5) 的最佳化問題看起來仍然很複雜，而且有可能出現所得的分離超平面出現多種表達形式，造成模型的不可辨識性。

舉個例子，若給定訓練集 $\boldsymbol{T}$，實例 $\boldsymbol{x} = (x_1, x_2)^{\mathrm{T}} \in \mathbb{R}^2$，小明計算出的分離超平面是

$$3x_1 + 4x_2 + 1 = 0$$

小紅計算出的分離超平面為

$$0.75x_1 + x_2 + 0.25 = 0$$

實際上，這兩個超平面是屬性空間的同一條直線。也就是說，同一個超平面可以有無窮多種表達形式，只需要一個數乘變換即可，這就造成了模型的不可辨識性。

怎麼避免這個問題，讓模型只有唯一的表達形式呢？

先考慮引入歸一化的思想，比如令$\|\boldsymbol{w}\| = 1$，則小明和小紅就會寫出運算式完全相同的分離超平面：

$$0.6x^{(1)} + 0.8x^{(2)} + 1 = 0$$

雖然保證了模型的可辨識性，但最佳化問題的條件卻會增加，為確保模型具有的可辨識性可以得到最佳化問題：

$$\begin{aligned} \max_{\boldsymbol{w},\,b} \quad & \widetilde{\gamma}/\|\boldsymbol{w}\| \\ \text{s.t.} \quad & y_i(\boldsymbol{w}\cdot\boldsymbol{x}_i + b) \geqslant \widetilde{\gamma}, \quad i = 1, 2, \cdots, N \end{aligned}$$

$$\|\boldsymbol{w}\| = 1，即\ w_1^2 + w_2^2 + \cdots + w_p^2 = 1$$

這表示，需要在 N 維單位超球面上求解最佳化問題。看似簡單，可約束條件 $w_1^2 + w_2^2 + \cdots + w_p^2 = 1$ 會使計算過程更為複雜。

既然此路不通，我們換一種思考方式。繼續回到式 (9.4) 和式 (9.5) 中的最佳化問題，既然透過分母$\|\boldsymbol{w}\|$確保可辨識性會使問題變得更麻煩，是否可以透過對分子 γ 增加約束以保證模型的可辨識性呢？

當然可以！比如，可以令$\widetilde{\gamma}$等於某一常數。不妨取$\widetilde{\gamma} = 1$，也就是距離超平面最近的樣本點的幾何距離都是 1。如果令最小幾何間隔等於其他常數，如 0.5 或 10 也可以，只不過在分離超平面運算式上增加一個常數比例，不影響最佳化問題的求解。現在，在支援向量機中約定俗成地規定$\widetilde{\gamma} = 1$。以此簡化最佳化問題，得到

$$\begin{aligned} \max_{\boldsymbol{w},\,b} \quad & 1/\|\boldsymbol{w}\| \\ \text{s.t.} \quad & y_i(\boldsymbol{w}\cdot\boldsymbol{x}_i + b) \geqslant 1, \quad i = 1, 2, \cdots, N \end{aligned}$$

等值於

$$\min_{\boldsymbol{w},\, b} \quad \frac{1}{2}\|\boldsymbol{w}\|^2 \tag{9.6}$$

$$\text{s.t.} \quad y_i(\boldsymbol{w} \cdot \boldsymbol{x}_i + b) \geqslant 1, \quad i = 1, 2, \cdots, N \tag{9.7}$$

也就是將約束條件 $\tilde{\gamma} = 1$ 隱藏在式 (9.6) 和式 (9.7) 的最佳化問題中，而非單獨列出來。目標函式寫作 $\|\boldsymbol{w}\|^2/2$ 便於演算法推導過程進行數學偏導運算。

2. 線性可分支援向量機的最佳解是唯一的

如果訓練集 T 完全線性可分，透過最小幾何間隔最大化問題的求解，存在分離超平面可以將所有樣本點完全分開，且解是唯一的。

證明

(1) 存在性的證明

在式 (9.6) 和式 (9.7) 的最佳化問題中，顯然目標函式 $\|\boldsymbol{w}\|^2$ 是凸函式，同時，約束條件 $y_i(\boldsymbol{w} \cdot \boldsymbol{x}_i + b)$ $(i = 1, 2, \cdots, N) \geqslant 1$ 是仿射函式。根據凸最佳化原理，最佳化問題一定存在極小值，而且線性可分的大前提，也表明同樣的含義：對於訓練集 T，一定存在線性分離超平面

$$\boldsymbol{w} \cdot \boldsymbol{x} + b = 0$$

可以將樣本分為兩類，一類是正類，一類是負類。存在性得證。

(2) 唯一性的證明

首先明確，分離超平面的權值向量是非零的，否則無法造成分離兩類樣本的作用。接著以反證法證明。

假設存在兩個不同的最佳解，分別記為 $\boldsymbol{w}_1^*,\, b_1^*$ 和 $\boldsymbol{w}_2^*,\, b_2^*$，表示兩個權值向量所對應的模都是最小值，記為 a：

$$\|\boldsymbol{w}_1^*\| = \|\boldsymbol{w}_2^*\| = a$$

根據這兩組參數可以建構一組新的參數：

$$\boldsymbol{w} = \frac{\boldsymbol{w}_1^* + \boldsymbol{w}_2^*}{2}, \quad b = \frac{b_1^* + b_2^*}{2}$$

新建構的參數肯定滿足

$$\left\| \frac{\boldsymbol{w}_1^* + \boldsymbol{w}_2^*}{2} \right\| \geqslant a$$

另一方面，假如將新的權值向量拆開，又發現

$$\left\| \frac{\boldsymbol{w}_1^* + \boldsymbol{w}_2^*}{2} \right\| = \left\| \frac{1}{2}\boldsymbol{w}_1^* + \frac{1}{2}\boldsymbol{w}_2^* \right\| \leqslant \frac{1}{2}\|\boldsymbol{w}_1^*\| + \frac{1}{2}\|\boldsymbol{w}_2^*\| = a \tag{9.8}$$

根據數學中的夾逼定理，

$$\left\| \frac{\boldsymbol{w}_1^* + \boldsymbol{w}_2^*}{2} \right\| = a$$

即

$$\|\boldsymbol{w}\| = \frac{1}{2}\|\boldsymbol{w}_1^*\| + \frac{1}{2}\|\boldsymbol{w}_2^*\|$$

由此發現，$\boldsymbol{w}_1^*$ 和 $\boldsymbol{w}_2^*$ 在同一直線上，

$$\boldsymbol{w}_1^* = \pm\boldsymbol{w}_2^*$$

當 $\boldsymbol{w}_1^* = \boldsymbol{w}_2^*$ 時，與最初「存在兩個不同的最佳解」這一假設相矛盾；當 $\boldsymbol{w}_1^* = -\boldsymbol{w}_2^*$ 時，表示違背「權值向量是非零的」這一前提。唯一性得證。

3. 分離超平面與間隔邊界

假如透過最小幾何間隔最大化原理，得到分離超平面

$$\mathcal{S}: \quad \boldsymbol{w} \cdot \boldsymbol{x} + b = 0$$

支援向量是距離分離超平面 $\mathcal{S}$ 最近的樣本點，表示支援向量的函式間隔最小。對於支援向量 $(\boldsymbol{x}_j, y_j)$，滿足

$$\widetilde{\gamma} = y_j(\boldsymbol{w} \cdot \boldsymbol{x}_j + b) = 1$$

分情況來看，正類支援向量，$y_j = +1$，$\boldsymbol{x}_j$ 位於超平面

$$\mathrm{H}_1: \quad \boldsymbol{w} \cdot \boldsymbol{x} + b = 1$$

負類支援向量，$y_j = -1$，$\boldsymbol{x}_j$ 位於超平面

$$\mathrm{H}_2: \quad \boldsymbol{w} \cdot \boldsymbol{x} + b = -1$$

稱支援向量決定的超平面為間隔邊界,如圖 9.5 所示。間隔邊界 H_1 和 H_2 之間無任何實例,上下間隔邊界關於分離超平面 S 對稱,並且與之平行,邊界之間的距離為 $2/\|w\|$。

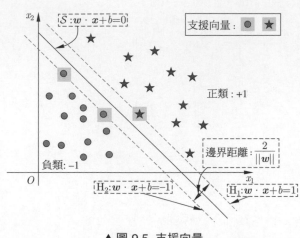

▲ 圖 9.5 支援向量

4. 最大間隔演算法

下面根據最小幾何間隔最大化原理,舉出線性可分支援向量機的最大間隔演算法。

線性可分支援向量機的最大間隔演算法

輸入:訓練資料集 $T = \{(\boldsymbol{x}_1, y_1), (\boldsymbol{x}_2, y_2), \cdots, (\boldsymbol{x}_N, y_N)\}$,其中 $\boldsymbol{x}_i \in \mathbb{R}^p$, $y_i \in \{+1, -1\}$, $i = 1, 2, \cdots, N$。

輸出:最優分離超平面與決策函式。

(1) 建構最佳化問題

$$\min_{\boldsymbol{w},\ b} \quad \frac{1}{2}\|\boldsymbol{w}\|^2$$
$$\text{s.t.} \quad y_i(\boldsymbol{w} \cdot \boldsymbol{x}_i + b) \geqslant 1, \quad i = 1, 2, \cdots, N$$

根據最佳化問題得出最優解 $\boldsymbol{w}^*, b^{**}$。

---

(2) 分離超平面：

$$\boldsymbol{w}^* \cdot \boldsymbol{x} + b^* = 0$$

決策函式：

$$f(\boldsymbol{x}) = \text{sign}(\boldsymbol{w}^* \cdot \boldsymbol{x} + b^*)$$

例 9.1　已知訓練資料集

$$T = \{(\boldsymbol{x}_1, y_1), (\boldsymbol{x}_2, y_2), (\boldsymbol{x}_3, y_3)\}$$

其中，實例 $\boldsymbol{x}_1 = (3,3)^{\mathrm{T}}, \boldsymbol{x}_2 = (4,3)^{\mathrm{T}}, \boldsymbol{x}_3 = (1,1)^{\mathrm{T}}$，類別標籤 $y_1 = +1,\ y_2 = +1,$ $y_3 = -1$，如圖 9.6 所示。請根據支援向量機的最大間隔演算法求出分離超平面與分類決策函式。

解　建構最佳化問題：

$$\max_{\boldsymbol{w},\ b}\quad \frac{1}{2}\|\boldsymbol{w}\|^2 = \frac{1}{2}w_1^2 + \frac{1}{2}w_2^2$$

$$\text{s.t.}\quad y_i(\boldsymbol{w} \cdot \boldsymbol{x}_i + b) \geqslant 1,\quad i = 1,2,3$$

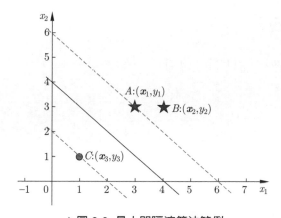

▲ 圖 9.6　最大間隔演算法範例

將 3 個樣本點代入約束條件中：

$$+ 1 \cdot (3w_1 + 3w_2 + b) \geqslant 1$$
$$+ 1 \cdot (4w_1 + 3w_2 + b) \geqslant 1$$
$$- 1 \cdot (w_1 + w_2 + b) \geqslant 1$$

整理得到最佳化問題

$$\max_{\boldsymbol{w}, \, b} \quad \frac{1}{2}\|\boldsymbol{w}\|^2 = \frac{1}{2}w_1^2 + \frac{1}{2}w_2^2 \tag{9.9}$$

$$\text{s.t.} \quad 3w_1 + 3w_2 + b \geqslant 1 \tag{9.10}$$

$$4w_1 + 3w_2 + b \geqslant 1 \tag{9.11}$$

$$w_1 + w_2 + b \leqslant 0 \tag{9.12}$$

當約束條件式 (9.10) 和條件式 (9.12) 的邊界為同一條直線時，$\boldsymbol{w}$ 的模最小，即

$$3w_1 + 3w_2 + b = 1$$
$$w_1 + w_2 + b = 0$$

容易解出

$$w_1 + w_2 = 1, \quad b = -2$$

目標函式簡化為

$$Q(\boldsymbol{w}) = \frac{1}{2}\|\boldsymbol{w}\|^2 = \frac{1}{2}w_1^2 + \frac{1}{2}(1 - w_1)^2 = w_1^2 - w_1 + \frac{1}{2}$$

得到最佳解

$$w_1^* = \frac{1}{2}, \quad w_2^* = \frac{1}{2}, \quad b^* = -2$$

分離超平面：

$$\frac{1}{2}x_1 + \frac{1}{2}x_2 - 2 = 0$$

分類決策函式：

$$f(\boldsymbol{x}) = \text{sign}\left(\frac{1}{2}x_1 + \frac{1}{2}x_2 - 2\right)$$

在求解過程中，我們發現樣本點 A 和 C 對應的約束條件才是求解的關鍵。從圖 9.6 中可以看出 A 和 C 都在間隔邊界上，說明這兩個點就是決定分離超平面的支援向量。

9.2.2 對偶問題與硬間隔演算法

例 9.1 很簡單，筆算就可以學習到支援向量機模型，如果訓練資料集中的樣本數 N 和屬性變數 p 較大，在解決最佳化問題時較為複雜，需要借助對偶問題進行求解。

依照凸最佳化問題的標準形式，將式 (9.6) 和式 (9.7) 中有約束的最佳化問題重新表示為

$$\min_{\boldsymbol{w},\ b} \quad \frac{1}{2}\|\boldsymbol{w}\|^2$$
$$\text{s.t.} \quad 1 - y_i(\boldsymbol{w}\cdot\boldsymbol{x}_i + b) \leqslant 0, \quad i = 1, 2, \cdots, N$$

透過拉格朗日乘數法，轉化為無約束問題。廣義拉格朗日函式為

$$L(\boldsymbol{w}, b, \boldsymbol{\Lambda}) = \frac{1}{2}\|\boldsymbol{w}\|^2 + \sum_{i=1}^{N} \lambda_i(1 - y_i(\boldsymbol{w}\cdot\boldsymbol{x}_i + b))$$
$$= \frac{1}{2}\|\boldsymbol{w}\|^2 + \sum_{i=1}^{N} \lambda_i - \sum_{i=1}^{N} \lambda_i y_i(\boldsymbol{w}\cdot\boldsymbol{x}_i + b)$$

其中，由拉格朗日乘數組成的向量 $\boldsymbol{\Lambda} = (\lambda_1, \lambda_2, \cdots, \lambda_N)^{\mathrm{T}}$，$\lambda_i \geqslant 0$。原始問題可以寫成

$$\min_{\boldsymbol{w},b} \max_{\boldsymbol{\Lambda}} L(\boldsymbol{w}, b, \boldsymbol{\Lambda})$$

對應的對偶問題：

$$\max_{\boldsymbol{\Lambda}} \min_{\boldsymbol{w},b} L(\boldsymbol{w}, b, \boldsymbol{\Lambda})$$

9.2.1 節證明的最佳化問題解的存在性與唯一性，間接地說明了線性可分支援向量機的原始問題與對偶問題是等值的。以對偶問題求解，就相當於將求解權值

參數和截距參數的最佳化問題，轉化為求解最佳拉格朗日乘數 $\boldsymbol{\Lambda}$ 的凸最佳化問題。如果拉格朗日乘數的最佳解記為 $\boldsymbol{\Lambda}^*$，就可以計算出最佳的 $\boldsymbol{w}^*$ 和 b^*，從而確定唯一最佳的分離超平面和分類決策函式。

1. 內部極小化問題

先解決內部極小化問題

$$\Psi(\boldsymbol{\Lambda}) = \min_{\boldsymbol{w}, b} L(\boldsymbol{w}, b, \boldsymbol{\Lambda})$$

根據費馬原理

$$\begin{cases} \dfrac{\partial L}{\partial \boldsymbol{w}} = \dfrac{1}{2} \times 2\boldsymbol{w} - \sum_{i=1}^{N} \lambda_i y_i \boldsymbol{x}_i = 0 \\ \dfrac{\partial L}{\partial b} = -\sum_{i=1}^{N} \lambda_i y_i = 0 \end{cases} \implies \begin{cases} \boldsymbol{w} = \sum_{i=1}^{N} \lambda_i y_i \boldsymbol{x}_i \\ \sum_{i=1}^{N} \lambda_i y_i = 0 \end{cases}$$

將內部極小化的最佳解代入廣義拉格朗日函式，得到

$$\Psi(\boldsymbol{\Lambda}) = -\frac{1}{2} \sum_{i=1}^{N} \sum_{j=1}^{N} \lambda_i \lambda_j y_i y_j (\boldsymbol{x}_i \cdot \boldsymbol{x}_j) + \sum_{i=1}^{N} \lambda_i$$

2. 外部極大化問題

搞定內部的極小化函式，接下來只需解決外部極大化問題：

$$\max_{\boldsymbol{\Lambda}} \quad \Psi(\boldsymbol{\Lambda})$$

$$\text{s.t.} \quad \sum_{i=1}^{N} \lambda_i y_i = 0$$

$$\lambda_i \geqslant 0, \quad i = 1, 2, \cdots, N$$

假如透過最佳化演算法 [i] 得出外部極大化問題的解為 $\boldsymbol{\Lambda}^* = (\lambda_1^*, \lambda_2^*, \cdots, \lambda_N^*)$，則可以計算最佳權值參數 $\boldsymbol{w}^*$，

---

i　本章將介紹 SMO 演算法求解最佳拉格朗日乘數。

$$w^* = \sum_{i=1}^{N} \lambda_i y_i x_i \tag{9.13}$$

對於 b^*，可根據 KKT 條件來實現。

在線性可分支援向量機中，$\|w\|^2$ 是凸函式，不等式約束 $g_i(w, b) = 1 - y_i(w \cdot x_i + b)$ $(i = 1, 2, \cdots, N)$ 是仿射函式，若 w^* 和 b^* 是原始問題的解，Λ^* 是對偶問題的解，其充分必要條件是：

$$\left.\frac{\partial L}{\partial w}\right|_{w=w^*} = w^* - \sum_{i=1}^{N} \lambda_i^* y_i x_i = 0 \tag{9.14}$$

$$\left.\frac{\partial L}{\partial b}\right|_{b=b^*} = -\sum_{i=1}^{N} \lambda_i^* y_i = 0 \tag{9.15}$$

$$\lambda_i^* g_i(w^*, b^*) = \lambda_i^*(1 - y_i(w^* \cdot x_i + b^*)) = 0, \quad i = 1, 2, \cdots, N \tag{9.16}$$

$$g_i(w^*, b^*) = 1 - y_i(w^* \cdot x_i + b^*) \leqslant 0, \quad i = 1, 2, \cdots, N \tag{9.17}$$

$$\lambda_i^* \geqslant 0, \quad i = 1, 2, \cdots, N \tag{9.18}$$

若 Λ^* 是零向量，式 (9.16) 肯定成立，但將其代入式 (9.13) 中，將得到「權值向量為零向量」的結論，無法造成分離正類和負類樣本的作用。這表示 Λ^* 向量中不可能所有元素 λ_i^* 同時為零。為保證 KKT 中式 (9.16) 成立，在 λ_i^* 非零時，需考慮 $g_i(w^*, b^*) = 0$。

求解對偶問題，首先得到的是拉格朗日乘數 Λ^*，無法直接對 $g_i(w^*, b^*)$ 是否為零做出判斷，所以轉而利用每個 λ_i^* 的資訊。如果 $\lambda_i^* > 0$，為滿足式 (9.16)，$g_i(w^*, b^*)$ 必為零。

於是，將滿足 $\lambda_i^* > 0$ 的樣本點挑選出來，記為 (x_j, y_j)。這些樣本點恰好落在間隔邊界上，是支援向量，

$$1 - y_j(w^* \cdot x_j + b) = 0 \tag{9.19}$$

式 (9.19) 左、右兩邊同乘以 y_j，並且將式 (9.13) 中的 w^* 代入，得到截距參數 b^* 的運算式

$$b^* = y_j - \sum_{i=1}^{N} \lambda_i^* y_i (\boldsymbol{x}_i \cdot \boldsymbol{x}_j)$$

透過對偶問題，最終實現用 $\boldsymbol{\varLambda}^*$ 表達 $\boldsymbol{w}^*$ 和 b^*，從而得到最佳分離超平面

$$\boldsymbol{w}^* \cdot \boldsymbol{x} + b^* = 0$$

對應的決策函式為

$$f(\boldsymbol{x}) = \mathrm{sign}(\boldsymbol{w}^* \cdot \boldsymbol{x} + b^*)$$

以對偶問題求解線性支援向量機的演算法稱為硬間隔演算法，具體流程如下。

線性可分支援向量機的硬間隔演算法

輸入：訓練資料集 $T = \{(\boldsymbol{x}_1, y_1), (\boldsymbol{x}_2, y_2), \cdots, (\boldsymbol{x}_N, y_N)\}$，其中 $\boldsymbol{x}_i \in \mathbb{R}^p$, $y_i \in \{+1, -1\}$, $i = 1, 2, \cdots, N$。

輸出：最優分離超平面與決策函式。

(1) 建構最佳化問題

$$\min_{\boldsymbol{\varLambda}} \quad -\varPsi(\boldsymbol{\varLambda}) = \frac{1}{2} \sum_{i=1}^{N} \sum_{j=1}^{N} \lambda_i \lambda_j y_i y_j (\boldsymbol{x}_i \cdot \boldsymbol{x}_j) - \sum_{i=1}^{N} \lambda_i$$

$$\mathrm{s.t.} \quad \sum_{i=1}^{N} \lambda_i y_i = 0$$

$$\lambda_i \geqslant 0, \quad i = 1, 2, \cdots, N$$

根據最佳化問題得出最優解 $\boldsymbol{\varLambda}^*$。

(2) 根據 $\boldsymbol{\varLambda}^*$，計算最優權值參數 $\boldsymbol{w}^*$：

$$\boldsymbol{w}^* = \sum_{i=1}^{N} \lambda_i^* y_i \boldsymbol{x}_i$$

從 $\boldsymbol{\varLambda}^*$ 中選出非零元素 $\lambda_j^* > 0$，得到支援向量 $\boldsymbol{x}_j$，計算 b^*：

$$b^* = y_j - \sum_{i=1}^{N} \lambda_i^* y_i (\boldsymbol{x}_i \cdot \boldsymbol{x}_j)$$

---

(3) 分離超平面：

$$w^* \cdot x + b^* = 0$$

分類決策函式：

$$f(x) = \text{sign}\,(w^* \cdot x + b^*)$$

例 9.2 請根據硬間隔演算法求出例 9.2 中資料集的分離超平面與分類決策函式。

解 建構最佳化問題：

$$\min_{\Lambda} \quad -\Psi(\Lambda) = \frac{1}{2}\sum_{i=1}^{3}\sum_{j=1}^{3}\lambda_i\lambda_j y_i y_j (x_i \cdot x_j) - \sum_{i=1}^{3}\lambda_i$$

$$\text{s.t.} \quad \sum_{i=1}^{3}\lambda_i y_i = 0$$

$$\lambda_i \geqslant 0, \quad i = 1, 2, 3$$

將 3 個樣本點代入最佳化問題中，得到

$$\max_{\Lambda} \quad -\Psi(\Lambda) = \frac{1}{2}(18\lambda_1^2 + 25\lambda_2^2 + 2\lambda_3^2 + 42\lambda_1\lambda_2 - 14\lambda_2\lambda_3 - 12\lambda_1\lambda_3)$$

$$- (\lambda_1 + \lambda_2 + \lambda_3) \tag{9.20}$$

$$\text{s.t.} \quad \lambda_1 + \lambda_2 - \lambda_3 = 0 \tag{9.21}$$

$$\lambda_i \geqslant 0, \quad i = 1, 2, 3 \tag{9.22}$$

利用約束條件 (9.21)，約掉目標函式中的 λ_3，得到

$$Q(\lambda_1, \lambda_2) = 4\lambda_1^2 + \frac{13}{2}\lambda_2^2 + 10\lambda_1\lambda_2 - 2\lambda_1 - 2\lambda_2$$

應用費馬原理，

$$\begin{cases} \dfrac{\partial Q}{\partial \lambda_1} = 8\lambda_1 + 10\lambda_2 - 2 = 0 \\[2mm] \dfrac{\partial Q}{\partial \lambda_2} = 13\lambda_2 + 10\lambda_1 - 2 = 0 \end{cases} \Longrightarrow \begin{cases} \lambda_1 = \dfrac{3}{2} \\[2mm] \lambda_2 = -1 \end{cases}$$

很明顯，$\lambda_2 = -1 < 0$ 不符合約束條件式 (9.22)，應取區域邊界。表示，最佳解在 $\lambda_1 = 0$ 或 $\lambda_2 = 0$ 上。

當 $\lambda_1 = 0$ 時，

$$\arg\min_{\lambda_2} \quad Q(0, \lambda_2) = \frac{13}{2}\lambda_2^2 - 2\lambda_2 \implies \lambda_2 = \frac{2}{13}, \quad Q\left(0, \frac{2}{13}\right) = -\frac{2}{13}$$

當 $\lambda_2 = 0$ 時，

$$\arg\min_{\lambda_1} \quad Q(\lambda_1, 0) = 4\lambda_1^2 - 2\lambda_2 \implies \lambda_1 = \frac{1}{4}, \quad Q\left(\frac{1}{4}, 0\right) = -\frac{1}{4}$$

透過比較發現，當 $\lambda_2 = 0$ 時，$Q(\lambda_1, \lambda_2)$ 更小，因此最佳拉格朗日乘數

$$\lambda_1^* = \frac{1}{4}, \quad \lambda_2^* = 0, \quad \lambda_3^* = \frac{1}{4}$$

計算權值向量：

$$\boldsymbol{w}^* = \sum_{i=1}^{3} \lambda_i^* y_i \boldsymbol{x}_i = \frac{1}{4}(3,3)^{\mathrm{T}} - \frac{1}{4}(1,1)^{\mathrm{T}} = \left(\frac{1}{2}, \frac{1}{2}\right)^{\mathrm{T}}$$

$\lambda_1^*,\ \lambda_3^* > 0$，表示 A 和 C 點落在間隔邊界上。不妨任意取一個支援向量，如 $\boldsymbol{x}_1$，計算截距參數：

$$b^* = y_j - \sum_{i=1}^{3} \boldsymbol{w}^* \cdot \boldsymbol{x}_1 = 1 - \left(\frac{1}{2}, \frac{1}{2}\right)^{\mathrm{T}} \cdot (3,3)^{\mathrm{T}} = -2$$

分離超平面：

$$\frac{1}{2}x_1 + \frac{1}{2}x_2 - 2 = 0$$

分類決策函式：

$$f(\boldsymbol{x}) = \mathrm{sign}\left(\frac{1}{2}x_1 + \frac{1}{2}x_2 - 2\right)$$

與例 9.1 所得結果相同。

9.3 線性支援向量機

我能堅持我的不完美，它是我生命的本質。

——[法] 法朗士

假定訓練集 $T = \{(x_1, y_1), (x_2, y_2), \cdots, (x_N, y_N)\}$ 近似線性可分，記分離超平面

$$\mathcal{S}: \quad w \cdot x + b = 0$$

類似於線性可分支援向量機，在近似線性可分的問題中，我們也希望找到一個線性超平面盡可能地將樣本點分為正類和負類。既然是「近似」線性可分，總會有些不完美的地方，可能在間隔邊界內或對方「陣營」裡出現幾個特殊的樣本點，這些特殊樣本無法滿足函式間隔大於或等於 1 的約束條件。為此，我們對每個樣本 (x_i, y_i) 引入參數 $\xi_i \geqslant 0$，將線性可分支援向量機中的約束條件 $y_i(w \cdot x_i + b) \geqslant 1$ 調整為

$$y_i(w \cdot x_i + b) + \xi_i \geqslant 1 \tag{9.23}$$

使得模型更加靈活多變，因此 ξ_i 被稱作彈性因數（或鬆弛變數），修正後的間隔

$$y_i(w \cdot x_i + b) + \xi_i$$

被稱作軟間隔如圖 9.7 所示。

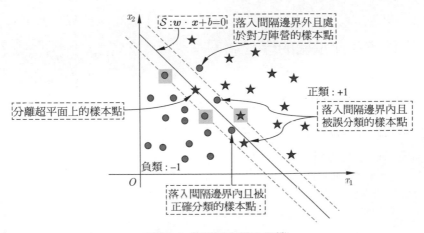

▲ 圖 9.7 軟間隔支援向量機

下面分 4 種情況進行討論。

(1) 落入間隔邊界內且被正確分類的樣本點：

對於中間地帶的樣本，如圖 9.7 中間隔邊界內被正確分類的綠色圓圈，函式間隔滿足 $0 < y_i(\boldsymbol{w} \cdot \boldsymbol{x}_i + b) < 1$。對每個間隔內的樣本點增加 $0 < \xi_i < 1$ 使其滿足軟間隔條件式 (9.23)。

(2) 分離超平面上的樣本點：

當樣本點落在分離超平面上時，如圖 9.7 中超平面上的紅色五角星，函式間隔 $y_i(\boldsymbol{w} \cdot \boldsymbol{x}_i + b) = 0$。只要 $\xi_i = 1$ 即能滿足軟間隔條件式 (9.23)。

(3) 落入間隔邊界內且被誤分類的樣本點：

圖 9.7 中，有一個紅色五角星和一個綠色圓圈仍然處於間隔邊界內，但卻被誤分類到對方的陣營，此時函式間隔滿足 $-1 < y_i(\boldsymbol{w}_i \cdot \boldsymbol{x}_i + b) < 0$。需要 $1 < \xi_i < 2$ 使其滿足軟間隔條件式 (9.23)。

(4) 落入間隔邊界外且處於對方陣營的樣本點：

逃離間隔區域，落入另一側的樣本點，顯然也是屬於誤分類點的，函式間隔一定滿足 $y_i(\boldsymbol{w} \cdot \boldsymbol{x}_i + b) \leqslant -1$。彈性因數需 $\xi_i \geqslant 2$ 使其滿足軟間隔條件式 (9.23)。

可見，確定樣本點位置的重任落在參數 $\xi_i \geqslant 0$ 上，如果正確分類，$\xi_i = 0$；如果落入間隔邊界內或誤分類，則 $\xi_i > 0$。

9.3.1 線性支援向量機的學習問題

在分類時，目的是訓練出的分離超平面誤分類樣本越少越好，表示 $\sum_{i=1}^{N} \xi_i$ 越小越好。這相當於在線性可分的目標下增添了一個新目標，將兩個目標合併在一起，得到線性支援向量機的目標函式

$$\frac{1}{2}\|\boldsymbol{w}\|^2 + C \sum_{i=1}^{N} \xi_i$$

其中，C 被稱作懲罰參數 (Tuning Parameter)，決定了原始目標 $\|w\|^2/2$ 和新目標 $\sum_{i=1}^{N} \xi_i$ 之間的影響權重。C 越大代表對誤分類點越重視，即對誤分類的懲罰力度更大；C 越小代表更重視間隔距離。所有彈性因數組成的向量記為 $\xi = (\xi_1, \xi_2, \cdots, \xi_N)^{\mathrm{T}}$，線性支援向量機的最佳化問題可表述為

$$\min_{w,\,b,\,\xi}\quad \frac{1}{2}\|w\|^2 + C\sum_{i=1}^{N}\xi_i \tag{9.24}$$

$$\text{s.t.}\quad y_i(w\cdot x_i + b) + \xi_i \geqslant 1, \quad i = 1, 2, \cdots, N \tag{9.25}$$

$$\xi_i \geqslant 0, \quad i = 1, 2, \cdots, N \tag{9.26}$$

按線性可分支援向量機的想法，找到最佳的 w^* 和 b^*，繼而能求得最終的分離超平面和決策函式，具體的學習演算法如下。

線性支援向量機的學習演算法

　　輸入：訓練資料集 $T = \{(x_1, y_1), (x_2, y_2), \cdots, (x_N, y_N)\}$，其中 $x_i \in \mathbb{R}^p$，$y_i \in \{+1, -1\}$，$i = 1, 2, \cdots, N$。

　　輸出：分離超平面與決策函式。

　　(1) 建構最佳化問題

$$\min_{w,b,\xi}\quad \frac{1}{2}\|w\|^2 + C\sum_{i=1}^{N}\xi_i$$

$$\text{s.t.}\quad y_i(w\cdot x_i + b) + \xi_i \geqslant 1, \quad i = 1, 2, \cdots, N$$

$$\xi_i \geqslant 0, \quad i = 1, 2, \cdots, N$$

　　根據最佳化問題得出最優解 w^*, b^*, ξ^*。

　　(2) 分離超平面：

$$w^* \cdot x + b^* = 0$$

　　分類決策函式：

$$f(x) = \mathrm{sign}(w^* \cdot x + b^*)$$

9.3.2 對偶問題與軟間隔演算法

借助拉格朗日乘數，化含約束的最佳化問題為無約束的最佳化問題，廣義拉格朗日函數為

$$L(\boldsymbol{w}, b, \boldsymbol{\xi}, \boldsymbol{\Lambda}, \boldsymbol{\nu}) = \frac{1}{2}\|\boldsymbol{w}\|^2 + C\sum_{i=1}^{N}\xi_i + \sum_{i=1}^{N}\alpha_i(1 - y_i(\boldsymbol{w}\cdot\boldsymbol{x}_i + b) - \xi_i) - \sum_{i=1}^{N}\nu_i\xi_i$$

式中，$\boldsymbol{\Lambda} = (\lambda_1, \lambda_2, \cdots, \lambda_N)^{\mathrm{T}}$ $(\lambda_i \geqslant 0)$ 和 $\boldsymbol{\nu} = (\nu_1, \nu_2, \cdots, \nu_N)^{\mathrm{T}}$ $(\nu_i \geqslant 0)$ 分別為約束條件式 (9.25) 和約束條件式 (9.26) 對應的拉格朗日乘數向量。

式 (9.24) ～式 (9.26) 中的原始最佳化問題等值於

$$\min_{\boldsymbol{w}, b, \boldsymbol{\xi}} \max_{\boldsymbol{\Lambda}, \boldsymbol{\nu}} L(\boldsymbol{w}, b, \boldsymbol{\xi}, \boldsymbol{\Lambda}, \boldsymbol{\nu})$$

顛倒極小、極大的順序，就得到對偶問題

$$\max_{\boldsymbol{\Lambda}, \boldsymbol{\nu}} \min_{\boldsymbol{w}, b, \boldsymbol{\xi}} L(\boldsymbol{w}, b, \boldsymbol{\xi}, \boldsymbol{\Lambda}, \boldsymbol{\nu})$$

透過對偶問題得到最佳的拉格朗日乘數 $\boldsymbol{\Lambda}^*$ 和 $\boldsymbol{\nu}^*$，然後用拉格朗日乘數計算最佳的權值參數 $\boldsymbol{w}^*$ 和截距參數 b^*。

1. 內部極小化問題

現在，讓我們把注意力集中在對偶問題的內部極小化問題上

$$\min_{\boldsymbol{w}, b, \boldsymbol{\xi}} L(\boldsymbol{w}, b, \boldsymbol{\xi}, \boldsymbol{\Lambda}, \boldsymbol{\nu})$$

根據費馬原理，凸最佳化問題的最佳解在極值點

$$\begin{cases} \dfrac{\partial L}{\partial \boldsymbol{w}} = \boldsymbol{w} - \sum_{i=1}^{N}\lambda_i y_i \boldsymbol{x}_i = 0 \\ \dfrac{\partial L}{\partial b} = -\sum_{i=1}^{N}\lambda_i y_i = 0 \\ \dfrac{\partial L}{\partial \xi_i} = C - \lambda_i - \nu_i = 0,\ i=1,2,\cdots,N \end{cases} \implies \begin{cases} \boldsymbol{w} = \sum_{i=1}^{N}\lambda_i y_i \boldsymbol{x}_i \\ \sum_{i=1}^{N}\lambda_i y_i = 0 \\ C - \lambda_i - \nu_i = 0,\ i=1,2,\cdots,N \end{cases}$$

將內部極小化的最佳解代入廣義拉格朗日函式，得到

$$\Psi(\boldsymbol{\Lambda}, \boldsymbol{\nu}) = \sum_{i=1}^{N} \lambda_i - \frac{1}{2} \sum_{i=1}^{N} \sum_{j=1}^{N} \lambda_i \lambda_j y_i y_j (\boldsymbol{x}_i \cdot \boldsymbol{x}_j)$$

2. 外部極大化問題

外部最大化問題

$$\max_{\boldsymbol{\Lambda}, \boldsymbol{\nu}} \quad \Psi(\boldsymbol{\Lambda}, \boldsymbol{\nu})$$

$$\text{s.t.} \quad \sum_{i=1}^{N} \lambda_i y_i = 0, \quad i = 1, 2, \cdots, N$$

$$C - \lambda_i - \nu_i = 0, \quad i = 1, 2, \cdots, N$$

$$\lambda_i \geqslant 0, \quad i = 1, 2, \cdots, N$$

$$\nu_i \geqslant 0, \quad i = 1, 2, \cdots, N$$

利用關係 $C - \lambda_i - \nu_i = 0$ 和 $\nu_i \geqslant 0$，可以簡化對偶問題中的約束條件，得到一個隻關於 $\boldsymbol{\Lambda}$ 的最佳化問題：

$$\min_{\boldsymbol{\Lambda}} \quad Q(\boldsymbol{\Lambda}) = \frac{1}{2} \sum_{i=1}^{N} \sum_{j=1}^{N} \lambda_i \lambda_j y_i y_j (\boldsymbol{x}_i \cdot \boldsymbol{x}_j) - \sum_{i=1}^{N} \lambda_i$$

$$\text{s.t.} \quad \sum_{i=1}^{N} \lambda_i y_i = 0, \quad i = 1, 2, \cdots, N$$

$$0 \leqslant \lambda_i \leqslant C, \quad i = 1, 2, \cdots, N$$

對偶問題，將求解權值參數和截距參數的最佳化問題，轉化為求解最佳拉格朗日乘數 $\boldsymbol{\Lambda}$ 和 $\boldsymbol{\nu}$ 的凸最佳化問題。如果最佳解記為 $\boldsymbol{\Lambda}^*$ 和 $\boldsymbol{\nu}^*$，可以計算得到最佳的權值參數 $\boldsymbol{w}^*$ 和截距參數 b^*，從而確定唯一最佳的分離超平面和分類決策函式。

關於最佳權值參數 $\boldsymbol{w}^*$，可以用 $\boldsymbol{\Lambda}^*$ 表示

$$\boldsymbol{w}^* = \sum_{i=1}^{N} \lambda_i^* y_i \boldsymbol{x}_i$$

截距參數 b^* 可以透過 KKT 條件求得。若最佳化問題的解滿足 KKT 條件，則

$$\frac{\partial L}{\partial \boldsymbol{w}}\bigg|_{\boldsymbol{w}=\boldsymbol{w}^*} = \boldsymbol{w}^* - \sum_{i=1}^{N}\lambda_i y_i \boldsymbol{x}_i = 0 \tag{9.27}$$

$$\frac{\partial L}{\partial b}\bigg|_{b=b^*} = -\sum_{i=1}^{N}\lambda_i y_i = 0 \tag{9.28}$$

$$\frac{\partial L}{\partial \xi_i}\bigg|_{\xi_i=\xi_i^*} = C - \lambda_i - \nu_i = 0, \quad i = 1, 2, \cdots, N \tag{9.29}$$

$$\lambda_i^*(1 - y_i(\boldsymbol{w}^* \cdot \boldsymbol{x}_i + b^*) - \xi_i^*) = 0, \quad i = 1, 2, \cdots, N \tag{9.30}$$

$$-\nu_i^* \xi_i^* = 0, \quad i = 1, 2, \cdots, N \tag{9.31}$$

$$1 - y_i(\boldsymbol{w}^* \cdot \boldsymbol{x}_i + b^*) - \xi_i^* \leqslant 0, \quad i = 1, 2, \cdots, N \tag{9.32}$$

$$\xi_i^* \geqslant 0, \quad i = 1, 2, \cdots, N \tag{9.33}$$

$$\lambda_i^* \geqslant 0, \quad i = 1, 2, \cdots, N \tag{9.34}$$

$$\nu_i^* \geqslant 0, \quad i = 1, 2, \cdots, N \tag{9.35}$$

若存在權值向量非零的分離超平面，一定有 $\boldsymbol{\varLambda}^* \neq 0$，結合條件式 (9.34) 可知，$\boldsymbol{\varLambda}^*$ 中存在大於零的元素 $\lambda_i > 0$，記符合條件的樣本下標集合為 $\mathcal{A} = \{i : \lambda_i^* > 0\}$。

如果樣本點 $(\boldsymbol{x}_i, y_i)$ 落在間隔邊界上且被正確分類，相應的彈性因數 $\xi_i = 0$。結合條件式 (9.31) 可知，$\nu_i > 0$。根據條件式 (9.29) 可以得到 $0 < \lambda_i^* < C$，記符合條件的樣本下標集合為 $\mathcal{B} = \{i : 0 < \lambda_i^* < C\}$。

下標 $j \in \mathcal{B}$ 的樣本是支援向量，一定滿足

$$y_j(\boldsymbol{w}^* \cdot \boldsymbol{x}_j + b^*) = 1$$

解出

$$b^* = y_j - \boldsymbol{w}^* \cdot \boldsymbol{x}_j = y_j - \sum_{i=1}^{N}\lambda_i^* y_i(\boldsymbol{x}_i \cdot \boldsymbol{x}_j)$$

整個過程中，符合線性可分要求的點，正是彈性因數 $\xi_i^* = 0$ 的點，即找到符合 $0 < \lambda_i^* < C$ 對應的樣本，就找到了支援向量。總的來說，當訓練集近似線性可分時，我們引入彈性因數對落入間隔邊界內或誤入對方陣營的特殊點進行標記。根據彈性因數 ξ_i^* 的具體值就可以修正樣本對應的類別。

線性支援向量機軟間隔演算法的具體流程如下。

線性支援向量機的軟間隔演算法

輸入：訓練資料集 $T = \{(\boldsymbol{x}_1, y_1), (\boldsymbol{x}_2, y_2), \cdots, (\boldsymbol{x}_N, y_N)\}$，其中 $\boldsymbol{x}_i \in \mathbb{R}^p, y_i \in \{+1, -1\}$, $i = 1, 2, \cdots, N$。

輸出：分離超平面與決策函式。

(1) 給定懲罰參數 C，建構最佳化問題：

$$\min_{\boldsymbol{\Lambda}} \quad \frac{1}{2} \sum_{i=1}^{N} \sum_{j=1}^{N} \lambda_i \lambda_j y_i y_j (\boldsymbol{x}_i \cdot \boldsymbol{x}_j) - \sum_{i=1}^{N} \lambda_i$$

$$\text{s.t.} \quad \sum_{i=1}^{N} \lambda_i y_i = 0, \quad i = 1, 2, \cdots, N$$

$$0 \leqslant \lambda_i \leqslant C, \quad i = 1, 2, \cdots, N$$

根據最佳化問題得出最優解 $\boldsymbol{\Lambda}^*$。

(2) 根據 $\boldsymbol{\Lambda}^*$ 得到權值參數：

$$\boldsymbol{w}^* = \sum_{i=1}^{N} \lambda_i^* y_i \boldsymbol{x}_i$$

挑出符合 $0 < \lambda_i^* < C$ 的樣本點 $(\boldsymbol{x}_j, y_j)$，計算截距參數：

$$b^* = y_j - \sum_{i=1}^{N} \lambda_i^* y_i (\boldsymbol{x}_i \cdot \boldsymbol{x}_j)$$

(3) 分離超平面：

$$\boldsymbol{w}^* \cdot \boldsymbol{x} + b^* = 0$$

分類決策函式：

$$f(\boldsymbol{x}) = \text{sign}(\boldsymbol{w}^* \cdot \boldsymbol{x} + b^*)$$

9.3.3 線性支援向量機之合頁損失

之前，我們是透過幾何含義理解線性支援向量機的學習問題的，現在從損失的角度出發。定義合頁損失

$$L = [Z]_+ = \begin{cases} Z, & Z > 0 \\ 0, & Z \leqslant 0 \end{cases}$$

圖 9.8 所示的損失函式，如同展開的一本書，故稱之為「合頁」損失函式。

在漸近線性可分資料集中，可能存在一些間隔邊界內或邊界外的特殊點(x_i, y_i)，

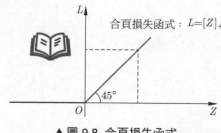

▲ 圖 9.8 合頁損失函式

為描述其具體特徵，我們增加彈性因數 ξ_i。但是，對於大多數線性可分的點而言，它們的 $\xi_i^* = 0$，表示 ξ_i 不起作用。也就是說 ζ 向量是稀疏的，大多數元素為零。為此，特採用合頁損失函式對其進行壓縮。按照 KKT 條件 $\xi_i^* \geqslant 0$，分為 $\xi_i^* = 0$ 和 $\xi_i^* > 0$ 兩種。

(1) $\xi_i^* = 0$ 時，樣本點都是線性可分的「規矩」點，此時 ξ_i^* 對函式間隔不起作用。

(2) $\xi_i^* > 0$ 時，樣本點都是線性不可分的「調皮」點，此時 ξ_i^* 的大小隱含著樣本點的位置資訊。

在線性支援向量機中，對 ξ_i 取合頁損失

$$[\xi_i]_+ = [1 - y_i(\boldsymbol{w} \cdot \boldsymbol{x}_i + b)]_+ = \begin{cases} 1 - y_i(\boldsymbol{w} \cdot \boldsymbol{x}_i + b), & \xi_i > 0 \\ 0, & 其他 \end{cases}$$

原始問題中的最佳化問題 (9.24) 可以寫成

$$\min_{\boldsymbol{w},b} \quad \frac{1}{2}\|\boldsymbol{w}\|^2 + C\sum_{i=1}^{N}[1-y_i(\boldsymbol{w}\cdot\boldsymbol{x}_i+b)]_+$$

等值於

$$\min_{\boldsymbol{w},b} \quad \frac{1}{2C}\|\boldsymbol{w}\|^2 + \sum_{i=1}^{N}[1-y_i(\boldsymbol{w}\cdot\boldsymbol{x}_i+b)]_+$$

令 $\lambda = 1/(2C)$，則最佳化問題

$$\min_{\boldsymbol{w},b} \quad \sum_{i=1}^{N}[1-y_i(\boldsymbol{w}\cdot\boldsymbol{x}_i+b)]_+ + \lambda\|\boldsymbol{w}\|^2$$

是正規化的形式，$\|\boldsymbol{w}\|^2$是正規化項。

在感知機模型中，只考慮誤分類樣本點的函式間隔，用的也是合頁損失函式，

$$[-y_i(\boldsymbol{w}\cdot\boldsymbol{x}_i+b)]_+ = \begin{cases} -y_i(\boldsymbol{w}\cdot\boldsymbol{x}_i+b), & -y_i(\boldsymbol{w}\cdot\boldsymbol{x}_i+b) > 0 \\ 0, & \text{其他} \end{cases}$$

令 $t = y_i(\boldsymbol{w}\cdot\boldsymbol{x}_i+b)$表示函式間隔，比較 0-1 損失、感知機損失和軟間隔損失，如圖 9.9 所示。

0-1 損失

$$L = \begin{cases} 1, & t \leqslant 0 \\ 0, & t > 0 \end{cases}$$

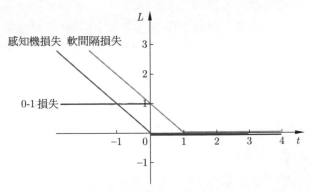

▲ 圖 9.9 3 種損失函式的比較

表示，當 $t \leqslant 0$ 時，分類錯誤，產生損失 $L = 1$；當 $t > 0$ 時，分類正確，無損失 $L = 0$，從圖 9.9 可以看出 0-1 損失函式不連續，直接用來作為目標函式不合適。

感知機損失

$$L = \begin{cases} -t, & t \leqslant 0 \\ 0, & t > 0 \end{cases}$$

表示，當 $t \leqslant 0$ 時，分類錯誤，產生損失，$L = -t$；當 $t > 0$ 時，分類正確，無損失，$L = 0$。

軟間隔損失

$$L = \begin{cases} 1 - t, & t \leqslant 1 \\ 0, & t > 1 \end{cases}$$

表示，當 $t \leqslant 1$ 時，對應的樣本點函式間隔小於 1 或為負數，屬於特殊點，產生損失，$L = 1 - t$；當 $t > 0$ 時，分類正確，無損失，$L = 0$。

圖 9.9 中軟間隔損失是感知機損失的上界，對樣本點要求更高，不只是分類正確性，還要求分類確信度高。這也就是用以找到唯一最佳超平面和決策函式的原因。

9.4 非線性支援向量機

在線性不可分的情形下，採用一刀切可能無法實現分類。此時我們採取降維打擊的思想，根據核心函式，將原來的低維空間投射到高維空間中，使得經過變換後的樣本點實現線性可分。

對於給定的資料集，如果存在某個超曲面，使得這個資料集的所有實例點可以透過非線性的超曲面完全劃分到曲面兩側，也就是正類和負類。我們就稱這個資料集是非線性可分的。圖 9.10 所示就是非線性可分的範例。在非線性不可分的情況下，如果將訓練資料集中的異數 (outlier) 去除後，由剩下的樣本點組成的資料集是非線性可分的，則稱這個資料集近似非線性可分。

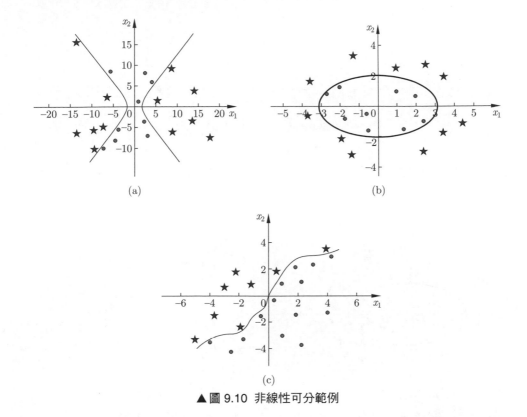

▲圖 9.10 非線性可分範例

　　非線性可分支援向量機解決的是非線性可分的問題，非線性支援向量機解決的是近似非線性可分的問題。近似非線性可分較之非線性可分無非是引入了彈性因數得到軟間隔演算法。假如存在非線性可分資料集，設想我們會使用某種神奇的「魔法」，不只是停留在平面上，而是可以飄浮到空中，使得週邊的這些樣本點飄浮得更高，內側的樣本點則飄浮得略低，如此一來，在中間放置一個硬紙板（即超平面），就可以將週邊與內側的樣本點分離開。這樣，就將非線性支援向量機問題轉化為線性支援向量機問題。此處採用的神奇的飄浮「魔法」，就是核心變換。

9.4.1 核心變換的根本——核心函式

1. 核心函式與映射函式

　　舉個簡單例子。圖 9.11(a) 是一個非線性可分的問題。假如得到分離超曲面，運算式為

$$\frac{x_1^2}{a_1^2} + \frac{x_2^2}{a_2^2} = 1$$

透過變數變換，令 $z_1 = x_1^2, z_2 = x_2^2$，則超曲面映射到新空間上變為超平面

$$w_1 z_1 + w_2 z_2 + b = 0$$

其中，$w_1 = \dfrac{1}{a_1^2}, w_2 = \dfrac{1}{a_2^2}, b = -1$。如圖 9.11(b) 所示。這樣，就透過映射將非線性支持向量機問題轉化為線性支援向量機問題了。

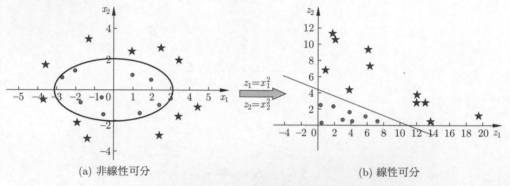

(a) 非線性可分   (b) 線性可分

▲ 圖 9.11 透過變換將非線性可分問題轉化為線性可分問題

映射前後，實例 $\boldsymbol{x}_i$ 的分類標籤 y_i 仍然維持原貌，輸入變數則要映射到可以實現線性分割的新空間上。若空間轉換的映射記為 $\phi(\cdot)$，仿照線性支援向量機中的目標函式最小化：

$$\min_{\boldsymbol{\Lambda}} \quad \frac{1}{2} \sum_{i=1}^{N} \sum_{j=1}^{N} \lambda_i \lambda_j y_i y_j (\boldsymbol{x}_i \cdot \boldsymbol{x}_j) - \sum_{i=1}^{N} \lambda_i$$

在新空間上的目標函式最小化就可以寫作

$$\min_{\boldsymbol{\Lambda}} \quad \frac{1}{2} \sum_{i=1}^{N} \sum_{j=1}^{N} \lambda_i \lambda_j y_i y_j \left(\phi(\boldsymbol{x}_i) \cdot \phi(\boldsymbol{x}_j) \right) - \sum_{i=1}^{N} \lambda_i$$

這就是非線性支援向量機與線性支援向量機的區別。

但是，很多時候的分類問題並不像圖 9.11 這麼簡單，不過這一變換的思想我

們仍可以採用。為此,我們引入一個新概念——核心函式。

定義 9.4(核心函式)記原始屬性空間(輸入空間)為 $\mathcal{X}$,透過 ϕ 映射到的新空間記為 $\mathcal{H}$,即

$$\phi(x) : \mathcal{X} \to \mathcal{H}$$

如果存在函式 $K(\boldsymbol{x}, \boldsymbol{z})$,對任意 $\boldsymbol{x}, \boldsymbol{z} \in \mathcal{X}$,使得

$$K(\boldsymbol{x}, \boldsymbol{z}) = \phi(\boldsymbol{x}) \cdot \phi(\boldsymbol{z})$$

成立,則稱 $K(\boldsymbol{x}, \boldsymbol{z})$ 為核心函式,是 $\phi(\boldsymbol{x})$ 和 $\phi(\boldsymbol{z})$ 的內積。

以核心函式形式表示非線性支援向量機的目標函式最小化

$$\min_{\boldsymbol{\Lambda}} \quad \frac{1}{2} \sum_{i=1}^{N} \sum_{j=1}^{N} \lambda_i \lambda_j y_i y_j K(\boldsymbol{x}_i, \boldsymbol{x}_j) - \sum_{i=1}^{N} \lambda_i$$

對非線性可分問題,無論是確定映射函式 $\phi(\boldsymbol{x})$ 還是核心函式 $K(\boldsymbol{x}, \boldsymbol{z})$,都可以完成目標。兩種通路,到底選哪種?這要看哪一種更容易實現。一般來說直接找映射函式是一個非常複雜的過程,並且同一核心函式也可以對應不同的映射關係。

例 9.3 已知核心函式 $K(\boldsymbol{x}, \boldsymbol{z}) = (\boldsymbol{x} \cdot \boldsymbol{z})^2$,其中 $\boldsymbol{x}, \boldsymbol{z} \in \mathbb{R}^2$。請問:映射 ϕ 可以怎麼取?

解 記 $\boldsymbol{x} = (x_1, x_2)^{\mathrm{T}}$, $\boldsymbol{z} = (z_1, z_2)^{\mathrm{T}}$,將核心函式展開:

$$\begin{aligned} K(\boldsymbol{x}, \boldsymbol{z}) &= (x_1 z_1 + x_2 z_2)^2 \\ &= (x_1 z_1)^2 + 2(x_1 z_1 x_2 z_2) + (x_2 z_2)^2 \end{aligned}$$

很明顯,此處核心函式分解為 3 項,猜測新空間可以是三維空間 $\mathbb{R}^3$。

映射 1: $\phi(\boldsymbol{x}) = (x_1^2, \ \sqrt{2} x_1 x_2, \ x_2^2)^{\mathrm{T}}$。

映射之後的內積

$$\begin{aligned} \phi(\boldsymbol{x}) \quad \phi(\boldsymbol{z}) &= (x_1 z_1)^2 + 2(x_1 x_2 z_1 z_2) + (x_2 z_2)^2 \\ &= K(\boldsymbol{x}, \boldsymbol{z}) \end{aligned}$$

映射 2：$\phi(\boldsymbol{x}) = \dfrac{1}{\sqrt{2}}(x_1^2 - x_2^2,\ 2x_1x_2,\ x_1^2 + x_2^2)^{\mathrm{T}}$。

映射之後的內積

$$
\begin{aligned}
\phi(\boldsymbol{x}) \cdot \phi(\boldsymbol{z}) &= \frac{1}{2}\left(2(x_1z_1)^2 + 4(x_1x_2z_1z_2) + 2(x_2z_2)^2\right) \\
&= (x_1z_1)^2 + 2(x_1x_2z_1z_2) + (x_2z_2)^2 \\
&= K(\boldsymbol{x}, \boldsymbol{z})
\end{aligned}
$$

假如將核心函式拆為 4 項

$$
\begin{aligned}
K(\boldsymbol{x}, \boldsymbol{z}) &= (x_1z_1 + x_2z_2)^2 \\
&= (x_1z_1)^2 + (x_1z_1x_2z_2) + (x_1z_1x_2z_2) + (x_2z_2)^2
\end{aligned}
$$

猜測新空間可以是四維空間 $\mathbb{R}^4$。

映射 3：$\phi(\boldsymbol{x}) = (x_1^2,\ x_1x_2,\ x_1x_2,\ x_2^2)^{\mathrm{T}}$。

映射之後的內積

$$
\begin{aligned}
\phi(\boldsymbol{x}) \cdot \phi(\boldsymbol{z}) &= (x_1z_1)^2 + (x_1x_2z_1z_2) + (x_1x_2z_1z_2) + (x_2z_2)^2 \\
&= K(\boldsymbol{x}, \boldsymbol{z})
\end{aligned}
$$

除了增加或減少分解項的個數，還有很多方式可以找到映射，例如改變某個係數前的符號。

映射 4：$\phi(\boldsymbol{x}) = (x_1^2,\ -x_1x_2,\ -x_1x_2,\ x_2^2)^{\mathrm{T}}$。

映射之後的內積

$$
\begin{aligned}
\phi(\boldsymbol{x}) \cdot \phi(\boldsymbol{z}) &= (x_1z_1)^2 + (x_1x_2z_1z_2) + (x_1x_2z_1z_2) + (x_2z_2)^2 \\
&= K(\boldsymbol{x}, \boldsymbol{z})
\end{aligned}
$$

例題 9.3，說明同一個核心函式可以存在多個映射。也就是說，找到對應的映射並不重要。解決非線性支援向量機的問題的關鍵在於找到核心函式。

2. 核心函式可以代表新空間下的內積嗎?

要滿足內積的設定,核心函式得是非負的,即正定核心。表示,對任意 $x_1, \cdots,$ $x_m \in \mathcal{X}$,核心函式對應的 Gram 矩陣

$$
\begin{pmatrix}
K(x_1, x_1) & \cdots & K(x_1, x_m) \\
\vdots & & \vdots \\
K(x_m, x_1) & \cdots & K(x_m, x_m)
\end{pmatrix}
$$

為半正定。在感知機模型中,以 Gram 矩陣儲存訓練實例的內積。非線性支援向量機中,這個 Gram 矩陣用於儲存所有輸入實例在新空間的內積。

在代數的世界中,一切都是在空間發生的。何為空間?通俗來說,空間就是一種集合,我們可以在集合中訂製運算規則,完成系統的建構。如果有一個由向量組成的集合,對於加法和數乘運算是封閉的,那麼透過線性組合之後的這個向量仍然屬於該空間,我們稱之為向量空間,又稱為線性空間。如果接著在向量空間上定義向量之間的乘法,也就是內積,這樣的空間稱為內積空間,通常以 · 表示內積運算。接著,為了度量向量的長度,可以從內積運算延伸出向量的模,更加一般的運算,則是範數。特別地,向量的模是 L_2 範數。我們在向量的運算中賦予了範數的定義,就稱為賦範空間。如果內積空間完備化,就能得到希爾伯特空間,可以透過對賦范向量空間完備化實現。有限維實內積空間即稱為歐幾里德空間,是一個最典型的賦範完備空間,它是希爾伯特空間的特殊情況。各類空間之間的關係如圖 9.12 所示。

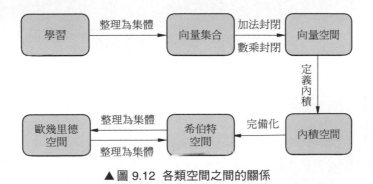

▲ 圖 9.12 各類空間之間的關係

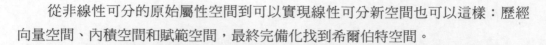

從非線性可分的原始屬性空間到可以實現線性可分新空間也可以這樣：歷經向量空間、內積空間和賦範空間，最終完備化找到希爾伯特空間。

以核心函式定義一個映射

$$\phi : \boldsymbol{x} \to K(\cdot, \boldsymbol{x})$$

函式中的點「·」表示某個向量，一般來說，如果核心函式的形式已固定，這個點就決定了映射函式，代表的是一族函式，也就是泛函的含義。這從另一個角度也說明同一核心函式可以對應多個映射。

1) 從映射出發，組成向量空間

為使得原始空間上的向量透過映射 ϕ 之後，對於加法和數乘運算是封閉的，可以考慮這樣一個集合。對任意 $\boldsymbol{x}_i \in \mathcal{X} \subset \mathbb{R}^p, i = 1, 2, \cdots, m$，集合 $\mathbb{S} = \{f(\cdot) = \sum_{i=1}^{m} \alpha_i K(\cdot, \boldsymbol{x}_i)\}$。

不如嘗試這樣一個問題：對於 $\mathbb{S}$ 中的任意元素 f 和 g，是否在加法和數乘運算之後仍然在集合 $\mathbb{S}$ 中？

加法運算：記 $f = \sum_{i=1}^{m} \alpha_i K(\cdot, \boldsymbol{x}_i)$ 和 $g = \sum_{j=1}^{l} \beta_j K(\cdot, \boldsymbol{z}_j)$, 則

$$f + g = \sum_{i=1}^{m} \alpha_i K(\cdot, \boldsymbol{x}_i) + \sum_{j=1}^{l} \beta_j K(\cdot, \boldsymbol{z}_j)$$

$$= \sum_{i=1}^{m+l} a_i K(\cdot, \boldsymbol{u}_i)$$

其中，

$$a_i = \begin{cases} \alpha_i, & i = 1, 2, \cdots, m \\ \beta_{i-m}, & i = n+1, \cdots, m+l \end{cases} \qquad \boldsymbol{u}_i = \begin{cases} \boldsymbol{x}_i, & i = 1, 2, \cdots, m \\ \boldsymbol{z}_{i-m}, & i = m+1, \cdots, m+l \end{cases}$$

很明顯，加法運算之後仍然符合集合 $\mathbb{S}$ 中元素的結構，所以

$$f + g \in \mathbb{S}$$

數乘運算：對於任意的 $c \in \mathbb{R}$，

$$cf = c \sum_{i=1}^{m} \alpha_i K(\cdot, \boldsymbol{x}_i) = \sum_{i=1}^{m} (c\alpha_i) K(\cdot, \boldsymbol{x}_i)$$

記 $a_i = c\alpha_i$，則

$$cf = \sum_{i=1}^{m} a_i K(\cdot, \boldsymbol{x}_i)$$

很明顯，數乘運算之後仍然符合集合 $\mathbb{S}$ 中元素的結構，所以

$$cf \in \mathbb{S}$$

這樣，輕鬆就可以驗證 $\mathbb{S}$ 是向量空間。

2) 在 $\mathbb{S}$ 上定義內積，發展為內積空間

在 $\mathbb{S}$ 的基礎上定義內積。記 $f = \sum_{i=1}^{m} \alpha_i K(\cdot, \boldsymbol{x}_i)$, $g = \sum_{j=1}^{l} \beta_j K(\cdot, \boldsymbol{z}_j)$。假如我們定義了一個運算子號 $*$，代表對任意 $f, g \in \mathbb{S}$，有

$$f * g = \sum_{i=1}^{m} \sum_{j=1}^{l} \alpha_i \beta_j K(\boldsymbol{x}_i, \boldsymbol{z}_j)$$

類似於向量內積的條件，我們規定 $\mathbb{S}$ 上 $*$ 運算滿足以下 4 個條件。對任意 $f, g, h \in \mathbb{S}$，$c \in \mathbb{R}$，有

(1) $(cf) * g = c(f * g),\ c \in \mathbb{R}$；

(2) $(f + g) * h = f * h + g * h,\ h \in \mathbb{S}$；

(3) $f * g = g * f$；

(4) $f * f \geqslant 0$，特別地 $f * f = 0 \iff f = 0$。

證明 我們一一驗證，只要所有條件都滿足，就可以表示運算 $*$ 代表內積。

(1) 從條件 (1) 的等式左邊出發：

$$cf = c\sum_{i=1}^{m}\alpha_i K(\cdot, \boldsymbol{x}_i) = \sum_{i=1}^{m}(c\alpha_i)K(\cdot, \boldsymbol{x}_i)$$

則

$$(cf)*g = \sum_{i=1}^{m}\sum_{j=1}^{l}(c\alpha_i)\beta_j K(\boldsymbol{x}_i, \boldsymbol{z}_j) = c\left(\sum_{i=1}^{m}\sum_{j=1}^{l}\alpha_i\beta_j K(\boldsymbol{x}_i, \boldsymbol{z}_j)\right) = c(f*g)$$

條件 (1) 驗證完畢。

(2) 不妨記 $h = \sum_{t=1}^{n}\vartheta_t K(\cdot, \boldsymbol{v}_t)$，根據

$$f + g = \sum_{i=1}^{m+l}a_i K(\cdot, \boldsymbol{u}_i)$$

得到

$$(f+g)*h = \sum_{i=1}^{m+l}\sum_{t=1}^{n}a_i\vartheta_t K(\boldsymbol{u}_i, \boldsymbol{v}_t)$$

$$= \sum_{i=1}^{m}\sum_{t=1}^{n}\alpha_i\vartheta_t K(\boldsymbol{x}_i, \boldsymbol{v}_t) + \sum_{j=1}^{l}\sum_{t=1}^{n}\beta_j\vartheta_t K(\boldsymbol{z}_j, \boldsymbol{v}_t)$$

$$= f*h + g*h$$

條件 (2) 驗證完畢。

(3) 因為核心函式 $K(\cdot, \cdot)$ 是對稱函式，即 $K(\boldsymbol{x}_i, \boldsymbol{z}_j) = K(\boldsymbol{z}_j, \boldsymbol{x}_i)$，顯然，運算 $*$ 滿足乘法交換律，即 $f*g = g*f$。條件 (3) 輕鬆得到驗證。

(4) 先驗證 $f*f \geqslant 0$。因為 Gram 矩陣是半正定的，則關於 Gram 矩陣的二次型

$$f*f = \sum_{i=1}^{m}\sum_{j=1}^{m}\alpha_i\alpha_j K(\boldsymbol{x}_i, \boldsymbol{x}_j) \geqslant 0$$

得證。

再驗證 $f*f = 0 \Longleftrightarrow f = 0$。

充分性：當 $f = 0$ 時，$f(\cdot) = \displaystyle\sum_{i=1}^{m} \alpha_i K(\cdot, \boldsymbol{x}_i) = 0$。由於 $\boldsymbol{x}_i$ 的任意性，可知 $K(\cdot, \boldsymbol{x}_i)$ 不能恒為零。要使得 f 為零，只能 $\alpha_i = 0, i = 1, 2, \cdots, m$。

於是

$$f * f = \sum_{i=1}^{m} \sum_{j=1}^{m} \alpha_i \alpha_j K(\boldsymbol{x}_i, \boldsymbol{x}_j) = 0$$

必要性：首先引入一個小工具：柯西 - 施瓦茨不等式（Cauchy-Schwarz Inequality）。

$$對任意 f, g \in \mathbb{S} 有 (f * g)^2 \leqslant (f * f)(g * g) \tag{9.36}$$

這個不等式可以透過 $f * f$ 的非負性證明。取任意 $\lambda \in \mathbb{R}$，對於 $f + \lambda g \in \mathbb{S}$，則

$$(f + \lambda g) * (f + \lambda g) \geqslant 0 \tag{9.37}$$

不等式 (9.37) 對於任意的 $\lambda \in \mathbb{R}$ 恒成立。將其整理為關於 λ 的二次不等式，即

$$(g * g)\lambda^2 + 2(f * g)\lambda + f * f \geqslant 0 \tag{9.38}$$

為使得不等式 (9.38) 恒成立，需要不等式對應方程式

$$(g * g)\lambda^2 + 2(f * g)\lambda + f * f = 0$$

的判別式

$$\Delta = 4(f * g)^2 - 4(g * g)(f * f) \leqslant 0 \Longrightarrow (f * g)^2 \leqslant (f * f)(g * g)$$

不等式 (9.36) 得證。

接下來，應用不等式 (9.36) 這個小工具證明必要性。

定義一個特殊的 $g(\cdot) = K(\cdot, \boldsymbol{x})$，於是

$$f * g = \sum_{i=1}^{m} \alpha_i K(\boldsymbol{x}, \boldsymbol{x}_i)$$

因為 $f * f = 0$，應用不等式 (9.36)，表示

$$(f * g)^2 \leqslant (f * f)(g * g) = 0$$

又 $(f*g)^2 \geqslant 0$，根據數學中的夾逼定理，$(f*g)^2 = 0$，即

$$f * g = \sum_{i=1}^{n} \alpha_i K(\boldsymbol{x}, \boldsymbol{x}_i) = 0 \tag{9.39}$$

由於 $\boldsymbol{x}$ 和 $\boldsymbol{x}_i$ 的任意性，只有 $\alpha_i = 0$，式 (9.39) 才成立，即 $f = 0$。必要性得證。

可見，這一部分定義的運算「$*$」就是一種內積運算，不妨按照習慣將其記作「$\cdot$」。至此，向量空間發展為內積空間。

3) 內積空間完備化，升級為希爾伯特空間

對內積空間定義範數

$$\|f\| = \sqrt{f \cdot f}$$

得到賦範空間，對其完備化，成功升級為希爾伯特空間，記作 $\mathcal{H}$。

4) 核心函式的再生性

從原始屬性空間到希爾伯特空間的映射

$$\phi : \mathcal{X} \to \mathcal{H}$$

是根據核心函式 $K(\cdot, \cdot)$ 得到的。核心函式 $K(\cdot, \cdot)$ 的特點是再生性。也就是說，如果任取元素 $f \in \mathcal{H}$，與 $K(\cdot, \boldsymbol{x})$ 計算內積，可以得到

$$K(\cdot, \boldsymbol{x}) \cdot f = \sum_{i=1}^{N} \alpha_i K(\boldsymbol{x}, \boldsymbol{x}_i) = f(\boldsymbol{x})$$

相當於確定了元素 f 中的點「$\cdot$」。對於兩個核心函式計算內積，

$$K(\cdot, \boldsymbol{x}) \cdot K(\cdot, \boldsymbol{z}) = K(\boldsymbol{x}, \boldsymbol{z}) = \phi(\boldsymbol{x}) \cdot \phi(\boldsymbol{z})$$

得到的核心 $K(\boldsymbol{x}, \boldsymbol{z})$ 稱為再生核心。

3. 如何判斷核心函式是正定核心？

如果定義一個核心函式，如何判斷它是不是正定核心呢？當然，透過一系列數學推導可以驗證，但電腦不是數學家，如果讓電腦判斷，可以透過正定核心的充要條件實現。

定理 9.1（正定核心的充要條件）若 $K : \mathcal{X} \times \mathcal{X} \to \mathbb{R}$ 是一個對稱函式，則 $K(\boldsymbol{x}, \boldsymbol{z})$ 為正定核心的充要條件是對任意的 $\boldsymbol{x}_i \in \mathcal{X}, i = 1, 2, \cdots, m$，經函式 K 映射之後的 Gram 矩陣

$$G_{\mathrm{K}} = [K(\boldsymbol{x}_i, \boldsymbol{x}_j)]_{m \times m} \begin{pmatrix} K(\boldsymbol{x}_1, \boldsymbol{x}_1) & \cdots & K(\boldsymbol{x}_1, \boldsymbol{x}_m) \\ \vdots & & \vdots \\ K(\boldsymbol{x}_m, \boldsymbol{x}_1) & \cdots & K(\boldsymbol{x}_m, \boldsymbol{x}_m) \end{pmatrix}$$

是半正定矩陣。

定理 9.1 表示 $K(\boldsymbol{x}, \boldsymbol{z})$ 是正定核心 $\iff K$ 是半正定矩陣。

證明 分別證明定理 9.1 的充分性和必要性。

充分性：G_{K} 是半正定矩陣 $\implies K(\boldsymbol{x}, \boldsymbol{z})$ 是正定核心。

假如 G_{K} 是半正定矩陣，可以建構一個映射 ϕ，使得

$$\phi(\boldsymbol{x}) = K(\cdot, \boldsymbol{x}) : \ \mathcal{X} \to \mathcal{H}$$

式中，$K(\boldsymbol{x}, \boldsymbol{z})$ 是再生核心函式，滿足

$$K(\boldsymbol{x}, \boldsymbol{z}) = K(\cdot, \boldsymbol{x}) \cdot K(\cdot, \boldsymbol{z})$$

所以，根據之前透過核心函式成功將輸入空間升級為希爾伯特空間的過程，可以斷定 $K(\boldsymbol{x}, \boldsymbol{z})$ 是正定核心。

必要性：$K(\boldsymbol{x}, \boldsymbol{z})$ 是正定核心 $\implies G_{\mathrm{K}}$ 是半正定矩陣。

假如 $K(\boldsymbol{x}, \boldsymbol{z})$ 是半正定核心，那麼一定存在映射

$$\phi : \mathcal{X} \to \mathcal{H}$$

則有

$$x \to \phi(x), \quad z \to \phi(z)$$

表示 $K(x, z)$ 是希爾伯特空間上定義的內積,即

$$K(x, z) = \phi(x) \cdot \phi(z)$$

接下來根據半正定的概念,判斷以正定核心 K 建構的 Gram 矩陣是不是半正定的。任取 m 個實數 $a_1, a_2, \cdots, a_m \in \mathbb{R}$,記為 m 維向量 $a = (a_1, a_2, \cdots, a_m)^{\mathrm{T}}$,那麼 Gram 矩陣的二次型

$$
\begin{aligned}
a^{\mathrm{T}} G_{\mathrm{K}} a &= (a_1, \cdots, a_m) \begin{pmatrix} K(x_1, x_1) & \cdots & K(x_1, x_m) \\ \vdots & & \vdots \\ K(x_m, x_1) & \cdots & K(x_m, x_m) \end{pmatrix} (a_1, \cdots, a_m)^{\mathrm{T}} \\
&= (a_1, \cdots, a_m) \begin{pmatrix} \phi(x_1) \cdot \phi(x_1) & \cdots & \phi(x_1) \cdot \phi(x_m) \\ \vdots & & \vdots \\ \phi(x_m) \cdot \phi(x_1) & \cdots & \phi(x_m) \cdot \phi(x_m) \end{pmatrix} (a_1, \cdots, a_m)^{\mathrm{T}} \\
&= (a_1, \cdots, a_m) \begin{pmatrix} \phi(x_1) \\ \vdots \\ \phi(x_m) \end{pmatrix} (\phi(x_1), \cdots, \phi(x_m)) (a_1, \cdots, a_m)^{\mathrm{T}} \\
&= \left((\phi(x_1), \cdots, \phi(x_m)) \begin{pmatrix} a_1 \\ \vdots \\ a_m \end{pmatrix} \right)^{\mathrm{T}} \left((\phi(x_1), \cdots, \phi(x_m)) \begin{pmatrix} a_1 \\ \vdots \\ a_m \end{pmatrix} \right) \\
&= \left\| \sum_{i=1}^{m} a_i \phi(x_i) \right\|^2 \\
&\geqslant 0
\end{aligned}
$$

這說明 G_{K} 是半正定矩陣。

有定理 9.1 的輔助,在之後判斷定義的核心函式是不是正定核心函式就非常方便,只需要用電腦驗證通過訓練集得到的 Gram 矩陣是不是半正定的即可。

4. 常用的核心函式有哪些？

常用的核心函式可分為兩種：一種定義在連續的歐氏空間上；另一種定義在離散的資料集上。

1) 歐式空間上的核心函式

(1)多項式核心函式。顧名思義，多項式核心函式就是以多項式形式表達出來的核心函式

$$K(\boldsymbol{x}, \boldsymbol{z}) = (\boldsymbol{x} \cdot \boldsymbol{z} + c)^M$$

其中，M 指多項式的最高次冪，$c \in \mathbb{R}$為常數。

如果應用在非線性支援向量機的分類問題中，將內積運算替換為多項式核心，即可得到決策函式

$$f(\boldsymbol{x}) = \mathrm{sign}\left(\sum_{i=1}^{N} \lambda_i^* y_i (\boldsymbol{x}_i \cdot \boldsymbol{x} + c)^M + b^*\right)$$

之所以多項式核心函式很常用，還是由於其多項式的特點，實際應用中的很多曲線可以透過多項式擬合近似，恰似一葉落而知天下秋。

(2) 高斯核心函式。高斯核心函式是另一個常見的核心函式，來自於常見的高斯分佈。高斯核心函式可以寫成

$$K(\boldsymbol{x}, \boldsymbol{z}) = \exp\left(-\frac{\|\boldsymbol{x} - \boldsymbol{z}\|^2}{2\sigma^2}\right)$$

又被稱作高斯加權歐氏距離。基於高斯核心函式生成的分類器，稱作高斯分類器。應用於支援向量機中，對應的決策函式可以寫成

$$f(\boldsymbol{x}) = \mathrm{sign}\left(\sum_{i=1}^{N} \lambda_i^* y_i \exp(-\frac{\|\boldsymbol{x} - \boldsymbol{x}_i\|^2}{2\sigma^2}) + b^*\right)$$

2) 字串核心函式

在文字分析時，資料是以字串形式呈現，輸入空間是離散的。字串核心函式就是一種定義在離散集合上的常見核心函式。接下來，將介紹字串相關的概念，最終引出字串核心函式。

(1)字串的長度。存在字串 s，字串的長度記為 |s|，空格也計算在內。如字串 s = 「nice day」，對應的長度 |s| = 8。

(2)子串的長度。對於字串 s，存在子串 u，子串的長度記為 |u|。以「big」為例，考慮子串「bi」。顯然，「bi」對於單字「big」而言，對應前兩個字母，很簡單，長度為 |u| = 2。但如果以電腦來計算，就需要設置計算規則。字串 s 中子串 u 字母位置組成的向量可以表示為 $i = (i_1, i_2, \cdots, i_{|u|})^{\mathrm{T}}$，則子串長度 $|u| = i_{|u|} - i_1 + 1$，如圖 9.13 所示。簡單而言，長度計算規則就是在兩個位置序號之差基礎上加 1。如果子串未在字串中出現過，長度自然記作 0。

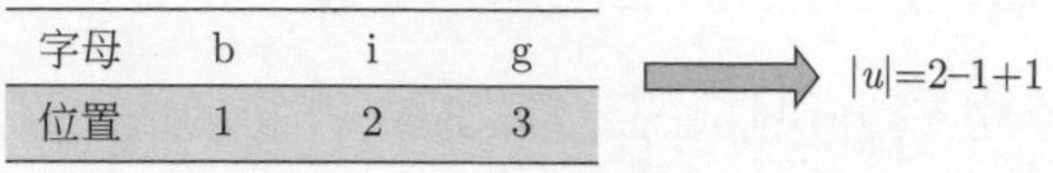

字母	b	i	g	$\Rightarrow$	$\|u\|=2-1+1$
位置	1	2	3		

▲ 圖 9.13 「big」中子串「bi」的長度

再比如，對於字串「lass das」而言，子串「as」出現了 4 次，如圖 9.14 所示，子串長度已標在圖中。

(3) 子串的集合。將長度為 p 的字串集中在集合中，集合記為 Σ^p。那麼，所有字串集合可以記為

$$\Sigma^* = \bigcup_{p=0}^{\infty} \Sigma^p$$

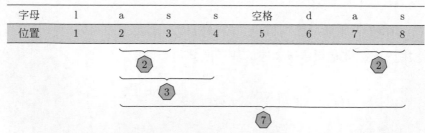

▲ 圖 9.14 「lass das」中的子串「as」

(4)字串的映射。若集合 S_C 中包含字串長度大於或等於 p 的集合，取 $s \in S_C$。定義映射

$$\phi_p: \ \mathcal{S}_{\mathrm{C}} \to \mathcal{H}_n$$

將字串 s 與目標子串 u 匹配，把 s 映射到希爾伯特空間上。記子串的長度 $l(i)$ $i_{|u|} - i_1 + 1$，採用冪函式定義的字串映射函式是

$$[\phi_p(s)]_u = \sum_{i:s(i)=u} \lambda^{l(i)}$$

其中，$0 < \lambda < 1$。因 λ 的冪函式是層層遞減的，於是 λ 被稱為衰減參數。

(5)字串核心函式。對任意的兩個字串 $s \in S_{\mathrm{C}}$ 和 $t \in S_{\mathrm{C}}$，文字核心函式即映射到新空間上的內積。

$$K_p(s,t) = \sum_{u \in \Sigma^p} [\phi_p(s)]_u [\phi_p(t)]_u$$

(6)字串中的相似度。借助核心函式和餘弦相似度，可以度量字串之間的相似程度。對任意的兩個字串 $s \in S_{\mathrm{C}}$ 和 $t \in S_{\mathrm{C}}$，s 和 t 的相似度定義為

$$\rho_p(s,t) = \frac{K_p(s,t)}{\|K_p(s,s)\| \|K_p(t,t)\|}$$

接下來透過一個簡單的例子，理解字串映射函式、字串核心函式、字串相似度的概念。

例 9.4 已知 3 個單字「big」「pig」「bag」，選擇長度為 2 的子串，可以有 7 種組合：「bi」「bg」「ig」「pi」「pg」「ba」「ag」，字串映射函式將 3 個單字映射到 7 維的新空間，請求出每一個字串映射之後的結果，並計算「big」與「pig」的核心函式和相似度。

解 匹配長度為 2 的子串，字串映射之後的結果如表 9.1 所示。

匹配所有長度為 2 的子串，「big」和「pig」映射後得到的向量分別為

$$\phi_3(\mathrm{big}) = (\lambda^2, \lambda^3, \lambda^2, 0, 0, 0, 0)^{\mathrm{T}}, \quad \phi_3(\mathrm{pig}) = (0, 0, \lambda^2, \lambda^2, \lambda^3, 0, 0)^{\mathrm{T}}$$

「big」和「pig」的核心函式

$$K_3(\mathrm{big}, \mathrm{pig}) = \phi_3(\mathrm{big}) \cdot \phi_3(\mathrm{pig}) = \lambda^4$$

▼ 表 9.1 字串的映射結果

子串	bi	bg	ig	pi	pg	ba	ag
big	λ^2	λ^3	λ^2	0	0	0	0
pig	0	0	λ^2	λ^2	λ^3	0	0
bag	0	λ^3	0	0	0	λ^2	λ^2

為計算「big」和「pig」的相似度，先計算

$$K_3(\text{big}, \text{big}) = \phi_3(\text{big}) \cdot \phi_3(\text{big}) = \lambda^6 + 2\lambda^4$$

$$K_3(\text{pig}, \text{pig}) = \phi_3(\text{pig}) \cdot \phi_3(\text{pig}) = \lambda^6 + 2\lambda^4$$

「big」和「pig」的相似度

$$\rho_3(\text{big}, \text{pig}) = \frac{K_3(\text{big}, \text{pig})}{\|K_3(\text{big}, \text{big})\| \|K_3(\text{pig}, \text{pig})\|} = \frac{1}{\lambda^2 + 2}$$

9.4.2 非線性可分支援向量機

若訓練資料集 $T = \{(\boldsymbol{x}_1, y_1), (\boldsymbol{x}_2, y_2), \cdots, (\boldsymbol{x}_N, y_N)\}$ 是非線性可分的，可以利用核心技巧，將線性可分支援向量機推廣至非線性可分支援向量機。選取核心函式 $K(\boldsymbol{x}, \boldsymbol{z})$，則非線性可分支援向量機的最佳化問題是

$$\min_{\boldsymbol{\Lambda}} \quad \frac{1}{2} \sum_{i=1}^{N} \sum_{j=1}^{N} \lambda_i \lambda_j y_i y_j K(\boldsymbol{x}_i, \boldsymbol{x}_j) - \sum_{i=1}^{N} \lambda_i$$

$$\text{s.t.} \quad \sum_{i=1}^{N} \lambda_i y_i = 0$$

$$\lambda_i \geqslant 0, \quad i = 1, 2, \cdots, N$$

具體演算法流程如下。

非線性可分支援向量機的硬間隔演算法

　　輸入：訓練資料集 $T=\{(\boldsymbol{x}_1,y_1),(\boldsymbol{x}_2,y_2),\cdots,(\boldsymbol{x}_N,y_N)\}$，其中 $\boldsymbol{x}_i\in\mathbb{R}^p$，$y_i\in\{+1,-1\}$ $i=1,2,\cdots,N$，核函式 $K(\boldsymbol{x},\boldsymbol{z})$。

　　輸出：最優分離超曲面與決策函式。

(1) 建構最佳化問題

$$\min_{\boldsymbol{\Lambda}}\quad \frac{1}{2}\sum_{i=1}^{N}\sum_{j=1}^{N}\lambda_i\lambda_j y_i y_j K(\boldsymbol{x}_i,\boldsymbol{x}_j)-\sum_{i=1}^{N}\lambda_i$$

$$\text{s.t.}\quad \sum_{i=1}^{N}\lambda_i y_i=0$$

$$\lambda_i\geqslant 0,\quad i=1,2,\cdots,N$$

根據最佳化問題得出最優解 $\boldsymbol{\Lambda}^*=(\lambda_1^*,\lambda_2^*,\cdots,\lambda_N^*)^{\mathrm{T}}$。

(2) 根據 $\boldsymbol{\Lambda}^*$，計算最優權值參數

$$\boldsymbol{w}^*=\sum_{i=1}^{N}\lambda_i^* y_i K(\ \cdot\ ,\boldsymbol{x}_i)$$

從 $\boldsymbol{\Lambda}^*$ 中選出非零元素 $\lambda_j^*>0$，得到支援向量 $\boldsymbol{x}_j$，計算

$$b^*=y_j-\sum_{i=1}^{N}\lambda_i^* y_i K(\boldsymbol{x}_i,\boldsymbol{x}_j)$$

(3) 分離超曲面：

$$\sum_{i=1}^{N}\lambda_i^* y_i K(\boldsymbol{x},\boldsymbol{x}_i)+b^*=0$$

分類決策函式：

$$f(\boldsymbol{x})=\mathrm{sign}\left(\sum_{i=1}^{N}\lambda_i^* y_i K(\boldsymbol{x},\boldsymbol{x}_i)+b^*\right)$$

9.4.3 非線性支援向量機

　　若訓練資料集 $T=\{(\boldsymbol{x}_1,y_1),(\boldsymbol{x}_2,y_2),\cdots,(\boldsymbol{x}_N,y_N)\}$ 是非線性可分的，可以利用核心技巧，將線性支援向量機推廣至非線性支援向量機。選取核心函式 $K(\boldsymbol{x},\boldsymbol{z})$，則非線性支援向量機的最佳化問題是

$$\min_{\boldsymbol{\Lambda}} \quad \frac{1}{2} \sum_{i=1}^{N} \sum_{j=1}^{N} \lambda_i \lambda_j y_i y_j K(\boldsymbol{x}_i, \boldsymbol{x}_j) - \sum_{i=1}^{N} \lambda_i$$

$$\text{s.t.} \quad \sum_{i=1}^{N} \lambda_i y_i = 0$$

$$0 \leqslant \lambda_i \leqslant C, \quad i = 1, 2, \cdots, N$$

非線性支援向量機的核算法如下。

非線性支援向量機的核算法

　　輸入：訓練資料集 $T = \{(\boldsymbol{x}_1, y_1), (\boldsymbol{x}_2, y_2), \cdots, (\boldsymbol{x}_N, y_N)\}$，其中 $\boldsymbol{x}_i \in \mathbb{R}^p$, $y_i \in \{+1, -1\}$, $i = 1, 2, \cdots, N$，核函式 $K(\boldsymbol{x}, \boldsymbol{z})$。

　　輸出：最大間隔分離超平面與決策函式。

(1) 給定懲罰參數 C，建構最佳化問題

$$\min \quad \frac{1}{2} \sum_{i=1}^{N} \sum_{j=1}^{N} \lambda_i \lambda_j y_i y_j K(\boldsymbol{x}_i, \boldsymbol{x}_j) - \sum_{i=1}^{N} \lambda_i$$

$$\text{s.t.} \quad \sum_{i=1}^{N} \lambda_i y_i = 0$$

$$0 \leqslant \lambda_i \leqslant C, \quad i = 1, 2, \cdots, N$$

根據最佳化問題得出最優解 $\boldsymbol{\Lambda}^* = (\lambda_1^*, \lambda_2^*, \cdots, \lambda_N^*)^{\mathrm{T}}$。

(2) 根據 $\boldsymbol{\Lambda}^*$ 得到權值參數

$$\boldsymbol{w}^* = \sum_{i=1}^{N} \lambda_i^* y_i K(\,\cdot\,, \boldsymbol{x}_i)$$

挑出符合 $0 < \lambda_i^* < C$ 的點 $(\boldsymbol{x}_j, y_j)$，計算出截距參數

$$b^* = y_j - \sum_{i=1}^{N} \lambda_i^* y_i K(\boldsymbol{x}_i, \boldsymbol{x}_j)$$

(3) 分離超曲面： $0 \leqslant \lambda_i^* < C$

$$\sum_{i=1}^{N} \lambda_i^* y_i K(\boldsymbol{x}, \boldsymbol{x}_i) + b^* = 0$$

分類決策函式：

$$f(\boldsymbol{x}) = \mathrm{sign}\left(\sum_{i=1}^{N} \lambda_i^* y_i K(\boldsymbol{x}, \boldsymbol{x}_i) + b^* \right)$$

9.5 SMO 最佳化方法

無論是線性支援向量機還是非線性支援向量機，其關鍵在於對偶問題中最佳的拉格朗日乘數的解。除梯度下降法、牛頓法之外，還可以採用 SMO 演算法。這一節，我們一起探尋這個想法是如何產生的。在最佳化問題中，訓練集樣本數的大小決定拉格朗日乘數的個數。即使用梯度下降法、牛頓法，以及兩者的變形，求解最佳拉格朗日乘數時，每次迭代都要計算一遍所有的參數，導致電腦運算量巨大。那麼，有沒有可以簡化計算的方法呢？

9.5.1 「失敗的」座標下降法

若訓練集包含 N 個樣本，表示在對偶問題包含 N 個拉格朗日乘數。先考慮逐一計算的方法，即每次固定其中 $N-1$ 個參數，求解剩餘那個參數的最佳解，這種最佳化方法稱為座標下降法[ii]。

但是，在支援向量機中，座標下降法卻不適用。以非線性支援向量機為例，給定拉格朗日乘數初始值 $\Lambda^{(0)} = (\lambda_1^{(0)}, \lambda_2^{(0)}, \cdots, \lambda_N^{(0)})^{\mathrm{T}}$。若求解第一次迭代的 $\lambda_1^{(1)}$，不妨先固定其他參數初始值 $\lambda_2^{(0)}, \cdots, \lambda_N^{(0)}$。最佳化問題為

$$\min_{\lambda_1} \quad W(\lambda_1, \lambda_2^{(0)}, \cdots, \lambda_N^{(0)}) \tag{9.40}$$

$$\text{s.t.} \quad \lambda_1 y_1 + \sum_{i=2}^{N} \lambda_i^{(0)} y_i = 0 \tag{9.41}$$

$$0 \leqslant \lambda_1 \leqslant C \tag{9.42}$$

其中，$W(\lambda_1, \lambda_2^{(0)}, \cdots, \lambda_N^{(0)})$ 表示關於未知參數 λ_1 的目標函式。因為參數 $\lambda_2^{(0)}, \cdots, \lambda_N^{(0)}$ 是已知的，無須求解最佳化問題，直接根據約束條件 (9.41) 即可計算 $\lambda_1^{(1)}$。這樣一來，無法實現參數的更新，表示座標下降法在支援向量機中行不通，但是這個想法卻可以給我們啟發。

---

ii　詳情見小冊子 4.4 節。

9.5.2 「成功的」SMO 演算法

類似於座標下降法，最簡單的想法莫過於嘗試固定 $N-2$ 個拉格朗日參數，求解剩餘兩個，這就是序列最小最最佳化（Sequential Minimal Optimization，SMO）演算法的原理。SMO 演算法是 1998 年由微軟公司提出的。

仍然以非線性支援向量機來說明，最佳化問題為

$$\min_{\Lambda} \quad \frac{1}{2} \sum_{i=1}^{N} \sum_{j=1}^{N} \lambda_i \lambda_j y_i y_j K(\boldsymbol{x}_i, \boldsymbol{x}_j) - \sum_{i=1}^{N} \lambda_i \tag{9.43}$$

$$\text{s.t.} \quad \sum_{i=1}^{N} \lambda_i y_i = 0 \tag{9.44}$$

$$0 \leqslant \lambda_i \leqslant C, \quad i = 1, 2, \cdots, N \tag{9.45}$$

先選出兩個參數，不妨假設是 λ_1 和 λ_2，根據約束條件 (9.44) 可以得到

$$\lambda_1 y_1 + \lambda_2 y_2 + \sum_{i=3}^{N} \lambda_i y_i = 0$$

在固定 $\lambda_i \ (i = 3, 4, \cdots, N)$ 的情況下，如果確定 λ_2，對應的 λ_1 很容易計算得到：

$$\lambda_1 = y_1 [-\lambda_2 y_2 - \sum_{i=3}^{N} \lambda_i y_i]$$

為區分已知的參數和即將求解的參數。我們以上標 old 表示迭代前的參數，new 代表迭代後的參數，記

$$\zeta(\lambda_3^{\text{old}}, \lambda_4^{\text{old}}, \cdots, \lambda_N^{\text{old}}) = -\sum_{i=3}^{N} \lambda_i^{\text{old}} y_i$$

簡寫為 ζ。於是待求解參數 λ_1 表示為

$$\lambda_1 = y_1 (\zeta - \lambda_2 y_2)$$

現在的關鍵在於求出 λ_2，之後就能確定 λ_1，進而變換固定的 $N-2$ 參數，就能依次完成所有拉格朗日參數的迭代更新。

1. λ_1 和 λ_2 的迭代公式

將目標函式 (9.43) 重寫表達為由 λ_1 和 λ_2 決定的函式：

$$W(\lambda_1, \lambda_2) = \frac{1}{2}\lambda_1^2 y_1^2 K(\boldsymbol{x}_1, \boldsymbol{x}_1) + \frac{1}{2}\lambda_2^2 y_2^2 K(\boldsymbol{x}_2, \boldsymbol{x}_2) + \lambda_1\lambda_2 y_1 y_2 K(\boldsymbol{x}_1, \boldsymbol{x}_2) +$$

$$\lambda_1 \sum_{j=3}^{N} \lambda_j y_1 y_j K(\boldsymbol{x}_1, \boldsymbol{x}_j) + \lambda_2 \sum_{j=3}^{N} \lambda_j y_2 y_j K(\boldsymbol{x}_2, \boldsymbol{x}_j) - (\lambda_1 + \lambda_2)$$

記 $K(\boldsymbol{x}_i, \boldsymbol{x}_j) = K_{ij}$, $v_1 = \sum_{j=3}^{N} \lambda_j y_j K_{1j}$, $v_2 = \sum_{j=3}^{N} \lambda_j y_j K_{2j}$，則目標函式繼續化簡為

$$W(\lambda_1, \lambda_2) = \frac{1}{2}\lambda_1^2 K_{11} + \frac{1}{2}\lambda_2^2 K_{22} + \lambda_1\lambda_2 y_1 y_2 K_{12} + \lambda_1 v_1 y_1 + \lambda_2 v_2 y_2 - (\lambda_1 + \lambda_2)$$

利用 $\lambda_1 = y_1(\zeta - \lambda_2 y_2)$ 的關係式，最終的目標函式聚焦到參數 λ_2：

$$W(\lambda_2) = \frac{1}{2}(y_1(\zeta - \lambda_2 y_2))^2 K_{11} + \frac{1}{2}{\lambda_2}^2 K_{22} + y_1(\zeta - \lambda_2 y_2)\lambda_2 y_1 y_2 K_{12}$$

$$+ y_1(\zeta - \lambda_2 y_2)v_1 y_1 + \lambda_2 v_2 y_2 - (y_1(\zeta - \lambda_2 y_2) + \lambda_2)$$

合併同次冪的項：

$$W(\lambda_2) = \left(\frac{1}{2}K_{11} + \frac{1}{2}K_{21} - K_{12}\right)\lambda_2^2 + (y_1 y_2 - 1 \quad K_{11}\zeta y_2 + K_{12}\zeta y_2 - v_1 y_2 + v_2 y_2)\lambda_2 +$$

$$\left(-y_1\zeta + \frac{1}{2}\zeta^2 K_{11} + v_1\zeta\right)$$

得到關於 λ_1, λ_2 的最佳化問題

$$\min_{\lambda_1, \lambda_2} \quad W(\lambda_2)$$
$$\text{s.t.} \quad \lambda_1 + \lambda_2 y_1 y_2 = y_1\zeta$$
$$0 \leqslant \lambda_i \leqslant C, \quad i = 1, 2$$

1) 關於 λ_2 的無約束最佳化問題

應用費馬原理，令 $W(\lambda_2)$ 的偏導數為零：

$$\frac{\partial W(\lambda_2)}{\partial \lambda_2} = 2\left(\frac{1}{2}K_{11} + \frac{1}{2}K_{21} - K_{12}\right)\lambda_2 + y_2\left[y_1 - y_2 + (K_{12} - K_{11})\zeta + v_2 - v_1\right] = 0$$

求出 λ_2 的無約束最佳解：

$$\hat{\lambda}_2 = \frac{1}{K_{11} + K_{22} - 2K_{12}}\left[y_2 - y_1 + (K_{11} - K_{12})\zeta + v_1 - v_2\right]y_2$$

令 $\eta = K_{11} + K_{22} - 2K_{12}$，於是

$$\hat{\lambda}_2 = \frac{1}{\eta}\left[y_2 - y_1 + (K_{11} - K_{12})\zeta + v_1 - v_2\right]y_2 \tag{9.46}$$

其中 ζ、v_1 和 v_2 都是根據更新前參數的已知量得到的。

$$\zeta = -\sum_{i=3}^{N}\lambda_i^{\text{old}}y_i = \lambda_1^{\text{old}}y_1 + \lambda_2^{\text{old}}y_2$$

$$v_1 = \sum_{j=3}^{N}\lambda_j^{\text{old}}y_jK_{1j}, \quad v_2 = \sum_{j=3}^{N}\lambda_j^{\text{old}}y_jK_{2j}$$

則式 (9.46) 寫入為

$$\hat{\lambda}_2 = \frac{\left(\sum\limits_{j=1}^{N}\lambda_j^{\text{old}}y_jK_{1j} - y_1\right)y_2 - \left(\sum\limits_{j=1}^{N}\lambda_j^{\text{old}}y_jK_{2j} - y_2\right)y_2}{\eta} + \lambda_2^{\text{old}}$$

記

$$g(\boldsymbol{x}_1; \boldsymbol{\Lambda}^{\text{old}}, b^{\text{old}}) = \sum_{j=1}^{N}\lambda_j^{\text{old}}y_iK_{1j} + b^{\text{old}}$$

$$g(\boldsymbol{x}_2; \boldsymbol{\Lambda}^{\text{old}}, b^{\text{old}}) = \sum_{j=1}^{N}\lambda_j^{\text{old}}y_iK_{2j} + b^{\text{old}}$$

$$E_1 = g(\boldsymbol{x}_1; \boldsymbol{\Lambda}^{\text{old}}, b^{\text{old}}) - y_1$$

$$E_2 = g(\boldsymbol{x}_2; \boldsymbol{\Lambda}^{\text{old}}, b^{\text{old}}) - y_2$$

那麼

$$\hat{\lambda}_2 = \lambda_2^{\text{old}} + \frac{y_2}{\eta}(E_1 - E_2) \tag{9.47}$$

這就是無約束條件下 λ_2 的迭代公式，記為 $\lambda_2^{\text{new,unc}}$。

2) 對 $\lambda_2^{\text{new,unc}}$ 加入約束條件

考慮只有參數 λ_1, λ_2 的約束條件：

$$\lambda_1 y_1 + \lambda_2 y_2 = \zeta \tag{9.48}$$

$$0 \leqslant \lambda_1 \leqslant C \tag{9.49}$$

$$0 \leqslant \lambda_2 \leqslant C \tag{9.50}$$

觀察一下這 3 個約束條件，以橫軸代表 λ_1，縱軸代表 λ_2，則約束條件式 (9.48) 對應於一條直線；約束條件式 (9.49) 和約束條件式 (9.50) 是線性約束，對應於一個邊長為 C 的正方形。

在無約束的基礎上增加約束的過程稱為剪輯，$\lambda_2^{\text{new,unc}}$ 是未經剪輯的參數。接著，可以分情況進行討論。

(1) 當 $y_1 = y_2$ 時，$y_1 = y_2 = 1$ 或 $y_1 = y_2 = -1$，則約束條件 (9.48) 可以寫為

$$\lambda_2 = -\lambda_1 + \delta$$

其中，$\delta = y_1 \zeta$。

這時，約束條件代表 λ_2 參數的最佳解位於正方形中的斜率是 -1、截距項為 δ 的直線上，如圖 9.15 所示。

定義直線與正方形左端的交點為 P，與正方形右端的交點為 Q。

斜率為 -1 的直線①：PQ 線段表示約束條件，P 點座標為 $(0, \delta)$，Q 點座標為 $(\delta - \lambda_1, 0)$。

斜率為 -1 的直線②：PQ 線段表示約束條件，P 點座標為 $(\delta - C, C)$，Q 點坐標為 $(C, \delta - C)$。

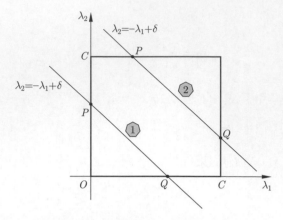

▲ 圖 9.15 $y_1 = y_2$ 時，$\lambda_2 = -\lambda_1 + \delta$

結合上述兩種情況，計算 λ_2 約束區間的上界 H 和下界 L。

$$H = \min(C, \delta)$$
$$= \min(C, y_1\zeta)$$
$$= \min(C, y_1(\lambda_1^{\text{old}}y_1 + \lambda_2^{\text{old}}y_2))$$
$$= \min(C, \lambda_1^{\text{old}} + \lambda_2^{\text{old}})$$
$$L = \max(0, k - C)$$
$$= \max(0, y_1\zeta - C)$$
$$= \max(0, y_1(\lambda_1^{\text{old}}y_1 + \lambda_2^{\text{old}}y_2) - C)$$
$$= \max(0, \lambda_1^{\text{old}} + \lambda_2^{\text{old}} - C)$$

(2) 當 $y_1 \neq = y_2$ 時，$y_1 = 1$ 且 $y_2 = -1$，或 $y_1 = -1$ 且 $y_2 = 1$，則約束條件 (9.48) 可以寫為

$$\lambda_2 = \lambda_1 + \delta$$

其中，$\delta = y_1 \zeta$。

這時，約束條件代表 λ_2 參數的最佳解位於正方形中的斜率是 1、截距項為 δ 的直線上，如圖 9.16 所示。同理，計算 λ_2 約束區間的上界 H 和下界 L。

$$H = \min(C, C + \lambda_2^{\text{old}} - \lambda_1^{\text{old}})$$

$$L = \max(0, \lambda_2^{\text{old}} - \lambda_1^{\text{old}})$$

3)　參數剪輯之後的結果

透過以上分析，將 λ_2^{new} 剪輯之前和剪輯之後的結果總結一下。

未經剪輯：

$$\lambda_2^{\text{new,unc}} = \lambda_2^{\text{old}} + \frac{y_2(E_1 - E_2)}{\eta}$$

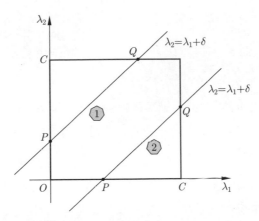

▲圖 9.16　$y_1 = y_2$ 時，$\lambda_2 = \lambda_1 + \delta$

剪輯之後：

$$\lambda_2^{\text{new}} = \begin{cases} H, & \lambda_2^{\text{new,unc}} > H \\ \lambda_2^{\text{new,unc}}, & L \leqslant \lambda_2^{\text{new,unc}} \leqslant H \\ L, & \lambda_2^{\text{new,unc}} < L \end{cases}$$

在之前的討論中，H 和 L 具有兩種情況下的運算式，這可以透過樣本 (x_1, y_1) 和 (x_2, y_2) 的類別標籤直接判斷，從而更新參數 λ_2。

將 λ_2^{new} 代入 λ_1 與 λ_2 的關係式 (9.48)，就可以求得 λ_1 的迭代公式

$$\lambda_1^{\text{new}} = \lambda_1^{\text{old}} + y_1 y_2 (\lambda_2^{\text{old}} - \lambda_2^{\text{new}})$$

2. 如何選擇最佳的兩個參數

在非線性支援向量機中，SMO 演算法要處理的變數是 N 個拉格朗日乘數。選得好可以加快迭代速度，選得不好會影響效率。SMO 演算法選變數的想法很簡單，先外後內，逐一確定變數。這裡的內外分別代表外部迴圈和內部迴圈，表明選擇變數的過程也是一個迭代過程。

(1)對於外部迴圈而言，我們先把所有訓練樣本都進行計算，判斷這些樣本是否都滿足 KKT 條件，選出不滿足 KKT 條件的樣本，將最不滿足 KKT 條件的樣本所對應的拉格朗日乘數作為第一個變數。

(2)對於內部迴圈而言，就是在第一個變數已經確定的基礎上，選出第二個變數，使得更新差異最大從而實現快速收斂。

外部迴圈選擇變數的理論基礎是二次規劃的 QP 問題。假如存在一個二次規劃問題，變數維度高，就會導致求解過程中計算量非常大，這時候有必要將它拆為若干小 QP 問題，也稱為 QP 子問題。

非線性支援向量機就是二次規劃問題。在分析對偶問題時，我們發現，如果有些樣本不滿足 KKT 條件，就說明這些樣本點對應的拉格朗日參數不是最佳參數，需要對其進行迭代更新，這就是外層迴圈的含義。將最不滿足 KKT 條件的樣本點所對應的拉格朗日乘數作為第一個變數，記作 λ_1。

接著看內層迴圈，尋找第二個變數 λ_2。已知未經剪輯的迭代公式

$$\lambda_2^{\text{new,unc}} = \lambda_2^{\text{old}} + \frac{y_2(E_1 - E_2)}{\eta}$$

可見，λ_2 十分依賴 $E_1 - E_2$ 的變化，$|E_1 - E_2|$ 越大，迭代收斂速度越快。因此，只需找出使得 $|E_1 - E_2|$ 最大的 λ_2 即可。

3. SMO 演算法的含義

1) 權值參數和截距參數

搞清楚剪輯之後的 λ_1^{new} 和 λ_2^{new}，依此類推能求解出其餘參數 λ_i^{new} 的值，在迭代過程中設置收斂條件，就求出參數最佳解 λ_i^*，則權值參數

$$\boldsymbol{w}^* = \sum_{i=1}^{N} \lambda_i^* y_i K(\ \cdot\ , \boldsymbol{x}_i)$$

挑出符合 $0 < \lambda_i^* < C$ 的樣本點，記作 $(\boldsymbol{x}_j, y_j)$，可以計算截距參數：

$$b^* = y_i - \sum_{i=1}^{N} \lambda_i^* y_i K(\boldsymbol{x}_i, \boldsymbol{x}_j)$$

從而得到最終的支援向量機的決策函式：

$$f(\boldsymbol{x}) = \text{sign}\left(\sum_{i=1}^{N} \lambda_i^* y_i K(\boldsymbol{x}_i, \boldsymbol{x}) + b^* \right)$$

2) 每次迭代需要計算什麼

在上述過程中，有些細節值得關注。比如經過上一輪迭代更新後，從 $(\lambda_1^{\text{old}}, \lambda_2^{\text{old}}, \cdots, \lambda_N^{\text{old}})$ 到 $(\lambda_1^{\text{new}}, \lambda_2^{\text{new}}, \cdots, \lambda_N^{\text{old}})$，需要計算哪些值呢？根據更新後拉格朗日乘數的設定值分情況進行討論。

(1)若 $0 < \lambda_1^{\text{new}} < C$，則 $(\boldsymbol{x}_1, y_1)$ 是支援向量。

以 $(\boldsymbol{x}_1, y_1)$ 更新截距參數：

$$b_1^{\text{new}} = y_j - \sum_{i=1}^{N} \lambda_i y_i K(\boldsymbol{x}_i, \boldsymbol{x}_j)$$

其中，$\lambda_i = (\lambda_1^{\text{new}}, \lambda_2^{\text{new}}, \lambda_3^{\text{old}}, \cdots, \lambda_N^{\text{old}})$。

整理一下，得到

$$b_1^{\text{new}} = y_1 - \sum_{i=3}^{N} \lambda_i^{\text{old}} y_i K_{i1} - \lambda_1^{\text{new}} y_1 K_{11} - \lambda_2^{\text{new}} y_2 K_{21} \tag{9.51}$$

仔細觀察可以發現，式 (9.51) 中的求和項會在每次迭代時多次重複計算，這無疑增加了計算的工作量。怎樣對這種情況進行最佳化呢？可以借助 E_i 實現。

E_i 代表預測結果與觀測結果之差

$$E_i = g(\boldsymbol{x}_i; \boldsymbol{\Lambda}^{\mathrm{old}}, b^{\mathrm{old}}) - y_i = \sum_{i=1}^{N} \lambda_i^{\mathrm{old}} y_i K_{i1} + b^{\mathrm{old}} - y_1$$

將 E_1 代入式 (9.51)：

$$b_1^{\mathrm{new}} = -E_1 - y_1 K_{11}(\lambda_1^{\mathrm{new}} - \lambda_1^{\mathrm{old}}) - y_2 K_{21}(\lambda_2^{\mathrm{new}} - \lambda_2^{\mathrm{old}}) + b^{\mathrm{old}}$$

這樣，每輪迭代只需要計算迭代更新前的 E_1 和 b，以及迭代前後的參數 λ_1 和 λ_2 即可。

(2)若 $0 < \lambda_2^{\mathrm{new}} < C$，則 $(\boldsymbol{x}_2, y_2)$ 是支援向量。截距參數的更新公式為

$$b_2^{\mathrm{new}} = -E_2 - y_1 K_{12}(\lambda_1^{\mathrm{new}} - \lambda_1^{\mathrm{old}}) - y_2 K_{22}(\lambda_2^{\mathrm{new}} - \lambda_2^{\mathrm{old}}) + b^{\mathrm{old}}$$

(3)若 $0 < \lambda_1^{\mathrm{new}}, \lambda_2^{\mathrm{new}} < C$，則 $(\boldsymbol{x}_1, y_1)$ 和 $(\boldsymbol{x}_2, y_2)$ 都是支援向量。這兩個樣本點都可以用來更新截距參數：

$$b^{\mathrm{new}} = b_1^{\mathrm{new}} = b_2^{\mathrm{new}}$$

(4)若 $\lambda_1^{\mathrm{new}}, \lambda_2^{\mathrm{new}}$ 是 0 或 C，則 $(\boldsymbol{x}_1, y_1)$ 和 $(\boldsymbol{x}_2, y_2)$ 都不是支援向量。取平均值更新截距參數：

$$b^{\mathrm{new}} = \frac{b_1^{\mathrm{new}} + b_2^{\mathrm{new}}}{2}$$

截距參數更新所需的 E_i，可以用迭代之後的拉格朗日乘數更新：

$$E_i^{\mathrm{new}} = \sum_{j \in \mathcal{B}} \lambda_j y_j K(\boldsymbol{x}_i, \boldsymbol{x}_j) + b^{\mathrm{new}} - y_i$$

其中，$\mathcal{B}$ 是由所有支援向量對應的樣本點下標組成的集合。

非線性支援向量機的 SMO 演算法的詳細流程如下。

非線性支援向量機的 SMO 演算法

輸入：訓練資料集 $T=\{(\boldsymbol{x}_1,y_1),(\boldsymbol{x}_2,y_2),\cdots,(\boldsymbol{x}_N,y_N)\}$，其中 $\boldsymbol{x}_i\in\mathbb{R}^p$, $y_i\in\{+1,$ $-1\}$, $i=1,2,\cdots,N$，核函式 $\mathrm{K}(\boldsymbol{x},\boldsymbol{z})$，迭代精度 ϵ。

輸出：最優的拉格朗日乘數 Λ^*。

(1) 取初始值 $\Lambda^{(0)}=0$，置 $k=0$。

(2) 記第 k 次迭代更新之後的參數為 $\Lambda(k)$，內部含有 N 個變數，從中選擇優先更新的兩個拉格朗日乘數。

外層迴圈：遍歷所有訓練樣本，選出最不滿足 KKT 條件的變數，記為 $\lambda_1^{(k)}$。

內層迴圈：根據 $|E_2^{(k)}-E_1^{(k)}|$，選擇差值最大的變數，記為 $\lambda_2^{(k)}$。

(3) 透過迭代公式更新參數：

$$\lambda_2^{(k+1)}=\begin{cases} H, & \lambda_2^{\mathrm{new,unc}}>H \\ \lambda_2^{\mathrm{new,unc}}, & L\leqslant\lambda_2^{\mathrm{new,unc}}\leqslant H \\ L, & \lambda_2^{\mathrm{new,unc}}<L \end{cases}$$

$$\lambda_1^{(k+1)}=\lambda_1^{(k)}+y_1y_2(\lambda_2^{(k)}-\lambda_2^{(k+1)})$$

得到 $\lambda_1^{(k+1)}$ 和 $\lambda_2^{(k+1)}$。

(4) 更新拉格朗日參數為 $\Lambda^{(k+1)}$，並計算截距參數 $b^{(k+1)}$。

(5) 若參數 $\Lambda^{(k+1)}$ 在精度 ϵ 允許範圍內，滿足非線性支援向量機的約束條件

$$\sum_{i=1}^N \lambda_i^{(k+1)}y_i=0$$

$$0\geqslant\lambda_i^{(k+1)}\geqslant C,\quad i=1,2,\cdots,N$$

且樣本點的函式間隔滿足

$$y_j\left(\sum_{i=1}^N \lambda_i^{(k+1)}y_iK(\boldsymbol{x}_i,\boldsymbol{x}_j)+b^*\right)\begin{cases} \geqslant 1, & \left\{\boldsymbol{x}_j|\lambda_j^{(k+1)}=0\right\} \\ =1, & \left\{\boldsymbol{x}_j|0<\lambda_j^{(k+1)}<C\right\} \\ \geqslant 1, & \left\{\boldsymbol{x}_j|\lambda_j^{(k+1)}=\cup\right\} \end{cases}$$

則停止迭代，輸出參數 Λ^*，否則重複步驟 (2) ～ (5)，直到滿足條件。

9.6 案例分析──電離層資料集

1989 年，拉布拉多鵝灣（Goose Bay）的雷達系統收集了一組資料。該系統由 16 個高頻天線的相控陣列組成，旨在偵測在電離層和高層大氣中的自由電子。現在，相控陣技術已成為 5G 時代提升系統容量、頻譜使用率的必然選擇，從而實現降低干擾和增強覆蓋的目的。

電離層資料集可在 https://archive.ics.uci.edu/ml/datasets/Ionosphere 下載，資料集共有 351 個觀測值，包含 34 個屬性變數和 1 個分類變數。資料集中，根據是否具有自由電子，電離層分為兩種類型（g：「好」；b：「壞」）。資料集不存在遺漏值的情況。

```
1  # 電離層分為兩種類型
2  import numpy as np
3  import csv
4  from sklearn import svm
5  from sklearn.model_selection import train_test_split
6  from sklearn.metrics import accuracy_score
7
8  # 讀取電離層資料集
9  data_filename = "ionosphere.data"
10 X = np.zeros((351, 34), dtype='float')
11 y = np.zeros((351, ), dtype='bool')
12
13 with open(data_filename, 'r') as data:
14     reader = csv.reader(data)
15     for i, row in enumerate(reader):
16     X[i] = [float(datum) for datum in row[:-1]]
17     y[i] = row[-1] == 'g'
18
19 # 將類別標記為 g:+1 和 b:-1
20 y = np.where(y == 0, -1, +1)
21
22 # 劃分訓練集與測試集，集合容量比例為 8:2
23 X_train, X_test, y_train, y_test = train_test_split(X, y, train_size = 0.8)
24
25 # 建立支持向量機分類器
26 svm_model = svm.SVC(kernel='rbf', C=1, gamma=1)
27 # 訓練模型
28 svm_fit= svm_model.fit(X, y)
29
30 # 模型準確率
31 pred = svm_model.predict(X_test)
```

```
32 accuracy = accuracy_score(pred, y_test)
33 print("Accuracy of SVM Classifier: %.2f" % accuracy)
```

輸出分類準確率如下：

```
1 Accuracy of SVM Classifier: 0.96
```

9.7 本章小結

1. 支援向量機模型通常用以處理分類問題。較之感知機模型，支援向量機模型綜合考量分類確信度和分類正確性，透過支援向量實現分離超平面的唯一性。

2. 最簡單的支援向量機模型是線性可分支援向量機，原始最佳化問題為

$$\min_{\boldsymbol{w},\,b} \quad \frac{1}{2}\|\boldsymbol{w}\|^2$$
$$\text{s.t.} \quad y_i(\boldsymbol{w}\cdot\boldsymbol{x}_i+b)\geqslant 1,\quad i=1,2,\cdots,N$$

若根據最佳化問題得出最佳解 $\boldsymbol{w}^*, b^*$，則分離超平面可表示為

$$\boldsymbol{w}^*\cdot\boldsymbol{x}+b^*=0$$

決策函式表示為

$$f(\boldsymbol{x})=\text{sign}(\boldsymbol{w}^*\cdot\boldsymbol{x}+b^*)$$

線性可分支援向量機的對偶問題是

$$\min_{\boldsymbol{\Lambda}} \quad \frac{1}{2}\sum_{i=1}^{N}\sum_{j=1}^{N}\lambda_i\lambda_j y_i y_j(\boldsymbol{x}_i\cdot\boldsymbol{x}_j)-\sum_{i=1}^{N}\lambda_i$$
$$\text{s.t.} \quad \sum_{i=1}^{N}\lambda_i y_i=0$$
$$\lambda_i\geqslant 0,\quad i=1,2,\cdots,N$$

3. 線性支援向量機引入彈性因數 $\xi_i\geqslant 0$，可解決「近似」線性可分的情況，原始的最佳化問題為

$$\min_{\boldsymbol{w},\,b,\,\boldsymbol{\xi}} \quad \frac{1}{2}\|\boldsymbol{w}\|^2 + C\sum_{i=1}^{N}\xi_i$$

$$\text{s.t.} \quad y_i(\boldsymbol{w}\cdot\boldsymbol{x}_i+b)+\xi_i \geqslant 1, \quad i=1,2,\cdots,N$$

$$\xi_i \geqslant 0, \quad i=1,2,\cdots,N$$

對偶問題為

$$\min_{\boldsymbol{\Lambda}} \quad \frac{1}{2}\sum_{i=1}^{N}\sum_{j=1}^{N}\lambda_i\lambda_j y_i y_j(\boldsymbol{x}_i\cdot\boldsymbol{x}_j)-\sum_{i=1}^{N}\lambda_i$$

$$\text{s.t.} \quad \sum_{i=1}^{N}\lambda_i y_i = 0, \quad i=1,2,\cdots,N$$

$$0 \leqslant \lambda_i \leqslant C, \quad i=1,2,\cdots,N$$

4. 透過核心變換，可以將非線性支援向量機問題轉化為線性支援向量機問題。非線性支援向量機問題的最佳化問題為

$$\min_{\boldsymbol{\Lambda}} \quad \frac{1}{2}\sum_{i=1}^{N}\sum_{j=1}^{N}\lambda_i\lambda_j y_i y_j K(\boldsymbol{x}_i,\boldsymbol{x}_j)-\sum_{i=1}^{N}\lambda_i$$

$$\text{s.t.} \quad \sum_{i=1}^{N}\lambda_i y_i = 0$$

$$\lambda_i \geqslant 0, \quad i=1,2,\cdots,N$$

可透過 SMO 演算法迭代求解。

9.8 習題

9.1 寫出線性支援向量機的 SMO 演算法。

9.2 分別用線性支援向量機模型和非線性支援向量機模型分析鳶尾花資料集，比較實驗結果並陳述理由。

$\ln L(\theta)$ 對數似然函數

$Q(\theta|\theta^{(m+1)})$ 下界函數

$Q(\theta^{(m)})$ 下界函數

$$\begin{aligned}\ln L(\theta^{(m-2)})\\=\ln L(\theta^{(m+1)})\\\ln L(\theta^{(m)})\\=Q(\theta^{(m)}|\theta^{(m)})\end{aligned}$$

$\theta^{(m)}$　$\theta^{(m+1)}$　$\theta^{(m+2)}$

EM 演算法
處理不完全資料的極大似然法

數學基礎
- 小工具 Jensen 不等式
- 微積分：求導運算
- 線性代數：向量運算、矩陣運算
- 最佳化理論：拉格朗日乘數法
- 機率統計：條件機率、極大似然法、貝氏公式、高斯分布
- 隨機過程：馬可夫性、馬可夫鏈

核心思想 從極大似然法到 EM 演算法
- 冗長的極大似然法
  - 具有缺失資料的豆花小例子
- 輕鬆簡潔的 EM 演算法
  - 具有隱變數的硬幣盒子例子
  - 硬幣明盒用極大似然法估計
  - 硬幣盲盒用 EM 演算法來猜忙

EM 演算法的迭代過程
- E 步-求期望　補全隱變數資訊
- M 步-極大化　得到目標函數
- 迭代兩部曲
- 如何匯出 EM 演算法中的目標函式
- 迭代式的合理性　目標函式增大字值於似然函數式增大
- EM 演算法的收斂性　對數似然序列具有收斂性
  - 參數估計序列不具有收斂性
- EM 演算法的直觀圖解

EM 演算法的應用
高斯混合模型
- 如何混合高斯分布　設置混合比例係數—隱變數
- 如何求解參數
- E 步中的期望
$$E_{Z|Y,\theta^{(m)}}\left\{\sum_{k=1}^{K} n_k \ln w_k + \sum_{k=1}^{K}\sum_{j=1}^{n_k}\gamma_{jk}\ln\phi(y_j|\theta_k)\right\}$$
- M 步中的極大化
$$\hat{w}_k=\frac{n_k}{N}$$
$$\hat{\mu}_k=\frac{\sum_{j=1}^{n_k}\gamma_{jk}y_j}{n_k}$$
$$\hat{\sigma}_k^2=\frac{\sum_{j=1}^{n_k}\gamma_{jk}(y_j-\mu_k)^2}{n_k}$$

隱馬可夫模型
- 什麼是隱馬可夫模型
- 馬可夫鏈　馬可夫性
- 馬可夫性
  - 狀態序列不可觀測—隱變數
  - 觀測值的獨立性假設
  - 馬可夫鍵　馬可夫性　狀態性質 兩個性質
  - 馬可夫性：「未來」只與「現在」有關，與「過去」無關。
- 三個要素
  - 初始狀態分布
  - 轉移機率矩陣
  - 觀測機率矩陣
- 參數估計 Baum-Welch~ 演算法
- E 步中的期望
$$\sum_{t=1}^{T}P(O,S|\theta^{(m)})\ln L(\theta)$$
$$s_t\in Q, t=1,2,\cdots T$$
- M 步中的極大化
$$\hat{\pi}_i=\frac{P(O,s_1=q_i|\theta^{(m)})}{P(O|\theta^{(m)})}, i=1,2,\cdots K$$
$$\hat{a}_{kl}=\frac{\sum P(O,s_t=q_k,s_{t+1}=q_l|\theta^{(m)})}{\sum P(O,s_t=q_k|\theta^{(m)})}, k,l=1,2,\cdots K$$
$$\hat{b}_k(n)=\frac{\sum P(O,s_t=q_k|\theta^{(m)})I(o_t=n)}{\sum P(O,s_t=q_k|\theta^{(m)})}, k=1,2,\cdots K; n=1,2,\cdots M$$

第 10 章 EM 演算法思維導圖

第 10 章
EM 演算法

今日之我非昔日之我，亦非明日之我。

——約‧霍姆

極大似然法是統計學中非常有效的一種參數估計方法，但是當資料不完全時，如有缺失資料或含有未知的多餘變數時，用極大似然法求解是非常困難的。1976年，統計學家 Dempster 提出 EM（Expectation Maximization，期望極大化）演算法，其基本思想包含迭代和機率最大化。這是一個兩階段演算法：E 步，求期望，以便於去除多餘的部分；M 步，求極大值，以便於估計參數。本章從極大似然估計出發，過渡至 EM 演算法，然後解釋 EM 演算法的合理性，最終將其應用於混合高斯模型和隱藏式馬可夫模型。

10.1 極大似然法與 EM 演算法

10.1.1 具有缺失資料的豆花小例子

1. 冗長的極大似然法

極大似然法處理不完全資料時並不友善。舉個例子，作為製作豆腐的中間產物，豆花儼然稱為一道美食。鹵水點豆花，點好的豆花細膩光滑、軟糯入口，舀上一碗，豆香撲鼻。除了原味豆花，還可以增加小佐料，或做成涼爽清甜的甜口豆花，或做成熱乎乎的鹹口豆花——豆腐腦。

有一家豆花小吃店，為迎合顧客的需求，豆花口味分為原味、甜口、鹹口 3 種，容量有大碗和小碗兩種。假如小吃店的老闆記下當天的銷售表格，遺憾的是，鹹口大碗的銷量沒統計出來，記作「NA」。豆花銷售資料如表 10.1 所示。

▼ 表 10.1 豆花銷量資料

容　量	口　味		
	原　味	甜　口	鹹　口
小碗	$y_{11}=10$	$y_{12}=15$	$y_{13}=17$
大碗	$y_{21}=22$	$y_{22}=23$	$y_{23}=NA$

原味豆花

鹹口豆花　　　　　甜口豆花

▲圖 10.1 豆花

　　表 10.1 是一個典型的雙因素表格，為分析容量和口味對豆花銷量的影響，構造簡易的雙因素線性模型，

$$y_{ij} = \mu + \alpha_i + \beta_j + \epsilon_{ij}$$

　　其中，μ 代表的是整體平均值；α_i ($i = 1, 2$) 分別表示小碗和大碗情況下對整體平均值的影響；β_j ($j = 1, 2, 3$) 分別代表原味、甜口、鹹口情況下對整體平均值的影響；y_{ij} 表示在容量和口味雙重因素影響下的銷量。假定誤差項 ϵ_{ij} 是滿足平均值為 0 的正態分佈 $\epsilon_{ij} \sim N(0, \sigma^2)$，店主希望估計模型中的參數 μ 和 α_i, $i = 1, 2$, β_j, $j = 1, 2, 3$，並且預測當天缺失的大碗鹹味的銷量 y_{23}。

根據 $\epsilon_{ij} \sim N(0, \sigma^2)$，可得銷量

$$y_{ij} \sim N(\mu + \alpha_i + \beta_j, \sigma^2)$$

記參數 $\boldsymbol{\theta} = (\mu, \alpha_1, \alpha_2, \beta_1, \beta_2, \beta_3)^{\mathrm{T}}$，建構似然函式

$$
\begin{aligned}
L(\boldsymbol{\theta}) =& \frac{1}{\sqrt{2\pi}\sigma} \exp\left\{-\frac{(y_{11} - \mu - \alpha_1 - \beta_1)^2}{2\sigma^2}\right\} \\
&\times \frac{1}{\sqrt{2\pi}\sigma} \exp\left\{-\frac{(y_{12} - \mu - \alpha_1 - \beta_2)^2}{2\sigma^2}\right\} \\
&\times \frac{1}{\sqrt{2\pi}\sigma} \exp\left\{-\frac{(y_{13} - \mu - \alpha_1 - \beta_3)^2}{2\sigma^2}\right\} \\
&\times \frac{1}{\sqrt{2\pi}\sigma} \exp\left\{-\frac{(y_{21} - \mu - \alpha_2 - \beta_1)^2}{2\sigma^2}\right\} \\
&\times \frac{1}{\sqrt{2\pi}\sigma} \exp\left\{-\frac{(y_{22} - \mu - \alpha_2 - \beta_2)^2}{2\sigma^2}\right\}
\end{aligned}
$$

對數似然函式

$$
\begin{aligned}
\ln L(\boldsymbol{\theta}) =& -\frac{1}{2\sigma^2}[(y_{11} - \mu - \alpha_1 - \beta_1)^2 + (y_{12} - \mu - \alpha_1 - \beta_2)^2 \\
&+ (y_{13} - \mu - \alpha_1 - \beta_3)^2 + (y_{21} - \mu - \alpha_2 - \beta_1)^2 \\
&+ (y_{22} - \mu - \alpha_2 - \beta_2)^2] - \frac{5}{2}\ln(2\pi\sigma^2)
\end{aligned}
$$

(假定 σ 是一常數，化簡似然函式，得到目標函式

$$
\begin{aligned}
Q(\boldsymbol{\theta}) =& (y_{11} - \mu - \alpha_1 - \beta_1)^2 + (y_{12} - \mu - \alpha_1 - \beta_2)^2 + (y_{13} - \mu - \alpha_1 - \beta_3)^2 \\
&+ (y_{21} - \mu - \alpha_2 - \beta_1)^2 + (y_{22} - \mu - \alpha_2 - \beta_2)^2
\end{aligned}
\tag{10.1}
$$

極大似然的最佳化問題

$$
\begin{aligned}
&\max_{\boldsymbol{\theta}} \quad \ln L(\boldsymbol{\theta}) \\
&\text{s.t.} \quad \alpha_1 + \alpha_2 = 0 \\
&\qquad\quad \beta_1 + \beta_2 + \beta_3 = 0
\end{aligned}
$$

等值於

$$\min_{\boldsymbol{\theta}} \quad Q(\boldsymbol{\theta})$$
$$\text{s.t.} \quad \alpha_1 + \alpha_2 = 0$$
$$\beta_1 + \beta_2 + \beta_3 = 0$$

最佳化問題中的兩個約束條件是關於容量和口味所對應的雙因素差異變化的，為保證模型具有可辨識性，約束因素不同水準下的整體影響為 0。應用費馬原理，令偏導數為零

$$\begin{cases} \dfrac{\partial Q(\boldsymbol{\theta})}{\partial \mu} = 0 \\[2mm] \dfrac{\partial Q(\boldsymbol{\theta})}{\partial \alpha_i} = 0, \ i = 1, 2 \\[2mm] \dfrac{\partial Q(\boldsymbol{\theta})}{\partial \beta_j} = 0, \ j = 1, 2, 3 \end{cases} \implies \begin{cases} 87 - 5\mu - \alpha_1 + \beta_3 = 0 \\ 14 - \mu - \alpha_1 = 0 \\ 45 - 2\mu - 2\alpha_2 + \beta_3 = 0 \\ 16 - \mu - \beta_1 = 0 \\ 19 - \mu - \beta_2 = 0 \\ 17 - \mu - \alpha_1 - \beta_3 = 0 \end{cases}$$

結合兩個約束條件，求解參數，得到

$$\hat{\alpha}_1 = -5, \ \hat{\alpha}_2 = 5, \ \hat{\beta}_1 = -3, \ \hat{\beta}_2 = 0, \ \hat{\beta}_3 = 3$$

預測 $\hat{y}_{23}$

$$\hat{y}_{23} = \hat{\mu} + \hat{\alpha}_2 + \hat{\beta}_3 = 19 + 5 + 3 = 27$$

這就是冗長的極大似然法計算過程。

2. 輕鬆簡潔的 EM 演算法

對於具有缺失資料的豆花小例子，能否找到一個簡便的方法呢？觀察式 (10.1) 中的目標函式，因為缺失 y_{23} 的緣故，導致無法以求和的形式表達似然函式。若已知大碗鹹味的銷量 y_{23}，目標函式

$$Q(\boldsymbol{\theta}) = \arg\min_{\boldsymbol{\theta}} \sum_{i,j} (y_{ij} - \mu - \alpha_i - \beta_j)^2$$

應用費馬原理，令偏導為零，問題將變得非常簡單，

$$\begin{cases} \dfrac{\partial Q(\boldsymbol{\theta})}{\partial \mu} = 0 \\ \dfrac{\partial Q(\boldsymbol{\theta})}{\partial \alpha_i} = 0, \quad i = 1,2 \\ \dfrac{\partial Q(\boldsymbol{\theta})}{\partial \beta_j} = 0, \quad j = 1,2,3 \end{cases} \implies \begin{cases} \displaystyle\sum_{i,j} y_{ij} - 6\mu = 0 \\ (y_{11} + y_{12} + y_{13}) - 3\mu - 3\alpha_1 = 0 \\ (y_{21} + y_{22} + y_{23}) - 3\mu - 3\alpha_2 = 0 \\ (y_{11} + y_{21}) - 2\mu - 2\beta_1 = 0 \\ (y_{12} + y_{22}) - 2\mu - 2\beta_2 = 0 \\ (y_{13} + y_{23}) - 2\mu - 2\beta_3 = 0 \end{cases}$$

結合約束條件求解參數，得到

$$\begin{cases} \hat{\mu} = \overline{y} \\ \alpha_i = \overline{y}_{i,\cdot} - \overline{y}, \quad i = 1,2 \\ \hat{\beta}_j = \overline{y}_{\cdot,j} - \overline{y}, \quad j = 1,2,3 \end{cases}$$

式中，$\overline{y} = \displaystyle\sum_{i,j} y_{ij}/6$ 表示平均值；$\overline{x}_{i,\cdot}$ 表示容量不同水準下的平均值（第 i 行平均值）；$\overline{y}_{\cdot,j}$ 表示口味不同水準下的平均值（第 j 列平均值）。

現在的問題就是 y_{23} 是多少呢？

可以猜一個值填上去，不妨用已知觀測值的平均值試試，之後就可以估計出所有參數，然後以估計參數預測 y_{23}，重複迭代，直到相鄰兩次迭代的值幾乎相同。在約束條件下，只需要估計 4 個參數 μ、α_1、β_1、β_2 即可，迭代過程如表 10.2 所示。

▼ 表 10.2 豆花小例子中參數的迭代過程

迭代次	μ	α_1	β_1	β_2	y_{23}
1	—	—	—	—	17.40
2	17.40	−3:40	−1:40	1.60	20.60
3	17.93	−3:93	−1:93	1.07	22.73
4	18.29	−4:29	−2:29	0.71	24.16
⋮					
19	19.00	−5:00	−3:00	0.00	26.99
20	19.00	−5:00	−3:00	0.00	27.00

到第 20 輪的時候，得到收斂結果，與我們以冗長的極大似然法求解結果相同。

在豆花小例子中，我們先對缺失資料做一個猜測，然後利用猜測去估計參數，接著反哺預測缺失資料，完成一輪迭代，如此重複直到收斂，這就是 EM 演算法的核心。

與極大似然法相比較，極大似然法中涉及的計算公式較為煩瑣，耗時的是人工計算，而 EM 演算法整個過程中所涉及的計算公式都較為簡單，耗時是電腦的迭代過程。

10.1.2 具有隱變數的硬幣盲盒例子

1. 以極大似然法估計硬幣正面朝上的機率

一般硬幣都是質地均勻的，根據古典機率可以認為正面或反面朝上的機率都是 0.5。如果是質地不均勻的硬幣呢？記硬幣正面朝上的機率是 θ，觀測 N 次投擲硬幣的結果，其中 n 次顯示的是正面朝上，透過極大似然法估計參數

$$\arg \min_{0<\theta<1} \quad L(\theta) = \theta^n (1-\theta)^{N-n} \Longrightarrow \hat{\theta} = \frac{n}{N} \tag{10.2}$$

現在問題較之一枚硬幣略複雜一些，有 A、B 兩枚硬幣，記 A 硬幣和 B 硬幣正面朝上的機率分別是 θ_A 和 θ_B，接下來每次隨機取一枚硬幣拋擲並記錄硬幣種類，然後拋擲 10 次，記錄觀測結果，共進行 6 組試驗，如圖 10.2 所示。

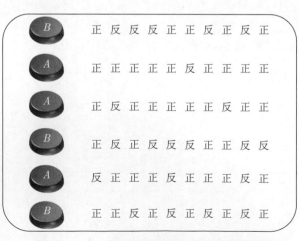

▲ 圖 10.2 A、B 兩枚硬幣拋擲 10 次的觀測結果

為估計兩枚硬幣正面朝上的機率，可以將這 60 次試驗結果分為兩類，一類是 A 硬幣的，一類是 B 硬幣的，如表 10.3 所示。

▼ 表 10.3 硬幣的拋擲結果

組　別	A 硬幣		B 硬幣	
	正 面 次 數	反 面 次 數	正 面 次 數	反 面 次 數
1			5	5
2	9	1		
3	8	2		
4			4	6
5	7	3		
6			6	4
合計	24	6	15	15

根據式 (10.2) 中的極大似然法，可以輕鬆計算出

$$\hat{\theta}_A = \frac{24}{30} = 0.80, \quad \hat{\theta}_B = \frac{15}{30} = 0.50$$

2. 以 EM 演算法估計硬幣盲盒中每枚硬幣正面朝上的機率

假如每一組所拋擲的硬幣類別未知，如圖 10.3 所示，該如何估計 A 硬幣和 B 硬幣正面朝上的機率呢？

記 Y 是觀測結果，y_{ij} ($i = 1, 2, \cdots, 6; j = 1, 2, \cdots, 10$) 表示第 i 組試驗的第 j 次觀測結果。引入變數 Z 表示硬幣的種類，$z_i \in \{A, B\}$ ($i = 1, 2, \cdots, 6$) 是第 i 組試驗的硬幣種類，因為這一變數在硬幣盲盒中無法觀測，稱為隱變數或潛變數 (Latent Variable)。變數 Y 是觀測資料，增加隱變數之後的 (Y, Z) 被稱作完全資料。

受豆花小例子的啟發，也可嘗試在機率最大化的思想下猜測與迭代。

(1) 不妨給定 θ_A 和 θ_B 的初值：

$$\hat{\theta}_A^{(0)} = 0.7, \quad \hat{\theta}_B^{(0)} = 0.6$$

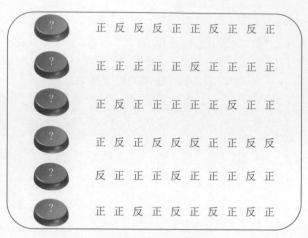

▲ 圖 10.3 硬幣小盲盒

(2) 分別計算每一組試驗中每枚硬幣的條件機率。以第一組為例，簡記 H_1：y_{11}，y_{12}，$\cdots$，y_{110} 為第一組試驗的觀測結果，隨機取得任意一枚硬幣的機率是相同的，即 $P(A) = P(B) = 0.5$。應用貝氏公式，得到 A 硬幣的條件機率

$$P(z_1 = A|H_1) = \frac{P(A)P(H_1|A)}{P(A)P(H_1|A) + P(B)P(H_1|B)} = \frac{0.7^5 \times 0.3^5}{0.7^5 \times 0.3^5 + 0.6^5 \times 0.4^5} = 0.34$$

則 B 硬幣的條件機率

$$P(z_1 = B|H_1) = 1 - P(z_1 = A|H_1) = 0.66$$

同理，每一組硬幣隱變數的條件機率都可以求出如表 10.4 所示。

▼ 表 10.4 隱變數的條件機率

組別	A 硬幣	B 硬幣
1	0.34	0.66
2	0.75	0.25
3	0.66	0.34
4	0.25	0.75
5	0.55	0.45
6	0.44	0.56

(3) 根據表 10.4 中隱變數的條件機率計算每一枚硬幣每一組試驗中正面和反面的次數，估計 θ_A 和 θ_B。相當於透過初始值估計隱變數，然後借助隱變數得到完全資料，再以極大似然法估計參數。

仍以第一組試驗為例，如果抽到的是 A 硬幣，正面朝上的次數和反面朝上的次數分別是

$$正面次數：0.34 \times 5 = 1.70; 反面次數：0.34 \times 5 = 1.70$$

如果抽到的是 B 硬幣，正面朝上的次數和反面朝上的次數分別是

$$正面次數：0.66 \times 5 = 3.30; 反面次數：0.66 \times 5 = 3.30$$

在初始參數下，硬幣小盲盒中正面朝上的次數和反面朝上的次數如表 10.5 所示。

▼ 表 10.5 每組試驗中正面朝上和反面朝上的次數

組　　別	A 硬幣		B 硬幣	
	正 面 次 數	反 面 次 數	正 面 次 數	反 面 次 數
1	1.70	1.70	3.30	3.30
2	6.75	0.75	2.25	0.25
3	5.28	1.32	2.72	0.68
4	1.00	1.50	3.00	4.50
5	3.85	1.65	3.15	1.35
6	2.64	1.76	3.36	2.24
合計	21.22	8.68	17.78	12.32

根據完全資料的極大似然法計算得到：

$$\hat{\theta}_A^{(1)} = \frac{21.22}{21.22 + 8.68} = 0.71$$

$$\hat{\theta}_B^{(1)} = \frac{17.78}{17.78 + 12.32} = 0.59$$

(4) 以更新後的參數估計隱變數，繼續迭代，迭代過程如表 10.6 所示。

▼ 表 10.6 硬幣小盲盒的迭代過程

迭代次數	θ_A	θ_B
0	0.70	0.60
1	0.71	0.59
2	0.72	0.58
3	0.73	0.57
4	0.74	0.56
5	0.75	0.56
6	0.75	0.55
7	0.75	0.55

我們發現，經過 7 次迭代後，參數收斂，得到估計結果：

$$\hat{\theta}_A^{(7)} = 0.75, \quad \hat{\theta}_B^{(7)} = 0.55$$

硬幣盲盒資料含有隱變數，這一變數無法觀測，但是可以透過參數做出一定的推測，之後借助推測出的隱變數更新參數，然後迭代直到參數收斂就可以輸出估計結果，這就是硬幣盲盒中 EM 演算法的巧妙之處。

需要補充的是，EM 演算法輸出的參數結果很有可能與完全資料得到的結果不同， 另外它對初始值的選取十分敏感，比如在硬幣盲盒小例子中，在初始值為 $\theta_A^{(0)} = 0.5$ 和 $\theta_B^{(0)} = 0.5$ 時，

$$\theta_A^{(1)} = 0.65, \quad \theta_B^{(1)} = 0.65$$

$$\theta_A^{(2)} = 0.65, \quad \theta_B^{(2)} = 0.65$$

輸出結果為 $\theta_A^* = 0.65$ 和 $\theta_B^* = 0.65$。這說明不同初始值，迭代得到的 A 硬幣和 B 硬幣正面朝上的機率很可能不同，而且很可能與完全資料的估計結果相差很大。

10.2 EM 演算法的迭代過程

EM 演算法是一個兩階段演算法，拆詞釋義，E 步，取 Expectation 的首字母 E，表示期望，在這一階段以期望表示迭代的目標函式；M 步，取 Maximum 的首字母 M，表示極大值，在這一階段透過最大化目標函式估計參數。

10.2.1 EM 演算法中的兩部曲

透過豆花小例子和硬幣盲盒例子可以發現，EM 演算法是由極大似然法變化而得，適用於不完全資料。下面以具有隱變數的分類情況來敘述 EM 演算法。

若給定觀測變數資料 Y，隱變數資料 Z，完全資料的聯合分佈 $P(Y, Z|\theta)$，隱變數的條件分佈 $P(Z|Y, \theta)$，我們希望估計參數向量 θ。在硬幣盲盒例子中，Y 就是硬幣的觀測結果，即正面或反面的觀測資料；Z 是隱變數資料，即每一組硬幣的種類是 A 硬幣還是 B 硬幣；θ 是 A 硬幣和 B 硬幣正面朝上的機率 $\theta = (\theta_A, \theta_B)^{\mathrm{T}}$。

EM 演算法仍然基於機率最大化思想，透過似然函式最大化得到 θ，等值於對數似然函式最大化，即

$$\arg\max_{\theta} L(\theta) \iff \arg\max_{\theta} \ln L(\theta)$$

似然函式是觀測值已知、參數未知的機率。從另一個角度來看，只要計算出已知 θ 情況下觀測值 Y 的機率 $P(Y|\theta)$ 的運算式，就能得到似然函式。因為 Y 是不完全資料，導致這一聯合機率難以直接得到。例如在硬幣盲盒小例子中，因為不知道每一組拋擲的是哪一枚硬幣，很難直接計算每一組的聯合機率。

1. 第一階段：E 步

EM 演算法就是借助隱變數作為中間的過渡階段來解決問題。以隱變數的所有設定值將 Y 的機率展開：

$$L(\theta) = P(Y|\theta) = \sum_{Z} P(Y, Z|\theta)$$

給定參數初始值 $\theta^{(0)}$，記第 m 輪迭代的參數估計值為 $\theta^{(m)}$。在第 $m + 1$ 次迭代的 E 步，應用貝氏公式，計算隱變數的條件機率

$$P(Z|Y, \theta^{(m)})$$

比如在硬幣盲盒中，表 10.4 就是透過硬幣觀測結果和參數初始值推測出每一組試驗可能是哪一枚硬幣。

應用 Jensen 不等式，對數似然函式

$$
\begin{aligned}
\ln L(\boldsymbol{\theta}) &= \ln \sum_Z P(Y, Z | \boldsymbol{\theta}) \\
&= \ln \sum_Z \frac{P(Y, Z | \boldsymbol{\theta}) P(Z | Y, \boldsymbol{\theta}^{(m)})}{P(Z | Y, \boldsymbol{\theta}^{(m)})} \\
&\geqslant \sum_Z P(Z | Y, \boldsymbol{\theta}^{(m)}) \ln \frac{P(Y, Z | \boldsymbol{\theta})}{P(Z | Y, \boldsymbol{\theta}^{(m)})} \\
&= \sum_Z P(Z | Y, \boldsymbol{\theta}^{(m)}) \ln P(Y, Z | \boldsymbol{\theta}) - \sum_Z P(Z | Y, \boldsymbol{\theta}^{(m)}) \ln P(Z | Y, \boldsymbol{\theta}^{(m)}) \quad (10.3)
\end{aligned}
$$

不等式 (10.3) 中的第二項是個常數，取第一項作為極大化的目標函式

$$
\begin{aligned}
Q(\boldsymbol{\theta} | \boldsymbol{\theta}^{(m)}) &= \sum_Z P(Z | Y, \boldsymbol{\theta}^{(m)}) \ln P(Y, Z | \boldsymbol{\theta}) \\
&= E_{Z | Y, \boldsymbol{\theta}^{(m)}} [\ln P(Y, Z | \boldsymbol{\theta})]
\end{aligned}
$$

可見，E 步的目的有兩個：一個是找到隱變數的條件機率，也是透過上一輪迭代的參數 $\boldsymbol{\theta}^{(m)}$ 得到隱變數資訊；另一個是找到期望公式，作為下一步極大化的目標函式。

2. 第二階段：M 步

求出使 $Q(\boldsymbol{\theta} | \boldsymbol{\theta}^{(m)})$ 極大化的 $\boldsymbol{\theta}$，得到第 $m + 1$ 次迭代的參數的估計值 $\boldsymbol{\theta}^{(m+1)}$：

$$
\boldsymbol{\theta}^{(m+1)} = \arg \max_{\boldsymbol{\theta}} Q(\boldsymbol{\theta} | \boldsymbol{\theta}^{(m)})
$$

對於簡易的問題，如混合高斯模型和隱藏式馬可夫模型，可以透過 M 步解出參數的迭代公式。重複迭代，直到收斂即可，一般是對較小的正數 $\xi_1 > 0$ 或 $\xi_2 > 0$，若滿足

$$
\|\boldsymbol{\theta}^{(m+1)} - \boldsymbol{\theta}^{(m)}\| < \xi_1 \text{ 或 } \|Q(\boldsymbol{\theta}^{(m+1)} | \boldsymbol{\theta}^{(m)}) - Q(\boldsymbol{\theta}^{(m)} | \boldsymbol{\theta}^{(m)})\| < \xi_2
$$

則停止迭代。

EM 演算法的流程如下。

EM 演算法

　　輸入：觀測變數資料 Y，隱變數資料 Z，完全資料的聯合分佈 $P(Y, Z|\boldsymbol{\theta})$，隱變數的條件分佈 $P(Z|Y, \boldsymbol{\theta})$。

　　輸出：參數 $\boldsymbol{\theta}$。

(1) 給定初始參數 $\boldsymbol{\theta}^{(0)}$。

(2) E 步：根據第 m 輪迭代的參數估計值 $\boldsymbol{\theta}^{(m)}$，計算期望得到目標函式

$$Q(\boldsymbol{\theta}|\boldsymbol{\theta}^{(m)}) = E_{Z|Y, \boldsymbol{\theta}^{(m)}}\left[\ln P(Y, Z|\boldsymbol{\theta})\right]$$

(3) M 步：求解最佳化問題

$$\boldsymbol{\theta}^{(m+1)} = \arg\max_{\boldsymbol{\theta}} Q(\boldsymbol{\theta}|\boldsymbol{\theta}^{(m)})$$

(4) 重複 E 步和 M 步進行迭代，直到收斂，輸出參數 $\boldsymbol{\theta}^{*}$。

　　例 10.1　假設有 3 枚硬幣，分別記作 A、B、C。這些硬幣正面出現的機率分別是 π、p 和 q。接下來進行擲硬幣試驗：先擲硬幣 A，根據其結果選出硬幣 B 硬幣 C，正面選硬幣 B，反面選硬幣 C；然後擲選出的硬幣，擲硬幣的結果，出現正面記作 1，出現反面記作 0，如圖 10.4 所示。

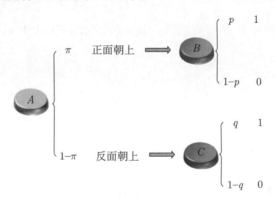

▲ 圖 10.4　擲 3 枚硬幣試驗示意圖

　　獨立地重複 $n = 10$ 次試驗，觀測結果如下：

$$1, 1, 0, 1, 0, 0, 1, 0, 1, 1$$

假設整個過程未記錄下來拋擲的是 B 硬幣還是 C 硬幣，只能觀測到擲硬幣的結果，給定參數初始值 $\pi^{(0)} = p^{(0)} = q^{(0)} = 0.5$，請估計 3 硬幣正面朝上的機率。

解 記 y_j 是第 j 次觀測的結果，$j = 1, 2, \cdots, 10$，參數 $\boldsymbol{\theta} = (\pi, p, q)^{\mathrm{T}}$，$Z$ 是隱變數，$z_j \in \{B, C\}$ $(j = 1, 2, \cdots, 10)$ 表示第 j 次拋擲的是 B 硬幣或 C 硬幣，則

$$P(y_j, z_j = B|\boldsymbol{\theta}) = \pi p^{y_j}(1-p)^{1-y_j},$$

$$P(y_j, z_j = C|\boldsymbol{\theta}) = (1-\pi)q^{y_j}(1-q)^{1-y_j}$$

根據貝氏公式

$$P(z_j = B|y_j, \boldsymbol{\theta}^{(m)})$$

$$= \frac{P(y_j|z_j = B, \boldsymbol{\theta}^{(m)})P(z_j = B, \boldsymbol{\theta}^{(m)})}{P(y_j|z_j = B, \boldsymbol{\theta}^{(m)})P(z_j = B, \boldsymbol{\theta}^{(m)}) + P(y_j|z_j = C, \boldsymbol{\theta}^{(m)})P(z_j = C, \boldsymbol{\theta}^{(m)})}$$

$$= \frac{\pi^{(m)}(p^{(m)})^{y_j}(1-p^{(m)})^{1-y_j}}{\pi^{(m)}(p^{(m)})^{y_j}(1-p^{(m)})^{1-y_j} + (1-\pi^{(m)})(q^{(m)})^{y_j}(1-q^{(m)})^{1-y_j}}$$

簡記 $\rho_j^{(m+1)} = P(z_j = B|y_j, \boldsymbol{\theta}^{(m)})$，則

$$P(z_j = C|y_j, \boldsymbol{\theta}^{(m)}) = 1 - \rho_j^{(m+1)}, \quad j = 1, 2, \cdots, 10$$

接下來計算 E 步中的期望 $E_{Z|Y, \theta^{(m)}}[\ln P(Y, Z|\boldsymbol{\theta})]$，得到目標函式

$$Q(\boldsymbol{\theta}|\boldsymbol{\theta}^{(m)}) = \sum_{j=1}^{10} \left\{ \rho_j^{(m+1)} \ln \left[\pi(p)^{y_j}(1-p)^{1-y_j}\right] + \right.$$

$$\left. (1 - \rho_j^{(m+1)}) \ln \left[(1-\pi)(q)^{y_j}(1-q)^{1-y_j}\right] \right\}$$

M 步極大化，

$$\arg\max_{\boldsymbol{\theta}} Q(\boldsymbol{\theta}|\boldsymbol{\theta}^{(m)})$$

應用費馬原理，令偏導數為零

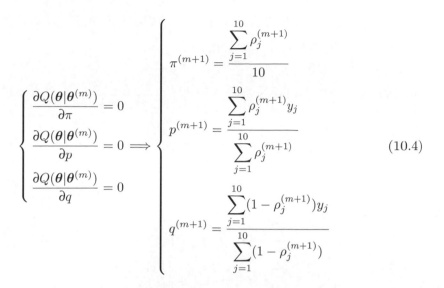

$$\begin{cases} \dfrac{\partial Q(\boldsymbol{\theta}|\boldsymbol{\theta}^{(m)})}{\partial \pi} = 0 \\[2ex] \dfrac{\partial Q(\boldsymbol{\theta}|\boldsymbol{\theta}^{(m)})}{\partial p} = 0 \implies \\[2ex] \dfrac{\partial Q(\boldsymbol{\theta}|\boldsymbol{\theta}^{(m)})}{\partial q} = 0 \end{cases} \begin{cases} \pi^{(m+1)} = \dfrac{\sum\limits_{j=1}^{10} \rho_j^{(m+1)}}{10} \\[3ex] p^{(m+1)} = \dfrac{\sum\limits_{j=1}^{10} \rho_j^{(m+1)} y_j}{\sum\limits_{j=1}^{10} \rho_j^{(m+1)}} \\[3ex] q^{(m+1)} = \dfrac{\sum\limits_{j=1}^{10} (1 - \rho_j^{(m+1)}) y_j}{\sum\limits_{j=1}^{10} (1 - \rho_j^{(m+1)})} \end{cases} \quad (10.4)$$

根據式 (10.4) 中的迭代公式，可以得到

$$\pi^{(1)} = 0.5, \ p^{(1)} = 0.6, \ q^{(1)} = 0.6$$

$$\pi^{(2)} = 0.5, \ p^{(2)} = 0.6, \ q^{(2)} = 0.6$$

參數收斂，得到 3 枚硬幣正面朝上的機率分別是 0.5、0.6 和 0.6。

10.2.2　EM 演算法的合理性

在 EM 演算法的 E 步先根據貝氏公式得到隱變數的條件分佈 $P(Z|Y, \theta^{(m)})$，然後以期望表示 $Q(\theta|\theta^{(m)})$ 作為 M 步極大化的目標函式。這裡的關鍵就在於以條件期望作為目標函式是否合理，下面分別從目標函式的匯出和演算法的收斂性兩方面來說明。

1. 如何匯出 EM 演算法中的目標函式

極大似然估計的思想，就是使得每次迭代後的對數似然函式 $\ln L(\boldsymbol{\theta})$ 比上一輪的 $\ln L(\boldsymbol{\theta}^{(m)})$ 大，表示，

$$\ln L(\boldsymbol{\theta}) - \ln L(\boldsymbol{\theta}^{(m)}) = \ln \left[\sum_Z P(Y, Z|\boldsymbol{\theta}) \right] - \ln P(Y|\boldsymbol{\theta}^{(m)}) > 0$$

類似於最大熵模型的迭代尺度法，為實現迭代增量，透過對數似然函式改變量的下界更新參數，應用 Jensen 不等式

$$
\begin{aligned}
\ln L(\boldsymbol{\theta}) - \ln L(\boldsymbol{\theta}^{(m)}) &= \ln\left[\sum_Z P(Z|Y,\boldsymbol{\theta}^{(m)})\frac{P(Y,Z|\boldsymbol{\theta})}{P(Z|Y,\boldsymbol{\theta}^{(m)})}\right] - \ln P(Y|\boldsymbol{\theta}^{(m)}) \\
&\geqslant \sum_Z P(Z|Y,\boldsymbol{\theta}^{(m)})\ln\frac{P(Y,Z|\boldsymbol{\theta})}{P(Z|Y,\boldsymbol{\theta}^{(m)})} - \ln P(Y|\boldsymbol{\theta}^{(m)}) \\
&= \sum_Z P(Z|Y,\boldsymbol{\theta}^{(m)})\ln\frac{P(Y,Z|\boldsymbol{\theta})}{P(Z|Y,\boldsymbol{\theta}^{(m)})} - \sum_Z P(Z|Y,\boldsymbol{\theta}^{(m)})\ln P(Y|\boldsymbol{\theta}^{(m)}) \\
&= \sum_Z P(Z|Y,\boldsymbol{\theta}^{(m)})\ln\frac{P(Y,Z|\boldsymbol{\theta})}{P(Z|Y,\boldsymbol{\theta}^{(m)})P(Y|\boldsymbol{\theta}^{(m)})} \\
&= \sum_Z P(Z|Y,\boldsymbol{\theta}^{(m)})\ln\frac{P(Y,Z|\boldsymbol{\theta})}{P(Y,Z|\boldsymbol{\theta}^{(m)})}
\end{aligned}
$$

記增量的下界

$$
A(\boldsymbol{\theta}|\boldsymbol{\theta}^{(m)}) = \sum_Z P(Z|Y,\boldsymbol{\theta}^{(m)})\ln\frac{P(Y,Z|\boldsymbol{\theta})}{P(Y,Z|\boldsymbol{\theta}^{(m)})}
$$

若 $P(Y,Z|\boldsymbol{\theta}) > P(Y,Z|\boldsymbol{\theta}^{(m)})$，則 $\dfrac{P(Y,Z|\boldsymbol{\theta})}{P(Y,Z|\boldsymbol{\theta}^{(m)})} > 1 \Longrightarrow A(\boldsymbol{\theta}|\boldsymbol{\theta}^{(m)}) > 0$

表示，每輪迭代後的完全資料的機率比上一輪的大。只要在迭代過程中完全資料的機率是增加的，對數似然函式自然也是增加的。

將增量的下界 $A(\boldsymbol{\theta}|\boldsymbol{\theta}^{(m)})$ 展開：

$$
A(\boldsymbol{\theta}|\boldsymbol{\theta}^{(m)}) = \sum_Z P(Z|Y,\boldsymbol{\theta}^{(m)})\ln P(Y,Z|\boldsymbol{\theta}) - \sum_Z P(Z|Y,\boldsymbol{\theta}^{(m)})\ln P(Y,Z|\boldsymbol{\theta}^{(m)}) \quad (10.5)
$$

式中，$\boldsymbol{\theta}^{(m)}$ 和觀測變數 Y 已知，省去常數項，只需要

$$
\arg\max_{\boldsymbol{\theta}} \sum_Z P(Z|Y,\boldsymbol{\theta}^{(m)})\ln P(Y,Z|\boldsymbol{\theta})
$$

即可估計出第 $m + 1$ 輪的參數。這就是 EM 演算法中的目標函式

$$Q(\boldsymbol{\theta}|\boldsymbol{\theta}^{(m)}) = \sum_Z P(Z|Y, \boldsymbol{\theta}^{(m)}) \ln P(Y, Z|\boldsymbol{\theta})$$

2. 目標函式增大是否等值於似然函式增大

在每一輪的迭代中，以極大化下界 $Q(\boldsymbol{\theta}|\boldsymbol{\theta}^{(m)})$ 來實現參數更新，這樣更新的參數可以實現似然函式序列的增大嗎？或說，

$$Q(\boldsymbol{\theta}^{(m+1)}|\boldsymbol{\theta}^{(m)}) > Q(\boldsymbol{\theta}^{(m)}|\boldsymbol{\theta}^{(m)}) \Longleftrightarrow \ln L(\boldsymbol{\theta}^{(m+1)}) > \ln L(\boldsymbol{\theta}^{(m)})$$

是否成立？

從對數似然函式與目標函式之間的關係入手，利用機率和為 1 的小技巧

$$\sum_Z P(Z|Y, \boldsymbol{\theta}^{(m)}) = 1$$

得到對數似然函式與目標函式的關係

$$\begin{aligned}
\ln L(\boldsymbol{\theta}) &= \ln P(Y|\boldsymbol{\theta}) \\
&= \ln \frac{P(Y, Z|\boldsymbol{\theta})}{P(Z|Y, \boldsymbol{\theta})} \\
&= \ln P(Y, Z|\boldsymbol{\theta}) - \ln P(Z|Y, \boldsymbol{\theta}) \\
&= \sum_Z P(Z|Y, \boldsymbol{\theta}^{(m)}) \ln P(Y, Z|\boldsymbol{\theta}) - \sum_Z P(Z|Y, \boldsymbol{\theta}^{(m)}) \ln P(Z|Y, \boldsymbol{\theta}) \\
&= Q(\boldsymbol{\theta}|\boldsymbol{\theta}^{(m)}) - B(\boldsymbol{\theta}|\boldsymbol{\theta}^{(m)})
\end{aligned}$$

其中，

$$B(\boldsymbol{\theta}|\boldsymbol{\theta}^{(m)}) = \sum_Z P(Z|Y, \boldsymbol{\theta}^{(m)}) \ln P(Z|Y, \boldsymbol{\theta}) = E_{Z|Y, \boldsymbol{\theta}^{(m)}}[\ln P(Z|Y, \boldsymbol{\theta})]$$

應用 Jensen 不等式，觀察 $B(\boldsymbol{\theta}|\boldsymbol{\theta}^{(m)})$ 在迭代過程中的變化

$$B(\boldsymbol{\theta}^{(m+1)}|\boldsymbol{\theta}^{(m)}) - B(\boldsymbol{\theta}^{(m)}|\boldsymbol{\theta}^{(m)})$$

$$= \sum_Z P(Z|Y,\boldsymbol{\theta}^{(m)}) \ln P(Z|Y,\boldsymbol{\theta}^{(m+1)}) - \sum_Z P(Z|Y,\boldsymbol{\theta}^{(m)}) \ln P(Z|Y,\boldsymbol{\theta}^{(m)})$$

$$= \sum_Z P(Z|Y,\boldsymbol{\theta}^{(m)}) \ln \frac{P(Z|Y,\boldsymbol{\theta}^{(m+1)})}{P(Z|Y,\boldsymbol{\theta}^{(m)})}$$

$$\leqslant \ln \left(\sum_Z P(Z|Y,\boldsymbol{\theta}^{(m)}) \frac{P(Z|Y,\boldsymbol{\theta}^{(m+1)})}{P(Z|Y,\boldsymbol{\theta}^{(m)})} \right)$$

$$= \ln \left(\sum_Z P(Z|Y,\boldsymbol{\theta}^{(m+1)}) \right)$$

$$= 0$$

可見，在 EM 演算法的迭代過程中 $B(\boldsymbol{\theta}|\boldsymbol{\theta}^{(m)})$ 不斷減小，目標函式 $Q(\boldsymbol{\theta}|\boldsymbol{\theta}^{(m)})$ 不斷增大。也就是說，在迭代過程中，完全資料的期望不斷增大，隱變數的期望不斷減小，對數似然函式不斷增大。

$$\ln L(\boldsymbol{\theta}^{(m+1)}) - \ln L(\boldsymbol{\theta}^{(m)})$$

$$= Q(\boldsymbol{\theta}^{(m+1)}|\boldsymbol{\theta}^{(m)}) - B(\boldsymbol{\theta}^{(m+1)}|\boldsymbol{\theta}^{(m)}) - \left(Q(\boldsymbol{\theta}^{(m)}|\boldsymbol{\theta}^{(m)}) - B(\boldsymbol{\theta}^{(m)}|\boldsymbol{\theta}^{(m)}) \right)$$

$$= Q(\boldsymbol{\theta}^{(m+1)}|\boldsymbol{\theta}^{(m)}) - Q(\boldsymbol{\theta}^{(m)}|\boldsymbol{\theta}^{(m)}) - \left(B(\boldsymbol{\theta}^{(m+1)}|\boldsymbol{\theta}^{(m)}) - B(\boldsymbol{\theta}^{(m)}|\boldsymbol{\theta}^{(m)}) \right)$$

$$\geqslant 0$$

目標函式增大與似然函式增大的等值性得以說明。

3. EM 演算法的收斂性

這一部分，將分別說明對數似然序列和參數估計序列的收斂性。

定理 10.1 (EM 演算法的收斂性) 設 $\ln L(\boldsymbol{\theta})$ 是由觀測資料決定的參數的對數似然函式，$\boldsymbol{\theta}^{(m)}(m=1,2,\cdots)$ 是透過 EM 演算法得到的參數估計序列，$\ln L(\boldsymbol{\theta}^{(m)})(m=1,2,\cdots)$ 是對應的對數似然函式序列。如果

(1) $\ln L(\boldsymbol{\theta})$ 存在上界；

(2) 對某一尺度參數 $\lambda > 0$，可使得對所有的 m 都有式 (10.6) 成立：

$$Q(\boldsymbol{\theta}^{(m+1)}|\boldsymbol{\theta}^{(m)}) - Q(\boldsymbol{\theta}^{(m)}|\boldsymbol{\theta}^{(m)}) \geqslant \lambda\|\boldsymbol{\theta}^{(m+1)} - \boldsymbol{\theta}^{(m)}\|^2 \tag{10.6}$$

則序列 $\theta^{(m)}(m = 1, 2, \cdots)$ 收斂至參數空間的某一點 θ^*。

證明　當 $\ln L(\theta)$ 存在上界時，對數似然序列收斂至某一常數 $L^* < \infty$。從而，對任意 $\varepsilon > 0$，存在 $M\varepsilon$，使得對所有的 $m \geqslant M_\varepsilon$ 和 $l \geqslant 1$，都有式 (10.7) 成立

$$\sum_{i=1}^{l} \left\{ \ln L(\theta^{(m+i)}) - \ln L(\theta^{(m+i-1)}) \right\} = \ln L(\theta^{(m+l)}) - \ln L(\theta^{(m)}) < \varepsilon \qquad (10.7)$$

根據目標函式與對數似然函式的關係，對任意 $i \geqslant 1$，有

$$0 \leqslant Q(\theta^{(m+i)}|\theta^{(m+i-1)}) - Q(\theta^{(m+i-1)}|\theta^{(m+i-1)}) \leqslant \ln L(\theta^{(m+i)}) - \ln L(\theta^{(m+i-1)})$$

將其代入式 (10.7)，得到

$$\sum_{i=1}^{l} \left\{ Q(\theta^{(m+i)}|\theta^{(m+i-1)}) - Q(\theta^{(m+i-1)}|\theta^{(m+i-1)}) \right\} < \varepsilon \qquad (10.8)$$

式 (10.8) 對所有的 $m \geqslant M_\varepsilon$ 和 $l \geqslant 1$ 都成立，求和式中的每一項（目標函式的增量）都是非負的。

結合式 (10.6) 和式 (10.8)，取 $m, m + 1, \cdots, m + l - 1$ 項求和，得到

$$\lambda \sum_{i=1}^{l} \|\theta^{(m+i)} - \theta^{(m+i-1)}\|^2 < \varepsilon$$

從而

$$\lambda \|\theta^{(m+l)} - \theta^{(m)}\|^2 < \varepsilon$$

說明序列 $(\theta^{(m)})(m = 1, 2, \cdots)$ 滿足收斂性。

需要說明的是，雖然透過 EM 演算法可以得到參數收斂值，但是選取不同的初值得出的最終參數可能會不相同，因此常用的辦法是選取不同的初值進行迭代，然後對各方案加以比較，從中選出最好的。

4. EM 演算法的直觀理解

在每一輪的迭代中，給定參數 $\theta^{(m)}$ 可以得到隱變數的分佈，然後計算完全資料的數學期望作為目標函式（下界函式），最終透過期望最大化更新參數，如此

反覆，直到收斂到一個穩定值，如圖 10.5 所示。這裡的下界函式在每一輪都會更新，函式曲線逐步抬高，每一輪的下界函式與對數似然函式在迭代點處重合，通常每一輪的下界函式都可以求出最佳值。

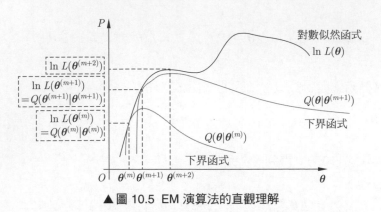

▲ 圖 10.5 EM 演算法的直觀理解

10.3 EM 演算法的應用

10.3.1 高斯混合模型

如果沒有高斯，就沒有我的相對論。

——愛因斯坦

高斯分佈 (Gaussian Distribution) 又被稱為正態分佈 (Normal Distribution)，由棣美弗研究二項分佈的極限分佈時發現，因高斯將這一分佈應用於天文等領域，使其大放異彩，故以高斯命名。若隨機變數 Y 服從高斯分佈 $N(\mu, \sigma^2)$，Y 的機率密度函式為

$$\phi(y|\boldsymbol{\vartheta}) = \frac{1}{\sqrt{2\pi}\sigma} \exp\left\{-\frac{(y-\mu)^2}{2\sigma^2}\right\}$$

式中，$\boldsymbol{\vartheta} = (\mu, \sigma^2)^{\mathrm{T}}$。

高斯混合分佈是多個高斯分佈混合在一起得到的分佈。若存在 K 個高斯分佈 $N(\mu_1, \sigma_1^2),\ N(\mu_2, \sigma_2^2), \cdots, N(\mu_K, \sigma_K^2)$，以 $w_1, w_2, \cdots, w_K$ 的比例混合，混合高斯分佈為

$$\sum_{k=1}^{K} w_k N(\mu_k, \sigma_k^2)$$

式中，$w_k \geqslant 0, \sum_{k=1}^{K} w_k = 1$。記 $N(\mu_k, \sigma_k^2)$ 的機率密度函式為 $\phi_k(y|\boldsymbol{\vartheta}_k)$，其中 $\boldsymbol{\vartheta}_k$ = $(\mu_k, \sigma_k^2)^{\mathrm{T}}$。混合高斯分佈的機率密度函式記作 $P(y|\boldsymbol{\theta})$，

$$P(y|\boldsymbol{\theta}) = \sum_{k=1}^{K} w_k \phi_k(y|\boldsymbol{\vartheta}_k) = \sum_{k=1}^{K} w_k \frac{1}{\sqrt{2\pi}\sigma_k} \exp\left(-\frac{(y-\mu_k)^2}{2\sigma_k^2}\right)$$

式中，$\boldsymbol{\theta} = (\boldsymbol{\vartheta}_1^{\mathrm{T}}, \boldsymbol{\vartheta}_2^{\mathrm{T}}, \cdots, \boldsymbol{\vartheta}_K^{\mathrm{T}})^{\mathrm{T}}$ 是 $2K$ 維的參數。

以 $N(0, 1)$ 和 $N(5, 1)$ 的混合高斯為例，當 $w_1 = w_2 = 0.5$ 時呈現對稱的雙峰分布，隨著 w_1 的增大，資料愈加向 $N(0, 1)$ 匯聚，如圖 10.6 所示。

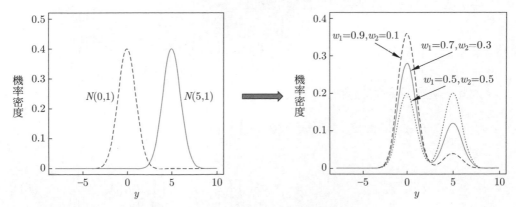

▲圖 10.6 $N(0, 1)$ 和 $N(5, 1)$ 的混合高斯分佈

高斯混合模型（Guassian Mixture Model）是一種聚類模型，認為資料由混合高斯分佈生成，常用於影像分割、運動物件辨識等領域。若高斯混合模型的觀測資料是 $y_1, y_2, \cdots, y_N$，如何估計 K 個高斯分佈的參數呢？這實際上可以轉化為硬幣盲盒的情形。也就是說，可以獲悉每一次拋擲硬幣的結果，但是不知道每一次拋擲的是哪一枚硬幣，這裡每一個觀測值都來自一個高斯分佈，但來自哪一個是未知的，可以應用 EM 演算法求解參數。

1. E 步中的期望

以隱變數 Z 表示樣本 y_j 的歸屬情況，$z_j = (\gamma_{j1}, \gamma_{j2}, \cdots, \gamma_{jK})^\mathrm{T}$，$\gamma_{jk}$ 以示性函式的形式表示：

$$\gamma_{jk} = \begin{cases} 1, & y_j \text{ 來自於 } N(\mu_k, \sigma_k^2) \\ 0, & \text{其他} \end{cases}$$

利用隱變數補全資料得到完全資料：

$$
\begin{array}{ccccc}
y_1, & \gamma_{11}, & \gamma_{12}, & \cdots, & \gamma_{1K} \\
y_2, & \gamma_{21}, & \gamma_{22}, & \cdots, & \gamma_{2K} \\
\vdots & \vdots & \vdots & \vdots & \vdots \\
y_N, & \gamma_{N1}, & \gamma_{N2}, & \cdots, & \gamma_{NK}
\end{array}
$$

第 j 個觀測值和隱變數的聯合機率密度

$$P(y_j, \boldsymbol{z}_j | \boldsymbol{\theta}) = \prod_{k=1}^{K} [w_k \phi_k(y_1 | \boldsymbol{\vartheta}_k)]^{\gamma_{jk}}$$

因此，完全資料的聯合機率密度

$$P(y_1, z_1, y_2, z_2, \cdots, y_N, z_N | \boldsymbol{\theta}) = \prod_{j=1}^{N} \prod_{k=1}^{K} [w_k N(\mu_k, \sigma_k^2)]^{\gamma_{jk}}$$

$$= \prod_{k=1}^{K} \left[w_k^{\sum\limits_{j=1}^{N} \gamma_{jk}} \prod_{j=1}^{N} \phi(y_j | \boldsymbol{\vartheta}_k)^{\gamma_{jk}} \right] \qquad (10.9)$$

簡記 $n_k = \sum\limits_{j=1}^{N} \gamma_{jk}$，代表來自於高斯分佈 $N(\mu_k, \sigma_k^2)$ 的樣本個數。將式 (10.9) 看作參數的函式是似然函式，對數化得到

$$\ln L(\boldsymbol{\theta}) = \sum_{k=1}^{K} n_k \ln w_k + \sum_{k=1}^{K} \sum_{j=1}^{N} \gamma_{jk} \ln \phi(y_j | \boldsymbol{\vartheta}_k) \qquad (10.10)$$

利用上一輪的參數 $\boldsymbol{\theta}^{(m)}$，應用貝氏公式估計隱變數

$$
\begin{aligned}
\hat{\gamma}_{jk} &= E(\gamma_{jk}|y_j, \boldsymbol{\theta}^{(m)}) \\
&= 1 \times P(\gamma_{jk} = 1|y_j, \boldsymbol{\theta}^{(m)}) + 0 \times P(\gamma_{jk} = 0|y_j, \boldsymbol{\theta}^{(m)}) \\
&= P(\gamma_{jk} = 1|y_j, \boldsymbol{\theta}^{(m)}) \\
&= \frac{P(y_j|\gamma_{jk} = 1, \boldsymbol{\theta}^{(m)})P(\gamma_{jk} = 1|\boldsymbol{\theta}^{(m)})}{\displaystyle\sum_{k=1}^{K} P(y_j|\gamma_{jk} = 1, \boldsymbol{\theta}^{(m)})P(\gamma_{jk} = 1|\boldsymbol{\theta}^{(m)})} \\
&= \frac{w_k \phi(y_j|\boldsymbol{\vartheta}_k^{(m)})}{\displaystyle\sum_{k=1}^{K} w_k \phi(y_j|\boldsymbol{\vartheta}_k^{(m)})}, \quad j = 1, 2, \cdots, N;\ k = 1, 2, \cdots, K
\end{aligned}
$$

可得

$$
\hat{n}_k = \sum_{j=1}^{N} \hat{\gamma}_{jk}, \quad k = 1, 2, \cdots, K
$$

對完全資料的對數似然函式式 (10.10) 求期望，確定目標函式

$$
\begin{aligned}
Q(\boldsymbol{\theta}|\boldsymbol{\theta}^{(m)}) &= E_{Z|Y,\boldsymbol{\theta}^{(m)}}[\ln L(\boldsymbol{\theta})] \\
&= E_{Z|Y,\boldsymbol{\theta}^{(m)}} \left\{ \sum_{k=1}^{K} n_k \ln w_k + \sum_{k=1}^{K}\sum_{j=1}^{N} \gamma_{jk} \ln \phi(y_j|\boldsymbol{\vartheta}_k) \right\} \\
&= E_{Z|Y,\boldsymbol{\theta}^{(m)}} \left\{ \sum_{k=1}^{K} n_k \ln w_k + \right. \\
&\quad \left. \sum_{k=1}^{K}\sum_{j=1}^{N} \gamma_{jk} \left[-\frac{1}{2}\ln\sqrt{2\pi} - \frac{1}{2}\ln\sigma_k^2 - \frac{1}{2\sigma_k^2}(y_j - \mu_k)^2 \right] \right\} \\
&= \sum_{k=1}^{K} \hat{n}_k \ln w_k + \sum_{k=1}^{K}\sum_{j=1}^{N} \hat{\gamma}_{jk} \left[-\frac{1}{2}\ln\sqrt{2\pi} - \frac{1}{2}\ln\sigma_k^2 - \frac{1}{2\sigma_k^2}(y_j - \mu_k)^2 \right]
\end{aligned}
$$

2. M 步中的極大化

極大化目標函式，得到新一輪的參數估計值

$$\boldsymbol{\theta}^{(m+1)} = \arg\max_{\boldsymbol{\theta}} Q(\boldsymbol{\theta}|\boldsymbol{\theta}^{(m)})$$

應用費馬原理，令偏導數為零：

$$\begin{cases} \dfrac{\partial Q(\boldsymbol{\theta}|\boldsymbol{\theta}^{(m)})}{\partial w_k} = 0 \\[2mm] \dfrac{\partial Q(\boldsymbol{\theta}|\boldsymbol{\theta}^{(m)})}{\partial \mu_k} = 0 \\[2mm] \dfrac{\partial Q(\boldsymbol{\theta}|\boldsymbol{\theta}^{(m)})}{\partial \sigma_k^2} = 0 \end{cases} \Longrightarrow \begin{cases} \hat{w}_k = \dfrac{\hat{n}_k}{N} \\[3mm] \hat{\mu}_k = \dfrac{\displaystyle\sum_{j=1}^{N} \hat{\gamma}_{jk} y_j}{\hat{n}_k} \\[5mm] \hat{\sigma}_k^2 = \dfrac{\displaystyle\sum_{j=1}^{N} \hat{\gamma}_{jk}(y_j - \mu_k)^2}{\hat{n}_k} \end{cases} \quad (k = 1, 2, \cdots, K)$$

對高斯混合模型直觀理解，就是根據上一輪的參數，補全隱變數資訊，推測每一樣本的類別歸屬，將所有樣本劃分為 K 個分佈，然後利用每個分佈中的樣本估計這一高斯分佈的平均值和方差。高斯混合模型參數估計的 EM 演算法流程如下。

高斯混合模型參數估計的 EM 演算法

輸入：觀測變數資料 Y，高斯混合分佈模型結構。

輸出：參數 $\boldsymbol{\theta}$。

(1) 給定初始參數 $\boldsymbol{\theta}^{(0)}$。

(2) 根據第 m 輪迭代的參數估計值 $\boldsymbol{\theta}^{(m)}$，計算期望推測隱變數資訊

$$\hat{\gamma}_{jk} = \frac{w_k \phi(y_j|\boldsymbol{\vartheta}_k^{(m)})}{\displaystyle\sum_{k=1}^{K} w_k \phi(y_j|\boldsymbol{\vartheta}_k^{(m)})}, \quad j = 1, 2, \cdots, N; \ k = 1, 2, \cdots, K$$

估計每個分佈中的樣本個數

$$\hat{n}_k = \sum_{j=1}^{N} \hat{\gamma}_{jk}, \quad k = 1, 2, \cdots, K$$

---

(3) 更新參數求解

$$
\begin{cases}
w_k^{(m+1)} = \dfrac{\hat{n}_k}{N} \\[3ex]
\mu_k^{(m+1)} = \dfrac{\displaystyle\sum_{j=1}^{N} \hat{\gamma}_{jk} y_j}{\hat{n}_k} \qquad (k = 1, 2, \cdots, K) \\[4ex]
(\sigma_k^2)^{(m+1)} = \dfrac{\displaystyle\sum_{j=1}^{N} \hat{\gamma}_{jk}(y_j - \mu_k)^2}{\hat{n}_k}
\end{cases}
$$

(4) 重複步驟 (3) 和步驟 (4) 進行迭代，直到收斂，輸出參數 θ^*。

10.3.2　隱藏式馬可夫模型

隱藏式馬可夫模型（Hidden Markov Model，HMM）由馬可夫鏈發展而來，由美國數學家 Baum 於 1966 年提出，廣泛應用於語音辨識、通訊、故障診斷、分子生物等。本節將介紹用以估計隱藏式馬可夫模型的參數的 Baum-Welch 演算法。Baum-Welch 演算法較之 EM 演算法提出更早，但這兩者思想相通，核心就是具有隱變數的極大似然法。

1. 馬可夫鏈

馬可夫鏈是一個隨機變數序列 $S = \{S_1, \cdots, S_t, \cdots\}$，其中 S_t 表示 t 時刻的隨機變數，如果隨機變數 S_{t+1} 只依賴於前一時刻的隨機變數 S_t，不依賴於過去的隨機變數 $\{S_1, \cdots, S_{t-1}\}$，即

$$P(S_{t+1}|S_1, \cdots, S_t) = P(S_{t+1}|S_t), \quad t = 1, 2, \cdots$$

則稱這一序列是馬可夫鏈 (Markov Chain) 或馬可夫過程 (Markov Process)。這一性質被稱作馬可夫性，通俗來說就是「未來」只與「現在」有關，與「過去」無關。

條件機率 $P(S_{t+1}|S_t)$ 稱為馬可夫鏈的轉移機率分佈。記隨機變數 S_t $(t-1, 2, \cdots)$ 所有可能的狀態集合為

$$\mathbb{Q} = \{q_1, q_2, \cdots, q_K\}$$

式中，$K = |\mathbb{Q}|$ 表示可能的狀態個數。記

$$p_{kj} = P(S_{t+1} = q_j | S_t = q_k)$$

表示從當前 t 時刻的狀態 q_k 轉移到狀態 q_j 的機率。由 p_{kj} $(k, j = 1, 2, \cdots, K)$ 組成的矩陣稱為狀態轉移機率矩陣，記為 P

$$P = \begin{pmatrix} p_{11} & \cdots & p_{1K} \\ \vdots & & \vdots \\ p_{K1} & \cdots & p_{KK} \end{pmatrix}$$

舉個例子，在金融學領域存在一個隨機遊走假說。該假說認為股票市場的價格會形成隨機遊走模式，因此它是無法被預測的。隨機遊走模型是一個典型的馬可夫鏈，也可以透過醉漢走路（Drunkard's Walk）來理解。假如醉漢被困在一條直線上，只能在 $\{\cdots, -2, -1, 0, 1, 2, \cdots\}$ 中的各點上移動。在狀態 i 向前走一步的機率是 p，向後移動一步的機率是 $1 - p$，轉移機率矩陣為

$$P = \begin{pmatrix} \vdots & \vdots & \vdots & \vdots & \vdots & \vdots & \vdots \\ \cdots & 0 & p & 0 & 0 & 0 & \cdots \\ \cdots & 1-p & 0 & p & 0 & 0 & \cdots \\ \cdots & 0 & 1-p & 0 & p & 0 & \cdots \\ \cdots & 0 & 0 & 1-p & 0 & p & \cdots \\ \cdots & 0 & 0 & 0 & 1-p & 0 & \cdots \\ \vdots & \vdots & \vdots & \vdots & \vdots & \vdots & \vdots \end{pmatrix}$$

馬可夫鏈也常用於天氣預報，例如天氣有「晴天」「多雲」「下雨」3 種狀態，轉移情況如圖 10.7 所示。

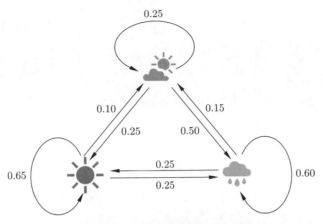

▲圖 10.7　天氣狀態的轉移示意圖

分別以數字 1、2、3 表示狀態，得到轉移機率矩陣

$$P = \begin{pmatrix} 0.65 & 0.10 & 0.25 \\ 0.25 & 0.25 & 0.50 \\ 0.25 & 0.15 & 0.60 \end{pmatrix} .$$

無論是醉漢走路還是天氣預報，機率轉移矩陣都表明在一定條件下各狀態可以互相轉移，因此矩陣中的任意元素都是非負的，且行元素之和為 1，即

$$0 \leqslant p_{kj} \leqslant 1, \quad \sum_{j=1}^{K} p_{kj} = 1, \quad k = 1, 2, \cdots, K .$$

記馬可夫鏈的初始狀態分佈向量 $\boldsymbol{\pi} = (\pi_1, \pi_2, \cdots, \pi_K)^{\mathrm{T}}$，各元素表示初始時刻在每一狀態上的機率，滿足

$$0 \leqslant \pi_k \leqslant 1, \quad \sum_{k=1}^{K} \pi_k = 1 .$$

可以說，馬可夫鏈由初始狀態分佈和轉移機率矩陣兩個要素決定整個過程。

例如在天氣預報的例子中，如果初始狀態分佈向量 $\boldsymbol{\pi} = (1, 0, 0)^{\mathrm{T}}$，判斷第三天的天氣

$$(\boldsymbol{P}^{\mathrm{T}})^2\boldsymbol{\pi} = \begin{pmatrix} 0.65 & 0.25 & 0.25 \\ 0.10 & 0.25 & 0.15 \\ 0.25 & 0.50 & 0.60 \end{pmatrix}^2 \begin{pmatrix} 1 \\ 0 \\ 0 \end{pmatrix} = \begin{pmatrix} 0.51 \\ 0.13 \\ 0.36 \end{pmatrix}$$

則兩天后處於「晴天」狀態的機率最大，可以借此做出天氣預測。

2. 隱藏式馬可夫模型

與馬可夫鏈不同，隱藏式馬可夫模型中的狀態序列是不可觀測的。假定序列長度為 T，記狀態變數序列 $S = \{S_1, S_2, \cdots, S_T\}$，觀測變數序列 $O = \{O_1, O_2, \cdots, O_T\}$，隱藏式馬可夫模型如圖 10.8 所示。

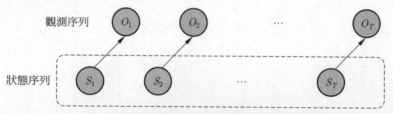

▲ 圖 10.8 隱藏式馬可夫模型示意圖

記隱藏式馬可夫模型中所有可能狀態的集合為 $\mathbb{Q}$，所有可能觀測的集合為 $\mathbb{V}$，

$$\mathbb{Q} = \{q_1, q_2, \cdots, q_K\}, \quad \mathbb{V} = \{v_1, v_2, \cdots, v_M\}$$

式中，$K = |\mathbb{Q}|$ 是可能的狀態數，$M = |\mathbb{V}|$ 是可能的觀測數。從初始狀態出發實現整個隱馬可夫狀態，設初始狀態向量

$$\boldsymbol{\pi} = (\pi_1, \pi_2, \cdots, \pi_K)^{\mathrm{T}}$$

滿足

$$0 \leqslant \pi_k \leqslant 1, \quad \sum_{k=1}^{K} \pi_k = 1$$

狀態轉移機率矩陣是 $\boldsymbol{P} = [p_{kj}]_{K \times K}$，元素 p_{kj} 表示從狀態 q_k 轉移至 q_j 的機率，滿足

$$0 \leqslant p_{kj} \leqslant 1, \quad \sum_{j=1}^{K} p_{kj} = 1, \quad k = 1, 2, \cdots, K$$

與馬可夫鏈相比,隱藏式馬可夫模型增加一個要素——觀測矩陣。將 q_k 狀態下觀測到 v_i 的機率記作 $b_k(vi) = P(v_i|q_k)$,簡記為 b_{ki},得到 $K \times M$ 維的觀測矩陣

$$\boldsymbol{B} = \begin{pmatrix} b_{11} & \cdots & b_{1M} \\ \vdots & & \vdots \\ b_{K1} & \cdots & b_{KM} \end{pmatrix}$$

滿足

$$0 \leqslant b_{ki} \leqslant 1, \quad \sum_{i=1}^{M} b_{ki} = 1, \quad k = 1, 2, \cdots, K$$

隱藏式馬可夫模型由初始狀態分佈、3 個要素決定整個過程。從初始狀態分佈出發,以狀態轉移機率矩陣確定隱藏的一條關於狀態的馬可夫鏈,然後根據觀測矩陣從狀態生成觀測序列。這不僅需要滿足狀態序列的馬可夫性質,還需要滿足觀測值的獨立性假設,即假設任意時刻的觀測值只依賴於該時刻的狀態,與其他觀測及狀態無關,

$$P(O_t|S_t, S_{T-1}, O_{T-1}, \cdots, S_1, O_1) = P(O_t|S_t)$$

下面用一個例子來解釋隱藏式馬可夫模型的實現過程。

例 10.2 假設現在有 3 枚硬幣 A、B、C,硬幣所拋擲正面和反面的機率分佈如表 10.7 所示。

▼ 表 10.7 拋擲硬幣 A、B、C 的正反面機率分佈

硬　幣	機率分布	
	正面	反面
A	0.50	0.50
B	0.30	0.70
C	0.85	0.15

接下來按照以下方式生成觀測資料。

(1) 初始：以等機率從 3 枚硬幣中隨機選取 1 枚硬幣，投擲硬幣並記錄觀測結果（正面或反面）。

(2) 硬幣轉移規則：如果取出到 A 硬幣，分別以機率 0.4 和 0.6 轉移到 B 硬幣和 C 硬幣；如果取出到 B 硬幣，以機率 0.5 持有 B 硬幣，分別以機率 0.3 和 0.2 轉移到 A 硬幣和 C 硬幣；如果取出到 C 硬幣，以機率 0.5 持有 C 硬幣，以機率 0.5 轉移到 B 硬幣。硬幣轉移過程如圖 10.9 所示。

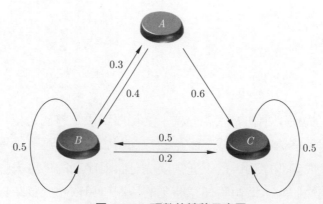

▲圖 10.9 3 硬幣的轉移示意圖

(3)繼續：確定轉移後的硬幣後繼續拋擲，記錄觀測結果（正面或反面）。

(4)如此重複 10 次，得到觀測序列。

請寫出拋擲硬幣的隱馬可夫過程。

解 硬幣種類對應於狀態，所有可能的狀態集合

$$\mathbb{Q} = \{A,\ B,\ C\}, \quad N = 3$$

拋擲硬幣得到的正面或反面對應於觀測，所有可能的觀測集合為

$$\mathbb{V} = \{正面,\ 反面\}, \quad M = 2$$

每次不知道選了哪一個硬幣，該過程是隱藏的，即每一次拋擲的狀態未知，視狀態序列 S 為隱變數。明確整個隱馬可夫過程，初始狀態分佈向量

$$\boldsymbol{\pi} = (1/3,\ 1/3,\ 1/3)^{\mathrm{T}}$$

轉移機率矩陣

$$P = \begin{pmatrix} 0.0 & 0.4 & 0.6 \\ 0.3 & 0.5 & 0.2 \\ 0.0 & 0.5 & 0.5 \end{pmatrix}$$

狀態序列和觀測序列長度 $T = 10$。觀測機率矩陣為

$$B = \begin{pmatrix} 0.50 & 0.50 \\ 0.30 & 0.70 \\ 0.85 & 0.15 \end{pmatrix}$$

3. 隱藏式馬可夫模型的參數估計——Baum-Welch 演算法

正是因為在實際中，隱藏式馬可夫模型的初始狀態、轉移機率矩陣、觀測矩陣 3 個要素是未知的，能得到的只有觀測序列，才稱之為「隱藏式」馬可夫模型，這在語音辨識、生物基因中非常常見。假設給定訓練資料長度為 T，觀測序列是 $O = \{O_1 = o_1, O_2 = o_2, \cdots, O_T = o_T\}$，我們希望透過觀測序列學習隱藏式馬可夫模型的 3 要素。應用 EM 演算法求解參數。

E 步中的期望

記隱藏的狀態序列 $S = \{S_1 = s_1, S_2 = s_2, \cdots, S_T = s_T\}$，利用隱變數補全資料得到完全資料

$$\begin{array}{cc} o_1, & s_1 \\ o_2, & s_2 \\ \vdots & \vdots \\ o_T, & s_T \end{array}$$

以 π_{s1} 表示在 s_1 狀態的機率，$p_{s_t,s_{t+1}}$ 表示從狀態 s_t 轉移到 s_{t+1} 的機率，$b_{s_t}(o_t)$ 表示於狀態 s_t 時觀測到 o_t 的機率。完全資料序列的機率

$$P(O, S|\theta) = \pi_{s_1} b_{s_1}(o_1) p_{s_1,s_2} b_{s_2}(o_2) \cdots p_{s_{T-1},s_T} b_{s_T}(o_T) \tag{10.11}$$

式中，θ 包含初始狀態 π、轉移機率矩陣 P、觀測矩陣 B，$\theta = (\pi, P, B)$。將式 (10.11) 看作參數的函式是似然函式，對數化得到

$$\ln L(\boldsymbol{\theta}) = \ln \pi_{s_1} + \sum_{t=1}^{T-1} \ln p_{s_t,s_{t+1}} + \sum_{t=1}^{T} \ln b_{s_t}(o_t) \qquad (10.12)$$

在上一輪的參數 $\boldsymbol{\theta}^{(m)}$ 下，對完全資料的對數似然函式式 (10.12) 求期望，確定目標函式

$$Q(\boldsymbol{\theta}|\boldsymbol{\theta}^{(m)}) = E_{S|O,\boldsymbol{\theta}^{(m)}}[\ln L(\boldsymbol{\theta})]$$

$$= \sum_{s_t \in \mathbb{Q}, t=1}^{T} P(S|O, \boldsymbol{\theta}^{(m)}) \ln L(\boldsymbol{\theta})$$

$$= \sum_{s_t \in \mathbb{Q}, t=1}^{T} \frac{P(O, S|\boldsymbol{\theta}^{(m)})}{P(O|\boldsymbol{\theta}^{(m)})} \ln L(\boldsymbol{\theta})$$

在參數 $\boldsymbol{\theta}^{(m)}$ 和觀測序列 O 給定的情況下，$P(O|\boldsymbol{\theta}^{(m)})$ 是常數。於是

$$\arg\max_{\boldsymbol{\theta}} Q(\boldsymbol{\theta}|\boldsymbol{\theta}^{(m)}) \Longleftrightarrow \arg\max_{\boldsymbol{\theta}} \widetilde{Q}(\boldsymbol{\theta}|\boldsymbol{\theta}^{(m)})$$

這裡

$$\widetilde{Q}(\boldsymbol{\theta}|\boldsymbol{\theta}^{(m)}) = \sum_{s_t \in \mathbb{Q}, t=1}^{T} P(O, S|\boldsymbol{\theta}^{(m)}) \ln L(\boldsymbol{\theta})$$

$$= \sum_{s_1 \in \mathbb{Q}} P(O, S|\boldsymbol{\theta}^{(m)}) \ln \pi_{s_1} + \sum_{s_t \in \mathbb{Q}, t=1}^{T} P(O, S|\boldsymbol{\theta}^{(m)}) \left(\sum_{t=1}^{T-1} \ln p_{s_t,s_{t+1}} \right) +$$

$$\sum_{s_t \in \mathbb{Q}, t=1}^{T} P(O, S|\boldsymbol{\theta}^{(m)}) \left(\sum_{t=1}^{T} \ln b_{s_t}(o_t) \right)$$

$$= \sum_{k=1}^{K} P(O, s_1 = q_k|\boldsymbol{\theta}^{(m)}) \ln \pi_{s_1} +$$

$$\sum_{k=1}^{K}\sum_{j=1}^{K} P(O, s_t = q_k, s_{t+1} = q_j|\boldsymbol{\theta}^{(m)}) \left(\sum_{t=1}^{T-1} \ln p_{s_t, s_{t+1}}\right) +$$

$$\sum_{k=1}^{K} P(O, s_t = q_k|\boldsymbol{\theta}^{(m)}) \left(\sum_{t=1}^{T} \ln b_{s_t}(o_t)\right)$$

$$= \sum_{k=1}^{K} P(O, s_1 = q_k|\boldsymbol{\theta}^{(m)}) \ln \pi_k + \sum_{k=1}^{K}\sum_{j=1}^{K}\sum_{t=1}^{T-1} P(O, s_t = q_k, s_{t+1} = q_j|\boldsymbol{\theta}^{(m)}) \ln p_{kj} +$$

$$\sum_{k=1}^{K}\sum_{t=1}^{T} P(O, s_t = q_k|\boldsymbol{\theta}^{(m)}) \ln b_k(o_t)$$

M 步中的極大化

$\tilde{Q}(\boldsymbol{\theta}|\boldsymbol{\theta}^{(m)})$ 所展開的 3 項，第一項只包含初始狀態分佈向量的元素，第二項只包含轉移機率矩陣的元素，第三項只包含觀測矩陣的元素，因此可以分為 3 個最佳化問題求解參數。

(1) 初始狀態分佈 $\boldsymbol{\pi}$ 的求解：

$$\max_{\boldsymbol{\pi}} \quad Q_1(\boldsymbol{\pi}|\boldsymbol{\theta}^{(m)}) = \sum_{k=1}^{K} P(O, s_1 = q_k|\boldsymbol{\theta}^{(m)}) \ln \pi_k$$

$$\text{s.t.} \quad 0 \leqslant \pi_k \leqslant 1, \quad \sum_{k=1}^{K} \pi_k = 1$$

結合常規約束，建構拉格朗日函式：

$$L_1(\boldsymbol{\pi}) = \sum_{k=1}^{K} P(O, s_1 = q_k|\boldsymbol{\theta}^{(m)}) \ln \pi_k + \lambda \left(\sum_{k=1}^{K} \pi_k - 1\right)$$

應用費馬原理求解，得到

$$\begin{cases} \dfrac{\partial L_1(\boldsymbol{\pi})}{\partial \pi_k} = 0, \ k = 1, 2, \cdots, K \\ \dfrac{\partial L_1(\boldsymbol{\pi})}{\partial \lambda_1} = 0 \end{cases} \implies \begin{cases} \hat{\lambda}_1 = -P(O|\boldsymbol{\theta}^{(m)}) \\ \hat{\pi}_k = \dfrac{P(O, s_1 = q_k|\boldsymbol{\theta}^{(m)})}{P(O|\boldsymbol{\theta}^{(m)})} \end{cases}$$

(2) 轉移機率矩陣 $\boldsymbol{P}$ 的求解：

$$\max_{\boldsymbol{P}} \quad Q_2(\boldsymbol{P}|\boldsymbol{\theta}^{(m)}) = \sum_{k=1}^{K}\sum_{j=1}^{K}\sum_{t=1}^{T-1} P(O, s_t = q_k, s_{t+1} = q_j|\boldsymbol{\theta}^{(m)}) \ln p_{kj}$$

$$\text{s.t.} \quad 0 \leqslant p_{kj} \leqslant 1, \quad \sum_{j=1}^{K} p_{kj} = 1, \quad k = 1, 2, \cdots, K$$

類似於初始機率分佈向量的求解，可以得到估計參數

$$p_{kj} = \frac{\displaystyle\sum_{t=1}^{T-1} P(O, s_t = q_k, s_{t+1} = q_j|\boldsymbol{\theta}^{(m)})}{\displaystyle\sum_{t=1}^{T-1} P(O, s_t = q_k|\boldsymbol{\theta}^{(m)})}$$

(3) 觀測矩陣 $\boldsymbol{B}$ 的求解：

$$\max_{\boldsymbol{P}} \quad Q_3(\boldsymbol{B}|\boldsymbol{\theta}^{(m)}) = \sum_{k=1}^{K}\sum_{t=1}^{T} P(O, s_t = q_k|\boldsymbol{\theta}^{(m)}) \ln b_k(o_t)$$

$$\text{s.t.} \quad 0 \leqslant b_{ki} \leqslant 1, \quad \sum_{i=1}^{M} b_{ki} = 1, \quad k = 1, 2, \cdots, K$$

類似於初始機率分佈向量的求解，可以得到估計參數

$$b_{ki} = \frac{\displaystyle\sum_{t=1}^{T} P(O, s_t = q_k|\boldsymbol{\theta}^{(m)}) I(o_t = v_i)}{\displaystyle\sum_{t=1}^{T} P(O, s_t = q_k|\boldsymbol{\theta}^{(m)})}$$

式中，$I(o_t = v_i)$ 是示性函式，只有當 $\text{o}_t = v_i$ 時取 1，其他情況取 0。

隱藏式馬可夫模型參數估計的 Baum-Welch 演算法流程如下。

隱藏式馬可夫模型參數估計的 Baum-Welch 演算法

輸入：觀測序列 O，隱藏式馬可夫模型結構。

輸出：參數 $\boldsymbol{\theta} = (\boldsymbol{\pi}, \boldsymbol{P}, \boldsymbol{B})$。

(1) 給定初始參數 $\boldsymbol{\theta}^{(0)}$。

(2) 根據第 m 輪迭代的參數估計值 $\boldsymbol{\theta}^{(m)}$，更新參數

$$
\begin{cases}
\hat{\pi}_k = \dfrac{P(O, s_1 = q_k | \boldsymbol{\theta}^{(m)})}{P(O | \boldsymbol{\theta}^{(m)})}, \quad k = 1, 2, \cdots, K \\[4mm]
p_{kj} = \dfrac{\displaystyle\sum_{t=1}^{T-1} P(O, s_t = q_k, s_{t+1} = q_j | \boldsymbol{\theta}^{(m)})}{\displaystyle\sum_{t=1}^{T-1} P(O, s_t = q_k | \boldsymbol{\theta}^{(m)})}, \quad k, j = 1, 2, \cdots, K \\[4mm]
b_{ki} = \dfrac{\displaystyle\sum_{t=1}^{T} P(O, s_t = q_k | \boldsymbol{\theta}^{(m)}) I(o_t = v_i)}{\displaystyle\sum_{t=1}^{T} P(O, s_t = q_k | \boldsymbol{\theta}^{(m)})}, \quad k = 1, 2, \cdots, K; \ i = 1, 2, \cdots, M
\end{cases}
$$

(3) 重複迭代，直到收斂，輸出參數 $\boldsymbol{\theta}^*$。

10.4 本章小結

1. EM 演算法的核心是極大似然法，常用於處理不完全資料。EM 演算法的 E 步表示期望，在這一階段以期望表示迭代的目標函式

$$
Q(\boldsymbol{\theta} | \boldsymbol{\theta}^{(m)}) = E_{Z|Y, \boldsymbol{\theta}^{(m)}} [\ln P(Y, Z | \boldsymbol{\theta})]
$$

M 步表示極大值，在這一階段透過最大化目標函式估計參數。

$$
\boldsymbol{\theta}^{(m+1)} = \arg\max_{\boldsymbol{\theta}} Q(\boldsymbol{\theta} | \boldsymbol{\theta}^{(m)})
$$

2. EM 演算法的似然函式序列和參數都具有一定的收斂性，可收斂至穩定值。但是，選取不同的初值得出的最終參數可能會不相同，因此常用的方法是選取不同的初值進行迭代，然後對各方案加以比較，從中選出最好的。

3. EM 演算法的應用十分廣泛，高斯混合模型和隱藏式馬可夫模型的參數估計都可以採用 EM 演算法。

10.5 習題

10.1 透過 EM 演算法的步驟，寫出求解硬幣盲盒例子的程式，計算初始值為

$$\hat{\theta}_A^{(0)} = 0.3, \quad \hat{\theta}_B^{(0)} = 0.9$$

迭代輸出的參數結果。

10.2 如果例 10.2 中的觀測序列為

$O = \{$ 正面 , 反面 , 正面 , 正面 , 正面 , 反面 , 反面 , 正面 , 正面 , 反面 $\}$

請透過 Baum-Welch 演算法估計該隱藏式馬可夫模型的初始狀態分佈、轉移機率矩陣和觀測矩陣。

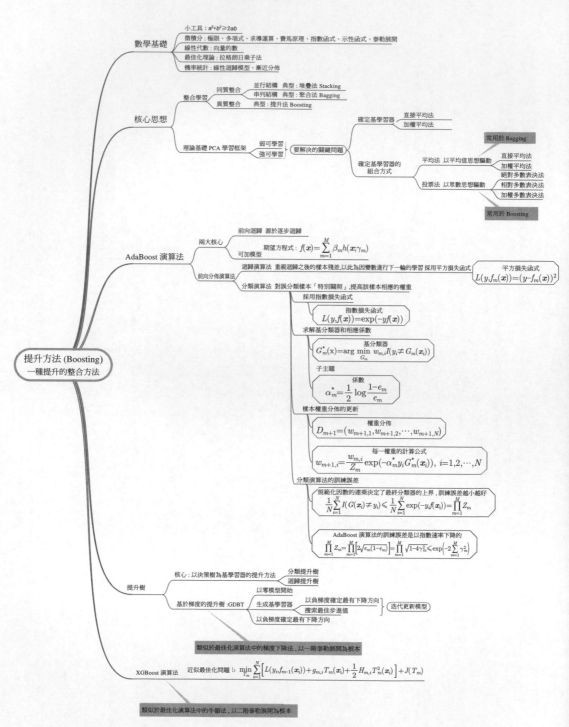

數學基礎
小工具：$a^2+b^2 \geqslant 2ab$
微積分：極限、多項式、求導運算、費馬原理、指數函式、示性函式、泰勒展開
線性代數：向量的數
最佳化理論：拉格朗日乘子法
機率統計：線性迴歸模型、漸近分佈

核心思想
整合學習
同質整合
並行結構 典型：堆疊法 Stacking
串列結構 典型：聚合法 Bagging
異質整合 典型：提升法 Boosting

理論基礎 PCA 學習框架
弱可學習
強可學習
要解決的關鍵問題
確定基學習器
直接平均法
加權平均法
常用於 Bagging

確定基學習器的組合方式
平均法 以平均值思想驅動
直接平均法
加權平均法
投票法 以眾數思想驅動
絕對多數表決法
相對多數表決法
加權多數表決法
常用於 Boosting

AdaBoost 演算法
兩大核心
前向迴歸 源於逐步迴歸
可加模型 期望方程式：$f(\boldsymbol{x})=\sum\limits_{m=1}^{M}\beta_m h(\boldsymbol{x};\gamma_m)$

前向分佈演算法
迴歸演算法 重視迴歸之後的樣本殘差，以此為因變數進行下一輪的學習 採用平方損失函式
平方損失函式
$L(y_i,f_m(\boldsymbol{x}))=(y-f_m(\boldsymbol{x}))^2$

分類演算法 對誤分類樣本「特別關照」，提高該樣本相應的權重
採用指數損失函式
指數損失函式
$L(y,f(\boldsymbol{x}))=\exp(-yf(\boldsymbol{x}))$
求解基分類器和相應係數
基分類器
$G_m^*(\mathrm{x})=\arg\min\limits_{G_m} w_{m,i}I(y_i \neq G_m(\boldsymbol{x}_i))$
子主題
係數
$\alpha_m^*=\dfrac{1}{2}\log\dfrac{1-e_m}{e_m}$
樣本權重分佈的更新
權重分佈
$D_{m+1}=(w_{m+1,1},w_{m+1,2},\cdots,w_{m+1,N})$
每一權重的計算公式
$w_{m+1,i}=\dfrac{w_{m,i}}{Z_m}\exp(-\alpha_m^* y_i G_m^*(\boldsymbol{x}_i)),\ i=1,2,\cdots,N$
分類演算法的訓練誤差
規範化因數的連乘決定了最終分類器的上界，訓練誤差越小越好
$\dfrac{1}{N}\sum\limits_{i=1}^{N}I(G(\boldsymbol{x}_i)\neq y_i)\leqslant\dfrac{1}{N}\sum\limits_{i=1}^{N}\exp(-y_i f(\boldsymbol{x}_i))=\prod\limits_{m=1}^{M}Z_m$
AdaBoost 演算法的訓練誤差是以指數速率下降的
$\prod\limits_{m=1}^{M}Z_m=\prod\limits_{m=1}^{M}\left[2\sqrt{e_m(1-e_m)}\right]=\prod\limits_{m=1}^{M}\sqrt{1-4\gamma_m^2}\leqslant\exp\left(-2\sum\limits_{m=1}^{M}\gamma_m^2\right)$

提升樹
核心：以決策樹為基學習器的提升方法
分類提升樹
迴歸提升樹
基於梯度的提升樹：GDBT
以零模型開始
生成基學習器
以負梯度確定最有下降方向
搜索最佳步進值
迭代更新模型
以負梯度確定最有下降方向

提升方法 (Boosting)
一種提升的整合方法

XGBoost 演算法
類似於最佳化演算法中的梯度下降法，以一階泰勒展開為根本
近似最佳化問題 i: $\min\limits_{T_m}\sum\limits_{i=1}^{N}\left[L(y_i,f_{m-1}(\boldsymbol{x}_i))+g_{m,i}T_m(\boldsymbol{x}_i)+\dfrac{1}{2}H_{m,i}T_m^2(\boldsymbol{x}_i)\right]+J(T_m)$
類似於最佳化演算法中的牛頓法，以二階泰勒展開為根本

第 11 章　提升方法思維導圖

第 11 章
提 升 方 法

> 我學習了一生，現在我還在學習，而將來，只要我還有精力，我還要學習下去。
>
> ——別林斯基

在 Valian 提出 PAC 學習框架之後，Schapire 於 1990 年率先建構出提升（Boosting）方法的雛形。可以說，Boosting 方法是一種串列結構的整合學習方法。具體來講，Boosting 方法是一種迭代式的提升方法，其核心思想在於每一輪有針對地學習「做的不夠好」的地方，如同一個查漏補缺的過程。本章首先介紹整合思想與 PAC 框架，然後圍繞提升的目的，從 AdaBoost 起步，介紹提升樹與 GBDT 演算法，最後擴充至在各類演算法比賽中非常熱門的 XGBoost 演算法。

11.1 提升方法（Boosting）是一種整合學習方法

11.1.1 什麼是整合學習

> 集大成也者，金聲而玉振之也。
>
> ——《孟子·萬章（下）》

整合這一思想來源於生活。有時候，僅為了模型的精度，通常會訓練非常複雜的模型，如果是單模型，泛化能力往往較差，怎麼辦？

如同諺語所說「三個臭皮匠勝過一個諸葛亮」，對一個複雜任務而言，多個專家的判斷是要強於任何一個單獨專家的判斷的。換言之，我們不妨考慮多個模型的整合，集思廣益，完成任務。此處，多個「專家」代表多個基礎學習模型[i]，將多個模型方法結合在一起，就是整合學習。一般地，整合學習方法分為同質整

---

i 本章簡稱基礎學習器為基學習器。

合和異質整合。到底是同質還是異質整合，取決於基礎學習模型是否是同一類型
的。

同質整合採用同一種類型的基學習器整合而得，根據其內部結構可以分成兩
種：並行結構和串列結構。

(1)並行方法，表示基學習器同時進行，主要指聚合（Bagging）演算法。

以「三個臭皮匠勝過一個諸葛亮」這句諺語來說明。假設甲方戰營有 3 支隊
伍攻向乙方城池，3 支隊伍同時從 3 個方向進攻，隊伍獲勝的機率分別是 0.60、
0.55、0.45，只要甲方有隊伍獲勝，即可佔領城池取得勝利。根據機率，最終獲勝
的機率是

$$1 - (1 - 0.60)(1 - 0.55)(1 - 0.45) = 0.90$$

也就是說，雖然每支隊伍的獲勝機率不高，但總的來說甲方勝利的機率高達
90%，可不就頂了個諸葛亮了麼。

回到聚合演算法上，以分類問題為例，聚合演算法的核心在於每次對資料有
放回的抽樣，產生具有固定數量的採樣集。一般來說採用 Boostrap 法抽樣，然後
針對每一採樣集訓練基分類器，最終以一定的組合方式生成終分類器。隨機森林
就是這個原理，每個基學習器就是一棵決策樹，集木成林，如圖 11.1 所示。

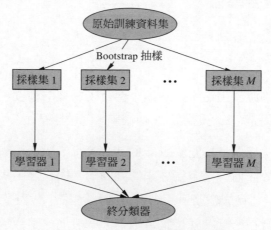

▲圖 11.1 Bagging 演算法示意圖

(2) 串列方法，表示透過基學習器一輪一輪地依次提升，主要指提升 (Boosting) 演算法。

仍以「三個臭皮匠頂個諸葛亮」來說明。若乙方守城戰士較少，只有一支隊伍，甲方有 3 支隊伍，採用車輪戰的戰術。假定甲方每支隊伍依次作戰，根據上一輪的情況找到乙方隊伍的弊端，並且消耗對方戰力，每輪作戰結束都可以在原有基礎上提升戰鬥方案，如果每輪的勝算分別為 0.7、0.8、0.9，從機率變化趨勢來看，甲方則實現步步提升式的攻城策略。

Boosting 演算法的示意圖如圖 11.2 所示。對於一個原始訓練資料集而言，可以根據上一輪基學習器的訓練結果，更新資料集，然後繼續新一輪的學習，如此一輪一輪地訓練下來。最終，將這些基學習器整合在一起得到終學習器。

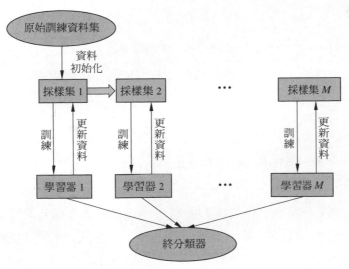

▲ 圖 11.2 Boosting 演算法示意圖

異質整合，採用不同種類型的基學習器，類似於同質整合，其內部結構也可以分成兩種。最典型的異質學習就是堆疊法 (Stacking)，顧名思義，就是堆疊，結合這一電腦術語理解，表示將上一輪計算的結果經過處理之後輸入下一輪，然後一輪輪地訓練下去。堆疊法的特色是取長補短，希望強強聯手，從不同的角度出發，考慮不同的模型，進行整理和學習。

11.1.2 強可學習與弱可學習

為保證一系列基學習器能夠合成最終的強學習器，需要一定的理論支援，即 PAC 學習框架。

PCA 是 Probably Approximately Correct 的縮寫，表示機率漸近正確，即透過機率極限來描述正確率。Leslie Valiant 於 1984 年提出 PCA 學習框架，並因此而獲得圖靈獎。接下來我們引入 PCA 學習框架的定義。

定義 11.1 (PCA 學習框架) 如果存在一個演算法 $\mathcal{A}$ 以及一個多項式函式 Poly $(\cdot, \cdot, \cdot, \cdot)$ 使得對於任意 $\epsilon > 0$ 和 $\delta > 0$，對於輸入空間 $\mathcal{X}$ 上定義的所有分佈 $\mathcal{D}$，以及概念類 $\mathcal{C}$ 上任意的目標概念 $c \in \mathcal{C}$，對於樣本數滿足 $N > \text{Poly}(1/\epsilon, 1/\delta, \text{p}, \text{size}(c))$ 的任意訓練集，都有

$$P_{\mathcal{S} \sim \mathcal{D}^N}[R(h) \leqslant \epsilon] \geqslant 1 - \delta \tag{11.1}$$

成立，則表明演算法 $\mathcal{A}$ 的複雜度由多項式 $\text{Poly}(1/\epsilon, 1/\delta, \text{p}, \text{size}(c))$ 決定，稱概念類 $\mathcal{C}$ 是 PCA 可學習的。$\mathcal{A}$ 被稱作概念類 $\mathcal{C}$ 的 PCA 可學習演算法。

逐一解釋定義中出現的數學符號：

- c 表示從輸入空間 $\mathcal{X}$ 到輸出空間 $\mathcal{Y}$ 的映射。為更加一般化，我們稱這樣的映射為概念。相應地，概念的集合，我們稱為概念類，記作 $\mathcal{C}$，通常表示希望學習的所有概念。

- 若給定演算法 $\mathcal{A}$，它所考慮的所有可能概念的集合稱為假設空間，記作 $\mathcal{H}$。與 $\mathcal{C}$ 相比，$\mathcal{C}$ 就是上帝角度下的概念類，$\mathcal{H}$ 是人類角度下的概念類，因為無法預知上帝創世時的真實概念類 $\mathcal{C}$，所以兩者通常是不同的。h 是 $\mathcal{H}$ 中的元素。

- S 是觀測樣本，如果上帝用的概念是 c，觀測實例記為 $\{x_1, x_2, \cdots, x_N\}$，則觀測到的樣本為 $S = \{(x_1, c(x_1)), (x_2, c(x_2)), \cdots, (x_N, c(x_N))\}$。

- $\mathcal{D}$ 代表輸入變數的分佈，若訓練集中包含 N 個樣本，樣本聯合分佈則是 N 維的。$S \sim \mathcal{D}^N$ 表示觀測樣本 S 服從聯合分佈 $\mathcal{D}^N$。

- $R(h)$ 代表概念 h 的泛化誤差，即

$$R(h) = P_{x \sim \mathcal{D}^N}[h(x) \neq c(x)]$$

- p 代表輸入空間 $\mathcal{X}$ 的維度，size(c) 代表概念 $c \in \mathcal{C}$ 的最大代價，增加上參數 $\epsilon > 0$ 和 $\delta > 0$，共同決定演算法 $\mathcal{A}$ 的時間複雜度，時間複雜度以多項式函式 Poly($\cdot$, $\cdot$, $\cdot$, $\cdot$) 的形式呈現。

定義中的不等式 (11.1)，不等號左邊表示錯誤率非常小的機率，不等號右邊表示接近 1 的機率下界。這表示，如果錯誤率足夠小，在極限的情況下，泛化學習的錯誤率為零就漸近變成必然事件。對於樣本數為 N 的訓練集，如果對於複雜度滿足 $N > \text{Poly}(1/\epsilon, 1/\delta, p, \text{size}(c))$ 的演算法 $\mathcal{A}$ 而言，不等式 (11.1) 成立，即表示錯誤率依機率為零，則 $\mathcal{A}$ 是 PAC 可學習的演算法。這也是強可學習的理論。

既然有強可學習，相對而言，也有弱可學習。簡單來說，弱可學習就是指用了學習器比一無所知的時候純粹靠猜效果要好。Ehrenfeucht 等 1989 年提出，可以透過弱可學習組合成為強可學習。這就是整合法的核心，關鍵要解決的問題有兩個：

(1) 確定一系列弱可學習的學習器，即基學習器。

(2) 將弱可學習的學習器組合成強可學習。

基學習器的選取，可以根據問題的不同決定，分類問題採用分類器，迴歸問題採用迴歸器。典型的組合策略有平均法和投票法。

(1) 平均法以平均值思想為驅動，分為直接平均法和加權平均法，常用於聚合 (Bagging) 演算法。若學習得到 M 個基學習器 $h_1, h_2, \cdots, h_M$，終學習器記作 f_M。

- 直接平均法：

$$f_M(\boldsymbol{x}) = \frac{1}{M} \sum_{m=1}^{M} h_m(\boldsymbol{x})$$

- 加權平均法：

$$f_M(\boldsymbol{x}) = \sum_{m=1}^{M} w_m h_m(\boldsymbol{x})$$

式中，$w_m \geq 0$ 是基學習器 h_m 的權重，且滿足 $\sum_{m=1}^{M} w_m = 1$，使得誤差降至最低。

(2)投票法以眾數思想為驅動，分為絕對多數表決法、相對多數表決法和加權多數表決法，常用於提升（Boosting）演算法。下面以分類問題為例介紹 3 種方法。

- 絕對多數表決法：仍然是少數服從多數，但是要求勝出的類別必須超過一半的票數，否則無效。

- 相對多數表決法：無「必須超過一半票數」的限制，比絕對多數表決法更加靈活。

- 加權多數表決法：在相對多數表決法的基礎上，增加權重資訊，例如本章介紹的 AdaBoost 分類演算法就是採用這種策略組合基分類器的。

11.2 起步於 AdaBoost 演算法

AdaBoost 演算法是一種具有適應性的（Adaptive）提升演算法，由 Freund 和 Schapire 於 1999 年提出，根據弱分類器的誤差率，有目的地進行適應性提升。AdaBoost 演算法的兩大核心在於可加模型和前向迴歸的思想。可加模型思想決定了 AdaBoost 演算法的結構，而前向迴歸思想則提供了 AdaBoost 演算法的提升策略。

11.2.1 兩大核心：前向迴歸和可加模型

1. 前向迴歸

前向迴歸思想來自於迴歸分析，在第 2 章中，若模型含有 p 個引數 $X_1, X_2, \cdots, X_p$，因變數 Y，多元線性迴歸模型可以寫作

$$E(Y) = \beta_0 + X_1\beta_1 + X_2\beta_2 + \cdots + X_p\beta_p$$

如何從 p 個引數中選出對因變數 Y 線性影響最大的變數呢？單純比較每個引數前的迴歸係數 β_i 是不合理的，因為係數會受到量綱的影響。線性相關係數可以無視量綱，但是只能度量每一個引數對因變數的單一線性關係。我們需要考慮的是，多個引數對因變數的綜合線性影響，最笨的辦法就是以 p 個引數的所有可能組合組成模型，共有 2^p 種線性迴歸模型，然後全部嘗試一遍，選出效果最好的那個。但問題在於，如果 p 很大，則整個過程的工作量也是巨大的。

　　20 世紀 60 年代，Efroymson 想出一個巧妙的方法，將迭代思想融入引數的選擇與模型估計，提出逐步迴歸（Stepwise Regression）方法。逐步迴歸中包括前向迴歸和後向迴歸。顧名思義，前向思想就如同超級瑪麗一層層爬樓梯似的，逐步升級越來越高。首先建構一個零模型，不包含任何引數，然後分別將變數引入，選取效果最好的模型，常用來判斷效果的有 AIC 準則、BIC 準測、F 檢驗等。當確定一輪之中的最佳模型之後，再進行下一輪，若效果比上一輪的模型更好則繼續，否則停止，直到不能再引入變數為止。後向思想，則從包含所有引數的全模型開始，一輪輪剔除變數，直到無引數可被剔除為止。逐步迴歸結合了前向思想和後向思想，一邊增加引數一邊考查是否存在多餘的引數可以被剔除，恰似回顧初心，篤定前行。

先賢的智慧

　　子曰：溫故而知新，可以為師矣！

　　子曰：學而時習之，不亦說乎！

　　曾子曰：吾日三省吾身！

---

2. 可加模型

　　可加模型（Additive Model）是一種非參數模型，可以將其看作多元迴歸模型的一般化形式。例如在多元線性迴歸中，引數和因變數之間侷限於線性關係，可加模型不受此限制，不需要假設模型具有某種特定的函式形式，因此十分靈活。

　　若終模型是 M 個未知基函式 $h(\boldsymbol{x}; \gamma_m)$ $(m = 1, 2, \cdots, M)$ 的線性組合，則模型的期望方程式可以表示為

$$f(\boldsymbol{x}) = \beta_1 h(\boldsymbol{x}; \gamma_1) + \beta_2 h(\boldsymbol{x}; \gamma_2) + \cdots + \beta_M h(\boldsymbol{x}; \gamma_M) = \sum_{m=1}^{M} \beta_m h(\boldsymbol{x}; \gamma_m)$$

　　式中，γ_m $(m = 1, 2, \cdots, M)$ 是決定基函式的參數；β_m $(m = 1, 2, \cdots, M)$ 是基函式前面的線性係數。基函式的形式可根據目的需求確定，如線性基函式、正餘弦基函式、多項式基函式、樹結構基函式等。

11.2.2 AdaBoost 的前向分步演算法

AdaBoost 演算法不僅可以處理分類問題，還可以用於迴歸問題。可以說，AdaBoost 是一種模型迭代的前向分步演算法。給定訓練資料集 $T=\{(\boldsymbol{x}_1, y_1), (\boldsymbol{x}_2, y_2), \cdots, (\boldsymbol{x}_N, y_N)\}$，其中 $\boldsymbol{x}_i \in \mathcal{X} \subseteq \mathbb{R}^p$, $y_i \in \mathcal{Y}$, $i = 1, 2, \cdots, N$，記 $h(\boldsymbol{x}; \gamma_m)$ 是第 m 輪生成的學習器，模型迭代公式為

$$f_m(\boldsymbol{x}) = f_{m-1}(\boldsymbol{x}) + \beta_m h(\boldsymbol{x}; \gamma_m), \quad m = 1, 2, \cdots, M$$

式中，$f_0(\boldsymbol{x})$ 是初始模型。若在歷經 M 輪學習後得到終學習器，最終模型為

$$f_M(\boldsymbol{x}) = \sum_{m=1}^{M} \beta_m h(\boldsymbol{x}; \gamma_m)$$

用以選取最佳模型的損失函式記為 $L(y_i, f(\boldsymbol{x}_i))$，在前向演算法中，每一輪將引入一個基學習器，第 m 輪需要解決的最佳化問題是

$$\min_{\beta_m, \gamma_m} \sum_{i=1}^{N} L\left(y_i, f_{m-1}(\boldsymbol{x}_i) + \beta_m h(\boldsymbol{x}_i, \gamma_m)\right)$$

式中，$f_{m-1}(\boldsymbol{x}_i)$ 是第 $m-1$ 輪得到的模型。前向分步演算法流程如下。

前向分步演算法

輸入：訓練資料集 $T = \{(\boldsymbol{x}_1, y_1), (\boldsymbol{x}_2, y_2), \cdots, (\boldsymbol{x}_N, y_N)\}$，其中 $\boldsymbol{x}_i \in \mathcal{X} \subseteq \mathbb{R}^p$, $y_i \in \mathcal{Y}$, $i = 1, 2, \cdots, N$；損失函式為 $L(\boldsymbol{x}, f(\boldsymbol{x}))$，其中 $f(\boldsymbol{x})$ 是待計算損失的模型；基函式為 $h(\boldsymbol{x}, \gamma): \mathcal{X} \to \mathcal{Y}$，其中 γ 是基函式參數。

輸出：終模型。

(1) 初始化模型 $f_0(\boldsymbol{x}) = 0$。

(2) 生成一系列基學習器，$m = 1, 2, \cdots, M$。

① 求解最佳化問題

$$\min_{\beta_m, \gamma_m} \sum_{i=1}^{N} L\left(y_i, f_{m-1}(\boldsymbol{x}_i) + \beta_m h(\boldsymbol{x}_i, \gamma_m)\right)$$

得到第 m 輪基學習器的參數 β_m^* 和係數 γ_m^*。

---

② 更新模型

$$f_m(\boldsymbol{x}) = f_{m-1}(\boldsymbol{x}) + \beta_m^* h(\boldsymbol{x}, \gamma_m^*)$$

(3) 終模型:

$$f_M^*(\boldsymbol{x}) = \sum_{m=1}^{M} \beta_m^* h(\boldsymbol{x}; \gamma_m^*)$$

如果是分類問題,對於一個原始訓練資料集而言,可以根據上一輪基分類器的訓練結果,更新樣本權重。具體而言,如果某個樣本被誤分類,就對這一樣本「特別關照」,提高該樣本相應的權重。接著,對訓練資料集採用更新後的權重分佈訓練基分類器,如此一輪一輪地訓練下來。最終,將這些基分類器整合在一起,通常採用加權多數表決的策略得到終分類器,如圖 11.3 所示。如果是迴歸問題,每一輪需要重視的就是樣本殘差,因此將資料更新為樣本殘差進行下一輪的學習,直到滿足誤差需求,最終將基迴歸器整合在一起得到終迴歸器,如圖 11.4 所示。

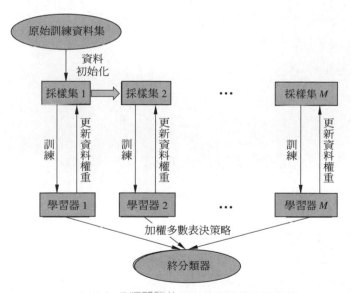

▲圖 11.3 分類問題的前向分步演算法示意圖

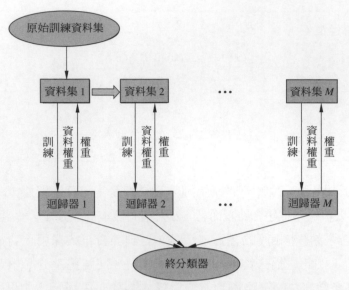

▲圖 11.4 迴歸問題的前向分步演算法示意圖

11.2.3 AdaBoost 分類演算法

如果待解決的是分類問題，損失函式採用指數損失，基函式採用分類器，就可以得到 AdaBoost 分類演算法。

基分類器記為 $G_m(\boldsymbol{x})$, $m = 1, 2, \cdots, M$，則最終模型

$$f(\boldsymbol{x}) = \sum_{m=1}^{M} \alpha_m G_m(\boldsymbol{x})$$

式中，α_m 是基分類器前的係數，$m = 1, 2, \cdots, M$。

下面以二分類問題為範例舉出 AdaBoost 分類演算法的流程。

AdaBoost 二分類演算法

輸入：訓練資料集 $T = \{(\boldsymbol{x}_1, y_1), (\boldsymbol{x}_2, y_2), \cdots, (\boldsymbol{x}_N, y_N)\}$，其中 $\boldsymbol{x}_i \in \mathbb{R}^p$，$y_i \in \{+1, -1\}$，$i = 1, 2, \cdots, N$，基分類器 $G_m(x): \mathcal{X} \to \{-1, +1\}$, $m = 1, 2, \cdots, M$。

輸出：終分類器。

(1) 初始化訓練集的權重分佈
$$D_1 = (w_{1,1}, \cdots, w_{1,i}, \cdots, w_{1,N}) = \left(\frac{1}{N}, \frac{1}{N}, \cdots, \frac{1}{N} \right)$$

---

(2) 生成一系列基分類器，$m = 1, 2, \cdots, M$。

① 在權重分佈 $D_m = (w_{m,1}, \cdots, w_{m,i}, \cdots, w_{m,N})$ 下，訓練基分類器，

$$\arg \min_{\alpha_m, G_m(\boldsymbol{x})} \sum_{i=1}^{N} (L(y_i, f_{m-1}(\boldsymbol{x}_i) + \alpha_m G_m(\boldsymbol{x}_i))$$

② 計算 $G_m(x)$ 在訓練資料集上的分類誤差率，

$$e_m = \sum_{i=1}^{N} P(G_m(\boldsymbol{x}_i) \neq y_i) = \sum_{i=1}^{N} w_{m,i} I(G_m(\boldsymbol{x}_i) \neq y_i)$$

③ 計算 $G_m(x)$ 前的係數，

$$\alpha_m = \frac{1}{2} \ln \frac{1 - e_m}{e_m}$$

④ 更新訓練集的權值分佈，

$$D_{m+1} = (w_{m+1,1}, \cdots, w_{m+1,i}, \cdots, w_{m+1,N})$$

式中

$$w_{m+1,i} = \frac{w_{m,i}}{Z_m} \exp(-\alpha_m y_i G_m(\boldsymbol{x}_i)), \quad i = 1, 2, \cdots, N$$

規範化因數

$$Z_m = \sum_{i=1}^{N} w_{m,i} \exp(-\alpha_m y_i G_m(\boldsymbol{x}_i))$$

透過規範化因數，將權重歸一化處理，以確保各樣本的權重之和為 1，使得 D_{m+1} 以一個機率分佈的形式出現。

(3) 以可加模型建構終分類器，

$$f(\boldsymbol{x}) = \sum_{m=1}^{M} \alpha_m G_m(\boldsymbol{x})$$

分類決策函式

$$G(\boldsymbol{x}) = \mathrm{sign}(f(\boldsymbol{x})) = \mathrm{sign}\left(\sum_{m=1}^{M} \alpha_m G_m(\boldsymbol{x})\right)$$

讓我們從例子出發，直觀感受 AdaBoost 演算法一步步的適應性提升過程。

例 11.1 訓練資料集如表 11.1 所示，以深度為 1 的二元樹為基分類器，根據 AdaBoost 演算法學習終分類器。

▼ 表 11.1 AdaBoost 範例資料集

x	0	1	2	3	4	5	6	7	8	9
y	+1	+1	+1	−1	−1	−1	+1	+1	+1	−1

解 觀察表 11.1 中的資料，只包含一個屬性變數，輸出變數有兩個設定值「+1」和「−1」，這是一個典型的二分類問題。我們不考慮複雜分類器，只採用最簡單的弱分類器——深度為 1 的二元樹。也就是，對這個資料集任意切一刀，即可將其劃分為左右兩類，不妨形象地稱之為「一刀切」。資料集中有 10 個樣本，對應 9 種切法，現在要解決的問題就是每一輪如何下刀，以及切分之後的樹模型。

(1)第一輪：生成分類器 1 並更新樣本權重分佈。

① 初始化資料權重：在第 6 章中，我們提到等機率分佈是包含資訊量最大的分佈，所以當一無所知時，不妨假設每個樣本的權重相等，即

$$w_{1,1} = w_{1,2} = \cdots = w_{1,10} = \frac{1}{10} = 0.1$$

式中，$w_{m,i}$ 表示第 m 輪中第 i 個樣本 (x_i, y_i) 的權重。樣本的權重組成機率分佈列，第一輪的權重分佈記為

$$D_1 = (w_{1,1}, w_{1,2}, \cdots, w_{1,10})$$

② 訓練分類器 1：類似於第 7 章中的樹模型，這裡最小的分類誤差率確定切分點，類別根據多數表決策略（或眾數思想）確定。從表 11.1 可以初步看出，$x = 2.5$，$x = 5.5$，$x = 8.5$ 這 3 個切分點誤判個數較少，比較這 3 個切分點的分類誤差率情況，如表 11.2 所示。

3 種切法比量一番下來，可以發現，以 $x = 2.5$ 或 $x = 8.5$ 作為切分點，分類誤差率最小。不妨選擇 $x = 2.5$ 作為分類器 1 的切分點。分類器 1，

$$G_1(x) = \begin{cases} +1, & x < 2.5 \\ -1, & x > 2.5 \end{cases}$$

G_1 分類器的分類誤差率

$$e_1 = P(G_1(x_i) \neq y_i) = 0.3$$

G_1 分類器前的係數

$$\alpha_1 = \frac{1}{2} \log \frac{1-e_1}{e_1} = 0.4236$$

③ 更新樣本權重：有針對性地調整權重，重視訓練集中的誤判樣本，增加誤判樣本權重，降低正確分類的樣本權重。權重根據學習器的分類誤差率更新，

$$w_{2,i} = \frac{w_{1,i}}{Z_1} \exp(-\alpha_1 y_i G_1(x_i))$$

式中，

$$Z_1 = \sum_{i=1}^{N} w_{1,i} \exp(-\alpha_1 y_i G_1(x_i))$$

是規範化因數。新的權重分佈

$$D_2 = (0.07143, 0.07143, 0.07143, 0.07143, 0.07143, 0.07143, 0.16667, 0.16667,$$
$$0.16667, 0.07143)$$

可以發現，更新後，被誤分類的樣本權重從原來的 0.1 提高到 0.16667，而被正確分類的樣本權重從 0.1 降至 0.07143。

④ 第一輪模型：

$$f_1(x) = \alpha_1 G_1(x)$$

第一輪的分類決策函式：

$$\mathrm{sign}\,[f_1(x)]$$

(2) 第二輪：生成分類器 2 並更新樣本權重分佈。

① 訓練分類器 2：透過分類誤差率選擇切分點 $x = 8.5$，得到分類器 2，

$$G_2(x) = \begin{cases} +1, & x < 8.5 \\ -1, & x > 8.5 \end{cases}$$

誤判樣本是 $x = 4, 5, 6$ 的實例，權重分別是 0.07143, 0.07143, 0.07143，計算第二輪的分類誤差率

$$e_2 = \sum_{i=1}^{10} w_{2,i} I(P(G_2(x_i) \neq y_i))$$

$$= 0.07143 \times 1 + 0.07143 \times 1 + 0.07143 \times 1$$

$$= 0.2143$$

式中，示性函式

$$I(P(G_2(x_i) \neq y_i)) = \begin{cases} 1, & G_2(x_i) \neq y_i \\ 0, & G_2(x_i) = y_i \end{cases}$$

② 更新樣本權重：

$$D_3 = (0.0455, 0.0455, 0.0455, 0.16667, 0.16667, 0.16667, 0.1060, 0.1060,$$
$$0.1060, 0.0455)$$

可以看出，對於正確分類的樣本，它們的權重繼續下降，而誤判樣本的權重繼續提高。

G_2 分類器前的係數

$$\alpha_2 = \frac{1}{2} \log \frac{1 - e_2}{e_2} = 0.6496$$

③ 第二輪模型：

$$f_2(x) = \alpha_1 G_1(x) + \alpha_2 G_2(x) = 0.4236 G_1(x) + 0.6496 G_2(x)$$

第二輪的分類決策函式：

$$\text{sign}[f_2(x)]$$

④ 第二輪的學習效果：整合分類器 G_1 和 G_2，類別預測結果如表 11.3 所示。

(3)第三輪：生成分類器 3 並更新樣本權重分佈。

① 訓練學習器 3：透過分類誤差率選擇切分點 $x = 5.5$，得到分類器 3，

$$G_3(x) = \begin{cases} -1, & x < 5.5 \\ +1, & x > 5.5 \end{cases}$$

計算第三輪的分類誤差率

$$
\begin{aligned}
e_3 &= \sum_{i=1}^{10} w_{3,i} I(P(G_3(x_i) \neq y_i)) \\
&= 0.0455 \times 1 + 0.0455 \times 1 + 0.0455 \times 1 + 0.0455 \times 1 \\
&= 0.1820
\end{aligned}
$$

② G_3 分類器前的係數

$$\alpha_3 = \frac{1}{2} \log \frac{1 - e_3}{e_3} = 0.7514$$

③ 第三輪的模型：

$$f_3(x) = \alpha_1 G_1(x) + \alpha_2 G_2(x) + \alpha_3 G_3(x) = 0.4236 G_1(x) + 0.6496 G_2(x) + 0.7514 G_3(x)$$

第三輪的分類決策函式：

$$\text{sign}[f_2(x)]$$

④ 第三輪的學習效果：整合學習器 G_1、G_2 和 G_3，類別預測結果如表 11.4 所示。

▼ 表 11.2 第一輪的切分

x	0	1	2	3	4	5	6	7	8	9	分類誤差率
y（實際類別）	+1	+1	+1	-1	-1	-1	+1	+1	+1	-1	
w（樣本權重）	0.1	0.1	0.1	0.1	0.1	0.1	0.1	0.1	0.1	0.1	
以 x = 2.5 切分	+1（正確）	+1（正確）	+1（正確）	-1（正確）	-1（正確）	-1（正確）	-1（錯誤）	-1（錯誤）	-1（錯誤）	-1（正確）	0.30
以 x = 5.5 切分	-1（錯誤）	-1（錯誤）	-1（錯誤）	-1（正確）	-1（正確）	-1（正確）	+1（正確）	+1（正確）	+1（錯誤）	+1（錯誤）	0.40
以 x = 8.5 切分	+1（正確）	+1（正確）	+1（正確）	+1（錯誤）	+1（錯誤）	+1（錯誤）	+1（正確）	+1（正確）	+1（正確）	-1（正確）	0.30

▼ 表 11.3 第二輪的學習結果

x	0	1	2	3	4	5	6	7	8	9
y（實際類別）	+1	+1	+1	-1	-1	-1	+1	+1	+1	-1
$G_1(x)$	+1	+1	+1	-1	-1	-1	-1	-1	-1	-1
$G_2(x)$	+1	+1	+1	+1	+1	+1	+1	+1	+1	-1
$f_2(x)$	1.0732	1.0732	1.0732	0.226	0.226	0.226	0.226	0.226	0.226	-1.0732
類別預測	+1（正確）	+1（正確）	1（正確）	+1（錯誤）	+1（錯誤）	+1（錯誤）	+1（正確）	+1（正確）	+1（正確）	-1（正確）

▼ 表 11.4 第三輪的學習結果

x	0	1	2	3	4	5	6	7	8	9
y（實際類別）	+1	+1	+1	-1	-1	-1	+1	+1	+1	-1
$G_1(x)$	+1	+1	+1	-1	-1	-1	-1	-1	-1	-1
$G_2(x)$	+1	+1	+1	+1	+1	+1	+1	+1	+1	-1
$G_3(x)$	-1	-1	-1	-1	-1	-1	+1	+1	+1	+1
$f_3(x)$	0.3218	0.3218	0.3218	-0.5254	-0.5254	-0.5254	0.9774	0.9774	0.9774	-0.3218
類別預測	+1（正確）	+1（正確）	+1（正確）	-1（正確）	-1（正確）	-1（正確）	+1（正確）	+1（正確）	+1（正確）	-1（正確）

三輪提升之後，預測結果與實際值完全一致，分類誤差率降為 0。

在 AdaBoost 演算法中，我們分別計算了分類誤差率、樣本權重分佈以及分類器係數，接下來，根據指數損失函式解密這些計算公式。

1. 指數損失下的最佳化問題

在分類問題中，採用指數損失來描述預測值和真實觀測值之間的誤差

$$L(y, f(\boldsymbol{x})) = \exp(-yf(\boldsymbol{x}))$$

式中，y 是真實觀測值；$f(\boldsymbol{x})$ 是透過分類器得到的預測值。根據前向思想，第 m 輪的模型

$$f_m(\boldsymbol{x}) = f_{m-1}(\boldsymbol{x}) + \alpha_m G_m(\boldsymbol{x})$$

計算訓練集中樣本關於第 m 輪模型的經驗損失：

$$R_{\text{emp}}(f_m) = \sum_{i=1}^{N} \exp(-y_i f_m(\boldsymbol{x}_i))$$

透過損失最小化思想，求解係數 α_m 和基分類器 G_m，最佳化問題

$$\arg \min_{\alpha_m, G_m} R_{\text{emp}}(f_m) = \sum_{i=1}^{N} \exp\left[-y_i(f_{m-1}(\boldsymbol{x}_i) + \alpha_m G_m(\boldsymbol{x}_i))\right]$$

$$= \sum_{i=1}^{N} \exp\left(-y_i f_{m-1}(\boldsymbol{x}_i)\right) \cdot \exp\left(-\alpha_m y_i G_m(\boldsymbol{x}_i)\right) \qquad (11.2)$$

式中，$\exp\left(-y_i f_{m-1}(\boldsymbol{x}_i)\right)$ 只依賴於樣本和第 $m-1$ 輪的結果，簡記為

$$w_{m,i} = \exp\left(-y_i f_{m-1}(\boldsymbol{x}_i)\right)$$

化簡運算式 (11.2) 的目標函式，得到

$$\arg \min_{\alpha_m, G_m} \sum_{i=1}^{N} w_{m,i} \exp\left(-\alpha_m y_i G_m(\boldsymbol{x}_i)\right) \qquad (11.3)$$

2. G_m 和 α_m 的求解

採用兩步法求解,先求解第 m 輪的基分類器 G_m,對於任意的係數 α_m,

$$G_m^*(x) = \arg\min_{G_m} w_{m,i} I(y_i \neq G_m(\boldsymbol{x}_i))$$

$G_m^*(x)$ 是使得第 m 輪加權分類誤差率最小的基本分類器。

然後求解 α_m。當 $y_i = G_m(\boldsymbol{x}_i)$ 時,表示真實類別和分類器預測值一致,分類正確,y_i 與 $G_m(\boldsymbol{x}_i)$ 的乘積為 +1;當 $y_i \neq= G_m(\boldsymbol{x}_i)$ 時,表示真實類別和分類器的預測值不同,分類錯誤,y_i 與 $G_m(\boldsymbol{x}_i)$ 的乘積為 -1。將式 (11.3) 中的目標函式記作 $Q(\alpha_m)$,

$$Q(\alpha_m) = \sum_{i=1}^{N} w_{m,i} \exp\left(-\alpha_m y_i G_m(\boldsymbol{x}_i)\right)$$

拆分為兩部分:

$$Q(\alpha_m) = \sum_{y_i = G_m^*(\boldsymbol{x}_i)} w_{m,i} e^{-\alpha_m} + \sum_{y_i \neq G_m^*(\boldsymbol{x}_i)} w_{m,i} e^{\alpha_m}$$

$$= e^{-\alpha_m} \left(\sum_{i=1}^{N} w_{m,i} - \sum_{y_i \neq G_m^*(\boldsymbol{x}_i)} w_{m,i} \right) + \sum_{y_i \neq G_m^*(\boldsymbol{x}_i)} w_{m,i} e^{\alpha_m}$$

$$= e^{-\alpha_m} \sum_{i=1}^{N} w_{m,i} + \left(e^{\alpha_m} - e^{-\alpha_m} \right) \sum_{y_i \neq G_m^*(\boldsymbol{x}_i)} w_{m,i}$$

根據費馬原理,對 α_m 求偏導,令其為零,

$$\frac{\partial Q}{\partial \alpha_m} = -e^{-\alpha_m} \sum_{i=1}^{N} w_{m,i} + \left(e^{\alpha_m} + e^{-\alpha_m} \right) \sum_{y_i \neq G_m^*(\boldsymbol{x}_i)} w_{m,i} = 0 \qquad (11.4)$$

在式 (11.4) 左右兩邊同時乘以非零的 e^{α_m},得到

$$-\sum_{i=1}^{N} w_{m,i} + \left(e^{2\alpha_m} + 1\right) \sum_{y_i \neq G_m^*(\boldsymbol{x}_i)} w_{m,i} = 0$$

$$\implies e^{2\alpha_m} \sum_{y_i \neq G_m^*(\boldsymbol{x}_i)} w_{m,i} = \sum_{i=1}^{N} w_{m,i} - \sum_{y_i = G_m^*(\boldsymbol{x}_i)} w_{m,i}$$

$$\implies e^{2\alpha_m} = \frac{\displaystyle\sum_{y_i = G_m^*(\boldsymbol{x}_i)} w_{m,i}}{\displaystyle\sum_{y_i \neq G_m^*(\boldsymbol{x}_i)} w_{m,i}}$$

將分類誤差率拆為兩部分：

$$e_m = \sum_{i=1}^{N} P(G_m^*(\boldsymbol{x}_i) \neq y_i) = \sum_{i=1}^{N} w_{m,i} I(G_m^*(\boldsymbol{x}_i) \neq y_i) = \sum_{y_i \neq G_m^*(\boldsymbol{x}_i)} w_{m,i}$$

於是，可以用 e_m 表示 α_m，

$$e^{2\alpha_m} = \frac{1 - e_m}{e_m} \tag{11.5}$$

對式 (11.5) 左右兩邊取對數，得到

$$\alpha_m^* = \frac{1}{2} \log \frac{1 - e_m}{e_m}$$

3. 權重分佈更新的內涵

在式 (11.3) 中，

$$w_{m,i} = \exp\left(-y_i f_{m-1}(\boldsymbol{x}_i)\right)$$

當得到 G_m^* 和 α_m^* 後，之後，可以更新 f_{m-1} 為 f_m，權重更新

$$w_{m+1,i} = \exp\left(-y_i f_m(\boldsymbol{x}_i)\right)$$

結合模型迭代公式

$$f_m(\boldsymbol{x}) = f_{m-1}(\boldsymbol{x}) + \alpha_m^* G_m^*(\boldsymbol{x})$$

可以得到

$$
\begin{aligned}
w_{m+1,i} &= \exp\left[-y_i(f_{m-1}(\boldsymbol{x}_i) + \alpha_m^* G_m^*(\boldsymbol{x}_i))\right] \\
&= \exp\left(-y_i f_{m-1}(\boldsymbol{x}_i)\right) \cdot \exp\left(-y_i \alpha_m^* G_m^*(\boldsymbol{x}_i)\right) \\
&= w_{m,i} \exp\left(-\alpha_m^* y_i G_m^*(\boldsymbol{x}_i)\right)
\end{aligned}
$$

這就是前後兩輪權重更新的迭代公式。

當分類正確時,

$$
w_{m+1,i} = w_{m,i} e^{-\alpha_m^*}
$$

我們知道,弱分類器至少要比瞎猜來得好,對於二分類問題,瞎猜的誤差率是 0.5,那麼學習的分類誤差率一定滿足 $e_m < 0.5$,相應的係數

$$
\alpha_m^* = \frac{1}{2} \log \frac{1 - e_m}{e_m} > 0
$$

因此,$e^{-\alpha m} < 1$,表示

$$
w_{m+1,i} < w_{m,i}
$$

同理,當分類錯誤時,

$$
w_{m+1,i} > w_{m,i}
$$

也就是說,對於分類正確的樣本,在新一輪的學習中權重降低;對於分類錯誤的樣本,權重提高。其目的就是更加重視誤分類樣本,在學習過程中不斷減少訓練誤差,以提升組合分類器的正確率。

為保證更新得到的權重 $w_{m+1,i}$ ($i = 1, 2, \cdots, N$) 以機率分佈的形式出現,增加規範化因數

$$
Z_m = \sum_{i=1}^{N} w_{m,i} \exp\left(-\alpha_m^* y_i G_m^*(\boldsymbol{x}_i)\right)
$$

得到權重分佈

$$
D_{m+1} = (w_{m+1,1}, w_{m+1,2}, \cdots, w_{m+1,N})
$$

其中，

$$w_{m+1,i} = \frac{w_{m,i}}{Z_m} \exp(-\alpha_m^* y_i G_m^*(\boldsymbol{x}_i)), \quad i = 1, 2, \cdots, N$$

11.2.4 AdaBoost 分類演算法的訓練誤差

為解釋 AdaBoost 演算法的自我調整性，我們引入 AdaBoost 分類演算法的訓練誤差，終分類器的訓練誤差是有上界的，只要在每輪提升中找到適當的基分類器 G_m，就可以使得訓練誤差以更快地速度下降。

定理 11.1（AdaBoost 演算法訓練誤差的上界 1）AdaBoost 演算法最終分類器的訓練誤差界為

$$\frac{1}{N} \sum_{i=1}^{N} I(G(\boldsymbol{x}_i) \neq y_i) \leqslant \frac{1}{N} \sum_{i=1}^{N} \exp(-y_i f(\boldsymbol{x}_i)) = \prod_{m=1}^{M} Z_m \qquad (11.6)$$

式中，$G(x)$ 是最終分類器；N 是訓練資料集樣本容量；$f(x)$ 是分類模型；Z_m 是規範化因數。

證明 定理 11.1 中的示性函式

$$I(G(\boldsymbol{x}_i) \neq y_i) = \begin{cases} 1, & G(\boldsymbol{x}_i) \neq y_i \\ 0, & G(\boldsymbol{x}_i) = y_i \end{cases}$$

不等式 (11.6) 左側的 $\sum_{i=1}^{N} I(G(\boldsymbol{x}_i) \neq y_i)/N$ 表示對訓練集中誤分類的樣本個數求平均值，正是訓練誤差的含義。不等式的右側是訓練誤差的上界，這裡 $\sum_{i=1}^{N} \exp(-y_i f(\boldsymbol{x}_i))/N$ 是指數損失的平均值，$\prod_{m=1}^{M} Z_m$ 是每輪規範化因數的連乘。

(1)定理前半部分的證明。將不等式左側訓練誤差拆分為兩部分

$$\frac{1}{N} \sum_{i=1}^{N} I(G(\boldsymbol{x}_i) \neq y_i) = \frac{1}{N} \left(\sum_{G(\boldsymbol{x}_i)=y_i} 0 + \sum_{G(\boldsymbol{x}_i) \neq y_i} 1 \right)$$

如此一來，問題轉化為證明

$$\sum_{G(\boldsymbol{x}_i)=y_i} 0 \leqslant \sum_{G(\boldsymbol{x}_i)=y_i} \exp(-y_i f(\boldsymbol{x}_i))$$

$$\sum_{G(\boldsymbol{x}_i)\neq y_i} 1 \leqslant \sum_{G(\boldsymbol{x}_i)\neq y_i} \exp(-y_i f(\boldsymbol{x}_i))$$

根據終分類器 $G(\boldsymbol{x})$ 與模型 $f(\boldsymbol{x})$ 之間的關係

$$G(\boldsymbol{x}) = \text{sign}(f(\boldsymbol{x})) = \begin{cases} +1, & f(\boldsymbol{x}) \geqslant 0 \\ -1, & f(\boldsymbol{x}) < 0 \end{cases}$$

分兩種情況討論:

① 當 $G(\boldsymbol{x}_i) = y_i$ 時,樣本分類正確,

$$\begin{cases} y_i = +1, & f(\boldsymbol{x}_i) \geqslant 0, 則 y_i f(\boldsymbol{x}_i) \geqslant 0 \\ y_i = -1, & f(\boldsymbol{x}_i) < 0, 則 y_i f(\boldsymbol{x}_i) > 0 \end{cases} \Longrightarrow y_i f(\boldsymbol{x}_i) \geqslant 0$$

因此

$$0 < \exp(-y_i f(\boldsymbol{x}_i)) \leqslant 1$$

② 當 $G(\boldsymbol{x}_i) \neq = y_i$ 時,樣本分類錯誤,

$$\begin{cases} y_i = +1, & f(\boldsymbol{x}_i) < 0, 則 y_i f(\boldsymbol{x}_i) < 0 \\ y_i = -1, & f(\boldsymbol{x}_i) \geqslant 0, 則 y_i f(\boldsymbol{x}_i) \leqslant 0 \end{cases} \Longrightarrow y_i f(\boldsymbol{x}_i) \leqslant 0$$

因此

$$\exp(-y_i f(\boldsymbol{x}_i)) \geqslant 1$$

當樣本全部錯誤分類時,不等式等號成立。定理前半部分得證。

(2)定理後半部分的證明。以基分類器表示模型 $f(\boldsymbol{x})$:

$$f(\boldsymbol{x}) = \sum_{m=1}^{M} \alpha_m G_m(\boldsymbol{x})$$

得到

$$\frac{1}{N}\sum_{i=1}^{N}\exp(-y_i f(\boldsymbol{x}_i)) = \frac{1}{N}\sum_{i=1}^{N}\exp\left(-y_i\sum_{m=1}^{M}\alpha_m G_m(\boldsymbol{x}_i)\right)$$

結合權重迭代公式

$$w_{m+1,i} = \frac{w_{m,i}}{Z_m}\exp\left(-\alpha_m y_i G_m(\boldsymbol{x}_i)\right), \quad i = 1, 2, \cdots, N$$

發現

$$Z_1 w_{2,i} = w_{1,i}\exp(-\alpha_1 y_i G_1(\boldsymbol{x}_i))$$

式中，$w_{1,i} = 1/N, i = 1, 2, \cdots, N$。於是

$$\frac{1}{N}\sum_{i=1}^{N}\exp\left(-y_i\sum_{m=1}^{M}\alpha_m G_m(\boldsymbol{x}_i)\right)$$

$$=\frac{1}{N}\sum_{i=1}^{N}\exp\left(-y_i\alpha_1 G_1(\boldsymbol{x}_i)\right)\exp\left(-y_i\sum_{m=2}^{M}\alpha_m G_m(\boldsymbol{x}_i)\right)$$

$$=Z_1\sum_{i=1}^{N}w_{2,i}\cdot\exp\left(-y_i\sum_{m=2}^{m}\alpha_m G_m(\boldsymbol{x}_i)\right)$$

$$=Z_1\sum_{i=1}^{N}w_{2,i}\cdot\exp\left(-y_i\alpha_2 G_2(\boldsymbol{x}_i)\right)\exp\left(-y_i\sum_{m=3}^{M}\alpha_m G_m(\boldsymbol{x}_i)\right)$$

$$=Z_1 Z_2\sum_{i=1}^{N}\exp\left(-y_i\sum_{m=3}^{M}\alpha_m G_m(\boldsymbol{x}_i)\right)$$

$$\cdots\cdots$$

$$=Z_1 Z_2\cdots Z_{M-1}\sum_{i=1}^{N}w_{m,i}\exp\left(-y_i\alpha_M G_M(\boldsymbol{x}_i)\right)$$

$$=\prod_{m=1}^{M}Z_m$$

　　規範化因數的連乘決定了最終分類器的上界，希望訓練誤差越小越好，表示每個弱分類器 G_m 的誤差率越小越好，相應的 Z_m 也就越小。透過降低每輪 G_m 的指

數損失，得到最小的 Z_m，而以 Z_m 確定的權重又決定了經過多個弱分類器疊加後所得最終分類器的訓練誤差率，從而實現一個完美的閉環。這就是定理 11.1 的內涵。

如果繼續探索下去，定理 11.1 中訓練誤差的上界還會有上界，這就引出定理 11.2。

定理 11.2 (AdaBoost 演算法訓練誤差的上界 2) AdaBoost 演算法終分類器訓練誤差的上界存在上界：

$$\prod_{m=1}^{M} Z_m = \prod_{m=1}^{M} \left[2\sqrt{e_m(1-e_m)} \right] \tag{11.7}$$

$$= \prod_{m=1}^{M} \sqrt{1-4\gamma_m^2} \tag{11.8}$$

$$\leqslant \exp\left(-2\sum_{m=1}^{M} \gamma_m^2\right) \tag{11.9}$$

式中，$\gamma_m = 0.5 - e_m$。

對於定理 11.2，有兩個需要解釋的問題：一個是規範化因數與分類誤差率有什麼關係；另一個是為什麼要用指數的形式表示上界的上界。對此，我們將在定理證明過程中對第一個問題舉出說明，在尋找上界的過程中說明第二個問題。

證明

(1)證明等式 (11.7)。將規範化因數拆分為兩部分，

$$Z_m = \sum_{i=1}^{N} w_{m,i} \exp(-\alpha_m y_i G_m(\boldsymbol{x}_i))$$

$$= \sum_{y_i = G_m(\boldsymbol{x}_i)} w_{m,i} e^{-\alpha_m} + \sum_{y_i \neq G_m(\boldsymbol{x}_i)} w_{m,i} e^{\alpha_m}$$

結合誤差率

$$e_m = \sum_{i=1}^{N} w_{m,i} I(y_i \neq G_m(\boldsymbol{x}_i)) = \sum_{y_i \neq G_m(\boldsymbol{x}_i)} w_{m,i}$$

得到

$$Z_m = \sum_{y_i = G_m(\boldsymbol{x}_i)} w_{m,i} \mathrm{e}^{-\alpha_m} + \sum_{y_i \neq G_m(\boldsymbol{x}_i)} w_{m,i} \mathrm{e}^{\alpha_m}$$

$$= \left(\sum_{i=1}^{N} w_{m,i} - e_m \right) \mathrm{e}^{-\alpha_m} + e_m \mathrm{e}^{\alpha_m}$$

$$= (1 - e_m) \mathrm{e}^{-\alpha_m} + e_m \mathrm{e}^{\alpha_m}$$

根據不等式 $a^2 + b^2 \geqslant 2ab$，有

$$Z_m = (1 - e_m) \mathrm{e}^{-\alpha_m} + e_m \mathrm{e}^{\alpha_m} \geqslant 2\sqrt{(1 - e_m) \mathrm{e}^{-\alpha_m} e_m \mathrm{e}^{\alpha_m}} = 2\sqrt{(1 - e_m) e_m}$$

即

$$Z_m \geqslant 2\sqrt{(1 - e_m) e_m}$$

當且僅當 $(1 - e_m)e^{-\alpha_m} = e_m e^{\alpha_m}$ 時，不等式取等號，也就是

$$\alpha_m = \frac{1}{2} \ln \left(\frac{1 - e_m}{e_m} \right)$$

時，

$$Z_m = 2\sqrt{(1 - e_m) e_m}$$

這裡的 α_m 恰好就是透過最小化損失得到的。式 (11.7) 得證，這也舉出了規範化因數與分類誤差率的關係。

(2)證明等式 (11.8)。令 $\gamma_m = 0.5 - e_m$，可以得到

$$2\sqrt{e_m(1 - e_m)} = 2\sqrt{e_m - e_m^2}$$

$$= \sqrt{4e_m - 4e_m^2}$$

$$= \sqrt{1 - (4e_m^2 - 4e_m + 1)}$$

$$= \sqrt{1 - 4(0.5 - e_m)^2}$$

$$= \sqrt{1 - 4\gamma_m^2}$$

式 (11.8) 得證。

(3)證明不等式 (11.9)。為此， 先比較兩個函式的大小，e^{-2x} 與 $\sqrt{(1-4x)}$，在 $x = 0$ 處對兩個函式進行泰勒展開：

$$\sqrt{1-4x} \approx 1 - \frac{2}{1}x - \frac{4}{2!}x^2 - \frac{24}{3!}x^3$$

$$e^{-2x} \approx 1 - \frac{2}{1}x + \frac{4}{2!}x^2 - \frac{8}{3!}x^3$$

對展開式中的各項逐一比較，除在零階和一階處的展開項完全相等，e^{-2x} 函式二階之後的展開項都大於 $\sqrt{(1-4x)}$ 的展開項，因此

$$\sqrt{1-4x} \leqslant e^{-2x} \tag{11.10}$$

當且僅當 $x = 0$ 時，取等號。在不等式 (11.10) 的輔助下，式 (11.9) 得證。

不過，為什麼式 (11.9) 中的上界要以指數的形式表示呢？為此，我們開啟尋找上界的上界之旅。如圖 11.5 所示，當 $0 \leqslant x \leqslant 0.25$ 時，可以明顯發現 $y = \sqrt{(1-4x)}$ 曲線在 $y = e^{-2x}$ 曲線下方，直觀展示不等式 (11.10) 的成立。那麼，能否找到一條曲線，使得它們也在 $x = 0$ 處相切，並且高於 $\sqrt{(1-4x)}$ 曲線呢？

繼續畫圖，果真找到一條這樣的曲線，圖 11.5 中 $y = 1 - \ln(1 + 2x)$ 就可以滿足條件

$$\sqrt{1-4x} \leqslant 1 - \ln(1 + 2x) \leqslant e^{-2x}$$

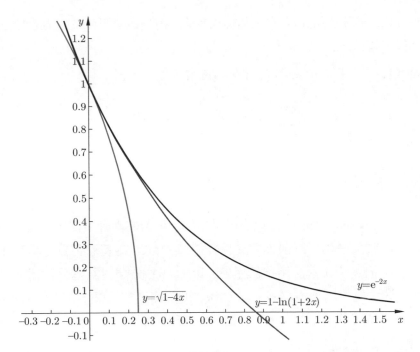

▲ 圖 11.5 3 條函式曲線：$y = \sqrt{1-4x}$，$y = 1 - \ln(1+2x)$ 和 $y = \mathrm{e}^{-2x}$

這個發現是否表示一個新的定理即將誕生呢？將不等式應用於上界，

$$\prod_{m=1}^{M} \sqrt{1 - 4\gamma_m^2} \leqslant \prod_{m=1}^{M} (1 - \ln(1 + 2\gamma_m^2)) \tag{11.11}$$

可以發現，不等式 (11.11) 右側運算式十分複雜，無法繼續化簡，只能放棄提出新定理。本書 6.8 節提到對數的妙用，既然對數可以化連乘為求和，不妨大膽猜測上界的上界是指數形式的。接下來，小心求證。取指數函式 $y = \mathrm{e}^{ax}$，為使得函式 $y = \sqrt{(1-4x)}$ 與 $y = \mathrm{e}^{ax}$ 在 $x = 0$ 處相切，分別對兩個函式求導：

$$(\sqrt{1-4x})'|_{x=0} = -2(1-4x)^{-\frac{1}{2}}|_{x=0} = -2, \quad (\mathrm{e}^{ax})'|_{x=0} = a\mathrm{e}^{ax}|_{x=0} = a$$

得到 $a = -2$，從而找到化簡後的上界

$$\prod_{m=1}^{M} \sqrt{1 - 4\gamma_m^2} \leqslant \prod_{m=1}^{M} \mathrm{e}^{-2\gamma_m^2} = \exp\left(-2\sum_{m=1}^{M} \gamma_m^2\right)$$

定理 11.2 表明，AdaBoost 的訓練誤差是以指數速率下降的。結合定理 11.2，可以得到以下推論。

推論 11.1 如果存在 $\gamma > 0$ 對所有的 m 有 $\gamma_m \geqslant \gamma$，則

$$\frac{1}{N}\sum_{i=1}^{N} I(G(\boldsymbol{x}_i) \neq y_i) \leqslant \exp(-2M\gamma^2)$$

11.3 提升樹和 GBDT 演算法

提升樹（Boosting Tree）是以決策樹為基學習器的提升方法，集樹模型、可加結構、前向迴歸於一體。一般而言，提升樹以 CART 為基學習器。具體而言，對於分類問題，損失函式常採用指數損失，以 CART 分類樹為基分類器；對於迴歸問題，損失函式常採用平方損失，以 CART 迴歸樹為基分類器。在 AdaBoost 分類演算法中，例 11.1 就是以 CART 分類樹為基學習器的，故本節對分類提升樹不做過多說明，主要介紹迴歸提升樹。

11.3.1 迴歸提升樹

給定訓練資料集 $T = \{(\boldsymbol{x}_1, y_1), (\boldsymbol{x}_2, y_2), \cdots, (\boldsymbol{x}_N, y_N)\}$，其中，$\boldsymbol{x}_i \in \mathcal{X} \subseteq \mathbb{R}^p$, $y_i \in \mathcal{Y} \subseteq \mathbb{R}$, $i = 1, 2, \cdots, N$，第 m 輪的迴歸樹記作 $T(\boldsymbol{x}; \theta_m)$，其中 θ_m 是迴歸樹參數。損失函式記作 $L(y, f(x))$，根據前向分步演算法，模型的迭代公式為

$$f_m(x) = f_{m-1}(x) + T(\boldsymbol{x}; \theta_m)$$

平方損失函式為

$$\begin{aligned} L(y, f_m(\boldsymbol{x})) &= (y - f_m(\boldsymbol{x}))^2 \\ &= (y - f_{m-1}(\boldsymbol{x}) - T(\boldsymbol{x}; \theta_m))^2 \\ &= (r_m - T(\boldsymbol{x}; \theta_m))^2 \end{aligned}$$

式中，r_m 是樣本 $(\boldsymbol{x}, \mathrm{y})$ 在第 $m-1$ 輪擬合後的樣本殘差，作為新一輪中迴歸樹的因變數。第 m 輪迭代的最佳化問題

$$\min_{\theta_m} \sum_{i=1}^{N} ((r_{m,i} - T(\boldsymbol{x}_i; \theta_m))^2)$$

式中，$r_{m,i}$ 是第 i 個樣本 $(\boldsymbol{x}_i, y_i)$ 在第 $m-1$ 輪擬合所得殘差。

回規提升樹的演算法流程如下。

回歸提升樹演算法

輸入：訓練資料集 $T = \{(\boldsymbol{x}_1, y_1), (\boldsymbol{x}_2, y_2), \cdots, (\boldsymbol{x}_N, y_N)\}$，其中 $\boldsymbol{x}_i \in \mathcal{X} \subseteq \mathbb{R}^p$, $y_i \in \mathcal{Y} \subseteq \mathbb{R}$, $i = 1, 2, \cdots, N$，基回歸樹 $T_m(\boldsymbol{x}, \theta_m): \mathcal{X} \to \mathcal{Y}$。

輸出：終回歸器。

(1) 初始化：零模型 $f_0(\boldsymbol{x}) = 0$。

(2) 生成一系列基回歸器。

① 計算第 $m-1$ 輪回歸擬合後的樣本殘差

$$r_{m,i} = y_i - f_{m-1}(\boldsymbol{x}_i), \quad i = 1, 2, \cdots, N$$

② 以 $r_{m,i}$ 作為第 m 輪的因變數，$\boldsymbol{x}_i$ 為引數，訓練回歸樹

$$\min_{\theta_m} \sum_{i=1}^{N} (r_{m,i} - T(\boldsymbol{x}_i; \theta_m))^2$$

得到參數 θ_m^*，回歸樹模型記為 $T(\boldsymbol{x}_i; \theta_m^*)$

③ 迭代更新回歸模型

$$f_m(x) = f_{m-1}(x) + T(\boldsymbol{x}; \theta_m^*)$$

(3) 建構終回歸器

$$f_M^*(\boldsymbol{x}) = \sum_{m=1}^{M} T_m(\boldsymbol{x}, \theta_m^*)$$

例 11.2 訓練資料集採用例 7.7 中的桃子甜度資料，如表 11.5 所示，以深度為 1 的 CART 迴歸樹為基學習器，根據提升樹演算法求學習終迴歸器，要求終模型平均誤差低於 0.1。

▼ 表 11.5 提升迴歸樹範例資料集

x	0.05	0.15	0.25	0.35	0.45
y	5.5	8.2	9.5	9.7	7.6

解 對於迴歸問題，我們以深度為 1 的 CART 迴歸樹為基學習器，仍然是「一刀切」，資料集中有 5 個樣本，對應於 4 種切法。

(1) 第一輪：生成迴歸器 1。透過例 7.7，可知道每一切分點的平方損失，如表 11.6 所示。

▼ 表 11.6 第一輪不同切分點下的平方損失

切分點	$x = 0.1$	$x = 0.2$	$x = 0.3$	$x = 0.4$
平方損失	3.09	6.33	10.53	11.23

顯然，在 $x = 0.1$ 時迴歸樹的平方損失最小，建構迴歸器 1，

$$T_1(x) = \begin{cases} 5.50, & x < 0.1 \\ 8.75, & x \geqslant 0.1 \end{cases}$$

得到

$$f_1(x) = T_1(x)$$

平方損失的平均誤差

$$e_1 = \frac{1}{5}\sum_{i=1}^{5}(y_i - f_1(x))^2 = 0.618$$

計算第一輪的殘差

$$r_{1i} = y_i - f_1(x_i)$$

樣本殘差如表 11.7 所示。

▼ 表 11.7 第一輪所得殘差表

x	0.05	0.15	0.25	0.35	0.45
r_1	0.00	−0.55	0.75	0.95	−1.15

(2)第二輪：生成迴歸器 2。計算表 11.8 中每一切分點的平方損失。

▼ 表 11.8 第二輪不同切分點下的平方損失

切分點	$x = 0.1$	$x = 0.2$	$x = 0.3$	$x = 0.4$
平方損失	3.09	2.84	3.06	1.44

顯然，在 $x = 0.4$ 時迴歸樹的平方損失最小，建構迴歸器 2，

$$T_2(x) = \begin{cases} 0.29, & x < 0.4 \\ -1.15, & x \geqslant 0.4 \end{cases}$$

得到

$$f_2(x) = f_1(x) + T_2(x) = \begin{cases} 5.79, & x < 0.1 \\ 9.04, & 0.1 \leqslant x < 0.4 \\ 7.60, & x \geqslant 0.4 \end{cases}$$

平方損失的平均誤差

$$e_2 = \frac{1}{N} L(y, f_2(x)) = \frac{1}{5} \sum_{i=1}^{5} (y_i - f_2(x))^2 = 0.288$$

計算第二輪的殘差

$$r_{2i} = y_i - f_2(x_i)$$

樣本殘差如表 11.9 所示。

▼ 表 11.9 第二輪所得殘差表

x	0.05	0.15	0.25	0.35	0.45
r_2	−0.29	−0.84	0.46	0.66	0.00

(3)第三輪：生成分類器 3。計算表 11.10 中每一切分點的平方損失。顯然，在 $x = 0.2$ 時對應的平方損失最小，建構迴歸器 3，

$$T_3(x) = \begin{cases} -0.56, & x < 0.2 \\ 0.38, & x \geqslant 0.2 \end{cases}$$

▼ 表 11.10 第三輪不同切分點下的平方損失

切分點	$x = 0.1$	$x = 0.2$	$x = 0.3$	$x = 0.4$
平方損失	1.33	0.38	1.07	1.44

得到

$$f_3(x) = f_2(x) + T_3(x) = \begin{cases} 5.23, & x < 0.1 \\ 8.48, & 0.1 \leqslant x < 0.2 \\ 9.42, & 0.2 \leqslant x < 0.4 \\ 7.98, & x \geqslant 0.4 \end{cases}$$

平方損失的平均誤差

$$e_3 = \frac{1}{N} L(y, f_3(x)) = \frac{1}{5} \sum_{i=1}^{5} (y_i - f_3(x))^2 = 0.076 < 0.1$$

此時滿足平均誤差要求，得到迴歸提升樹 $f_3(x)$。三輪的結果如圖 11.6 所示。

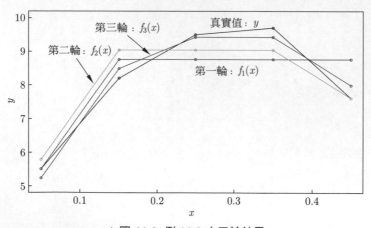

▲ 圖 11.6 例 11.2 中三輪結果

11.3.2 GDBT 演算法

GDBT（Gradient Boosting Decision Tree）演算法是一種基於梯度的提升樹，由 Freindman 於 2001 年在統計頂刊 *The Annals of Statistics* 上提出。GDBT 演算法既可以解決分類問題，也可以解決迴歸問題。

以 $T(\boldsymbol{x}; \theta_m)$ 為第 m 個基學習器樹模型，θ_m 是第 m 個基學習器的參數，β_m 第 m 個基學習器的係數，終學習器

$$f_M(\boldsymbol{x}) = \sum_{m=1}^{M} \beta_m T(\boldsymbol{x}; \theta_m)$$

第 m 輪的最佳化問題

$$\min_{\beta_m, \theta_m} \sum_{i=1}^{N} L(y_i, f_m(\boldsymbol{x}_i))$$

式中，$L(y_i, f_m(\boldsymbol{x}_i))$ 是樣本點 $(\boldsymbol{x}_i, y_i)$ 在模型 f_m 上的損失。為使得損失快速下降，每一輪都在損失最速下降梯度方向上建構新模型。以 $-g_m(\boldsymbol{x}_i)$ 表示第 m 輪迭代在實例 $\boldsymbol{x}_i$ 處的負梯度：

$$-g_m(\boldsymbol{x}_i) = -\left[\frac{\partial L(y_i, f(\boldsymbol{x}_i))}{\partial f(\boldsymbol{x}_i)}\right]_{f(\boldsymbol{x}_i)=f_{m-1}(\boldsymbol{x}_i)}, \quad i = 1, 2, \cdots, N$$

基於最速梯度下降法，θ_m 是使得基學習器逼近負梯度方向的參數，

$$\theta_m^* = \arg\min_{\theta_m, \beta_m} \sum_{i=1}^{N} \left[-g_m(\boldsymbol{x}_i) - \beta_m T(\boldsymbol{x}_i; \theta_m)\right]^2$$

式中，β_m 可以視為該方向上最佳的搜索步進值，

$$\beta_m^* = \arg\min_{\beta_m} \sum_{i=1}^{N} L(y_i, f_{m-1}(\boldsymbol{x}_i) + \beta_m T(\boldsymbol{x}; \theta_m^*))$$

從而更新模型

$$f_m(\boldsymbol{x}) = f_{m-1}(\boldsymbol{x}) + \beta_m^* T(\boldsymbol{x}; \theta_m^*)$$

GBDT 演算法的流程如下。

GBDT 演算法

輸入：訓練資料集 $T = \{(\boldsymbol{x}_1, y_1), (\boldsymbol{x}_2, y_2), \cdots, (\boldsymbol{x}_N, y_N)\}$，其中 $\boldsymbol{x}_i \in \mathcal{X} \subseteq \mathbb{R}^p$，$y_i \in \mathcal{Y}$，$i = 1, 2, \cdots, N$，基學習器樹模型 $T_m(\boldsymbol{x}, \theta_m)$：$\mathcal{X} \to \mathcal{Y}$。

輸出：終學習器。

(1) 初始化：零模型

$$f_0(\boldsymbol{x}) = \arg\min_{\theta} \sum_{i=1}^{N} L(y_i, \theta)$$

(2) 生成一系列基學習器，$m = 1, 2, \cdots, M$。

① 計算第 $m - 1$ 輪的負梯度

$$-g_m(\boldsymbol{x}_i) = -\left[\frac{\partial L(y_i, f(\boldsymbol{x}_i))}{\partial f(\boldsymbol{x}_i)}\right]_{f(\boldsymbol{x}_i) = f_{m-1}(\boldsymbol{x}_i)}, \quad i = 1, 2, \cdots, N$$

② 計算決策樹 $T(\boldsymbol{x}; \theta_m)$ 的參數

$$\theta_m^* = \arg\min_{\theta_m, \beta_m} \sum_{i=1}^{N} [-g_m(\boldsymbol{x}_i) - \beta_m T(\boldsymbol{x}_i; \theta_m)]^2$$

樹模型記為 $T(\boldsymbol{x}_i; \theta_m^*)$。其中，負梯度方向上的最優搜索步進值

$$\beta_m^* = \arg\min_{\beta_m} \sum_{i=1}^{N} L(y_i, f_{m-1}(\boldsymbol{x}_i) + \beta_m T(\boldsymbol{x}; \theta_m^*))$$

③ 迭代更新模型

$$f_m(\boldsymbol{x}) = f_{m-1}(\boldsymbol{x}) + \beta_m^* T(\boldsymbol{x}; \theta_m^*)$$

(3) 建構終學習器

$$f_M^*(\boldsymbol{x}) = \sum_{m=1}^{M} \beta_m^* T_m(\boldsymbol{x}, \theta_m^*)$$

對於迴歸問題，以平方損失作為損失函式。樣本點 $(\boldsymbol{x}_i, y_i)$ 在模型 f 上的平方損失

$$L(y_i, f(\boldsymbol{x}_i)) = (y_i - f(\boldsymbol{x}_i))^2$$

為便於運算，取負梯度的 1/2 倍：

$$-\frac{1}{2}g_m(\boldsymbol{x}_i) = -\frac{1}{2}\left[\frac{\partial L(y_i, f(\boldsymbol{x}_i))}{\partial f(\boldsymbol{x}_i)}\right]_{f(\boldsymbol{x}_i)=f_{m-1}(\boldsymbol{x}_i)}$$

$$= \frac{1}{2} \times (-2)(y_i - f_{m-1}(\boldsymbol{x}_i))$$

$$= y_i - f_{m-1}(\boldsymbol{x}_i)$$

$$= r_{m,i}$$

這從 GBDT 演算法的角度，解釋了迴歸提升樹，每一輪計算都是為了減少上一輪計算的殘差。

11.4 擴充部分：XGBoost 演算法

在 GBDT 演算法中，我們僅考慮梯度方向上的提升，加快迭代速度，這來自於梯度下降法的想法。那麼，以二階泰勒公式為根本的牛頓法，是否也可以啟發新的提升演算法呢？

2016 年，基於二階泰勒公式和正規項，陳天奇提出極值梯度提升方法 XGBoost（eXtreme Gradient Boosting）。XGBoost 演算法以二階泰勒公式改進損失函式，提高計算精度；利用正規化，簡化模型，從而避免過擬合；採用 Blocks 儲存結構平行計算，提高演算法運算速度。

給定訓練資料集 $T = \{(\boldsymbol{x}_1, y_1), (\boldsymbol{x}_2, y_2), \cdots, (\boldsymbol{x}_N, y_N)\}$，其中 $\boldsymbol{x}_i \in \mathcal{X} \subseteq \mathbb{R}^p$, $y_i \in \mathcal{Y}$, $i = 1, 2, \cdots, N$，第 m 輪的樹模型記作 $T(\boldsymbol{x})$。損失函式記作 $L(y, f(\boldsymbol{x}))$，模型迭代公式

$$f_m(\boldsymbol{x}) = f_{m-1}(\boldsymbol{x}) + T_m(\boldsymbol{x})$$

以可加結構建構終模型

$$f_M(\boldsymbol{x}) = \sum_{m=1}^{M} T_m(\boldsymbol{x})$$

第 m 輪迭代的最佳化問題

$$\min_{T_m} \quad \sum_{i=1}^{N} L(y_i, f_{m-1}(\boldsymbol{x}_i) + T_m(\boldsymbol{x}_i)) + J(T_m)$$

式中，$J(T_m)$ 是第 m 個樹模型的複雜度。損失函式在 $f_{m-1}(\boldsymbol{x}_i)$ 處以二階泰勒展開式近似，得到最佳化問題

$$\min_{T_m} \sum_{i=1}^{N} \left[L(y_i, f_{m-1}(\boldsymbol{x}_i)) + g_{m,i} T_m(\boldsymbol{x}_i) + \frac{1}{2} H_{m,i} T_m^2(\boldsymbol{x}_i) \right] + J(T_m) \qquad (11.12)$$

式中，

$$g_{m,i} = \left[\frac{\partial L(y_i, f(\boldsymbol{x}_i))}{\partial f(\boldsymbol{x}_i)} \right]_{f(\boldsymbol{x}_i)=f_{m-1}(\boldsymbol{x}_i)}, \quad i = 1, 2, \cdots, N$$

$$h_{m,i} = \left[\frac{\partial^2 L(y_i, f(\boldsymbol{x}_i))}{\partial^2 f(\boldsymbol{x}_i)} \right]_{f(\boldsymbol{x}_i)=f_{m-1}(\boldsymbol{x}_i)}, \quad i = 1, 2, \cdots, N$$

在最佳化問題式 (11.12) 中，第 $m-1$ 輪的模型已知，不需要最佳化學習，問題簡化為

$$\min_{T_m} \quad \mathcal{L}(T_m) = \sum_{i=1}^{N} \left[g_{m,i} T_m(\boldsymbol{x}_i) + \frac{1}{2} H_{m,i} T_m^2(\boldsymbol{x}_i) \right] + J(T_m) \qquad (11.13)$$

複雜度定義為

$$J(T_m) = \rho |T_m| + \frac{1}{2} \lambda \|\boldsymbol{s}\|^2$$

式中，$|T_m|$ 是樹模型 T_m 中葉子節點的個數；s 是葉子節點的得分向量；ρ 和 λ 是懲罰參數。

記決策樹 T_m 的葉子節點個數為 $l = |T_m|$。透過決策樹 T_m 將實例 $\boldsymbol{x}_i$ 劃分至第 j 個葉子節點，記作

$$q(\boldsymbol{x}_i) = j, \quad i = 1, 2, \cdots, N$$

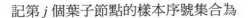

記第 j 個葉子節點的樣本序號集合為

$$I_j = \{i | q(\boldsymbol{x}_i) = j\}$$

第 j 個葉子節點中樣本的得分記作 s_j，則

$$\boldsymbol{s} = (s_1, s_2, \cdots, s_l)^{\mathrm{T}}$$

若 $s_{q(xi)}$ 表示實例 x_i 經決策樹 T_m 所得的預測結果，則

$$\mathcal{L}(T_m) = \sum_{i=1}^{N} \left[g_{m,i} s_{q(\boldsymbol{x}_i)} + \frac{1}{2} H_{m,i} s_{q(\boldsymbol{x}_i)}^2 \right] + \rho l + \frac{1}{2} \lambda \sum_{j=1}^{l} s_j^2$$

將所有訓練樣本按照葉子節點展開，

$$\mathcal{L}(T_m) = \sum_{j=1}^{l} \left[\sum_{i \in I_j} g_{m,i} s_j + \frac{1}{2} \left(\sum_{i \in I_j} H_{m,i} + \lambda \right) s_j^2 \right] + \rho l$$

令 $g_j = \sum\limits_{i \in I_j} g_{m,i}$，表示第 j 個葉子節點包含樣本的一階偏導數之和，令

$H_j = \sum\limits_{i \in I_j} H_{m,i}$，表示第 j 個葉子節點包含樣本的二階偏導數之和，最佳化問題的

目標函式可重新寫作

$$\mathcal{L}(T_m) = \sum_{j=1}^{l} \left[g_j s_j + \frac{1}{2} \left(H_j + \lambda \right) s_j^2 \right] + \rho l$$

對於固定的 $q(\boldsymbol{x})$，應用費馬原理可以得到第 j 個葉子節點處的最佳得分

$$s_j^* = -\frac{g_j}{H_j + \lambda}$$

最小損失

$$\mathcal{L}_t = -\frac{1}{2} \sum_{j=1}^{l} \frac{g_j^2}{H_j + \lambda} + \rho l$$

假如決策樹模型的某一葉子節點生長分裂為左右兩個葉子節點，$g_{j,\mathrm{L}}$ 表示分裂的左側葉子節點包含樣本的一階偏導數之和，$g_{j,\mathrm{R}}$ 表示分裂的右側葉子節點包

含樣本的一階偏導數之和；$H_{j,\text{L}}$ 表示分裂的左側葉子節點包含樣本的二階偏導數之和，$H_{j,\text{R}}$ 表示分裂的右側葉子節點包含樣本的二階偏導數之和。在生長分裂前，損失為

$$\mathcal{L}_{\text{before}} = -\sum_{j=1}^{l} \frac{(g_{j,\text{L}} + g_{j,\text{R}})^2}{H_{j,\text{L}} + H_{j,\text{R}} + \lambda} + \rho l$$

分裂後損失為

$$\mathcal{L}_{\text{after}} = -\frac{1}{2}\sum_{j=1}^{l} \frac{g_{j,\text{L}}^2}{H_{j,\text{L}} + \lambda} - \frac{1}{2}\sum_{j=1}^{l} \frac{g_{j,\text{R}}^2}{H_{j,\text{R}} + \lambda} + 2\rho l$$

若分裂後的損失小於分裂前，即 $\mathcal{L}_{\text{after}} < \mathcal{L}_{\text{before}}$，則繼續生長分裂；不然不生長分裂。

在實際訓練時，需透過特徵選擇尋找節點處的最佳屬性特徵，進而確定決策樹的生長分裂點，陳天奇在「*XGBoost: A scalable tree boosting system*」一文中介紹了常見的貪心演算法（Greedy Algorithm）、漸近演算法（Approximate Algorithm）、加權分位數草圖（Weighted Quantile Sketch）法和稀疏感知分裂（Sparsity-aware Split Finding）演算法，感興趣的讀者可以閱讀文獻學習。

11.5 案例分析——波士頓房價資料集

房子，對中年人來說基本都是剛需，通常大家都希望能買到 C/P 值較高的房子。房價的高低受多種因素影響，如交通便利程度、教育資源、週邊的設施建設等。本節分析的案例為經典的波士頓房價資料集。資料集共有 506 個觀測值，包含 14 個變數。資料集不存在遺漏值的情況，採用 GBDT 迴歸演算法的具體 Python 程式如下。

```
1 # 匯入相關模組
2 import numpy as np
3 from sklearn import datasets
4 from sklearn.ensemble import GradientBoostingRegressor
5 from sklearn.model_selection import train_test_split
6
```

```
7  # 載入資料
8  house = datasets.load_boston()
9  # 提取引數與因變數
10 X = house.data
11 y = house.target
12
13 # 劃分訓練集與測試集，集合容量比例為 8:2
14 X_train, X_test, y_train, y_test = train_test_split(X, y, train_size = 0.8)
15
16 # 建立 GBDT 模型並訓練
17
18 # 測試集預測
19 y_test_pred = gbdt_model.predict(X_test)
20
21 # 計算擬合優度
22 y_bar = np.mean(y_test)
23 sst = np.sum((y_test - y_bar)**2)
24 ssr = np.sum((y_test - y_test_pred)**2)
25 r2 = 1 - ssr/sst
26 print('R Square score: %.2f' % r2)
```

輸出擬合優度如下：

```
1 R Square score: 0.93
```

11.6 本章小結

1. 一般地，整合學習方法分為同質整合和異質整合。同質整合採用同一種類型
   的基學習器整合而得，根據其內部結構可以分成兩種：並行結構和串列結構，
   經典的並行同質整合方法是堆疊法，經典並行同質整合方法是提升法。異質
   整合，採用不同類型的基學習器，類似於同質整合，其內部結構也可以分成
   並行和串列兩種，最典型的異質學習是堆疊法。

2. AdaBoost 演算法是一種具有適應性的（Adaptive）提升演算法，由 Freund 和
   Schapire 於 1999 年提出，根據弱分類器的誤差率，有目的地進行適應性提升。
   AdaBoost 的兩大核心在於可加模型和前向迴歸的思想。可加模型思想決定了
   AdaBoost 演算法的結構，前向迴歸思想則提供了 AdaBoost 演算法的提升策
   略。

3. 提升樹，是以決策樹為基學習器的提升方法，集樹模型、可加結構、前向迴歸於一體。一般而言，提升樹以 CART 為基學習器。具體而言，對於分類問題，損失函式常採用指數損失，以 CART 分類樹為基分類器；對於迴歸問題，損失函式常採用平方損失，以 CART 迴歸樹為基分類器。

4. GDBT 演算法是一種基於梯度的提升樹，為使得損失快速下降，每一輪都在損失最速下降梯度方向上建構新模型。特別地，GBDT 迴歸演算法每一輪計算都是為了減少上一輪計算的殘差，以此更新模型。

5. XGBoost 演算法透過二階泰勒展開使得提升樹模型更加逼近真實損失；在最佳化問題中增加正規化項，避免過擬合現象；採用 Blocks 儲存結構平行計算，提高演算法運算速度。

11.7 習題

11.1 試以 KL 散度證明定理 11.1。

11.2 透過 AdaBoost 分類演算法分析帕爾默企鵝資料集，並與決策樹模型的結果相比較。

參 考 文 獻

[1]　曹則賢 . 熵非商 : the myth of Entropy[J]. 物理 , 2009(a).

[2]　陳希孺 . 數理統計學簡史 [M]. 長沙：湖南教育出版社 , 2002.

[3]　陳紀修 , 於崇華 , 金路 . 數學分析 (上冊)[M]. 2 版 . 北京：高等教育出版社 , 2004.

[4]　陳家鼎 , 孫山澤 , 李東風 , 等 . 數理統計學講義 [M]. 2 版 . 北京：高等教育出版社 , 2006.

[5]　陳家鼎 , 鄭忠國 . 機率與統計 [M]. 北京：北京大學出版社 , 2007.

[6]　道恩‧里菲思 . 深入淺出統計學 [M]. 李芳 , 譯 . 北京：電子工業出版社 , 2012.

[7]　大衛‧薩爾斯伯格 . 女士品茶：巨量資料時代最該懂的學科就是統計學 [M]. 劉清山 , 譯 . 南昌：江西人民出版社 , 2016.

[8]　賈俊平 . 統計學 [M]. 7 版 . 北京：中國人民大學出版社 , 2018.

[9]　李航 . 統計學習方法 [M]. 2 版 . 北京：清華大學出版社 , 2019.

[10]　李賢平 . 機率論基礎 [M]. 2 版 . 北京：高等教育出版社 , 1997.

[11]　劉嘉 . 機率論通識講義 [M]. 北京：新星出版社 , 2021.

[12]　黃藜原 . 貝氏的博弈：數學、思維與人工智慧 [M]. 方弦 , 譯 . 北京：人民郵電出版社 , 2021.

[13]　茆詩松 , 程依明 , 濮曉龍 . 機率論與數理統計教學 [M]. 3 版 . 北京：高等教育出版社 , 2019.

[14]　莫凡 . 機器學習演算法的數學解析與 Python 實現 [M]. 北京：機械工業出版社 , 2020.

[15]　丘成桐 , 史蒂夫‧納迪斯 . 大宇之形 [M]. 長沙：湖南科學技術出版社 , 2012.

[16]　特雷弗‧哈斯蒂 , 羅伯特‧提佈施拉尼 , 傑羅姆‧弗雷曼 . 統計學習要素 [M]. 張軍平 , 譯 . 北京：清華大學出版社 , 2020.

[17]　王松桂 , 陳敏 , 陳立萍 . 線性統計模型：線性迴歸與方差分析 [M]. 北京：高等教育出版社 , 1999.

[18]　傑森‧威爾克斯 . 燒掉數學書：重新發明數學 [M]. 唐璐 , 譯 . 長沙：湖南科學技術出版社 , 2020.

[19] 史蒂芬・斯蒂格勒．統計學七支柱 [M]．高蓉，李茂，譯．北京：人民郵電出版社，2018.

[20] 史蒂夫・斯托加茨．微積分的力量 [M]．任燁，譯．北京：中信出版集團，2021.

[21] 張雨萌．機器學習中的機率統計 [M]．北京：機械工業出版社，2021.

[22] 張堯庭．定性資料的統計分析 [M]．桂林：廣西師範大學出版社，1991.

[23] 周志華．機器學習 [M]．北京：清華大學出版社，2016.

[24] 卓里奇．數學分析（第一卷）[M]．7 版．北京：高等教育出版社，2019.

[25] Berger A. The improved iterative scaling algorithm: A gentle introduction[D]. Pittsburgh: Carnegie Mellon University, 1997.

[26] Bayes T. LII. An essay towards solving a problem in the doctrine of chances. By the late Rev. Mr. Bayes, FRS communicated by Mr. Price, in a letter to John Canton, AMFR S[J]. Philosophical Transactions of the Royal Society of London, 1763(53): 370-418.

[27] Bentley J L. Multidimensional binary search trees used for associative searching[J]. Communications of the ACM, 1975, 18(9): 509-517.

[28] Bertsekas D P. 凸最佳化演算法 [M]．北京：清華大學出版社，2016.

[29] Chen T, Guestrin C. XGBoost: A scalable tree boosting system[C]//Proceedings of the 22nd Acm Sigkdd International Conference on Knowledge Discovery and Data Mining. 2016: 785-794.

[30] Cover T, Hart P. Nearest neighbor pattern classification[J]. IEEE Transactions on Information Theory, 1967, 13(1): 21-27.

[31] Koller D, Friedman N. 機率圖模型：原理與技術 [M]．王飛躍，韓素青，譯．北京：清華大學出版社，2015.

[32] Salsburg D. The Lady tasting tea：How statistics revolutioned science in the twentieth century[M]. New York: W.H. Freeman and Company, 2001.

[33] Dempster A P, Laird N M, Rubin D B. Maximum likelihood from incomplete data via the EM algorithm[J]. Journal of the Royal Statistical Society: Series B (Methodological), 1977, 39(1): 1-22.

[34] Do C B, Batzoglou S. What is the expectation maximization algorithm?[J]. Nature Biotechnology, 2008, 26(8): 897-899.

[35] Efroymson M A. Multiple regression analysis, Mathematical Methods for Digital Com- puters[M]. New York: Wiley, 1960.

[36] Hadi F T, Joao G. Event labeling combining ensemble detectors and background knowledge, Progress in Artificial Intelligence (2013): 1-15, Springer Berlin Heidelberg.

[37] Ehrenfeucht Andrzej, David Haussler, et al. A general lower bound on the number of examples needed for learning[J]. Information and Computation, 1989, 82(3): 247-261.

[38] Freund Y, Schapire R, Abe N. A short introduction to boosting[J]. Journal-Japanese Society for Artificial Intelligence, 1999, 14(771-780), 1612.

[39] Freund Y, Schapire R E. A decision-theoretic generalization of on-line learning and an application to boosting[J]. Journal of Computer and System Sciences, 1997, 55(1): 119-139.

[40] Friedman J H. Greedy function approximation: A gradient boosting machine[J]. The Annals of Statistics, 2001, 29(5): 1189-1232.

[41] Fisher R A. The use of multiple measurements in taxonomic problems[J]. Annals of Eugenics, 1936, 7(2): 179-188.

[42] Hoerl A E, Kennard R W. Ridge regression: Biased estimation for nonorthogonal problems[J]. Technometrics, 1970.

[43] Johnson R A, Wichern D W. Applied multivariate statistical analysis (Vol. 6)[M]. London: Pearson, 2014.

[44] McCulloch Charles E, Shayle R. Searle. Generalized, linear, and mixed models[M]. John Wiley and Sons, 2004.

[45] Deuflhard P. A short History of Newton's method. Documenta Math, 2012, 25.

[46] Ross Q J. C4.5: Programs for machine learning[M]. Burlington: Morgan Kaufmann Publishers, inc., 1993.

[47] Tibshirani R. Regression shrinkage and selection via the lasso[J]. Journal of the Royal Statistical Society: Series B (Statistical Methodology), 1996.

[48] Tibshirani R. Regression shrinkage and selection via the lasso: A retrospective. Journal of the Royal Statistical Society: Series B (Statistical Methodology), 2011.

[49] Rosenblatt F. The perceptron: A probabilistic model for information storage and organization in the brain[J]. Psychological Review, 1958, 65(6): 386.

[50] Burgess S, Thompson S G. Mendelian randomization methods for causal inference using genetic variants[M]. 2nd Ed. New York: Chapman and Hall/CRC, 2021.

[51] Blundell S J, Bludell K M. 熱物理概念 [M]. 鞠國興, 譯. 2 版. 北京：清華大學出版社, 2015.

[52] Cover T M, Thomas J A. 資訊理論基礎 [M]. 阮吉壽, 張華, 譯. 機械工業出版社, 2007.

[53] Hastie T, Tibshirani R, Friedman J. The elements of statistical learning[M]. Berlin: Springer, 2009.

[54] Valiant L G. A theory of the learnable[J]. Communications of the ACM, 1984, 27(11), 1134-1142.

[55] Weinberger K Q, Saul L K. Distance metric learning for large margin nearest neighbor classification[J]. Journal of Machine Learning Research, 2009, 10(2).

[56] Wu X, Kumar V, Ross Quinlan J, et al. Top 10 algorithms in data mining[J]. Knowledge and Information Systems, 2008, 14(1): 1-37.

[57] Ypma T J. Historical development of the Newton-Raphson method[J]. SIAM Review, 1995, 37(4): 531-551.

第1章
微積分小工具

在一切理論成就中，未必有什麼像 17 世紀下半葉微積分的發明那樣被看成人類精神的最高勝利了。

——弗里德里希·恩格斯

1.1 凸函式與凹函式

設函式 $f(x)$ 是定義在區間 $\mathcal{B}$ 上的函式，若對區間上任意兩點 b_1、b_2 和任意的實數 $w_1 \in (0, 1)$，總有

$$f(w_1 b_1 + w_2 b_2) \leqslant w_1 f(b_1) + w_2 f(b_2) \tag{1.1}$$

其中，$w_2 = 1 - w_1$，則稱 $f(x)$ 是 $\mathcal{B}$ 上的凸函式；反之，如果總有

$$f(w_1 b_1 + w_2 b_2) \geqslant w_1 f(b_1) + w_2 f(b_2) \tag{1.2}$$

則稱 $f(x)$ 是 $\mathcal{B}$ 上的凹函式。如果不等式 (1.1) 和 (1.2) 改為嚴格不等式，則相應的函式稱為嚴格凸函式和嚴格凹函式，如圖 1.1 所示。

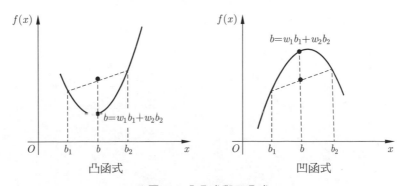

▲ 圖 1.1 凸函式與凹函式

1.2 幾個重要的不等式

1.2.1 基本不等式 $a^2 + b^2 \geqslant 2ab$

由完全平方公式可以推出一個常用的不等式

$$(a-b)^2 = a^2 + b^2 - 2ab \geqslant 0 \Longrightarrow a^2 + b^2 \geqslant 2ab$$

該不等式常用於一些證明，例如第 11 章提升方法中定理 11.2 的證明。

1.2.2 對數不等式 $x - 1 \geqslant \log(x)$

令 $f(x) = x - 1 - \log(x)$，則

$$f'(x) = 1 - \frac{1}{x} = \frac{x-1}{x} \begin{cases} < 0, & 0 < x < 1 \\ > 0, & x > 1 \end{cases}$$

$f(x)$ 在 $x = 1$ 處取得最小值，

$$\min_{x>0} f(x) = f(1) = 0$$

所以 $x - 1 \geqslant \log(x)$，如圖 1.2 所示。

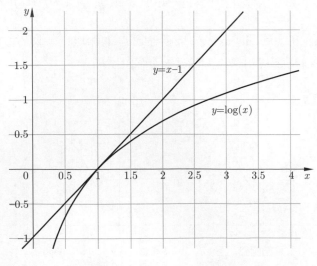

▲ 圖 1.2　$x - 1 \geqslant \log(x)$ 圖示

對數不等式的變形還有 $-\log(x) \geqslant 1 - x$，如圖 1.3 所示。對數不等式常用於一些理論推導，例如第 8 章最大熵模型迭代尺度法下界的推導。

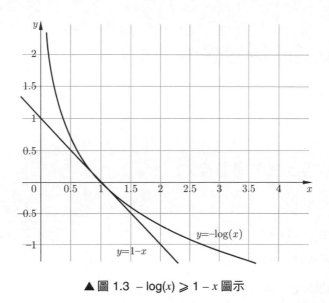

▲ 圖 1.3 $-\log(x) \geqslant 1 - x$ 圖示

1.2.3 Jensen 不等式

如果 $f(x)$ 是定義在實數區間 $[a, b]$ 上的凸函式，$x_1, x_2, \cdots, x_n \in$ $[a, b]$ 並且有一組實數 $\lambda_1, \lambda_2, \cdots, \lambda_n \geqslant 0$，滿足 $\sum\limits_{i=1}^{n} \lambda_i = 1$，則有

$$f\left(\sum_{i=1}^{n} \lambda_i x_i\right) \leqslant \sum_{i=1}^{n} \lambda_i f(x_i)$$

如果從機率統計的角度看待 Jensen 不等式，則其表示為

$$f(EX) \leqslant E[f(X)]$$

表示，如果 $f(x)$ 是定義在實數區間 $[a, b]$ 上的凸函式，期望的函式值小於或等於隨機變數函式值的期望。

Jensen 不等式也被音譯為琴生不等式，常用於理論推導及定理證明等，例如第 8 章最大熵模型中迭代尺度演算法的推導，第 10 章 EM 演算法中 E 步的期望具體形式的匯出等。

1.3　常見的求導公式與求導法則

為方便讀者在學習過程中的求導需求，現將主體書中常見的求導公式與求導法則列寫如下。

1.3.1　基本初等函式的導數公式

1. 常數求導：$(C)' = 0$

2. 冪函式求導：$(x^k)' = kx^{k-1}$

3. 三角函式求導：$(\sin x)' = \cos x, (\cos x)' = -\sin x, (\tan x)' = \sec^2 x, (\cot x)' = -\csc^2 x$

4. 指數函式求導：$(a^x)' = a^x \ln a \ (a > 0, a \neq 1), (e^x)' = e^x$

5. 對數函式求導：$(\log_a x)' = \dfrac{1}{x \ln a} \ (a > 0, a \neq 1), (\ln x)' = \dfrac{1}{x}$

1.3.2　導數的四則運算

設 $u = u(x), v = v(x)$ 都可導，則

1. $(u \pm v)' = u' \pm v'$

2. $(Cu)' = Cu'$（C 是常數）

3. $(uv)' = u'v + uv'$

4. $\left(\dfrac{u}{v}\right)' = \dfrac{u'v - uv'}{v^2}$ $(v \neq 0)$

1.3.3　複合函式的求導——連鎖律

設 $y = f(u)$，而 $u = g(x)$ 且 $f(u)$ 及 $g(x)$ 都可導，則複合函式 $y = f[g(x)]$ 的導數為

$$y'(x) = f'(u) \cdot g'(x)$$

如果以微分的形式表示，則為

$$\frac{\mathrm{d}y}{\mathrm{d}x} = \frac{\mathrm{d}y}{\mathrm{d}u} \cdot \frac{\mathrm{d}u}{\mathrm{d}x}$$

因該公式呈現鏈狀，故也稱為求導的連鎖律。

1.4　泰勒公式

　　泰勒公式是近似計算和函式微分學的重要內容，它來自數學家泰勒對三角函式展開形式的研究。1717 年，泰勒將泰勒公式的最終形式記錄在書籍《正的和反的增量方法》中，如圖 1.4 所示。

▲ 圖 1.4　泰勒和書籍《正的和反的增量方法》

　　簡單來說，泰勒公式就是來做近似工作的。對於一條曲線而言，如果函式足夠光滑並且存在各階導函式，那麼在每一個小局部（即目標點的鄰域）都可以找到一個用以近似的多項式。泰勒公式在主體書中有諸多應用，例如梯度下降法和牛頓法迭代公式的匯出，7.2.4 節資訊熵和基尼不純度之間大小的比較，第 11 章 AdaBoost 分類演算法訓練誤差上界的推導。

　　對於一般函式 $f(x)$，假設它在點 x_0 處存在直到 n 階導數。那麼，由這些導數建構一個 n 次多項式，就可以來近似函式 $f(x)$ 在點 x_0 鄰域處的函式，即

$$f(x) = f(x_0) + \frac{f'(x_0)}{1!}(x - x_0) + \frac{f''(x_0)}{2!}(x - x_0)^2 + \cdots +$$

$$\frac{f^{(n)}(x_0)}{n!}(x - x_0)^n + o((x - x_0)^n)$$

其中，$o((x - x_0)^n)$ 表示 $(x - x_0)^n$ 的高階無限小，即 $x \to x_0$ 時，$o((x - x_0)^n)$ 能夠比 $(x - x_0)^n$ 更快地趨於 0。

1.5 費馬原理

　　無論是高中數學課本還是高等數學、微積分亦或是數學分析教材，介紹完導函式和極值的概念，就會引入一個定理——費馬原理。為防止與著名的費馬大定理混淆，我們稱其為費馬原理。不要小瞧書頁一角的這個小小的定理，費馬原理由法國數學家皮埃爾・德・費馬（圖 1.5）於 1662 年提出。可以說，它在不同的領域都有著舉足輕重的地位，堪稱幾何光學、凸最佳化、微積分以及變分法的第一性原理。

出生	1607年10月31日至12月6日之間
	法蘭西王國博蒙德洛馬涅
逝世	1665年1月12日（57歲）
	法蘭西王國卡斯特爾
教育程度	奧爾良大學（法學學士，1626）
知名於	對數論，解析幾何，機率論有所貢獻
	笛卡兒葉形線
	費馬原理
	費馬小定理
	費馬大定理等
	科學生涯
研究領域	數學、法律
受影響自	弗朗索瓦·韋達、吉羅拉莫·卡爾達諾、丟番圖

1607年10月31日至12月6日之間

▲ 圖 1.5 皮埃爾・德・費馬

　　主體書第 2 章線性回歸模型中最小平方法的求解、第 4 章貝氏推斷中極大似然法的求解、第 5 章邏輯回歸模型學習中的參數估計、第 6 章最大熵模型中對偶問題具體形式的匯出、第 9 章支持向量機中對偶問題具體形式的匯出以及 SMO 演算法的推導、第 10 章 EM 演算法的推導、第 11 章 AdaBoost 演算法的推導都借助

了費馬原理。本節著重介紹費馬原理在凸最佳化中所造成的作用。

凸最佳化，是數學最最佳化的子領域，主要聚焦於研究凸集中凸函式的最小化問題。為理解凸最佳化，除了凸函式在 1.1 節介紹的凸函式之外，還需要了解函式中極值的含義。

下面舉出函式中極值和極值點的定義。

定義 1.1 (極值與極值點) 函式 $f(x)$ 在點 x_0 的某鄰域 $U(x_0)$ 內有定義，對 $U(x_0)$ 內的所有點都有

$$f(x) \leqslant f(x_0)$$

則稱函式 $f(x)$ 在點 x_0 處取得極大值，稱 x_0 為極大值點。若對 $U(x_0)$ 內的所有點都有

$$f(x) \geqslant f(x_0)$$

則稱函式 $f(x)$ 在點 x_0 處取得極小值，稱 x_0 為極小值點。極大值與極小值統稱為極值，極大值點和極小值點統稱為極值點。

定理 1.1 (費馬原理) 若函式 $f(x)$ 在點 x_0 的某鄰域 $U(x_0)$ 有定義，且在點 x_0 處可導。若點 x_0 為 $f(x)$ 的極值點，則必有

$$f'(x_0) = 0$$

費馬原理的幾何意義十分明確，若 x_0 是函式 $f(x)$ 的極值點，且 $f(x)$ 在點 $x = x_0$ 處可導，那麼該點的切線平行於 x 軸，如圖 1.6 所示。可以看出，極值點是個局部問題，由鄰域的範圍決定，不適用於全域問題。

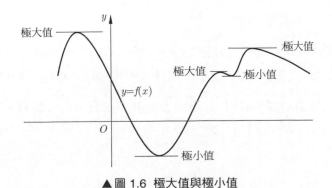

▲圖 1.6 極大值與極小值

　　費馬原理啟示我們，如果函式可微，若要尋找局部極值點，可以先找到導函式為零的點，然後判斷導函式的零點是否是符合要求的極值點。此時，根據 $f(x)$ 在點 $x = x_0$ 兩側的導函式符號進行討論。

1) 導函式在點 $x = x_0$ 兩側異號

　　(1)**先增後減型**：假如函式 $f(x)$ 在點 $x = x_0$ 左側 $f'(x) > 0$，右側 $f'(x) < 0$。

　　如圖 1.7(a) 所示，點 $x = x_0$ 左側是增函式，右側是減函式，在 $x = x_0$ 處取得極大值。同理，如果二階導函式 $f''(x_0) < 0$，則說明 $x = x_0$ 為極大值點。

　　(2)**先減後增型**：假如函式 $f(x)$ 在點 $x = x_0$ 左側 $f'(x) < 0$，右側 $f'(x) > 0$。

　　如圖 1.7(b) 所示，點 $x = x_0$ 左側是減函式，右側是增函式，在 $x = x_0$ 處取得極小值。另外，也可以透過二階導函式來判斷是否為極小值，如果 $f''(x_0) > 0$，則說明 $x = x_0$ 為極小值點。

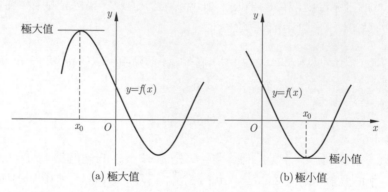

▲ 圖 1.7　極大值與極小值的判斷

2) 導函式在點 $x = x_0$ 兩側同號

　　這時很難判斷 $x = x_0$ 是否為極值點，我們稱所有 $f'(x) = 0$ 的點為駐點。例如 $y = x^3$，雖然一階導函式在 $x = 0$ 處為零，但並未取得極值，如圖 1.8 所示。

　　對此，可以根據函式 $f(x)$ 在 x_0 處的泰勒展開進行分析，假設 $f'(x_0) = 0, f''(x_0) = 0, \cdots, f^{(n-1)}(x_0) = 0, f^{(n)}(x_0) \neq 0$，則

$$f(x) = f(x_0) + \frac{f^{(n)}(x_0)}{n!}(x - x_0)^n + o((x - x_0)^n)$$

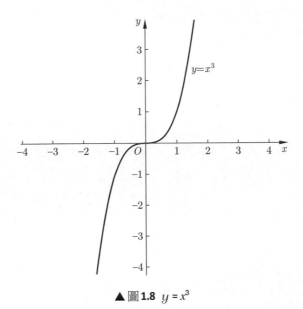

▲圖 **1.8** $y = x^3$

其中，第三項 $o((x - x_0)^n)$ 表示 $(x - x_0)^n$ 的高階無限小，可以忽略，得到

$$f(x) - f(x_0) = \frac{f^{(n)}(x_0)}{n!}(x - x_0)^n \tag{1.3}$$

要分析能否得出極大值或極小值，需要分情況討論。

(1) n 為偶數： 根據式 (1.3)，$f(x) - f(x_0)$ 與 $f^{(n)}(x_0)$ 同號， 則 $f^{(n)}(x_0) > 0$ 時，$x = x_0$ 處是極小值點；$f^{(n)}(x_0) < 0$ 時，$x = x_0$ 處是極大值點。

(2) n 為奇數：$(x - x_0)^n$ 的正負無法判斷，表示 x_0 不是極值點。看得出來，費馬原理為我們提供了一種尋找極值點的方法，即令一階導函式為零，求得零點，然後根據二階導函式判斷這些零點是否為極值點。

第 2 章
線性代數小工具

　　躍遷，一般指量子力學系統狀態發生跳躍式變化的過程，很明顯這是物理學的範圍。如果用數學該怎麼表示這個突然跳躍的過程呢？用矩陣。本章為大家簡單介紹線性代數中的矩陣，以便於理解主體書中所介紹的機器學習模型。

2.1　幾類特殊的矩陣

　　簡單而言，矩陣就是按照陣列堆放數字，$m \times n$ 階矩陣的一般形式為

$$\boldsymbol{A} = [a_{ij}]_{m \times n} = \begin{bmatrix} a_{11} & \cdots & a_{1n} \\ \vdots & & \vdots \\ a_{m1} & \cdots & a_{mn} \end{bmatrix}$$

簡單介紹幾類特殊矩陣。

(1) 零矩陣：矩陣中所有元素都為零，即 $a_{ij} = 0$。

(2) 方陣：矩陣的行列個數相同，即 $m = n$。

(3) 單位矩陣：行位與列位相同時為 1，不同時為 0，即

$$a_{ij} = \begin{cases} 1, & i = j \\ 0, & i \neq j \end{cases}$$

顯然，單位矩陣一定是方陣。

(4) 對角矩陣：除對角元素非零之外，其他位置都是零，即

$$a_{ij} \begin{cases} \neq 0, & i = j \\ = 0, & i \neq j \end{cases}$$

顯然，單位矩陣是一種特殊的對角矩陣。

(5)對稱矩陣：以主對角線為對稱軸，各元素對應相等，即

$$a_{ij} = a_{ji}$$

顯然，對稱矩陣是一種特殊的方陣。比如第 8 章感知機模型和第 10 章支持向量機中的 Gram 矩陣就是對稱矩陣。

2.2 矩陣的基本運算

(1)矩陣的轉置：矩陣行列互換，代表對矩陣從第一個元素沿著右下角 45° 進行鏡面翻轉，例如

$$\begin{pmatrix} 1 & 2 & 3 \\ 4 & 5 & 6 \end{pmatrix}^{\mathrm{T}} = \begin{pmatrix} 1 & 4 \\ 2 & 5 \\ 3 & 6 \end{pmatrix}$$

(2) 矩陣的加法：進行加法運算的兩個矩陣需要滿足行列階數相同，然後將對應位置的元素相加，矩陣 A 與矩陣 B 的加法運算記作 $A + B$。加法符合交換律、結合律、和的轉置，即

交換律：$A + B = B + A$

結合律：$(A + B) + C = A + (B + C)$

和的轉置：$(A + B)^{\mathrm{T}} = A^{\mathrm{T}} + B^{\mathrm{T}}$

(3)矩陣的乘法包含矩陣數乘和矩陣相乘。

矩陣數乘：對於矩陣的每個元素都乘以相同的數值，實現了矩陣的伸縮，即

$$kA = k\begin{pmatrix} a_{11} & \cdots & a_{1n} \\ \vdots & & \vdots \\ a_{m1} & \cdots & a_{mn} \end{pmatrix} = \begin{pmatrix} ka_{11} & \cdots & ka_{1n} \\ \vdots & & \vdots \\ ka_{m1} & \cdots & ka_{mn} \end{pmatrix}$$

其中 k 為數值。

矩陣相乘：設

$$A = (a_{ik})_{s \times n}, \quad B = (b_{kj})_{n \times m}$$

記矩陣 A 與 B 的乘積 AB 為 C，則

$$C = (c_{ij})_{s \times m}$$

其中

$$c_{ij} = a_{i1}b_{1j} + a_{i2}b_{2j} + \cdots + a_{in}b_{nj} = \sum_{k=1}^{n} a_{ik}b_{kj}$$

由矩陣乘法的定義可以看出，矩陣 A 與 B 的乘積 C 的第 i 行第 j 列的元素等於第一個矩陣 A 的第 i 行與第二個矩陣 B 的第 j 列的對應元素乘積的和。需要注意的是，在矩陣乘積中，要求第二個矩陣的行數與第一個矩陣的列數相等。

將第一個矩陣的行向量和第二矩陣的列向量做內積，因為線性變換的相繼作用是從右向左的，所以矩陣相乘存在順序性，即一般來說

$$AB \neq BA$$

舉例來說，

$$A = \begin{pmatrix} 1 & 1 \\ -1 & -1 \end{pmatrix}, \quad B = \begin{pmatrix} 1 & -1 \\ -1 & 0 \end{pmatrix}$$

則

$$AB = \begin{pmatrix} 1 & 1 \\ -1 & -1 \end{pmatrix} \begin{pmatrix} 1 & -1 \\ -1 & 0 \end{pmatrix}$$

$$= \begin{pmatrix} 1 \times 1 + 1 \times (-1) & 1 \times (-1) + 1 \times 0 \\ -1 \times 1 - 1 \times (-1) & -1 \times (-1) - 1 \times 0 \end{pmatrix}$$

$$= \begin{pmatrix} 0 & -1 \\ 0 & 1 \end{pmatrix}$$

但是

$$BA = \begin{pmatrix} 1 & -1 \\ -1 & 0 \end{pmatrix} \begin{pmatrix} 1 & 1 \\ -1 & -1 \end{pmatrix}$$

$$= \begin{pmatrix} 1 \times 1 + (-1) \times (-1) & 1 \times 1 + (-1) \times (-1) \\ -1 \times 1 + 0 \times (-1) & -1 \times 1 + 0 \times (-1) \end{pmatrix}$$

$$= \begin{pmatrix} 2 & 2 \\ -1 & -1 \end{pmatrix}$$

顯然 $AB \neq BA$。

矩陣乘法的基本規律如下。

數乘分配律：$k(A + B) = kA + kB$。

矩陣相乘的結合律：$(AB)C = A(BC)$，需要注意此時矩陣不可以互換位置。

矩陣相乘的分配律：$A(B + C) = AB + AC, (A+B)C = AC + BC$，需要注意此時矩陣不可以互換位置。

矩陣相乘的轉置：$(AB)^{\mathrm{T}} = B^{\mathrm{T}}A^{\mathrm{T}}$，此處類似於衣服穿脫順序，故被戲稱作矩陣的「穿脫原則」。

2.3 二次型的矩陣表示

二次型，顧名思義，就是二次的形式，是 n 個變數的二次齊次多項式。對於二次型的系統研究始於 18 世紀，與解析幾何中的實際問題相關。最直接的就是，如何才能選擇適當的角度對二次曲線和二次曲面旋轉，得到標準二次曲線或曲面。柯西、西爾維斯特等數學家都對此做過深入研究，直到 1801 年，高斯在《算術研究》中正式引入二次型的正定、負定、半正定和半負定等術語。主體書第 2 章套索回歸與嶺回歸中的目標函式，第 9 章支持向量機的正定核心，以及小冊子第 3 章即將介紹的擬牛頓法都用到了二次型的概念。

2.3.1 二次型

我們將包含 n 個變數 $x_1, x_2, \cdots, x_n$ 的二次齊次多項式

$$f(x_1, x_2, \cdots, x_n) = a_{11}x_1^2 + 2a_{12}x_1x_2 + 2a_{13}x_1x_3 + \cdots + 2a_{1n}x_1x_n +$$

$$a_{22}x_2^2 + \quad 2a_{23}x_2x_3 + \cdots + 2a_{2n}x_2x_n$$

$$\cdots\cdots$$

$$+ a_{nn}x_n^2$$

稱作 n 元二次型。以矩陣的形式表示，則為

$$f(x_1, x_2, \ldots, x_n) = (x_1, x_2, \ldots, x_n) \begin{pmatrix} a_{11} & \cdots & a_{1n} \\ \vdots & & \vdots \\ a_{n1} & \cdots & a_{nn} \end{pmatrix} \begin{pmatrix} x_1 \\ x_2 \\ \vdots \\ x_n \end{pmatrix} = X^{\mathrm{T}}AX$$

其中，

$$X = \begin{pmatrix} x_1 \\ x_2 \\ \vdots \\ x_n \end{pmatrix}$$

為 n 個變數對應的向量；

$$A = \begin{pmatrix} a_{11} & \cdots & a_{1n} \\ \vdots & & \vdots \\ a_{n1} & \cdots & a_{nn} \end{pmatrix}$$

為二次型的矩陣，矩陣 A 是一個對稱矩陣，即 $a_{ij} = a_{ji}$ $(i, j = 1, \cdots, n)$。

2.3.2 正定和負定矩陣

實數有正負之分，矩陣也有正定和負定之分。如果對於 $\mathbb{R}^n$ 中任意的非零列向量 α，都有 $\alpha^{\mathrm{T}}A\alpha > 0$，則稱 n 元二次型 $X^{\mathrm{T}}AX$ 是正定的，

其中對稱矩陣 A 被稱為正定矩陣。同理，還可以定義負定矩陣、半正定矩陣、半負定矩陣。

負定矩陣：如果對於 $\mathbb{R}^n$ 中任意的非零列向量 $\boldsymbol{\alpha}$，都有 $\boldsymbol{\alpha}^{\mathrm{T}} A \boldsymbol{\alpha} < 0$，則稱 n 元二次型 $X^{\mathrm{T}} A X$ 是負定的，其中對稱矩陣 A 被稱為負定矩陣。

半正定矩陣：如果對於 $\mathbb{R}^n$ 中任意的非零列向量 $\boldsymbol{\alpha}$，都有 $\boldsymbol{\alpha}^{\mathrm{T}} A \boldsymbol{\alpha} \geqslant 0$，則稱 n 元二次型 $X^{\mathrm{T}} A X$ 是半正定的，其中對稱矩陣 A 被稱為半正定矩陣。

半負定矩陣：如果對於 $\mathbb{R}^n$ 中任意的非零列向量 $\boldsymbol{\alpha}$，都有 $\boldsymbol{\alpha}^{\mathrm{T}} A \boldsymbol{\alpha} \leqslant 0$，則稱 n 元二次型 $X^{\mathrm{T}} A X$ 是半正定的，其中對稱矩陣 A 被稱為半負定矩陣。

例 2.1 請判斷下列矩陣 A 是否為正定矩陣。

$$A = \begin{pmatrix} 1 & \dfrac{1}{2} & \dfrac{1}{2} \\[2mm] \dfrac{1}{2} & 1 & \dfrac{1}{2} \\[2mm] \dfrac{1}{2} & \dfrac{1}{2} & 1 \end{pmatrix}$$

解 矩陣 A 相應的二次型為

$$f(x_1, x_2, x_3) = \sum_{i=1}^{3} x_i^2 + \sum_{1 \leqslant i < j \leqslant 3} x_i x_j$$

接下來，進行配方處理：

$$f(x_1, x_2, x_3) = x_1^2 + x_1(x_2 + x_3) + \left[\frac{1}{2}(x_2 + x_3)\right]^2 - \left[\frac{1}{2}(x_2 + x_3)\right]^2 +$$

$$x_2^2 + x_3^2 + x_2 x_3$$

$$= \left[x_1 + \frac{1}{2}(x_2 + x_3)\right]^2 - \frac{1}{4}\left(x_2^2 + 2x_2 x_3 + x_3^2\right) + x_2^2 +$$

$$x_3^2 + x_2 x_3$$

$$= \left(x_1 + \frac{1}{2}x_2 + \frac{1}{2}x_3\right)^2 + \frac{3}{4}x_2^2 + \frac{1}{2}x_2 x_3 + \frac{3}{4}x_3^2$$

$$= \left(x_1 + \frac{1}{2}x_2 + \frac{1}{2}x_3\right)^2 +$$

$$\frac{3}{4}\left[x_2^2 + \frac{2}{3}x_2x_3 + \left(\frac{1}{3}x_3\right)^2 - \left(\frac{1}{3}x_3\right)^2\right] + \frac{3}{4}x_3^2$$

$$= \left(x_1 + \frac{1}{2}x_2 + \frac{1}{2}x_3\right)^2 + \frac{3}{4}\left(x_2 + \frac{1}{3}x_3\right)^2 + \frac{2}{3}x_3^2$$

顯然，對於任意的向量 $X = (x_1,\, x_2,\, x_3)^{\mathrm{T}}$，$f(x_1,\, x_2,\, x_3) \geqslant 0$，因此矩陣 A 是一個半正定矩陣。

第 3 章
機率統計小工具

因主體書中已介紹了大量的機率統計思想，本章介紹一些常用的機率統計小工具，以便於讀者理解主體書中的相關內容。

3.1 隨機變數

拆詞解意，隨機變數即隨機變化的量，這個量是定義在樣本空間上的函式，其類型可透過樣本空間的資訊來判斷。舉例來說，選曲時的樣本空間是小明和女朋友約會時，樣本空間是一個正方形區域，兩人的到達時間就是隨機變數，此時樣本空間是連續的，我們稱為連續性隨機變數。下面舉出兩種類型隨機變數的定義。

定義 3.1（隨機變數）隨機變數可分為離散型隨機變數和連續型隨機變數。

(1)如果一個隨機變數僅可以取有限個或可列個值，即樣本空間中元素是有限個或無限可列個，則稱其為離散型隨機變數。

(2)如果一個隨機變數的所有可能設定值充滿數軸上的某個區間，即樣本空間中元素是無限不可列個，則稱其為連續型隨機變數。

隨機變數常用大寫字母 X, Y, Z 表示，其具體設定值用小寫字母 x, y, z 表示。

3.2 機率分佈

機率分佈是從巨觀角度對隨機變數的認識，整體把握隨機事件的機率變化規律，機率分佈函式的定義如下。

定義 3.2（機率分佈函式）設 X 是一個隨機變數，對任意的實數 $x \in \mathbb{R}$，

$$F(x) = P(X \leqslant x)$$

是隨機變數 X 的機率分佈函式，且稱 X 服從分佈 $F(x)$，記作 $X \sim F(x)$。

離散型隨機變數可能的設定值能夠一一列出，伴隨每一設定值的機率，可以得到機率分佈列。如果 X 的所有可能設定值是 $a_1, a_2, \cdots, a_K$，設定值概率記為 $p_i = P(X = a_i), i = 1, 2, \cdots, K$，隨機變數 X 的機率分佈列如表 3.1 所示，其中 K 可以取無限大的正整數。

▼ 表 3.1　機率分佈列

X	a_1	a_2	$\cdots$	a_K
P	p_1	p_2	$\cdots$	p_K

分佈列具有以下兩條基本性質。

(1) 非負性：$p_i \geqslant 0, i = 1, 2, \cdots, K$。

(2) 正規性：$\displaystyle\sum_{i=1}^{K} p_i = 1$。

我們可以透過某個數列是否滿足這兩條性質來判斷它是否能夠成為分佈列，第 6 章最大熵模型的例題中我們應用了該性質。

連續型隨機變數可能的設定值有無限不可列個，樣本空間以區間的形式呈現。如果存在實數軸上非負可積函式 $p(x)$，使得對任意的 $x \in \mathbb{R}$ 存在

$$F(x) = \int_{-\infty}^{x} p(t)\mathrm{d}t$$

則 $p(x)$ 稱為 X 的機率密度函式。連續隨機變數的分佈由機率密度函式確定。

對於連續型隨機變數 X，我們通常用機率密度函式值 $p(x)$ 來描述其機率分佈。設有一區間 $(x, x + \Delta x)$ 且 Δx 很微小，那麼在不太嚴謹的情況下，$p(x)\Delta x$ 其實可以視為 X 在區間 $(x, x + \Delta x)$ 上的累積機率值。

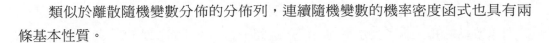

　　類似於離散隨機變數分佈的分佈列，連續隨機變數的機率密度函式也具有兩條基本性質。

　　非負性：$p(x) \geqslant 0$。

　　(1)正規性：$\displaystyle\int_{-\infty}^{\infty} p(x) = 1$。

　　這兩條基本型性質是機率密度函式必須滿足的，也是判斷某個函式是否能夠成為機率密度函式的充要條件，第 6 章最大熵模型中透過最大熵原理推導高斯分佈的過程中我們應用了該性質。

3.3 數學期望和方差

　　統計始於聚合，聚合始於平均值，抽象至機率統計中則化身為數學期望。對於機器學習而言，模型風險損失作為度量模型好壞的指標，貫穿整個主體書，而風險損失就涉及數學期望的概念，更見數學期望的重要性。秉持中庸之道，我們通常以數學方法計算平均情況，以平均情況作為未來的預期，這也是「數學期望」一詞的含義。以下舉出其正式的定義。

　　定義 3.3（數學期望）離散型隨機變數和連續型隨機變數數學期望的計算公式不同，

　　(1)設離散型隨機變數 X 的機率分佈列為 $p_i = P(X = a_i)$, $i = 1, 2, \cdots, K$，則其數學期望定義為 $\displaystyle\sum_{i=1}^{K} a_i p_i$；特別地，如果 X 的可能設定值為無限可列個，分佈列為 $p_i = P(X = a_i)$, $i = 1, 2, \cdots$，則其數學期望定義為 $\displaystyle\sum_{i=1}^{+\infty} a_i p_i$。

　　(2)設隨機變數 X 的機率密度函式為 $p(x)$，則其數學期望定義為 $\displaystyle\int_{-\infty}^{\infty} x p(x) \mathrm{d}x$。

　　一般來說我們用符號 $E(X)$ 表示隨機變數 X 的數學期望，簡稱為期望。

　　$E(X)$ 表示隨機變數 X 所有可能設定值的平均情況，也被稱作平均值。p_i 或 $p(x)$ 可以視為求平均值時 $X = a_i$ 或 $X = x$ 對應的權重，那麼期望就是加權和。儘管離散型隨機變數的期望採用求和的形式，連續型隨機變量的期望採用積分的形式。

但實際上，積分可被看作求和的極限情況，不再是一系列的離散點求和，而是一系列連續點的和。為了表示不同情況下這同一含義，「符號大師」萊布尼茨想到一個絕妙的主意，用手扯著求和符號的兩端，往兩頭一拉，這樣一個漂亮的蛇形曲線就出現了：

$$\sum \to \int$$

從書寫形式來看，原來的求和符號可能還有些棱棱角角，正好表示間斷不連續，磨平之後的光滑曲線，表示連續和再恰當不過。

期望在主體書中應用最為明顯的當屬第 2 章線性回歸模型中的期望回歸模型和第 10 章 EM 演算法中的「E」步。另外，但凡加權求和的形式，也通常可以理解期望，比如小冊子第 1 章介紹的 Jensen 不等式，就可以透過期望來理解，證券的資產配置組合中的預期收益也可以視為期望收益。

以下舉出運算時常用的幾個期望性質。

(1) 若 c 是一常數，則 $Ec = c$。

(2) 若 a, b 是常數，X 是一隨機變數，則 $E(aX + b) = aEX + b$。

(3) 設 $g_1(x)$、$g_2(x)$ 是兩個函式，X 是一隨機變數，則 $E(g_1(X) + g_2(X)) = E(g_1(X)) + E(g_2(X))$。

(4) 設 $f(x)$ 是凸函式，X 是一隨機變數，則 $E(f(X)) \geqslant f(EX)$。性質 (4) 稱為 Jensen 不等式，在小冊子第 1 章中有詳細介紹。

方差反映隨機變數設定值的「波動」大小，記隨機變數 X 的平均值為 $\mu = E(X)$，以 $E(X - \mu)^2$ 刻畫 X 的「波動」情況，這個量被稱作 X 的方差，其定義如下。

定義 3.4（方差）若隨機變數 X^2 的數學期望 $E(X^2)$ 存在，則稱偏差平方 $(X - E(X))^2$ 的數學期望 $E(X - E(X))^2$ 為隨機變數 X（或相應分佈）的方差，記為

$$\mathrm{Var}(X) = E(X - E(X))^2$$

離散型隨機變數和連續型隨機變數的方差分別按照以下公式計算：

(1)設離散型隨機變數 X 的機率分佈列為 $p_i = P(X = a_i)$, $i =1, 2, \cdots, K$，則其方差定義為 $\sum_{i=1}^{K} (a_i - E(X))^2 p_i$；特別地，如果 X 的可能設定值為無限可列個，分佈列為 $p_i = P(X = a_i)$, $i = 1, 2, \cdots$，則其方差定義為 $\sum_{i=1}^{+\infty} (a_i - E(X))^2 p_i$。

(2)設隨機變數 X 的機率密度函式為 $p(x)$，則其方差定義為 $\int_{-\infty}^{\infty} (x - E(X))^2 p(x)\,dx$。稱方差的正平方根 $\sqrt{\mathrm{Var}(X)}$ 為隨機變數 X（或相應分佈）的標準差。

以下為常用的幾個方差性質。

(1) $\mathrm{Var}(X) = E(X^2) - [E(X)]^2$。

(2) 若 c 為常數，則 $\mathrm{Var}(c) = 0$，即常數的方差為 0。

(3) 若 a, b 為常數，則 $\mathrm{Var}(aX + b) = a^2\mathrm{Var}(X)$。

有時，我們會將期望、方差、偏度和峰度等置於一處相提並論，而這一系列分佈特徵都是以期望的定義為基礎展開的。將這些分佈的特徵抽象為機率分佈的「矩」，那麼期望就是 1 階原點矩，方差是 2 階中心矩，偏度是隨機變數標準化後的 3 階原點矩，峰度是隨機變數標準化後的 4 階原點矩。此處機率分佈的「矩」都是以期望來定義的。可以說，期望是機率統計的根本。

3.4 常用的幾種分佈

根據主體書的需求，本節分為三部分介紹常用的幾個分佈：常用的離散分佈、常用的連續分佈、常用的三大抽樣分佈。實際上，常用的三大抽樣分佈也是連續分佈，但它們更多的用於理論推導過程，故單獨列出。

3.4.1 常用的離散分佈

1. 伯努利分佈（或兩點分佈）

小時候，有一種小遊戲很常見：把硬幣拋起來，落入手中，緊緊扣死，問對面的朋友：「你猜猜現在硬幣是正面朝上，還是反面朝上呢？」（如圖 3.1 所示）。

這種典型的只有兩個結果的小試驗，即伯努利試驗，該名稱為紀念瑞士的科學家 Jacob Bernoulli 而命名。

▲ 圖 3.1 拋硬幣小遊戲

　　此時，隨機變數為一次拋硬幣的結果，與之相伴的分佈就是伯努利分佈，不妨將這個結果數位化表示，正面朝上記為 1，反面朝上記為 0，相應的機率分佈列可以表達為

$$P(X = x) = \begin{cases} 1 - p, & x = 0 \\ p, & x = 1 \end{cases}$$

其中，$0 < p < 1$，表示硬幣正面朝上的機率。從對應的機率分佈圖 3.2 可以發現，只有兩個點是有值的，所以這個分佈也被親切地稱作兩點分佈。很明顯，在兩點分佈的世界中，非黑即白，是非分明。

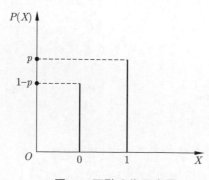

▲ 圖 3.2 兩點分佈示意圖

伯努利分佈的期望和方差分別為 $E(X) = p$ 和 $\mathrm{Var}(X) = p(1 - p)$。

2. 二項分佈

將伯努利試驗獨立重複地進行 n 次，記 X 為正面朝上的次數，則稱 X 所服從的分佈為二項分佈：

$$P(X = k) = \binom{n}{k} p^k (1 - p)^{n-k}, \ k = 0, 1, \cdots, n$$

可見，二項分佈由兩個參數決定，一個是重複試驗的次數 n，一個是正面朝上的機率 p，因此，二項分佈（Binomial Distribution）用符號 B(n, p) 表示。特別地，當 $n = 1$ 時，對應的就是伯努利分佈 B($1, p$)。

如果每次試驗，兩種結果是等機率出現的，也就是 $p = 0.5$，那麼 $P(X = k)$ 的大小就取決於組合數 $\binom{n}{k}$ 的大小，這個組合數可以由楊輝三角表示，如圖 3.3 所示。

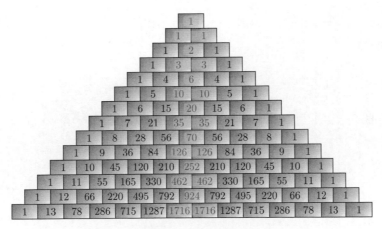

▲ 圖 3.3 巴斯卡三角

在巴斯卡三角中，黃色標記的地方就是取最大值的位置，即機率在中間位置達到最大。二項分佈的期望和方差，很容易根據定義求出來。

(1)期望：

$$E(X) = \sum_{k=0}^{n} k \binom{n}{k} p^k (1 - p)^{n-k} = np$$

(2) 方差：

$$\mathrm{Var}(X) = E(X^2) - (E(X))^2 = np(1-p)$$

3.4.2 常用的連續分佈

本節只介紹連續分佈中的高斯分佈。高斯分佈是最常用的連續分佈，除經常用在描述日常生活中的一些隨機變數，例如雙十一某產品的銷售量、考試成績、身高、體重、肺活量等之外，它還用在機器學習的許多地方。比如，第 2 章線性回歸模型中的雜訊項通常假設服從高斯分佈，第 4 章高斯單純貝氏分類器中屬性變數服從高斯分佈，第 9 章高斯混合模型中樣本來自一系列的高斯分佈。

高斯分佈其實最初是由棣莫弗提出的，但當時棣莫弗只是匯出式 (3.1) 中的數學公式

$$f(x) = \frac{1}{\sqrt{2\pi}\sigma} \exp\left\{-\frac{(x-\mu)^2}{2\sigma^2}\right\}, \quad -\infty < x < \infty \qquad (3.1)$$

式 (3.1) 是二項分佈的極限形式，也就是德國 10 馬克紙幣上的指數函式，如圖 3.4 所示。

▲ 圖 3.4　德國 10 馬克紙幣

高斯分佈記作 $N(\mu, \sigma^2)$，式 (3.1) 中的 $f(x)$ 為高斯分佈的機率密度函式，μ 是高斯分佈的平均值，σ^2 是高斯分佈的方差。這個函式在世界中真正發揮作用，還是從高斯《天體運行論》開始，這也是高斯分佈這一名稱的由來。

　　德國 10 馬克紙幣上包含了高斯分佈的諸多資訊，先來看分佈的機率密度曲線，圖 3.4 中的曲線形狀為中間高兩頭低，左右對稱，也被稱為鐘形曲線。換言之，這條曲線形似一座山峰，山峰有陡峭的、有平緩的、有高的、有矮的，高斯分佈的曲線亦是如此。高斯分佈由兩個參數來決定：平均值和方差（或標準差）。平均值表示平均水平，恰好與中位數和眾數重合，實現三位一體，它決定高斯分佈這座山峰坐落的位置。方差（或標準差）代表分佈的離散程度，也就是圍繞平均值的波動情況，方差（或標準差）越小，代表資料越集中；方差（或標準差）越大，資料就越分散，對應於高斯分佈的山峰上，則是方差（或標準差）越大，山峰就越平緩，方差（或標準差）越小，山峰就越陡峭。

　　紙幣上還包含了關於分佈的區間資訊，即著名的 3σ 準則。該準則由萊因達提出，故也被稱作萊因達準則。具體來說，設隨機變數 $X \sim N(\mu, \sigma^2)$，則

$$P(\mu - k\sigma < X < \mu + k\sigma) = P\left(\left|\frac{X-\mu}{\sigma}\right| < k\right) = \Phi(k) - \Phi(-k) = 2\Phi(k) - 1$$

當 k = 1, 2, 3 時，有

$$P(\mu - \sigma < X < \mu + \sigma) = 2\Phi(1) - 1 = 0.6826$$

$$P(\mu - 2\sigma < X < \mu + 2\sigma) = 2\Phi(2) - 1 = 0.9545$$

$$P(\mu - 3\sigma < X < \mu + 3\sigma) - 2\Phi(3) - 1 - 0.9973$$

如圖 3.5 所示。

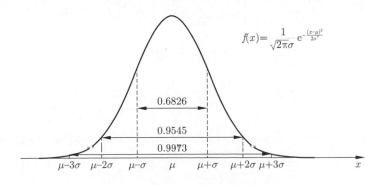

$$f(x) = \frac{1}{\sqrt{2\pi}\sigma}\,e^{-\frac{(x-\mu)^2}{2\sigma^2}}$$

▲ 圖 3.5 3σ 準則示意圖

這個準則常用來監控產品品質，繪製 SPC 控制圖。生產中某產品的品質一般要求其上、下控制限，若上、下控制限能覆蓋區間 $(\mu - 3\sigma, \mu + 3\sigma)$，則稱該生產過程受控制，並稱其比值

$$C_p = \frac{\text{上控制限} - \text{下控制限}}{6\sigma}$$

為過程能力指數。當 $C_p < 1$ 時，認為生產過程不足；當 $C_p \geqslant 1.33$ 時，認為生產過程正常；當 C_p 為其他值時，常認為生產過程不穩定，需要改進。

也有研究者認為 3σ 準則不夠嚴苛，所以又提出了 6σ 準則。6σ 准則本質上和 3σ 準則相同，只是區間擴大到 $(\mu - 6\sigma, \mu + 6\sigma)$。變數落入 6σ 區間的機率是99.9999998。也就是說，如果產品品質符合高斯分佈，落在 6σ 區間外的機率僅為十億分之二。例如在汽車行業，對於零件品質要求非常高。若誤差較大，很容易增大車禍的機率，容易導致生命危險，所以非常有必要對各個零件嚴格把關控制。

3.4.3 常用的三大抽樣分佈

很多抽樣分佈以高斯分佈為基石建構而得，本節將介紹最常用的三大抽樣分佈：卡方分佈、t 分佈和 F 分佈。這三大分佈用於主體書第 2 章回歸模型參數置信區間的推導。

定義 3.5（卡方分佈）設 $X_1, \cdots, X_n$ 為相互獨立的標準常態隨機變數，則 $\chi^2 = X_1^2 + \cdots + X_n^2$ 的機率分佈稱為自由度為 n 的卡方分佈，記為 $\chi^2 \sim \chi^2(n)$。服從卡方分佈的隨機變數，稱為卡方隨機變數。

自由度為 n 的卡方分佈的機率密度函式為

$$f(x) = \frac{(1/2)^{n/2}}{\Gamma(n/2)} x^{n/2-1} e^{-x/2}, \quad x > 0$$

卡方分佈的期望和方差分別為 $E(\chi^2) = n$，$\text{Var}(\chi^2) = 2n$，其機率密度曲線是一個取非負值的偏態分佈，且自由度越大的卡方分佈，越接近某一高斯分佈的曲線。

下面即將介紹的 t 分佈和 F 分佈也涉及卡方分佈。

t 分佈由英國統計學家威廉姆·戈塞特（William S. Gosset）於 1908 年提出。

當時的戈塞特在一家啤酒廠工作，只是個小小的釀酒化學技師，他接觸的都是小容量的樣本，在日積月累的工作中，戈塞特驚訝地發現一個類似於高斯分佈，但又不是高斯分佈的分佈。因工作的保密性，戈塞特所在的酒廠禁止員工發表一切與釀酒研究有關的成果，但允許在不提到釀酒的前提下，以筆名發表關於 t 分佈的發現，所以戈塞特的論文使用了「Student」這一筆名。14 年後，統計學家費歇爾（Ronald A. Fisher）注意到這個問題並舉出該問題的完整證明，為此該分佈被命名為學生氏 t 分佈。

可以說，t 分佈的出現打破了高斯分佈一統天下的局面，在統計學史上具有劃時代的意義，引起廣大統計科學研究工作者的重視並開創了小樣本統計推斷的新紀元。t 分佈的定義如下。

定義 3.6 (t 分佈) 設 $X \sim N(0, 1)$，$Y \sim \chi^2(n)$，且 X 和 Y 相互獨立，則稱 $t = \dfrac{X}{\sqrt{Y/n}}$ 的機率分佈為自由度為 n 的 t 分佈，記為 $t \sim t(n)$。

自由度為 n 的 t 分佈的機率密度函式為

$$f(x) = \frac{\Gamma\left(\frac{n+1}{2}\right)}{\sqrt{n\pi}\Gamma\left(\frac{n}{2}\right)}\left(1 + \frac{x^2}{n}\right)^{-\frac{n+1}{2}}, \quad -\infty < x < \infty$$

t 分佈的期望和方差分別為 $E(t) = 0$，$(n > 1)$，$\mathrm{Var}(\chi^2) = n/(n-1)$，$n > 2$。

F 分佈的理論應用也較廣泛，例如在兩整體方差參數比的檢驗、置信區間的建構、方差分析、線性回歸模型的顯著性檢驗中都有涉及，具體定義如下。

定義 3.7 (F 分佈) 設 $X \sim \chi^2(m)$，$Y \sim \chi^2(n)$，且 X 和 Y 相互獨立，則稱 $F = \dfrac{X/m}{Y/n}$ 的機率分佈為自由度為 m 和 n 的 F 分佈，記為 $F \sim F(m, n)$。

分佈 $F(m, n)$ 的機率密度函式為

$$f(x) = \frac{\Gamma\left(\frac{m+n}{2}\right)\left(\frac{m}{n}\right)^{\frac{m}{2}}}{\Gamma\left(\frac{m}{2}\right)\Gamma\left(\frac{n}{2}\right)}y^{\frac{m}{2}-1}\left(1 + \frac{m}{n}x\right)^{-\frac{m+n}{2}}, \quad x > 0$$

F 分佈的期望和方差使用較少，此處不贅述。

3.5　小技巧──從二項分佈到正態分佈的連續修正

二項分佈的極限分佈是高斯分佈，讓我們一起思考如何從二項分佈過渡到正態分佈。保持 p 變，逐漸增大二項分佈的試驗次數 n，可以發現隨著 n 的增大，二項分佈的棱棱角角逐漸被磨平，當試驗次數無限大的時候，變成一條光滑的機率密度曲線，如圖 3.6 所示。這就是從有限到無限，從離散到連續的變化過程。

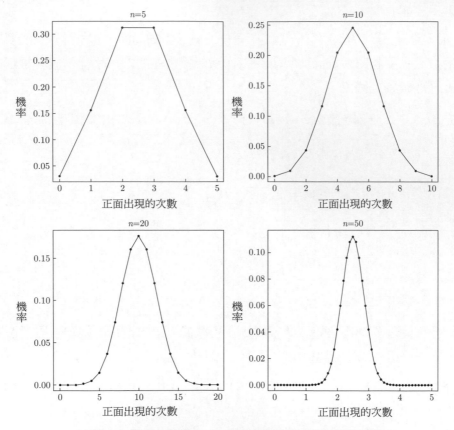

▲ 圖 3.6　隨著 n 的增大，二項分佈到高斯分佈的變化過程

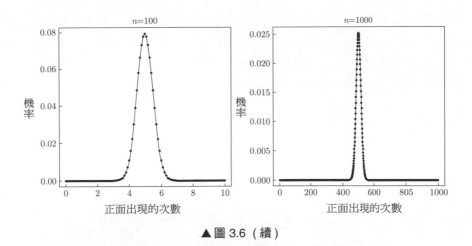

▲圖 3.6（續）

　　當然，除了模擬試驗可以得到這樣的結論，有個定理也說明了同樣的事情，這就是概率論歷史上的第一個中心極限定理，堪稱鼻祖等級的棣莫弗 - 拉普拉斯中心極限定理。

　　定理 3.1（棣莫弗 - 拉普拉斯中心極限定理）假設 n 重伯努利試驗中，事件 A 在每次試驗中出現的機率為 p，記 S_n 為 n 次試驗中事件 A 出現的次數

$$Y_n^* = \frac{S_n - np}{\sqrt{npq}}$$

則對任意實數 y，有

$$\lim_{n \to +\infty} P(Y_n^* \leqslant y) = \int_{-\infty}^{y} \frac{1}{\sqrt{2\pi}} e^{-\frac{t^2}{2}} \, dt$$

顯然，始終被積分物件即高斯分佈的機率密度函式

$$f(x) = \frac{1}{\sqrt{2\pi}} e^{-\frac{x^2}{2}}$$

　　這個定理說明，當試驗次數足夠多的時候，S_n 所服從的分佈就從二項分佈 $B(n, p)$ 變成 $N(np, np(1-p))$，這個結論可以應用到從離散到連續的修正。當二項分佈的期望 np 足夠大（$np > 5$ 和 $n(1-p) > 5$）時，可以用高斯分佈近似。

以二項分佈 $B(30, 0.5)$ 為例說明。對於離散的機率分佈，是可以用橫條圖來繪製的，如圖 3.7(a) 所示。如果假定設定值是連續的，可以得到機率長條圖，如圖 3.7(b) 所示。

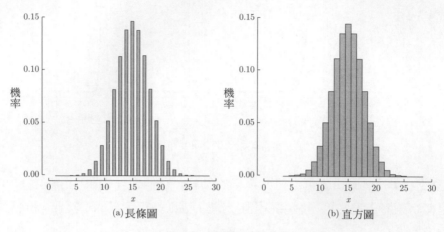

(a) 長條圖   (b) 直方圖

▲ 圖 3.7 橫條圖和長條圖

橫條圖與長條圖的區別如下

- 橫條圖：主要用於展示離散資料，各矩形通常是分開排列的。
- 長條圖：主要用於展示連續資料，各矩形通常是連續排列的。

如果要求機率 $P\,(10 < X < 17)$，需要考慮以下幾個設定值（見表 3.2）。

▼ 表 3.2 二項分佈 $B(30, 0.5)$ 的部分設定值機率

設定值	11	12	13	14	15	16
機率	0.0509	0.0806	0.1115	0.1354	0.1445	0.1354

之後，把設定值 10 ～ 17 的每個小矩形的機率加到一起：

$$\sum_{k=11}^{16} \mathrm{C}_{30}^{k} \frac{1}{2^{30}} = 0.6583$$

如果直接透過高斯分佈求機率，需要對高斯分佈 $N\,(15,\,7.5)$ 的機率密度函式求 $(10,\,17)$ 區間上的積分：

$$\int_{10}^{17} \frac{1}{\sqrt{2 \times 7.5\pi}} \mathrm{e}^{-\frac{(x-15)^2}{2 \times 7.5}} \mathrm{d}x = 0.7335$$

可見，此時兩個結果相差很大。為什麼呢？這是因為用高斯分佈求機率的時候，添入了設定值包含 10 和 17 的一小部分矩形，如圖 3.8 所示。

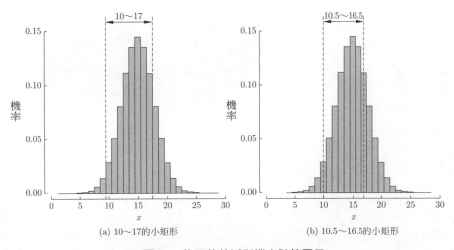

(a) 10～17的小矩形　　　　　(b) 10.5～16.5的小矩形

▲ 圖 3.8 修正後的近似機率計算圖示

此時，需要採用 0.5 進行修正。這裡的 0.5，是根據四捨五入的取整數計數法得來的。如果取 $(10 + 0.5,\ 17 - 0.5)$ 上的整數，則根據四捨五入的原則，恰好得到的就是 11、12、13、14、15、16 這 6 個值。因此，用常態近似的時候要取區間 $(10 + 0.5,\ 17 - 0.5)$ 上的積分

$$\int_{10.5}^{16.5} \frac{1}{\sqrt{2 \times 7.5\pi}} \mathrm{e}^{-\frac{(x-15)^2}{2 \times 7.5}} \mathrm{d}x = 0.6579$$

透過高斯分佈近似計算二項分佈的機率，可以省去計算煩瑣的組合數的麻煩。

第 4 章
最佳化小工具

最佳化方法可以說在機器學習領域的地位不可小覷。例如本書中邏輯回歸模型、最大熵模型、感知機模型、支援向量機等,其學習過程最終都歸結於求解最最佳化問題。本章將介紹幾類常見的最佳化小工具,包括梯度下降法、牛頓法與擬牛頓法、座標下降法、拉格朗日對偶思想,以供讀者參閱。

4.1 梯度下降法

不畏浮雲遮望眼,自緣身在最高層!

——宋 · 王安石

圖 4.1 為雲霧繚繞的黃山。

▲圖 4.1 雲霧繚繞的黃山

　　讓我們先直觀感受一下什麼是梯度下降法。在連綿起伏的山脈中，雲霧繚繞。假如我們正處在山頂的位置，因為浮雲的遮擋，不知道地貌如何，也不知道山底在什麼方向。那麼，該如何下山？怎麼下山最快？有人可能會說，跳下去唄！但我們是普通人，沒有小龍女和張無忌的奇遇，也沒有青丘女君──白淺的神力，那只能逐步下山。

　　最簡單的方法就是走一步看一步！注意，我們每走一步，就要涉及方向和步進值兩個問題，也就是朝哪個方向邁多大的步子。因此，不妨每到一處，感受當前位置處往下最陡的方向，然後邁一小步；接著在新的位置，感受最陡的方向，再往下邁一步，就這樣一小步一小步地走到山腳下。

　　如果對應於最佳化問題，這裡的山脈地貌就相當於一個光滑函式（光滑指函式處處可導），該函式的極小值，就相當於找這座山的山底位置。下山過程中每次找當前位置最陡峭的方向，沿著這個方嚮往下走。那麼，對函式來說，就是每次找到該點相應的梯度，然後沿著梯度的反方向往下走，這就是使函式值下降最快的方向。

　　定義 4.1（梯度）若函式 $f(x)$，$x \in \mathbb{R}^p$ 在點 $P_0(x_0)$ 處存在對所有引數的偏導數，則將偏導數向量稱為函式 $f(x)$ 在點 P_0 處的梯度，記作

$$\nabla f(P_0) = \left(\frac{\partial f}{\partial x_1}(P_0), \frac{\partial f}{\partial x_2}(P_0), \cdots, \frac{\partial f}{\partial x_p}(P_0) \right)^{\mathrm{T}}$$

其中，引數向量 $x = (x_1, x_2, \cdots, x_p)^{\mathrm{T}}$。

　　作為向量，梯度是函式 $f(x)$ 在點 P_0 處最大的方向導數，引數在 P_0 處沿著該方向可取得最大的變化率，該變化率即為梯度的模，用 L_2 范數定義 $\|\nabla f(P_0)\|_2$。

　　定義 4.2（梯度函式）若 $f(x)$ 在定義域上處處可微，則梯度函式為

$$\nabla f(\boldsymbol{x}) = \left(\frac{\partial f(\boldsymbol{x})}{\partial x_1}, \frac{\partial f(\boldsymbol{x})}{\partial x_2}, \cdots, \frac{\partial f(\boldsymbol{x})}{\partial x_p} \right)^{\mathrm{T}}$$

　　例 4.1　求下列函式的梯度函式。

(1) $f(x) = (2 - x)^3$

(2) $f(x) = 5x_1^2 + 2x_2 + x_3^4$，其中 $x = (x_1, x_2, x_3)^{\mathrm{T}}$

解 (1) 對於單變數的函式，直接對變數求解導函式即可：

$$\nabla f = -3(2-x)^2$$

(2) 對於多變數的函式，需要分別對每個變數求偏導數，然後用多元向量表示：

$$\nabla f(\boldsymbol{x}) = \left(\frac{\partial f(\boldsymbol{x})}{\partial x_1}, \frac{\partial f(\boldsymbol{x})}{\partial x_2}, \frac{\partial f(\boldsymbol{x})}{\partial x_3}\right)^{\mathrm{T}} = (10x_1, 2, 4x_3^3)^{\mathrm{T}}$$

如同之前的下山過程，每一步透過方向和步進值更新參數，就得到梯度下降法的迭代公式

$$\boldsymbol{\theta}^{(k+1)} = \boldsymbol{\theta}^{(k)} - \eta\nabla f(\boldsymbol{\theta}^{(k)}) \tag{4.1}$$

其中，$\boldsymbol{\theta}^{(k)}$ 代表第 k 次所處的位置，η 代表步進值，參數更新之後，就到了第 $k+1$ 次所處的位置 $\boldsymbol{\theta}^{(k+1)}$。假如終止條件為 $\|f(\boldsymbol{\theta}^{(k+1)}) - f(\boldsymbol{\theta}^{(k)})\| < \epsilon$，接下來即可透過迭代方法估計參數，具體演算法如下。

梯度下降法

輸入：目標函式 $f(\boldsymbol{\theta})$，步進值 η，設定值 ϵ；

輸出：$f(\boldsymbol{\theta})$ 的極小值點 $\boldsymbol{\theta}^*$。

(1) 選取初始值 $\boldsymbol{\theta}^{(0)} \in \mathbb{R}^p$，置 $k = 0$。

(2) 計算 $f(\boldsymbol{\theta}^{(k)})$ 和梯度 $\nabla f(\boldsymbol{\theta}^{(k)})$。

(3) 利用式 (4.1) 進行參數更新。

(4) 如果 $\|f(\boldsymbol{\theta}^{(k+1)}) \; f(\boldsymbol{\theta}^{(k)})\| < \epsilon$，停止迭代，令 $\boldsymbol{\theta}^* = \boldsymbol{\theta}^{(k+1)}$，輸出結果；否則，令 $k = k+1$，重複步驟 (2) ～ (4)，直到滿足終止條件。

在上述演算法中，以兩次迭代所得函式值的絕對差小於設定值 ϵ 作為終止條件，表示參數收斂到函式極小值點處。終止條件的目的是實現參數的收斂性。因此，在實際應用時，可以根據需求調整終止條件，比如把終止條件換成 $\|\boldsymbol{\theta}^{(k+1)} - \boldsymbol{\theta}^{(k)}\| < \epsilon$ 也是可以的。為防止陷入無限迴圈中，也可以在終止條件的基礎上設置迭代次數。

在梯度下降法中，雖然梯度隨參數的迭代而更新，但是步進值如何選取仍是問題。最簡單的一種是固定步進值的梯度下降法，但固定步進值其實會帶來許多問題，下面以例 4.2 (如圖 4.2 所示) 說明。

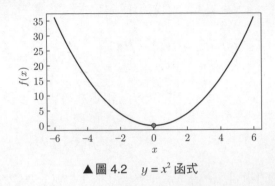

▲ 圖 4.2　$y = x^2$ 函式

例 4.2　假設設定值 $\epsilon = 10^{-8}$，終止條件為 $\|x^{(k+1)} - x^{(k)}\| < \epsilon$，請應用梯度下降法，求解 $f(x) = x^2$ 的極小值。

解　很明顯，圖 4.2 中的小黃點為極值點。根據梯度下降法，迭代公式為

$$x^{(k+1)} = x^{(k)} - \eta \cdot 2x^{(k)}$$

接下來我們將嘗試不同的步進值，觀察將出現的情況。

為方便演示梯度下降法中的下山過程，我們選擇一個較大的初始值 $x^{(0)} = -5$。假如現在有 4 個人都在同一位置，準備下山，目標就是底部的小黃點，如圖 4.3 所示。

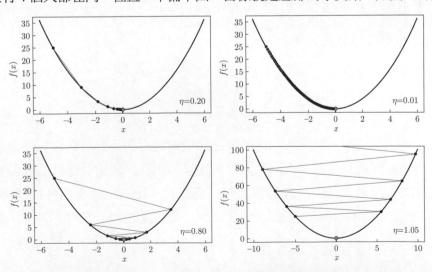

▲ 圖 4.3 採用不同步進值時的下山過程

步進值 $\eta = 0.2$ 時，如同一位穩重的中年人，幾步就走到山腳下；步進值 $\eta = 0.01$ 時，如同一位銀髮小老太太，邁著小碎步，顫巍巍地下山，雖然走得慢了點，總歸還是成功來到山腳下；步進值 $\eta = 0.80$ 時，如同一位糙漢子，由於步進值較大，一下子跨躍到對面去，所以就出現左右搖擺跳躍下山的情況；步進值 $\eta = 1.05$ 時，如同一個性子更莽撞的傢伙，他想更快地下山，於是步進值更大，沒想到，一躍之下不但到了對面，反而更高，像是在登天梯，這完全與目標點背道而馳。

透過例 4.2 中的 4 種下山過程，我們意識到，步進值的設置非常關鍵。最好的辦法就是每走一步對步進值做個調整，每次不但需要找到下山最快的方向，還要找到最佳的步進值。此時梯度下降法的迭代公式應為

$$\boldsymbol{\theta}^{(k+1)} = \boldsymbol{\theta}^{(k)} - \eta^{(k)} \nabla f(\boldsymbol{\theta}^{(k)})$$

最佳步進值可透過下式更新：

$$\eta^{(k)} = \arg\min_{\eta} f\left(\boldsymbol{\theta}^{(k)} - \eta \nabla f(\boldsymbol{\theta}^{(k)})\right)$$

這就是最速下降法。

最速下降法

輸入：目標函式 $f(\boldsymbol{\theta})$，設定值 ϵ；

輸出：$f(\boldsymbol{\theta})$ 的極小值點 $\boldsymbol{\theta}^*$。

(1) 選取初始值 $\boldsymbol{\theta}^{(0)} \in \mathbb{R}^p$，置 $k = 0$。

(2) 計算 $f(\boldsymbol{\theta}^{(k)})$ 和梯度 $\nabla f(\boldsymbol{\theta}^{(k)})$。

(3) 計算最優步進值：

$$\eta^{(k)} = \arg\min_{\eta} f\left(\boldsymbol{\theta}^{(k)} - \eta \nabla f(\boldsymbol{\theta}^{(k)})\right)$$

(4) 利用迭代公式進行參數更新：

$$\boldsymbol{\theta}^{(k+1)} = \boldsymbol{\theta}^{(k)} - \eta^{(k)} \nabla f(\boldsymbol{\theta}^{(k)})$$

(5) 如果 $\|f(\boldsymbol{\theta}^{(k+1)}) - f(\boldsymbol{\theta}^{(k)})\| < \epsilon$，停止迭代，令 $\boldsymbol{\theta}^* = \boldsymbol{\theta}^{(k+1)}$，輸出結果；否則，令 $k = k + 1$，重複步驟 (2) ～ (5)，直到滿足終止條件。

梯度下降法給我們的生活啟示：

You don't have to know how to get from here to there.

It's not necessary to have a plan.

What's necessary is only two things.

One is the good sense of the direction, that's your attention,

where you want to go.

And two is a clear sence of what's the next practical step.

　　梯度下降法包括隨機梯度下降法、批次梯度下降法和小量梯度下降法。隨機梯度下降法，每一輪的迭代更新都隨機選擇一個樣本點，迭代的速度會快一些。如果是批次更新梯度下降法，每次迭代更新需要使用所有的樣本，這會極大地增加計算成本。小量梯度下降法既不像批次梯度下降法那樣選擇了所有的樣本點，也不像隨機梯度下降法那樣隨機選取了一個樣本點，而是選擇部分樣本點進行參數更新。但是，小量梯度下降法也面臨許多問題，例如「每次需要選擇多少個樣本點？」「選擇哪些樣本才合適？」。當然，這就是模型應用時需要面臨和解決的問題了。

4.2　牛頓法

　　在主體書第 5 章的閱讀時間，我們簡單介紹了牛頓法，牛頓法的雛形是求平方根。如今，在電腦圖形學領域，若要求取照明和投影的波動角度與反射效果，常需要計算平方根的倒數。平方根倒數的速演算法是一個非常有名的演算法，最早出現在一款 20 世紀 90 年代推出的《雷神之錘》遊戲中，C 原始程式碼如圖 4.4 所示。

　　平方根倒數速演算法求解的原理是牛頓法，我們先從求解方程式說起。

例 4.3 求解五次多項式 $g(x) = 3x^5 - 4x^4 + 6x^3 + 4x - 4$ 的零根。

解　透過圖 4.5，我們的直觀感受是零點在區間 [0, 1] 上。我們不妨

```
float Q_rsqrt(float number)
{
    long i;
    float x2, y;
    const float threehalfs = 1.5F;

    x2 = number * 0.5F;
    y  = number;
    i  = * (long *) &y;                    // evil floating point bit level hacking
    i  = 0x5f3759df - (i >> 1);            // what the fuck?
    y  = * (float *) &i;
    y  = y * (threehalfs - (x2 * y * y));  // 1st iteration
//  y  = y * (threehalfs - (x2 * y * y));  // 2nd iteration, this can be removed

    return y;
}
```

▲圖 4.4　《雷神之錘 III 競技場》中平方根倒數速演算法的原始程式碼

取個放大鏡,湊近觀察這個零點。根據迭代的思想,為方便效果展示,先取一個初始值,如 $x^{(0)} = 1.4$。

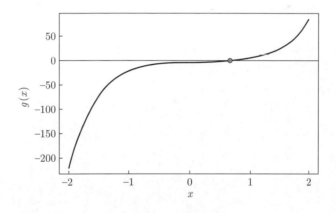

▲圖 4.5　$g(x)$ 函式曲線

　　$x^{(0)} = 1.4$ 時,函式值 $g(x^{(0)}) = 18.8$。沿著點 $(x^{(0)}, g(x^{(0)}))$ 作函式曲線的切線(圖 4.6 中的直線),切線與 x 軸的交點記作下一個迭代值 $x^{(1)} = 1.045$。此時的函式值 $g(x^{(1)}) = 6.0$,比初始值距離零點更進一步。之後,採用同樣的方法,陸續得到不同角度的切線等,不停地更新迭代,直到接近零點 $x^* = 0.6618$,如表 4.1 所示。

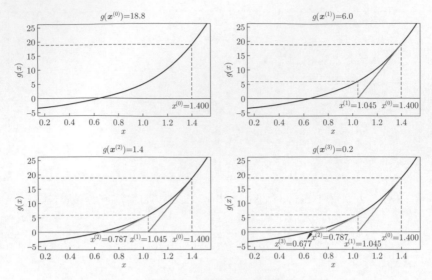

▲ 圖 4.6 求零根的迭代過程

▼ 表 4.1 求解多項式函式 $g(x)$ 零根的迭代過程

迭代次數	x	$\lvert g(x) \rvert$
0	1.4000	18.8323
1	1.0447	5.9879
2	0.7873	1.4482
3	0.6769	0.1549
4	0.6620	0.0023
5	0.6618	0.0000

回顧例 2.7 的求解過程，每次迭代關鍵的有兩步：找切線、找切線與 x 軸的交點。

牛頓法求零根

輸入：目標函式 $g(x)$，設定值 ϵ；

輸出：$g(x)$ 的零根 x^*。

(1) 選取初始值 $x^{(0)}$，置 $k = 0$。

(2) 透過 $x^{(k)}$ 和函式的導函式確定切線：

$$y = g'(x^{(k)})(x - x^{(k)}) + g(x^{(k)})$$

(3) 計算切線與 x 軸的交點，以此更新迭代結果：

$$x^{(k+1)} = x^{(k)} - \frac{g(x^{(k)})}{g'(x^{(k)})}$$

(4) 如果 $\|g(x^{(k+1)})\| < \epsilon$，停止迭代，令 $x^* = x^{(k+1)}$，輸出結果；否則，令 $k = k + 1$，重複步驟 (2) ～ (3)，直到滿足終止條件。

類似於梯度下降法，這裡停止迭代的條件也可以從兩方面設置：迭代次數和設定值精度。再回到圖 4.4《雷神之錘 III 競技場》中平方根倒數速演算法的原始程式碼，若求 x 的平方根倒數，可設目標函式為 $f(y) = \frac{1}{y^2} - x$，其導函式為

$$f'(y) = -\frac{2}{y^3}$$

則迭代公式為

$$
\begin{aligned}
y_{k+1} &= y_k - \frac{f(y_k)}{f'(y_k)} \\
&= y_k - \frac{\dfrac{1}{y_k^2} - x}{-\dfrac{2}{y_k^3}} \\
&= y_k + \frac{y_k - xy_k}{2}
\end{aligned}
$$

即原始程式碼中所用的迭代公式。

如果待求目標函式可微，為找尋局部極值點，可借助費馬原理嘗試尋求導函式為零的位置。因此，極值問題就轉化為求方程式零根的問題了。將未知的問題轉化成一個曾經已經解決過的問題，是數學中常用的一種思想。

1. 單變數目標函式的極值點

例 4.4 求解目標函式 $f(x) = \frac{1}{4}x^4 - \frac{1}{8}x$ 的極值點。

解 從圖 4.7 中可直觀感受目標函式 $f(x)$（藍色曲線）的變化，導函式為 $g(x) = f'(x) = x^3 - \frac{1}{8}$（綠色曲線）。

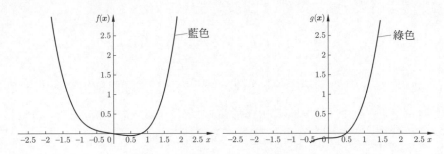

▲ 圖 4.7 目標函式 $f(x)$ 與其導函式 $g(x)$

於是極值問題轉化為求解三次多項式的零根問題。假如設定值 $\epsilon = 0.0001$，取初值為 $x^{(0)} = 2$ 代入導函式中得到 $g(x^{(0)}) = 7.8750$，接著畫切線得出它和 x 軸的交點 $x^{(1)} = 1.3438$，依此類推，繼續求解，直到計算出的 $g(x^{(6)}) = 0$，滿足停止條件，求出了對應的極小值點為 $x^* = 0.5$ 時對應的函式值，如表 4.2 所示。

▼ 表 4.2　求解目標函式 $f(x)$ 的極值

迭代次數	x	$\lvert g(x) \rvert$	$f(x^{(k+1)}) - f(x^{(k)})$
0	2.0000	7.8750	—
1	1.3438	2.3014	3.1029
2	0.9189	0.6509	0.5838
3	0.6620	0.1651	0.9810
4	0.5364	0.0293	0.0116
5	0.5024	0.0018	0.0005
6	0.5000	0.0000	0.0000

　　從例 4.4 的求解過程，可以得到牛頓法求單變數目標函式的極值的演算法流程。

牛頓法求單變數目標函式的極值

　　輸入：目標函式 $f(x)$，梯度 $\nabla f(x) = g(x)$，二階導函式 $f''(x) = \nabla g(x)$，計算精度 ϵ；

　　輸出：$f(x)$ 的最小值點 x^*。

　　(1) 選取初始值 $x^{(0)}$，置 $k = 0$。

　　(2) 計算 $f(x^{(k)})$，梯度 $g(x^{(k)})$，二階導函式 $\nabla g(x^{(k)})$。

　　(3) 利用迭代公式 $x^{(k+1)} = x^{(k)} - g(x^{(k)}) \dfrac{1}{\nabla g(x^{(k)})}$ 進行參數更新。

　　(4) 如果 $\|g(x^{(k+1)})\| < \epsilon$，停止迭代，令 $x^* = x^{(k+1)}$，輸出結果；否則，令 $k = k + 1$，轉到步驟 (2) 繼續迭代，更新參數，直到滿足終止條件。

---

2. 多變數目標函式的極值點

　　接下來，我們將牛頓法推廣至多變數情形。對於 p 維目標函式 $f(x_1, x_2, \cdots, x_p)$，梯度向量為

$$\nabla f = \left[\frac{\partial f(x)}{\partial x_1}, \frac{\partial f(x)}{\partial x_2}, \cdots, \frac{\partial f(x)}{\partial x_p} \right], \quad \text{其中} x = (x_1, x_2, \cdots, x_p)^{\mathrm{T}}$$

用以儲存函式二階偏導函式的則是海森矩陣（Hessian Matrix）：

$$H_f = \begin{bmatrix} \dfrac{\partial^2 f}{\partial x_1 \partial x_1} & \cdots & \dfrac{\partial^2 f}{\partial x_1 \partial x_p} \\ \vdots & & \vdots \\ \dfrac{\partial^2 f}{\partial x_p \partial x_1} & \cdots & \dfrac{\partial^2 f}{\partial x_p \partial x_p} \end{bmatrix}$$

　　類似於單變數目標函式中牛頓法求極值的演算法，也可以輕鬆得到用牛頓法求解多變數目標函式極值的演算法。

牛頓法求多變數目標函式的極值

輸入：目標函式 $f(\boldsymbol{x})$，梯度 $\nabla f(\boldsymbol{x}) = g(\boldsymbol{x})$，海森矩陣 $H_f = \nabla g(\boldsymbol{x})$，計算精度 ϵ；

輸出：$f(\boldsymbol{x})$ 的最小值點 $\boldsymbol{x}^*$。

(1) 選取初始值 $\boldsymbol{x}^{(0)} \in \mathbb{R}^p$，置 $k = 0$。

(2) 計算 $f(\boldsymbol{x}^{(k)})$，梯度 $\nabla f(\boldsymbol{x}^{(k)})$，海森矩陣 $H_f = (\boldsymbol{x}^{(k)})$。

(3) 利用迭代公式 $\boldsymbol{x}^{(k+1)} = \boldsymbol{x}^{(k)} - \nabla f(\boldsymbol{x}^{(k)}) H_f(\boldsymbol{x}^{(k)})^{-1}$ 進行參數更新。

(4) 如果 $\|g(\boldsymbol{x}^{(k+1)})\| < \epsilon$，停止迭代，令 $\boldsymbol{x}^* = \boldsymbol{x}^{(k+1)}$，輸出結果；否則，令 $k = k+1$，轉到步驟 (2) 繼續迭代，更新參數，直到滿足終止條件。

例 4.5 求解目標函式 $f(\boldsymbol{x}) = 5x_1^4 + 4x_1^2 x_2 - x_1 x_2^3 + 4x_2^4 - x_1$ 的極值點，其中 $\boldsymbol{x} = (x_1, x_2)^{\mathrm{T}}$。

解 從圖 4.8 中可直觀感受目標函式 $f(\boldsymbol{x})$ 的變化。先求得 $f(\boldsymbol{x})$ 的梯度向量

$$\nabla f(\boldsymbol{x}) = (20x_1^3 + 8x_1 x_2 - x_2^3 - 1, 4x_1^2 - 3x_1 x_2^2 + 16x_1^3)$$

繼續求出海森矩陣

$$H_f(x_1, x_2) = \begin{pmatrix} 60x_1^2 + 8x_2 & 8x_1 - 3x_2^2 \\ 8x_1 - 3x_2^2 & -6x_1 x_2 + 48x_2^2 \end{pmatrix}$$

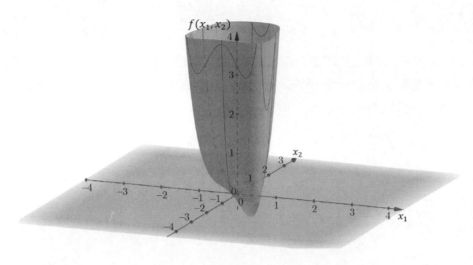

▲ 圖 4.8 目標函式 $f(x)$

迭代公式為

$$x^{(k+1)} = x^{(k)} - \nabla f(x^{(k)}) H_f^{-1}(x^{(k)})$$

根據演算法流程可以迭代求解,從表 4.3 可以看出,第 7 次迭代時,差值結果小於設定值 $\epsilon = 0.0001$,表示找到了極小值點,即

$$\min f(x) = f(0.4923, -0.3643) = -0.4575$$

此時對應的位置為 $(0.4923, -0.3643)$。

▼ 表 4.3 求解目標函式 $f(x)$ 的極值

迭代次數	x_1	x_2	$f(x)$	$f(x^{(k+1)}) - f(x^{(k)})$
0	1.0000	1.0000	11.0000	—
1	0.6443	0.6376	1.7700	9.2300
2	0.4306	0.3923	0.1011	1.6689
3	0.3388	−0.1986	−0.1782	0.2793
4	0.5001	−0.4477	−0.4296	0.2514
5	0.4974	−0.3797	−0.4567	0.0271
6	0.4926	−0.3650	−0.4575	0.0008
7	0.4923	−0.3643	−0.4575	0.0000

4.3 擬牛頓法

牛頓法中的困難在於求出海森矩陣的逆，例 4.5 中的計算比較簡單，尚可以輕鬆完成，但是如果維度較大，則十分困難，擬牛頓法不失為一種較好的選擇。第 6 章最大熵模型的學習即可應用擬牛頓法。

假如現在的最佳化問題是

$$\min_{\boldsymbol{x}} f(\boldsymbol{x})$$

根據牛頓法，可得迭代公式

$$\boldsymbol{x}^{(k+1)} = \boldsymbol{x}^{(k)} - \nabla f(\boldsymbol{x}^{(k)}) \boldsymbol{H}_f(\boldsymbol{x}^{(k)})^{-1} \tag{4.2}$$

式 (4.2) 中的 $\boldsymbol{H}_f(\boldsymbol{x}^{(k)})$ 或 $\boldsymbol{H}_f(\boldsymbol{x}^{(k)})^{-1}$。此處的困難在於求出海森矩陣的逆，但是如果變數維度過高，計算過程中就會更加複雜，另外，如果海森矩陣是奇異陣或近似奇異的（即矩陣行列式為零或近似為零），則很難計算反矩陣。因此，20 世紀 50 年代，美國 Argonne 國家實驗室的物理學家 W. C. Davidon 提出擬牛頓法，用一種巧妙的方法替代海森矩陣或海森矩陣的逆。擬牛頓法避開直接計算海森矩陣或海森矩陣的逆，每次迭代時僅需要目標函式的梯度即可。與最速梯度下降法相比，擬牛頓法兼具梯度下降法的便捷性以及牛頓法快速收斂的有效性，尤其適用於大規模的最佳化問題。

在介紹擬牛頓法的具體演算法之前，要明白擬牛頓法的兩大核心：擬牛頓條件和最速下降原理。

1. 擬牛頓條件

若要找到海森矩陣或海森矩陣的逆的替代品，首先需要看看它會出現在什麼位置。最佳選擇就是借助泰勒展開式查看，對目標函式 $f(\boldsymbol{x})$ 在 $\boldsymbol{x}^{(k)}$ 處進行二階泰勒展開：

$$f(\boldsymbol{x}) \approx f(\boldsymbol{x}^{(k)}) + g(\boldsymbol{x}^{(k)})^{\mathrm{T}}(\boldsymbol{x} - \boldsymbol{x}^{(k)}) + \frac{1}{2}(\boldsymbol{x} - \boldsymbol{x}^{(k)})^{\mathrm{T}}\boldsymbol{H}(\boldsymbol{x}^{(k)})(\boldsymbol{x} - \boldsymbol{x}^{(k)})$$

然後，利用向量求導方法對目標函式求偏導：

$$\frac{\partial f(\boldsymbol{x})}{\partial \boldsymbol{x}} \approx 0 + g(\boldsymbol{x}^{(k)}) + \frac{1}{2} \times 2\boldsymbol{H}(\boldsymbol{x}^{(k)})(\boldsymbol{x} - \boldsymbol{x}^{(k)})$$

簡記梯度向量 $g(x^{(k)})$ 為 g_k，海森矩陣 $H(x^{(k)})$ 為 H_k，令 $x = x^{(k+1)}$，則

$$g_{k+1} = g_k + H_k(x - x^{(k)}) \tag{4.3}$$

對式 (4.3) 稍加變形，即可得到

$$g_{k+1} - g_k = H_k(x - x^{(k)}) \tag{4.4}$$

簡記 $g_{k+1} - g_k = \varsigma_k$，$x^{(k+1)} - x^{(k)} = \delta_k$，則得到擬牛頓條件

$$\varsigma_k = H_k \delta_k \quad \text{或} \quad H_k^{-1} \varsigma_k = \delta_k \tag{4.5}$$

　　如果只需要海森矩陣 H_k 的替代品，應用第一個擬牛頓條件 $\varsigma_k = H_k \delta_k$ 即可；如果需要海森矩陣的逆 $G_k = H_k^{-1}$ 的替代品，則要應用第二個擬牛頓條件 $G_k \varsigma_k = \delta_k$。

2. 擬牛頓法中的最速下降原理

　　擬牛頓法不只是利用替代品避開了海森矩陣或海森矩陣的逆的求解，還結合了最速下降法原理。根據最速下降法原理，迭代搜索公式為

$$x = x^{(k)} + \eta_k p_k \tag{4.6}$$

其中，η_k 代表步進值，p_k 代表方向。不同於梯度下降法，直接以梯度代表方向，這裡用的是牛頓方向 $p_k = -H_k^{-1} g_k$。與牛頓法的迭代公式

$$x = x^{(k)} - H_k^{-1} g_k$$

相比，式 (4.6) 中多了個步進值 η_k，原因在於修正泰勒二階展開忽略掉的高階項。找到最佳步進值可以透過下式獲得：

$$\eta_k = \arg\min_{\eta} f(x^{(k)} + \eta p_k)$$

對目標函式 $f(x)$ 一階泰勒展開：

$$f(x) \approx f(x^{(k)}) + g_k^{\mathrm{T}}(x - x^{(k)}) \tag{4.7}$$

接著把搜索公式 (4.6) 的變形 $x - x^{(k)} = \eta_k p_k$ 和牛頓方向 p_k 代入式 (4.7) 中，得到

$$f(x) \approx f(x^{(k)}) - \eta_k g_k^{\mathrm{T}} H_k^{-1} g_k \tag{4.8}$$

在凸最佳化問題中，海森矩陣 H_k 是正定的，那麼它的逆 H_k^{-1} 也是正定的，對應的二次型一定是大於 0 的，這表示式 (4.8) 中的第二項小於 0，滿足梯度下降的合理性。所以，在取海森矩陣或海森矩陣初始值時，需要取對稱正定矩陣。

将清楚擬牛頓法的兩大核心，接下來介紹具體的三種擬牛頓演算法：DFP 演算法、BFGS 演算法和 Broyden 演算法。

1. DFP 演算法

DFP 演算法由 W. D. Davidon 於 1959 年提出，1963 年經 R. Fletcher 和 M. J. D. Powell 改進而得，正是這三個人名的首字母組成了這個演算法的名稱。在 DFP 演算法中，海森矩陣的逆的替代品是根據擬牛頓條件

$$G_k \varsigma_k = \delta_k$$

得到的，以 G_k 逼近海森矩陣的逆 H^{-1}。

令第 $k + 1$ 的迭代矩陣 G_{k+1} 的運算式為

$$G_{k+1} = G_k + P_k + Q_k \tag{4.9}$$

其中，P_k 和 Q_k 是兩個附加項，代表 G_k 和 G_{k+1} 之間的差值 δ_k，只不過分解為兩個值來表示。

為了確定 P_k 和 Q_k，需要將 G_k 的迭代公式 (4.9) 代入擬牛頓條件 (4.3) 中：

$$G_{k+1}\varsigma_k = G_k \varsigma_k + P_k \varsigma_k + Q_k \varsigma_k = \delta_k$$

接著，做個簡單的小變換，令

$$P_k \varsigma_k = \delta_k, \quad Q_k \varsigma_k = -G_k \varsigma_k$$

因為海森矩陣和它的反矩陣一定是對稱且正定的矩陣，表示此處的 P_k 和 Q_k 也是對稱的。為求出讓 $P_k \varsigma_k = \delta_k$ 成立的 P_k，利用向量的內積建構矩陣 P_k：

$$P_k = \frac{\delta_k \delta_k^{\mathrm{T}}}{\delta_k^{\mathrm{T}} \varsigma_k}$$

根據矩陣相乘的結合律，很容易得到

$$P_k \varsigma_k = \frac{\delta_k \delta_k^{\mathrm{T}}}{\delta_k^{\mathrm{T}} \varsigma_k} \varsigma_k = \frac{\delta_k (\delta_k^{\mathrm{T}} \varsigma_k)}{\delta_k^{\mathrm{T}} \varsigma_k} = \delta_k$$

這說明，P_k 是符合條件的矩陣。

同理，也可以建構出滿足條件的矩陣 Q_k：

$$Q_k = -\frac{G_k \varsigma_k \varsigma_k^{\mathrm{T}} G_k}{\varsigma_k \varsigma_k^{\mathrm{T}} G_k}$$

於是，G_k 的迭代公式為

$$G_{k+1} = G_k + \frac{\delta_k \delta_k^{\mathrm{T}}}{\delta_k^{\mathrm{T}} \varsigma_k} - \frac{G_k \varsigma_k \varsigma_k^{\mathrm{T}} G_k}{\varsigma_k \varsigma_k^{\mathrm{T}} G_k}$$

DFP 演算法

輸入：目標函式 $f(\boldsymbol{x})$，梯度 $g(\boldsymbol{x}) = \nabla f(\boldsymbol{x})$，計算精度 ϵ；

輸出：$f(\boldsymbol{x})$ 的極小值點 $\boldsymbol{x}^*$。

(1) 選取初始值 $\boldsymbol{x}^{(0)} \in \mathbb{R}^p$ 以及初始正定對稱矩陣 G_0，令 $k = 0$。

(2) 計算 $g_k = g(\boldsymbol{x}^{(k)})$，如果 $\|\boldsymbol{g}_k\| < \epsilon$，停止迭代，令 $\boldsymbol{x}^* = \boldsymbol{x}^{(k)}$，輸出結果；否則，轉步驟 (3) 繼續迭代。

(3) 置 $\boldsymbol{p}_k = -G_k g_k$，利用搜索公式得到最優步進值 η_k：

$$\eta_k = \arg \min_{\eta \geqslant 0} f(\boldsymbol{x}^{(k)} + \eta \boldsymbol{p}_k)$$

(4) 透過迭代公式更新

$$\boldsymbol{x}^{(k+1)} = \boldsymbol{x}^{(k)} + \eta_k \boldsymbol{p}_k$$

---

(5) 計算 g($x^{(k+1)}$)，如果 ‖g($x^{(k+1)}$)‖ < ϵ，停止迭代，令 $x^* = x^{(k+1)}$，輸出結果，否則，令 $k = k + 1$，計算

$$G_{k+1} = G_k + \frac{\delta_k \delta_k^{\mathrm{T}}}{\delta_k^{\mathrm{T}} \varsigma_k} - \frac{G_k \varsigma_k \varsigma_k^{\mathrm{T}} G_k}{\varsigma_k \varsigma_k^{\mathrm{T}} G_k}$$

轉步驟 (3) 繼續迭代。

將 DFP 演算法應用於最大熵模型，具體演算法如下。

最大熵模型學習的 DFP 演算法

輸入：特徵函式 $f_1, f_2, \cdots, f_M$；經驗分佈 $\widetilde{P}(x)$ 和 $\widetilde{P}(x,y)$，目標函數 $Q(\Lambda)$，梯度 $Q(\Lambda)$，計算精度 ϵ；

輸出：$Q(\Lambda)$ 的極小值 Λ^*；最優模型 $P_{\Lambda^*}(y|x)$

(1) 選取初始值 $\Lambda^{(0)} \in \mathbb{R}^p$，取正定對稱矩陣 G_0，置 $k = 0$。

(2) 計算 g($\Lambda^{(k)}$)，如果 ‖g_k‖ < ϵ，停止迭代，令 $\Lambda^* = \Lambda^{(k)}$，輸出結果；否則，轉步驟 (3) 繼續迭代。

(3) 置 $p_k = -G_{kgk}$，利用一維搜索公式得到最優步進值 η_k：

$$\eta_k = \arg \min_{\eta \geqslant 0} f(\Lambda^{(k)} + \eta p_k)$$

(4) 透過迭代公式更新

$$\Lambda^{(k+1)} = \Lambda^{(k)} + \eta_k p_k$$

(5) 計算 g($\Lambda^{(k+1)}$)，如果 ‖g($\Lambda^{(k+1)}$)‖ < ϵ，停止迭代，令 $\Lambda^* = \Lambda^{(k+1)}$，輸出結果；否則，令 $k = k + 1$，計算

$$G_{k+1} = G_k + \frac{\delta_k \delta_k^{\mathrm{T}}}{\delta_k^{\mathrm{T}} \varsigma_k} - \frac{G_k \varsigma_k \varsigma_k^{\mathrm{T}} G_k}{\varsigma_k^{\mathrm{T}} G_k \varsigma_k}$$

轉步驟 (3) 繼續迭代，更新參數，直到滿足終止條件。

(6) 將所得 Λ^* 代入 $P_\Lambda(y|\boldsymbol{x})$ 中,即得最優條件機率分佈模型

$$P_{\Lambda^*}(y|\boldsymbol{x}) = \frac{\exp\left(\displaystyle\sum_{i=1}^{m}\Lambda_i^* f_i(\boldsymbol{x},y)\right)}{\displaystyle\sum_y \exp\left(\displaystyle\sum_{i=1}^{m}\Lambda_i^* f_i(\boldsymbol{x},y)\right)}$$

2. BFGS 演算法

BFGS 演算法由 Broyden 於 1969 年,Fletcher、Goldforb 和 Shanno 於 1970 年分別得到,因此以這 4 個人名的首字母命名。該演算法中海森矩陣的替代品由擬牛頓條件

$$\varsigma_k = H_k \delta_k \tag{4.10}$$

所得,以 B_k 逼近海森矩陣 H。

令第 $k+1$ 迭代矩陣 B_{k+1} 的運算式為

$$B_{k+1} = B_k + P_k + Q_k \tag{4.11}$$

類似於 DFP 演算法,P_k 和 Q_k 是兩個附加項,代表 B_k 和 B_{k+1} 之間的差值。

為找到符合條件的 P_k 和 Q_k,將更新公式 (4.11) 代入式 (4.10) 中,可以得到

$$B_{k+1}\delta_k = B_k\delta_k + P_k\delta_k + Q_k\delta_k = \varsigma_k$$

同樣利用向量的內積建構 P_k 和 Q_k,得到

$$P_k = \frac{\varsigma_k \varsigma_k^{\mathrm{T}}}{\varsigma_k^{\mathrm{T}}\delta_k} \quad \text{和} \quad Q_k = -\frac{B_k\delta_k\delta_k^{\mathrm{T}}B_k}{\delta_k\delta_k^{\mathrm{T}}B_k}$$

所以 B_{k+1} 的迭代公式為

$$B_{k+1} = B_k + \frac{\varsigma_k\varsigma_k^{\mathrm{T}}}{\varsigma_k^{\mathrm{T}}\delta_k} - \frac{B_k\delta_k\delta_k^{\mathrm{T}}B_k}{\delta_k\delta_k^{\mathrm{T}}B_k}$$

要注意，初始的矩陣 B_0 也需要是對稱正定的。

BFGS 演算法

　　輸入：目標函式 $f(x)$，梯度 $g(x) = \nabla f(x)$，計算精度 ϵ；

　　輸出：$f(x)$ 的極小值點 x^*。

　　(1) 選取初始值 $x^{(0)} \in \mathbb{R}^p$ 以及初始正定對稱矩陣 B_0，令 $k = 0$。

　　(2) 計算 $g_k = g(x^{(k)})$，如果 $\|g_k\| < \epsilon$，停止迭代，令 $x^* = x^{(k)}$，輸出結果；否則，轉步驟 (3) 繼續迭代。

　　(3) 置 $B_{kpk} = -g_k$，求出 p_k，利用搜索公式得到最優步進值 η_k：

$$\eta_k = \arg\min_{\eta \geqslant 0} f(x^{(k)} + \eta p_k)$$

　　(4) 透過迭代公式更新

$$x^{(k+1)} = x^{(k)} + \eta_k p_k$$

　　(5) 計算 $g_{k+1} = g(x^{(k+1)})$，如果 $\|g(x^{(k+1)})\| < \epsilon$，停止迭代，令 $x^* = x^{(k+1)}$，輸出結果；否則，令 $k = k + 1$，計算

$$B_{k+1} = B_k + \frac{\varsigma_k \varsigma_k^{\mathrm{T}}}{\varsigma_k^{\mathrm{T}} \delta_k} - \frac{B_k \delta_k \delta_k^{\mathrm{T}} B_k}{\delta_k \delta_k^{\mathrm{T}} B_k}$$

轉步驟 (3) 繼續迭代。

---

3. Broyden 演算法

　　Broyden 演算法實際上是結合 DFP 演算法和 BFGS 演算法所得。類似於伯努利分佈中的期望，如果將透過 DFP 演算法所得海森矩陣的反矩陣記作 G_k^{DFP}，將透過 DFP 演算法所得海森矩陣的反矩陣記作 G_k^{BFGS}，則其線性組合

$$G_{k+1} = \alpha G_k^{\mathrm{DFP}} + (1 - \alpha) G_k^{\mathrm{BFGS}}$$

肯定也是滿足擬牛頓條件的。其中，$0 \leqslant \alpha \leqslant 1$ 表示線性組合的權重。特別地，當 $\alpha = 0$ 時，Broyden 演算法退化為 BFGS 演算法，當 $\alpha = 0$ 時，Broyden 演算法退化為 DFP 演算法。

4.4 座標下降法

座標下降法的想法其實非常簡單,就是每次只完成一個參數的更新,接著再去更新其他參數。

例 4.6 求解目標函式 $f(\boldsymbol{x}) = x_1^2 + 2x_2^2 - x_1x_2 + 1$ 的極值點,其中 $\boldsymbol{x} = (x_1, x_2)^{\mathrm{T}}$。

解 從圖 4.9 中可直觀感受目標函式 $f(\boldsymbol{x})$ 的變化。假設設定值 $\epsilon = 0.0001$,初始參數為 $(\boldsymbol{x}^{(0)}) = (2, 2)$。固定 $x_2^{(0)}$,應用費馬原理,求解 $x_1^{(1)}$,

$$\frac{\partial f(x_1, x_2^{(0)})}{\partial x_1} = 2x_1^{(1)} - 2 = 0$$

得到 $x_1^{(1)} = 1$;然後固定 $x_1^{(1)} = 1$,再次應用費馬原理,

$$\frac{\partial f(x_1^{(1)}, x_2)}{\partial x_2} = 4x_2^{(1)} - 1 = 0$$

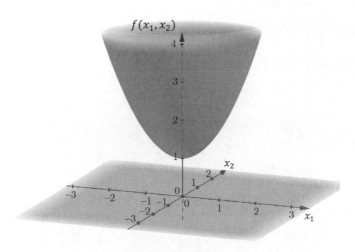

▲ 圖 4.9 目標函式 $f(\boldsymbol{x})$

求得 $x_2^{(1)} = 0.2500$。這時,參數完成第一次迭代,從 $(\boldsymbol{x}^{(0)}) = (2, 2)$ 更新為 $x_1^{(1)} = 1.0000$,$x_2^{(1)} = 0.2500$。接著重複以上步驟,迭代結果如表 4.4 所示,最終輸出結果 $\boldsymbol{x}^* = (0, 0)$。

▼ 表 4.4 求解目標函式 $f(x)$ 的極值

迭代次數	x_1	x_2	$f(x)$	$f(x^{(k+1)}) - f(x^{(k)})$
0	2.0000	2.0000	9.0000	—
1	1.0000	0.2500	1.8750	7.1250
2	0.1250	0.0313	1.0137	0.8613
3	0.0156	0.0039	1.0002	0.0135
4	0.0020	0.0005	1.0000	0.0002
5	0.0002	0.0001	1.0000	0.0000
6	0.0000	0.0000	1.0000	0.0000

對於 p 維最佳化問題，座標下降法的具體演算法流程如下。

座標下降法

輸入：目標函式 $f(x)$，梯度 $\nabla f(x) = g(x)$，計算精度 ϵ；

輸出：$f(x)$ 的最小值點 x^*。

(1) 選取初始值 $x^{(0)} \in \mathbb{R}^p$，置 $k = 0$。

(2) 循環更新每個變數：

$$x_1^{(k+1)} = \arg\min_{x_1} f(x_1, x_2^{(k)}, x_3^{(k)}, \cdots, x_p^{(k)})$$
$$x_2^{(k+1)} = \arg\min_{x_2} f(x_1^{(k)}, x_2, x_3^{(k)}, \cdots, x_p^{(k)})$$
$$\cdots\cdots$$
$$x_p^{(k+1)} = \arg\min_{x_p} f(x_1^{(k)}, x_2^{(k)}, x_3^{(k)}, \cdots, x_p)$$

(3) 如果 $\|f(x^{(k+1)}) - f(x^{(k)})\| < \epsilon$，停止迭代，令 $x^* = x^{(k+1)}$，輸出結果；否則，令 $k = k + 1$，轉到步驟 (2) 繼續迭代，更新參數，直到滿足終止條件。

4.5 拉格朗日對偶思想

在含約束的最最佳化問題中，常常利用拉格朗日對偶性（Lagrange Duality）將原始問題轉化為對偶問題，透過解對偶問題而得到原始問題的解。該思想經常應用在機器學習模型中，例如第 2 章拓展部分介紹的 Lasso 回歸，第 6 章介紹的最大熵模型，第 8 章介紹的感知機模型，第 9 章介紹的支援向量機模型都用到了拉格朗日對偶變換。

4.5.1 拉格朗日乘子法

拉格朗日是數學科學高聳的金字塔。

——拿破崙·波拿巴

費馬引理告訴我們，想要得到局部極值點，可以透過令偏導數為零尋找，如果加上限制條件，就需要尋找滿足條件的一定範圍內的最佳極值，此時是否還可以透過偏導數來獲得？我們一起看一個例子。

例 4.7 請求出雙曲線函式 $xy = 2$ 上距離原點最近的點。

所有到小數點的距離 $\sqrt{x^2 + y^2}$ 的點組成無數個以原點為圓心的同心圓，而我們要找的點是必須落在雙曲線上的，用數學語言描述這個例題，就是

$$\min \sqrt{x^2 + y^2} \quad \text{s.t.} \quad h(x, y) = 0 \tag{4.12}$$

其中，$h(x, y) = xy - 2$。

對於根號的求解不宜處理，因 $\sqrt{x^2 + y^2}$ 是非負的，取其最小值等價於二次方距離的最小值，所以式 (4.12) 中的問題等價於

$$\min f(x, y) = x^2 + y^2 \quad \text{s.t.} \quad h(x, y) = 0 \tag{4.13}$$

圖 4.10 所示為 $f(x, y)$ 與 $h(x, y)$ 的函式曲線。

從圖 4.10 可以發現，當函式 $f(x, y)$ 表示的一系列的同心圓與雙曲線 $h(x, y) = 0$ 相切時，得到極值。這表示，在切點 A 和 B 處，$f(x, y)$ 與 $h(x, y)$ 的梯度向量平行，即

$$\nabla f = \lambda \nabla h$$

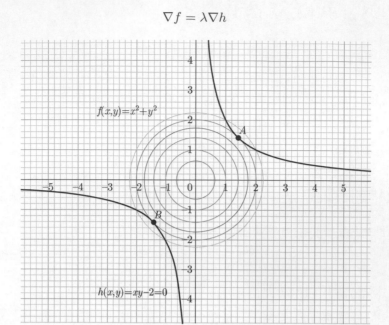

▲ 圖 4.10 $f(x,y)$ 與 $h(x,y)$

其中，λ 為一個標量，這就是拉格朗日乘子法生效的關鍵所在。於是，式 (4.12) 中的問題轉化為

$$\begin{cases} f_x(x,y) = \lambda h_x(x,y) \\ f_y(x,y) = \lambda h_y(x,y) \implies \\ h(x,y) = 0 \end{cases} \begin{cases} 2x = \lambda y \\ 2y = \lambda x \\ xy - 2 = 0 \end{cases} \tag{4.14}$$

輕鬆求解上述方程組可得 $\lambda = \pm 2$。當 $\lambda = -2$ 時，方程組 (4.14) 無實數根；當 $\lambda = 2$ 時，方程組 (4.14) 的根為 $(\sqrt{2}, \sqrt{2})$ 和 $(-\sqrt{2}, -\sqrt{2})$，分別對應圖 4.10 中的 A 和 B 兩點。

換言之，式 (4.13) 中的問題還可以借助拉格朗日函式表達：

$$L(x,y,\lambda) = f(x,y) - \lambda h(x,y)$$

從而方程組 (4.14) 可表示為

$$\begin{cases} L_x(x,y,\lambda) = 0 \\ L_y(x,y,\lambda) = 0 \\ L_\lambda(x,y,\lambda) = 0 \end{cases} \tag{4.15}$$

兩者的根完全相同。

　　這就是法國著名數學家約瑟夫‧拉格朗日在研究天文問題時發現並提出的拉格朗日乘子法，透過升維思想將有約束條件的原始問題轉化為無約束問題。例 4.7 類型的問題可以從物理學角度直觀理解，假如把函式看作能量場，每個點類似於質點，每一處的梯度如同作用力，只有合力為零的時候，質點才會處於平衡態，當質點充滿整個平面的時候，需要根據函式 $f(x, y)$ 和 $h(x, y)$ 的梯度去判斷哪一個點處於平衡態。或者，直接根據拉格朗日乘子 λ 將平面置於空間中，透過兩個函式新合成的能量場 $L(x, y, \lambda)$ 就能找到平衡態的質點。推廣至多變數情況，我們得到拉格朗日乘子法的一般形式。

　　定理 4.1 (拉格朗日乘子法) $f(\boldsymbol{x})$ 是定義在 $\mathbb{R}^p$ 的連續可微函式，若 $h_i(\boldsymbol{x}) = 0(i = 1, 2, \cdots, m)$ 在 $\mathbb{R}^p$ 上有定義且是 p 維光滑曲面，則問題

$$\min_{\boldsymbol{x} \in \mathbb{R}^p} f(\boldsymbol{x}) \quad \text{s.t.} \quad h_i(\boldsymbol{x}) = 0, \quad i = 1, 2, \cdots, m$$

等價於問題

$$\min L(\boldsymbol{x}, \boldsymbol{\Lambda})$$

其中，$\boldsymbol{\Lambda} = (\lambda_1, \lambda_2, \cdots, \lambda_m)^{\mathrm{T}}$，拉格朗日函式

$$L(\boldsymbol{x}, \boldsymbol{\Lambda}) = f(\boldsymbol{x}) - \sum_{i=1}^{m} \lambda_i h_i(\boldsymbol{x})$$

　　可是，真實的世界哪有那麼多的等式約束，大多數問題是根據若考慮不等式約束條件求解的。在不等式約束問題中，最佳解的位置只有兩種情況：一種是最佳解落在不等式約束的區域內，例如在例 4.7 中，若約束條件為 $xy - 2 \leqslant 0$，很明顯最小值點為座標原點，即有無約束條件不影響最小值的求解；另一種是最佳解落在不等式約束區域的邊界上，例如在例 4.7 中，若約束條件為 $xy - 2 \geqslant 0$，很明顯最小值點仍為 A 和 B 兩點，此時等價於等式約束。推廣至多變數情形，可以得到推論 4.1。

　　推論 4.1 $f(\boldsymbol{x})$ 是定義在 $\mathbb{R}^p$ 上的連續可微函式，若 $h_i(\boldsymbol{x})(i = 1, 2, \ldots, m_1)$ 和 $g_j(\boldsymbol{x})$ $(j = 1, 2, \cdots, m_2)$ 在 $\mathbb{R}^p$ 上有定義且是 p 維光滑曲面，則問題

$$\min_{\boldsymbol{x} \in \mathbb{R}^p} \quad f(\boldsymbol{x})$$

$$\text{s.t.} \qquad h_i(\boldsymbol{x}) = 0, \quad i = 1, 2, \cdots, m_1 \qquad (4.16)$$

$$g_j(\boldsymbol{x}) \leqslant 0, \quad j = 1, 2, \cdots, m_2$$

等價於問題

$$\min L(\boldsymbol{x}, \boldsymbol{\Lambda}, \boldsymbol{\Gamma}) \qquad (4.17)$$

其中，$\boldsymbol{\Lambda} = (\lambda_1, \lambda_2, \cdots, \lambda_{m_1})^{\mathrm{T}}$，$\boldsymbol{\Gamma} = (\gamma_1, \gamma_2, \cdots, \gamma_{m_2})^{\mathrm{T}}$，$\gamma_j \leqslant 0$，$j = 1, 2, \cdots, m_2$，廣義拉格朗日函式

$$L(\boldsymbol{x}, \boldsymbol{\Lambda}, \boldsymbol{\Gamma}) = f(\boldsymbol{x}) - \sum_{i=1}^{m_1} \lambda_i h_i(\boldsymbol{x}) - \sum_{j=1}^{m_2} \gamma_j g_j(\boldsymbol{x}) \qquad (4.18)$$

可見，拉格朗日乘子法的精髓就在於將一個求解有約束最最佳化的原始問題，透過拉格朗日乘子升維，轉化為無約束最佳化問題。無論是日常生活所需的經濟學、交通學，還是上天入地的獲得火箭設計與無人潛艇路徑追蹤，都少不了拉格朗日乘子法的身影。至於如何求解，則需要下文即將介紹的原始問題與對偶問題。

4.5.2 原始問題

為簡化包含 $m_1 + m_2$ 個約束條件的問題 (4.16)，我們引入廣義拉格朗日函式 $L(\boldsymbol{x}, \boldsymbol{\Lambda}, \boldsymbol{\Gamma})$，得到包含 $p + m_1 + m_2$ 個變數的無約束問題 (4.17)。雖然式 (4.17) 看起來簡潔，但因維度越高求解越困難，我們希望先將函式降為 p 維，降維之後的函式只包含 p 維變數 $\boldsymbol{x}$，記為 $\Psi_{\mathrm{P}}(\boldsymbol{x})$，則

$$\Psi_P(\boldsymbol{x}) = \max_{\boldsymbol{\Lambda}, \boldsymbol{\Gamma}: \gamma_j \leqslant 0} L(\boldsymbol{x}, \boldsymbol{\Lambda}, \boldsymbol{\Gamma})$$

若 $\boldsymbol{x}^*$ 為問題 (4.16) 的解，我們將廣義拉格朗日函式 $L(\boldsymbol{x}, \boldsymbol{\Lambda}, \boldsymbol{\Gamma})$ 視為關於 $\boldsymbol{\Lambda}$ 和 $\boldsymbol{\Gamma}$ 的函式 $L\boldsymbol{x}^*(\boldsymbol{\Lambda}, \boldsymbol{\Gamma})$，在滿足約束的情況下，$h_i(\boldsymbol{x}^*) = 0$，因此

$$L_{\boldsymbol{x}^*}(\boldsymbol{\Lambda}, \boldsymbol{\Gamma}) = f(\boldsymbol{x}^*) - \sum_{j=1}^{m_2} \gamma_j g_j(\boldsymbol{x}^*)$$

只有在 $\gamma_j = 0$ 時，$L_{x^*}(\boldsymbol{\Lambda}, \boldsymbol{\Gamma})$ 取得最大值，此時

$$\max_{\boldsymbol{\Lambda}, \boldsymbol{\Gamma}:\, \gamma_j \leqslant 0} L_{\boldsymbol{x}^*}(\boldsymbol{\Lambda}, \boldsymbol{\Gamma}) = L_{\boldsymbol{x}^*}(\boldsymbol{\Lambda}, \mathbf{0}) = f(\boldsymbol{x}^*)$$

這表示函式 $\Psi_P(\boldsymbol{x})$ 是滿足約束條件的 $f(\boldsymbol{x})$，接下來要求解極小值問題，只需要

$$\min_{\boldsymbol{x}} \Psi_P(\boldsymbol{x}) = \min_{\boldsymbol{x}} \max_{\boldsymbol{\Lambda}, \boldsymbol{\Gamma}:\, \gamma_j \leqslant 0} L(\boldsymbol{x}, \boldsymbol{\Lambda}, \boldsymbol{\Gamma}) \tag{4.19}$$

因為式 (4.19) 與問題 (4.16) 以及問題 (4.17) 等價，我們稱之為原始問題，表示為極小極大問題的形式。

4.5.3 對偶問題

在廣義拉格朗日函式中，變數有兩類：一類是原始變數 x；另一類是由約束條件帶來的拉格朗日乘子 $\boldsymbol{\Lambda}$ 和 $\boldsymbol{\Gamma}$。在原始問題中，我們首先著眼於利用最大化 $L(\boldsymbol{x}, \boldsymbol{\Lambda}, \boldsymbol{\Gamma})$ 得到關於 x 的函式 $\Psi_P(\boldsymbol{x})$，然後最小化 $\Psi_P(\boldsymbol{x})$ 求得最佳解。

如果換個角度，首先透過最小化 $L(\boldsymbol{x}, \boldsymbol{\Lambda}, \boldsymbol{\Gamma})$ 得到關於 $\boldsymbol{\Lambda}$ 和 $\boldsymbol{\Gamma}$ 的函式 $\Psi_D(\boldsymbol{x})$，然後最大化 $\Psi_D(\boldsymbol{\Lambda}, \boldsymbol{\Gamma})$ 是否也可以求得最佳解？這就需要介紹對偶函式（Dual Lagrange Function）：

$$\Psi_D(\boldsymbol{\Lambda}, \boldsymbol{\Gamma}) = \min_{\boldsymbol{x}} L(\boldsymbol{x}, \boldsymbol{\Lambda}, \boldsymbol{\Gamma})$$

根據對偶函式的定義，可以發現

$$\begin{aligned}
\Psi_D(\boldsymbol{\Lambda}, \boldsymbol{\Gamma}) &= \min_{\boldsymbol{x}} L(\boldsymbol{x}, \boldsymbol{\Lambda}, \boldsymbol{\Gamma}) \\
&= \min_{\boldsymbol{x}} \left(f(\boldsymbol{x}) - \sum_{i=1}^{m_1} \lambda_i h_i(\boldsymbol{x}) - \sum_{j=1}^{m_2} \gamma_j g_j(\boldsymbol{x}) \right) \\
&\leqslant f(\boldsymbol{x}) - \sum_{i=1}^{m_1} \lambda_i h_i(\boldsymbol{x}) - \sum_{j=1}^{m_2} \gamma_j g_j(\boldsymbol{x}) \\
&\leqslant f(\boldsymbol{x})
\end{aligned}$$

即

$$\Psi_D(\boldsymbol{\Lambda}, \boldsymbol{\Gamma}) \leqslant L(\boldsymbol{x}, \boldsymbol{\Lambda}, \boldsymbol{\Gamma}) \leqslant f(\boldsymbol{x})$$

當 $f(\boldsymbol{x}^*) = \Psi_D(\boldsymbol{\Lambda}^*, \boldsymbol{\Gamma}^*)$ 時，$\boldsymbol{\Lambda}^*$ 和 $\boldsymbol{\Gamma}^*$ 稱為原始解 $\boldsymbol{x}^*$ 的對偶解。

對偶函式所對應的對偶問題為

$$\max_{\boldsymbol{\Lambda}, \boldsymbol{\Gamma}:\gamma_j \leqslant 0} \Psi_D(\boldsymbol{\Lambda}, \boldsymbol{\Gamma}) = \max_{\boldsymbol{\Lambda}, \boldsymbol{\Gamma}:\gamma_j \leqslant 0} \min_{\boldsymbol{x}} L(\boldsymbol{x}, \boldsymbol{\Lambda}, \boldsymbol{\Gamma}) \tag{4.20}$$

此時，問題表示為極小極大問題的形式。

4.5.4 原始問題和對偶問題的關係

若原始問題和對偶問題都存在最佳解，則根據原始函式和對偶函式的定義，可得

$$\Psi_D(\boldsymbol{\Lambda}, \boldsymbol{\Gamma}) \leqslant \max_{\boldsymbol{\Lambda}, \boldsymbol{\Gamma}:\gamma_j \leqslant 0} \Psi_D(\boldsymbol{\Lambda}, \boldsymbol{\Gamma})$$

$$\Psi_P(\boldsymbol{x}) \geqslant \min_{\boldsymbol{x}} \Psi_D(\boldsymbol{x})$$

$$\Psi_D(\boldsymbol{\Lambda}, \boldsymbol{\Gamma}) = \min_{\boldsymbol{x}} L(\boldsymbol{x}, \boldsymbol{\Lambda}, \boldsymbol{\Gamma}) \leqslant L(\boldsymbol{x}, \boldsymbol{\Lambda}, \boldsymbol{\Gamma}) \leqslant \max_{\boldsymbol{\Lambda}, \boldsymbol{\Gamma}:\gamma_j \leqslant 0} L(\boldsymbol{x}, \boldsymbol{\Lambda}, \boldsymbol{\Gamma}) = \Psi_P(\boldsymbol{x})$$

因此

$$L_D^* = \max_{\boldsymbol{\Lambda}, \boldsymbol{\Gamma}:\gamma_j \leqslant 0} \min_{\boldsymbol{x}} L(\boldsymbol{x}, \boldsymbol{\Lambda}, \boldsymbol{\Gamma}) \leqslant L(\boldsymbol{x}, \boldsymbol{\Lambda}, \boldsymbol{\Gamma}) \leqslant \min_{\boldsymbol{x}} \max_{\boldsymbol{\Lambda}, \boldsymbol{\Gamma}:\gamma_j \leqslant 0} L(\boldsymbol{x}, \boldsymbol{\Lambda}, \boldsymbol{\Gamma}) = L_P^*$$

$$\tag{4.21}$$

其中，L_P^* 和 L_D^* 分別為原始問題和對偶問題對應的最佳函式值。定義 $L_P^* - L_D^*$ 為對偶間隙，當對偶間隙為 0 時，不等式 (4.21) 中等號成立，即求解原始問題等價於求解對偶問題。我們將等號成立的最佳解記為 $\boldsymbol{x}^*, \boldsymbol{\Lambda}^*, \boldsymbol{\Gamma}^*$，其中 $\boldsymbol{x}^*$ 是原始問題的解，$\boldsymbol{\Lambda}^*$ 和 $\boldsymbol{\Gamma}^*$ 是對偶問題的解。

定理 4.2 $f(\boldsymbol{x})$ 是定義在 $\mathbb{R}^p$ 上連續可微的凸函式，若 $h_i(\boldsymbol{x}) = 0(i = 1, 2, \cdots, m_1)$ 和 $g_j(\boldsymbol{x}) = 0(j = 1, 2, \cdots, m_2)$ 在 $\mathbb{R}^p$ 上有定義且是仿射函式，則對帶有線性等式與不等式約束的最佳化問題 (4.16)，建構廣義拉格朗日函式 (4.18)；若原始問題與對偶問題的最佳函式值相等，即

$$L_P^* = L_D^*$$

則至少存在一組最佳對偶解。

　　Karush、Kuhn 和 Tucker 研究了不等式約束下的最最佳化問題，提出了求解原始問題與對偶的問題的重要工具——KKT 條件，作為定理 4.2 的補充。

　　定理 4.3 (KKT 條件) $f(\boldsymbol{x})$ 是定義在 $\mathbb{R}^p$ 上連續可微的凸函式，若 $h_i(\boldsymbol{x}) = 0(i = 1, 2, \cdots, m_1)$ 和 $g_j(\boldsymbol{x}) = 0(j = 1, 2, \cdots, m_2)$ 在 $\mathbb{R}^p$ 上有定義且是仿射函式，則對帶有線性等式和不等式約束的最佳化問題 (4.17)，建構廣義拉格朗日函式 (4.18)。為使原始問題等價於對偶問題，需滿足以下條件：

$$\nabla_{\boldsymbol{x}} L(\boldsymbol{x}, \boldsymbol{\Lambda}, \boldsymbol{\Gamma}) = 0 \tag{4.22}$$

$$h_i(\boldsymbol{x}) = 0, \quad i = 1, 2, \cdots, m_1 \tag{4.23}$$

$$\lambda_i \neq 0, \quad i = 1, 2, \cdots, m_1 \tag{4.24}$$

$$\gamma_j g_j(\boldsymbol{x}) = 0, \quad j = 1, 2, \cdots, m_2 \tag{4.25}$$

$$g_j(\boldsymbol{x}) \leqslant 0, \quad j = 1, 2, \cdots, m_2 \tag{4.26}$$

$$\gamma_j \leqslant 0, \quad j = 1, 2, \cdots, m_2 \tag{4.27}$$

每個條件各司其職，現簡要解釋如下。

(1) 條件 (4.22) 表示最佳解在廣義拉格朗日函式梯度為零處。

(2) 條件 (4.23) 為等式約束條件，表示最佳解位於等式函式對應的曲面上。

(3) 條件 (4.24) 為拉格朗口乘子，只有在非零時，等式約束條件才能發揮作用。

(4) 條件 (4.25) 稱為對偶互補條件，當某一不等式約束滿足 $g_j < 0$ 時，表示只有 $\gamma_j = 0$ 時才滿足條件，此時有無條件 g_j 對最佳解的求解無影響，當某一不等式約束滿足 $g_j = 0$ 時，表示 γ_j 設定值自由，此時最佳解落在曲面 $g_j = 0$ 上。

(5) 條件 (4.26) 為不等式約束條件，表示最佳解位於由不等式函式圍成的區域內。

(6) 條件 (4.27) 為拉格朗日乘子，確保不等式約束條件發揮作用。